普通高等教育计算机类系列教材

网页设计与制作应用教程

第3版

主　编　王任华

副主编　韩　华　曹金璇

参　编　陈　丽　杨　明

机械工业出版社

本书分四部分，共22章。对Adobe Dreamweaver CC、Adobe Photoshop CC及Adobe Animate CC三款软件的基本功能和应用技巧进行了介绍。列举了大量网页设计的实例，并给出了详细的操作步骤，从应用的角度由浅入深、循序渐进地介绍了网页的规划设计和制作应用，充分体现了实用性和趣味性。读者通过对本书的学习，能够全面掌握网站建设及网页设计的思路与方法。

本书既可作为高等院校本、专科计算机多媒体和网页设计课程的教材，也可作为网站建设技术人员、网站管理人员的培训教材，还可作为广大网页设计爱好者的入门教材。

图书在版编目（CIP）数据

网页设计与制作应用教程/王任华主编. —3版. —北京：机械工业出版社，2021.1

普通高等教育计算机类系列教材

ISBN 978-7-111-67356-9

Ⅰ. ①网…　Ⅱ. ①王…　Ⅲ. ①网页制作工具－高等学校－教材　Ⅳ. ①TP393.092.2

中国版本图书馆CIP数据核字（2021）第016629号

机械工业出版社（北京市百万庄大街22号　邮政编码100037）

策划编辑：刘丽敏　责任编辑：刘丽敏　侯　颖

责任校对：张　征　封面设计：张　静

责任印制：常天培

北京虎彩文化传播有限公司印刷

2021年2月第3版第1次印刷

184mm×260mm · 24.5印张 · 666千字

标准书号：ISBN 978-7-111-67356-9

定价：65.00元

电话服务　　　　　　　　　　　网络服务

客服电话：010-88361066　　机　工　官　网：www.cmpbook.com

　　　　　010-88379833　　机　工　官　博：weibo.com/cmp1952

　　　　　010-68326294　　金　　书　　网：www.golden-book.com

封底无防伪标均为盗版　　　　机工教育服务网：www.cmpedu.com

前　言

本书第 2 版自 2013 年出版以来，受到广大读者的喜爱。近年来，随着 Adobe 软件产品的不断升级与更新，编写第 3 版的需求随之而来，本书在第 2 版的基础上，对大部分内容做了调整和更新，以便读者更好地学习网页设计与制作。

首先，在第 1 部分网页设计与制作基础篇中，将原有的 XHTML 语言介绍改为 HTML5 知识介绍。HTML5 是互联网的下一代标准，是构建以及呈现互联网内容的一种语言，被认为是互联网的核心技术之一，被广泛应用于互联网应用的开发。

其次，在软件的选择方面变化较大。第 2 版介绍的是 Dreamweaver、Fireworks 和 Flash 三款软件。Fireworks 软件在 CS6 版本以后就停止更新了（但并不影响老用户的使用），由 Photoshop 完全替代，因此，本书在第 3 部分介绍 Adobe Photoshop CC 软件应用。Flash 软件从 CC 版开始更名为 Animate，因此，本书在第 4 部分介绍 Adobe Animate CC 软件应用。

在软件版本的选择方面，Adobe 系列产品都以 CC（Creative Cloud）冠名，采用在线订阅服务，每年会有版本更新，本书选用的是较新的 Adobe CC 2018 系列。

网页设计与制作是综合信息技术的应用，主要包括：网站的规划、创建与维护，图像的设计和处理，网页动画效果制作和网页的排版等。Adobe 软件产品中，主打网页设计与制作的 Dreamweaver、Photoshop 和 Animate 三款软件以其专业性、完备性、易操作性和协作性而备受网页设计专业人士的青睐，同时，它们也是网页设计爱好者的首选软件。

本书分四部分，共 22 章。介绍了目前较新版本的网页设计三大软件。第 1 部分是网页设计与制作基础篇（第 1～2 章），介绍了 Internet 与网页设计概述，HTML5 基础；第 2 部分是 Adobe Dreamweaver CC 应用篇（第 3～8 章），介绍了 Adobe Dreamweaver CC 入门知识，插入基本网页元素，表格和表单，使用 CSS 美化和布局网页，行为和模板，利用虚拟机建立动态 Web 站点；第 3 部分是 Adobe Photoshop CC 应用篇（第 9～16 章），介绍了网页图像基础知识，Photoshop CC 2018 初识，图像校正和快速修复，图像色彩调整，蒙版和通道，文字设计和矢量绘制，制作网页主要元素，使用 Photoshop CC 设计网站页面；第 4 部分是 Adobe Animate CC 应用篇（第 17～22 章），介绍了 Adobe Animate CC 2018 入门知识，Animate CC 动画素材准备，Animate CC 基本动画的制作，声音和视频，创建高级交互动画，发布 Animate CC 动画等内容。

本书采用作者一贯的创作风格，以实例带动知识介绍，在讲授软件应用方法的同时，列举大量实例作品，具有很强的实用性。本书配有包括电子教案、素材图片、动画源文件以及脚本代码等丰富的数字资源，帮助读者学习和使用软件，以提高网页设计的应用与创作能力。

本书是在多位编者的辛勤努力下共同完成编写的。杨明编写了第 1～2 章；曹金璇编写了第 3～4 章，韩华编写了第 8 章；王任华编写了第 5～7 章和第 9～16 章；陈丽编写了第 17～22 章。

由于作者水平有限，加之时间仓促，书中不免有错漏之处，敬请广大读者批评指正、不吝赐教。

编　者

目　录

第 3 部分　Adobe Photoshop CC 应用篇

第 4 部分　Adobe Animate CC 应用篇

第 1 部分
网页设计与制作基础篇

第 1 章　Internet 与网页设计概述

网上冲浪是人们现代生活中不可或缺的一部分，绚丽缤纷的网页内容让人与网络世界密切沟通。相信每一个畅游网页世界的人，也希望通过自己的智慧，能设计和展现出与众不同的网页来。那么，现在就让我们开启网页设计之旅吧。在动手制作网页之前，首先需要了解网络的基础知识，主要包括 Internet 基本概念、工作原理以及网络提供的服务等；其次，需要了解网站设计的基础知识，包括网站的类型、网站的规划等；最后，还要掌握网页设计与制作的基础知识，包括构成网页的基本要素、网页的布局和网页设计与制作的工具软件等。本章就从 Internet 与网页设计的基础讲起，带读者跨入网页设计与制作之门。

本章要点：

- Web 网页的基本概念
- 网页规划的基本内容
- 网页布局的类型
- 网页设计工具

1.1　Internet 概述

1.1.1　Internet 与 TCP/IP

计算机网络是指将地理位置不同的多个计算机系统利用通信线路连接起来而形成的计算机集合。计算机网络是计算机应用的高级形式，它充分体现了信息传输与分配手段、信息处理手段的有机结合。

在计算机网络中，为了使计算机之间能正确传输信息，必须有一套关于信息传输顺序、信息格式和信息内容等的约定。这些规则、标准或约定称为网络协议。计算机之间使用相同的网络协议，借助通信线路交换信息，共享软件、硬件和数据等资源。

因特网（Internet）是一组全球信息资源的总汇，是由符合 TCP/IP 等网络协议的网络组成的互联网。它是目前全世界最大的网络，包含着丰富多彩的信息，提供方便、快捷的服务，缩短了人们之间的距离。通过 Internet，用户可以与接入 Internet 的任何一台计算机进行交流，如发邮件、聊天、通话等。

为了实现全球范围内的网络互联，国际标准化组织（ISO）制定了开放式系统互联参考模型（OSI）。这是一个计算机互联的国际标准。OSI 参考模型将数据从一个站点到达另一个站点的工作按层分割成七个不同的任务，即分为七层，从上到下分别是应用层、表示层、会话层、传输层、网络层、数据链路层和物理层。OSI 参考模型各层功能：物理层正确利用媒介，数据链路层走通每个节点，网络层选择走哪条路，传输层找到对方主机，会话层指出对方实体是谁，表示层决定用什么语言交谈，应用层指出做什么事。

在实际应用中，对 OSI 模型进行简化和改进，形成了目前被广泛应用的 TCP/IP 模型。TCP/IP 模型采用四层模型，从上到下依次是应用层、传输层、网络层、数据链路层。OSI 参考模型和 TCP/IP 模型对照关系见表 1-1。

表 1-1 OSI 参考模型和 TCP/IP 模型对照关系

OSI 参考模型	TCP/IP 模型
应用层	应用层（Telnet、SMTP、FTP、DNS）
表示层	
会话层	
传输层	传输层（TCP、UDP）
网络层	网络层（IP）
数据链路层	数据链路层
物理层	

TCP/IP 是因特网通信的标准，它是一种分层协议，包含近 100 个非专有的协议，通过这些协议，可以高效、可靠地实现计算机系统之间的互联。TCP/IP 协议簇中的核心协议主要有：传输控制协议（TCP）、用户数据报协议（UDP）和网际互联协议（IP）。对主要协议起补充作用的应用协议有：文件传输协议（FTP）、远程登录协议（TELNET）、简单邮件传输协议（SMTP）、域名系统（DNS）、简单网络管理协议（SNMP）和远程网络监控（RMON）等。

1.1.2 IP 地址和域名

1. IP 地址

IP 地址是 IP 提供的一种统一的地址格式，它为因特网上的每一个网络和每一台主机分配一个逻辑地址，以此来屏蔽物理地址的差异。

（1）IP 地址格式

IP 地址采用层次方式按网络的结构进行划分。一个 IP 地址由网络地址（NetID）和主机地址（HostID）两部分组成。网络地址标识了主机所在的逻辑网络，主机地址则用来标识网络中的一台主机。

IP 地址是一个 32 位（bit）的二进制数，为了便于记忆，分成 4 组，每组 8 位二进制数。但通常采用十进制表示，即将每个字节的二进制数转换成十进制数，每个十进制数之间用圆点“.”隔开，这叫作“点分法十进制”。例如：

11001010 11001110 11000000 01000010

表示成：

202 . 206 . 192 . 66

（2）IP 地址的类型

IP 地址中的网络地址是由 Internet 网络中心来统一分配的。为了根据不同的网络规模来合理分配 IP 地址，IP 地址分为 A、B、C 三个基本类，如图 1-1 所示。

1）A 类地址。在 A 类地址中，网络地址有 8 bit，最高位总是 0；主机地址 24 bit。第一个字节对应的十进制数范围是 0～127。由于 0 和 127 有特殊的用途，因此，其有效的地址范围是 1～126，即有 126 个 A 类网络。A 类地址适用于大型网络，可拥有 $2^{24}-2$=16 777 214 台主机

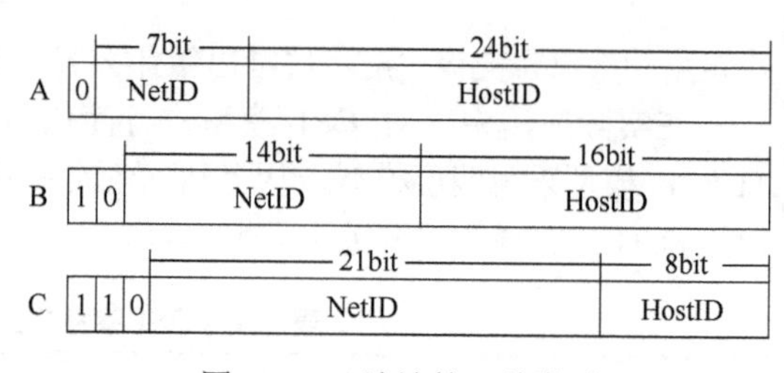

图 1-1 IP 地址的三种类型

（全 0 或全 1 不能用于普通地址）。例如，美国麻省理工学院的 IP 地址是 18.181.0.21。

2）B 类地址。在 B 类地址中，网络地址有 16 bit，最左边的两位是 10；主机地址 16 bit。第一个字节对应的十进制数范围是 128～191。B 类地址适用于中型网络，可拥有 $2^{16}-2=65\ 534$ 台主机。例如，166.111.8.248 就是 B 类地址。

3）C 类地址。在 C 类地址中，网络地址有 24 bit，最左边的三位是 110；主机地址 8 bit。第一个字节对应的十进制数范围是 192～223。C 类地址适用于小型型网络，可拥有 254 台主机。例如，210.33.80.200 就是 C 类地址。

在 A、B、C 类 IP 地址中，按表 1-2 所示的范围保留了部分地址，保留的 IP 地址段不能在 Internet 上使用，只能在各个局域网内使用。

表 1-2 保留的 IP 地址段

网络类别	地址段	网络数
A 类	10.0.0.0～10.255.255.255	1
B 类	172.16.0.0～172.31.255.255	16
C 类	192.168.0.0～192.168.255.255	256

2. IPv6 简介

IPv6 是 Internet Protocol Version 6 的缩写，也被称作下一代互联网协议。它是用来替代现行的 IPv4 的一种新的 IP。其地址数量号称可以为全世界的每一粒沙子分配一个地址。

由于 IPv4 最大的问题在于网络地址资源有限，从而严重制约了因特网的应用和发展。IPv6 的使用，不仅解决了网络地址资源数量的问题，而且也解决了多种接入设备连入因特网的障碍。

IPv6 的地址长度为 128 bit，是 IPv4 地址长度的 4 倍。于是 IPv4 的点分法十进制格式不再适用，而是采用冒分十六进制表示法 IPv6 的表示格式为：

X:X:X:X:X:X:X:X

其中，每个 X 表示地址中的 16 bit，以十六进制表示。例如：

ABCD:EF01:2345:6789:ABCD:EF01:2345:6789

3. 域名

IP 地址虽然可以唯一地标识网络上的计算机，但其数字表示难以记忆，由此出现了域名系统（DNS）。在网络通信时，域名服务器通过 DNS 域名服务协议自动将登记注册的域名转换成对应的 IP 地址，从而找到这台计算机。域名和 IP 地址之间存在一一对应的关系，它们都需要注册。域名由四部分组成，其间用“.”分隔：

计算机名.组织机构名.二级域名.顶级域名

（1）顶级域名

顶级域名又分为三类：一是国家和地区顶级域名，如表示中国为的.cn。二是通用顶级域名，如表示工商企业的.com。三是新顶级域名，如代表高端的 .top，新顶级域的后缀特点，使企业域名具有了显著的、强烈的标志特征。

Internet 规定了正式的通用标准区域名。区域名用两个字母表示世界各国或地区，表 1-3 列举了各类型域名的部分域名名称及对应说明。

表 1-3　各类型域名的部分域名名称及对应说明

国家和地区顶级域名		通用顶级域名		新顶级域名	
域名名称	说明	域名名称	说明	域名名称	说明
cn	中国	.net	网络服务机构	.red	吉祥、红色、热情、勤奋
uk	英国	.org	非营利性组织	.vip	尊贵、会员、特别
us	美国	.gov	政府机构	.wang	华人域名
fr	法国	.edu	教育机构	.club	俱乐部
jp	日本	.mil	军事机构	.city	城市
au	澳大利亚	.info	信息提供	.berlin	柏林
ru	俄罗斯联邦	.int	国际机构	.nyc	纽约

（2）二级域名

二级域名一般是指域名注册人选择使用的网上名称，如 yahoo.com；上网的商业组织通常使用自己的商标、商号或其他商业标志作为自己的网上名称，如 microsoft.com。我国的二级域名分为行政区域名和类别域名，我国二级域名共 40 个，其中，行政区域名 34 个，类别域名 6 个。行政区域名采用两个字符的汉语拼音：如：bj 北京、sh 上海等。我国互联网二级类别域名见表 1-4。

表 1-4　我国互联网二级类别域名

组织类型	域命名约定	组织类型	域命名约定
工商金融	com	科研机构	ac
教育机构	edu	网络机构	net
政府部门	gov	非营利性组织	org

（3）三级域名

三级域名是在二级域名下划分的子域，一般是根据二级域名管辖的机构进行划分的。

例如：中国人民公安大学域名

www.	ppsuc.	edu.	cn
主机名	三级域名 中国人民公安大学	二级域名 教育机构	顶级域名 中国

1.1.3　Internet 提供的主要服务

Internet 提供了信息获取、发布和交流的渠道。其提供的主要服务包括：

1．WWW 服务

WWW 是 World Wide Web 的缩写，又称 3W 或 Web。它通过超文本（Hypertext）与超媒体（Hypermedia）的信息组织形式来实现服务；用户看到的是文本信息本身，在浏览文本信息的同时，随时可以选中其中的热字，跳转到其他的文本。

2．电子邮件

电子邮件（E-mail）是利用计算机网络交换的电子媒体信件。电子邮件利用计算机的存储、转发原理，通过计算机终端和通信网络进行信息的传送。它不仅能传送普通的文字信息，还可以传送图像、声音等多媒体信息。

3．文件的下载和上传

下载（Download）是指把网上的信息复制到用户使用的计算机中，而上传（Upload）则正好相反，是上网者把自己计算机中的信息复制到服务器或主机中。Internet 上有许多免费的共享资源，允许用户无偿使用或复制。这样的免费资源种类繁多，从普通的文本文件到多媒体文件，从大型的工具软件到小型的应用软件和游戏软件，应有尽有。

4．FTP 服务

FTP（文件传输）是一种实时的联机服务，它几乎可以用来传送任何类型的文件，如文本文件、二进制文件、图像文件、数据压缩文件等。无论两台计算机的地理位置相距多远，只要二者都支持 FTP 且加入了 Internet，用户就能将文件从一台计算机传输到另一台计算机上，并且保证传输的可靠性。

5．Usenet News 和 BBS 服务

Usenet News（新闻组）是一种邮件列表服务，它可以给用户提供最新的信息，也可以将用户组织起来进行某个专题的讨论。BBS（电子公告牌）是一种非常热门的信息服务系统。在这种系统中，注册用户可以在线阅读、回复、发表文章、即时讨论、聊天、发信、留言等。随着服务功能的不断扩展，Usenet News 和 BBS 两种服务相互取长补短，功能上的差别已经很小。

6．Telnet 服务

Telnet（远程登录）可以帮助用户实现对计算机的远程控制。将本地计算机连接到远端的计算机上去，作为这台远程主机的终端，可以实时地使用远程计算机上对外开放的全部资源，也可以查询数据库、检索资料或利用远程计算机完成大量的计算工作。

7．网络游戏

游戏是一种休闲娱乐的方式，在工作之余玩玩游戏是一种很好的调节。在 Internet 上，由于联网游戏给人一种参与感和神秘感，因而越来越受欢迎。

8．个人主页空间

在浏览 Internet 上五彩缤纷的网站之后，用户一定希望拥有自己的个人主页。现在，很多服务器都提供免费的个人主页空间。制作网页的软件越来越多，功能也越来越强大，制作个人主页已经成为一种时尚。

9．电子商务

电子商务是指以信息网络技术为手段，以商品交换为中心的商务活动；也可理解为在互联网、企业内部网和增值网上以电子交易方式进行交易活动和相关服务的活动，是传统商业活动各环节的电子化、网络化、信息化；以互联网为媒介的商业行为均属于电子商务的范畴。

1.1.4 WWW 简介

1．浏览器与网页

WWW 是 World Wide Web 的简称，也称为 Web、3W 等。WWW 是基于客户机/服务器方式的信息发现技术和超文本技术的综合。

WWW 是存储在 Internet 计算机中、数量巨大的文档的集合。这些文档称为页面，它是一种超文本信息，可以用于描述超媒体（文本、图形、视频、音频等多媒体）。Web 上的信息是由彼此关联的文档组成的，而使其连接在一起的是超链接。

网页是网站的基本信息单位，是 WWW 的基本文档。它由文字、图片、动画、声音等多种媒体信息以及链接组成，是用 HTML 编写的，通过链接实现与其他网页或网站的关联和跳转。

2．统一资源定位器

URL（Universal Resource Locator）是统一资源定位器的英文缩写，每个站点及站点上的每个网页都有唯一的地址，这个地址被称为统一资源定位地址。在浏览器的地址栏中输入 URL 地址，可以访问其指向的网页。

URL 的基本结构如下：

通信协议://服务器名称[:通信端口编号]/文件夹 1[文件夹 2…]/文件名

各部分的含义说明如下：

（1）通信协议

通信协议是指 URL 所链接的网络服务性质，如 HTTP 代表超文本传输协议，FTP 代表文件传输协议等。

（2）服务器名称

服务器名称是指提供服务的主机的名称。冒号后面的数字是通信端口编号，因为一台计算机常常会同时作为 Web、FTP 等服务器使用，为便于区别，每种服务器要对应一个通信端口。

（3）文件夹与文件名

文件夹是存放文件的地方，如果是多级文件目录，必须指定是第一级文件夹还是第二级、第三级文件夹，直到找到文件所在的位置。文件名是指包括文件名与扩展名在内的完整名称。

3．超文本

超文本（HyperText）是把一些信息根据需要链接起来的一种信息管理技术，用户可以通过一个文本中的链接指针打开另一个相关的文本。只要单击页面中的超链接（通常是带下画线的条目或图片），便可跳转到新的页面或另一位置，获得相关的信息。

4．超文本标记语言

超文本标记语言（Hyper Text Markup Language，HTML）是网页制作所必备的。HTML 严格来说并不是一种标准的编程语言，它只是一些能让浏览器看懂的标签。当网页中包含正常文本和 HTML 标签时，浏览器会“翻译”由这些 HTML 标签提供的网页结构、外观和内容的信息，从而将网页按设计者的要求显示出来。

5．HTTP

协议（Protocol）是关于信息格式及信息交换规则的正式描述。每个国家、地区或组织都有自己特定的交流准则和交流方式，而在 Internet 上，协议统一了用户在网上的交流方式。

超文本传输协议（HyperText Transfer Protocol，HTTP）是在 Internet 上传送超文本的协议，它是运行在 TCP/IP 上的应用协议。它可以使浏览器更加高效，减小网络传输量。HTTP 就是专门为 WWW 设计的协议。

6．主页

主页是某个节点的起始点，就像一本书的封面。每个 Web 页都包含 Web 上的超级文本和链接的“主页”，主页是链接到一个 Web 服务器上时显示的第一个网页，而且拥有一个被称为 URL 的唯一地址。

1.2 网站规划设计概述

网站规划设计是指在网站建设前对市场进行分析，确定网站的目的和功能，并根据需要对网站建设中的技术、内容、费用、测试、维护等做出规划。网站规划设计对网站建设起到了计划和指导作用，对网站的内容和维护起到了定位作用。

1.2.1 网站设计流程

随着技术的不断发展和用户对网站功能性需求的不断提高，如今网站的设计与最初由一两名网页设计师自由创作相比，网站的设计和开发越来越像一个软件工程，也越来越复杂。网站设计的主要任务包括：网站架构设计，以浏览器为客户端的 Web 应用程序开发（如新闻中心、网上商店等），系统测试及网站发布等。

网站设计过程大体上可分为以下 10 个阶段：

1）编写网站设计的计划书。

2）确定网站设计的总体思想，即网站如何设计能实现网站规划中提出的目标、网站的风格和特点、网页的外观以及使用方面的特点。

3）确定网站提供的内容。

4）网站交互设计，如信息反馈、意见调查等。

5）对网站的内容进行分类。

6）设计网页必有的内容，如公司或组织标志、联系方式和导航栏等。

7）制作网页的模板。

8）检查网页的链接。

9）根据需要修改不合适的地方。

10）正式发布网站。

1.2.2 确定网站的类型

随着 Internet 的飞速发展，网络已经是人们学习、工作和生活中不可或缺的一部分。综观数以百万计的网站，按照其功能和结构形式，大体上可以分为以下几种类型：

（1）门户网站

门户网站集合了众多内容，提供多样服务，并使其尽可能地成为网络用户的首选。通过建立按目录分类的网站链接列表来提供信息服务。用户可以不必进行关键词查询，仅靠分类目录即可找到需要的信息。典型的门户网站，如搜狐、新浪等。

（2）搜索引擎

搜索引擎通过在因特网上提取各个网站的信息来建立自己的数据库，并向用户提供查询服务。这种网站收集 Internet 上数以亿计的网页数量，并且每个网页上的每个词都被搜索引擎收录，也就是全文检索。典型的搜索引擎，如 Google、百度等。

（3）电子商务网站

电子商务网站分为 B2B（商家对商家）和 B2C（商家对个人）两种，是以网上营销为主要盈利手段的网站。此类网站一般是基于传统的产业市场或企业模式，并分阶段地为其提供有针对性的服务，这些服务包括网上信息交换、网上销售系统、资本流通系统、物流配送系统等。

（4）数据中心

数据中心往往是大型教育科研机构、大型 ISP 提供商、网络接入代理商的前端窗口网站，专业性很强，拥有强大的机构、人员和技术支持。典型的数据中心，如中国学术期刊网（https://www.cnki.net），现已建成世界上全文信息量规模最大的 CNKI 数字图书馆，并建设《中国知识资源总库》及 CNKI 网格资源共享平台，为全社会知识资源高效共享提供最丰富的知识信息资源和最有效的知识传播与数字化学习平台。

（5）主题信息网站

主题信息网站集中了大量的主题信息，主题信息可以包括科技、教育、财经、军事、文化、娱乐、体育等各个方面，几乎涵盖了所有的人类活动。用户可以通过全面介绍过的搜索引擎和门户网站找到自己感兴趣的主题网站，得到相关信息。

（6）团体网站

越来越多的公司、企业、政府机关、科研教育机构、协会等团体组织加入到 Internet 中，为团体和企业树立更广泛的宣传形象。这类网站往往拥有自己的服务器和技术支持，网站上有大量相关团体的信息。

（7）个人网站

利用 Internet，以鲜明的个性展现出自我形象，已成为虚拟世界中的又一道流行风景线。很多网络服务商可以提供租用的虚拟主机或接受个人主页网站的下挂。

1.2.3 网站的建设技术

网站建设技术大体可以分为两类，即静态网页技术和动态网页技术。

所谓静态网页指的是客户端浏览器发送 URL 请求给 WWW 服务器，服务器查找需要的超文本文件不加处理直接返回客户端，运行在客户端的页面是事先已制作完成并存放在服务器上的网页。制作静态网页主页使用 HTML，配合客户端技术 JavaScript 也能产生丰富的动态效果。

网站上常见的聊天室、论坛、网上购物等服务必须用到动态网页的支持。动态网页技术根据程序运行地点的不同又分为客户端动态技术与服务器动态技术。

客户端动态技术不需要与服务器交互，实现动态功能的代码往往采用脚本语言形式直接嵌入在网页中。服务器发送给用户后，网页在客户端浏览器直接响应用户的动作。常见的客户端动态技术包括 JavaScript、JavaApplet、DHTML、ActiveX、Flash 和 VRML 等。

服务器动态技术需要服务器和客户端的共同参与。客户通过浏览器发出页面请求后，服务器根据 URL 携带的参数运行服务器程序产生结果页面再返回客户端。一般涉及数据库操作的网页，如注册、登录、查询、购物等应用都需要服务器动态技术。典型的服务器动态技术有 ASP、PHP、JSP 和 CGI 等。

1.3 网页设计基础

1.3.1 网页设计规划

设计一个网页首先要规划网页由哪几部分组成，要考虑主页整体风格、颜色的搭配、页面的布局等诸多因素。因此，创建网站的第一步是网站规划。

1. 确定网页的整体风格

风格是指网站的整体形象给浏览者的综合感受，这个整体形象包含了许多因素。诸如，网站的CI（标志、色彩、字体、标语）、色彩、版面布局、浏览方式、交互性、文字、语气、内容价值、存在意义、网站荣誉等诸多因素。众多的网站都有其特有的风格，例如，网易是平易近人的，迪士尼是生动活泼的，IBM是专业严肃的，百度是简约而又高效快捷的，这些都是网站给人们留下的不同感受。

习惯上，网站标志要放在较醒目的位置，如左上角；有动态文字概括网络主题；导航栏一般放在相同的位置上；网页的颜色搭配要让人感到舒适；页面布局一般有左边导航、右边文字，或上面导航、下面文字的形式；内容要简洁精练，易于理解。

2. 设计网页框架

设计网页首先要设计网站的大致框架，框架要根据网页的内容来确定。例如，要设计一个个人主页，主要展示的内容包括个人简介、联系方式、我的作品、我的相册等，根据这些内容进行分类，画出网页的框架草图，如图1-2所示。

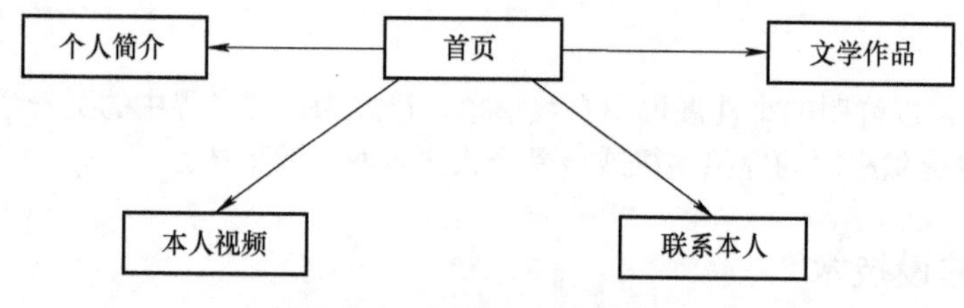

图1-2　网页的框架草图

根据上面的草图就可以创建网页的基本框架了。当然，这只是一个大概的轮廓，设计者还还可以根据需要进一步扩充。

1.3.2　网页的基本元素

网页文件是构成网站最主要的文件类型。网页一般包含文字、图像和表格等内容。常见的网页元素包括文本、图片和动画、声音和视频、超链接、表格、表单和导航栏等。

1. 文本

文本是最重要的信息载体与交流工具。网页中的信息一般以文本为主，因为它能准确地表达信息的内容和含义。

2. 图片和动画

图片在网页中具有提供信息、展示作品、装饰网页、表现个人情调和风格的作用。用户在网页中使用的图片主要有GIF、JPEG和PNG格式。在网页中，为了更有效地吸引浏览者的注意，许多网站的广告都做成了动画形式。

3. 声音和视频

声音是多媒体网页的一个重要组成部分。网络声音文件的格式非常多，常用的有MIDI、WAV、MP3和AIF等。设计者在使用这些格式的文件时，需要加以区别。很多浏览器不需要插件也可以支持 MIDI、WAV 和 AIF 等格式的文件。

视频文件的格式也非常多，常见的有 RealPlayer、MPEG、AVI 和 DivX 等。采用视频文件会让网页变得精彩而有动感。

4．超链接

超链接是网页不可缺少的一部分，它是从一个网页指向另一个目的端的链接。目的端通常是另一个网页，也可以是一幅图片、一个电子邮件地址、一个程序或者本网页中的其他位置。

5．表格

表格用来控制网页的布局方式，包括两个方面：一是使用行和列的形式来布局文本和图像及其他列表化数据；二是使用表格来精确控制各种网页元素在网页中出现的位置。

6．表单

网页中的表单通常用来接收用户在浏览器的输入，然后将这些信息发送到用户设置的目标端。表单一般用来收集联系信息，接收用户要求，获得反馈意见，设置来宾签名簿，让浏览者注册为会员并以会员的身份登录网站等。

7．导航栏

导航栏就是一组超链接，这组超链接的目标就是本站点的主页及其他分网页。导航栏的作用就是引导浏览者游历网站。在一般情况下，导航栏应放在网页中较引人注目的位置，通常是在网页的顶部或一侧。

8．其他常见元素

网页中除了以上几种基本元素之外，还有一些其他常见元素，包括 JavaScript 特效、ActiveX 等。它们不仅能点缀网页，而且在网络游戏、电子商务等方面也有着不可忽视的作用。

1.3.3 网页的构成

网页一般是由各个版块构成，包括 Logo、Banner、导航栏、内容版块、版尾版块等部分。

1）Logo 即徽标，它是网站的图形标志，起到对 Logo 拥有公司的识别和推广的作用，通过形象的 Logo 可以达到引导受众的兴趣，增强美誉和记忆等目的。Logo 的设计对企业形象的树立意义非凡。

2）Banner 可以作为网站页面的横幅广告或大标题。Banner 主要体现中心意旨，形象鲜明地表达最主要的情感思想或宣传中心内容。

3）导航栏是网页设计中不可缺少的部分，它是指通过一定的技术手段，为网站的浏览者提供一定的途径，使其可以方便地访问到所需内容，是浏览者从一个页面转到另一个页面的快速通道。

4）内容版块是网站的主体部分，内容是由各种页面元素构成。

5）版尾版块是页面最底端部分，用来设置网站的版权信息等内容。

1.3.4 网页的布局

网页的布局是指页面的版面设计形式，即如何将页面中的文本、图片和动画等内容按照一定的次序和层次进行摆放，使之有机地结合在一起，体现出更完美的界面效果。

1．网页布局的常用技术

（1）CSS（层叠样式表）布局

CSS 是一种格式化网页的标准方式，它扩展了 HTML 的功能，使得网页的设计者能够以更有效的方式设置网页格式，从而大大增强了网页的格式化能力。除了功能强大这个特点之外，使用 CSS 布局的另一个优点是可以使用同一个样式表对整个网站的具有相同性质的网页进行格式化修饰。

（2）表格布局

表格是页面布局常用的方式之一，目前许多网页都是用表格布局的。在设计页面时，使用表格可以导入表格化数据，设计页面分栏，定位页面上的文本和图像等。表格布局的优势在于它能对不同对象加以处理，而又不用担心不同对象之间相互影响，且表格在定位图片和文本上比用 CSS 布局更加方便。

（3）框架布局

框架结构也是一个好的布局方法。框架的作用就是把浏览窗口划分为若干个区域，每个区域可以分别显示不同的网页。框架由框架集和单个框架组成。框架结构如同表格布局一样，可以把不同对象放置到不同页面加以处理，并且因为框架可以取消边框，所以一般来说不会影响整体美观。

2．网页布局的原则

在构思和设计网页布局的过程中，设计者还必须要掌握以下五项原则：

（1）平衡性

一个好的网页布局应该给人一种安定、平稳的感觉，它不仅表现在文字、图像等要素在空间占用上的分布均匀，而且还要注意色彩的平衡，要给人一种协调的感觉。

（2）对称性

对称是一种美，生活中有许多事物都是对称的，但过度的对称就会给人一种呆板、死气沉沉的感觉，因此要适当地打破对称，制造一点变化。

（3）对比性

通过让不同的形态、色彩等元素的相互对比，来形成鲜明的视觉效果。例如，黑白对比，圆形与方形对比等，它们往往能够创造出富有变化的效果。

（4）疏密度

网页要做到疏密有度，不要整个网页都是一种样式。要适当地进行留白，运用空格，改变行间距、字间距等，制造一些变化的效果。

（5）比例

比例适当，这在网页布局中非常重要，虽然不一定都要做到黄金分割，但比例一定要协调。

3．网页布局的类型

网页布局大致可分为国字形、拐角形、标题正文型、框架型、封面型、Flash 型等多种类型。

（1）国字形布局

国字形也可以称为同字形，是一些大型网站经常使用的网页布局类型。这种布局最上面是网站的标题及横幅广告条，接下来就是网站的主要内容，左右分列一些小条内容，中间是主要部分，与左右一起罗列到底，最下面是网站的一些基本信息、联系方式、版权声明等。这种布局是最常见的一种网页布局类型。如图 1-3 所示的中国人民公安大学的主页就是国字形布局。

图 1-3 国字形布局

（2）拐角形布局

拐角形布局与国字形布局只是形式上稍有区别，其实是很相似的。该布局上面是标题及广告横幅，接下来的左侧是一窄列链接等内容，右面是很宽的正文，最下面是一些网站的辅助信息。

（3）标题正文型布局

标题正文型布局的最上面是标题或类似的一些东西，下面一般是正文。例如，一些文章页面或注册页面等就属于这种类型。

（4）框架型布局

采用框架型布局的网页通常分为左右框架布局和上下框架布局两种。左右框架是分为左、右两部分，一般左面是导航链接，有时最上面会有一个小的标题或标志，右面是正文；上下框架型布局与左右框架型布局类似，区别仅仅在于这种布局分为上、下两部分。框架型布局结构非常清晰，一目了然，如图 1-4 所示为左右框架型布局。

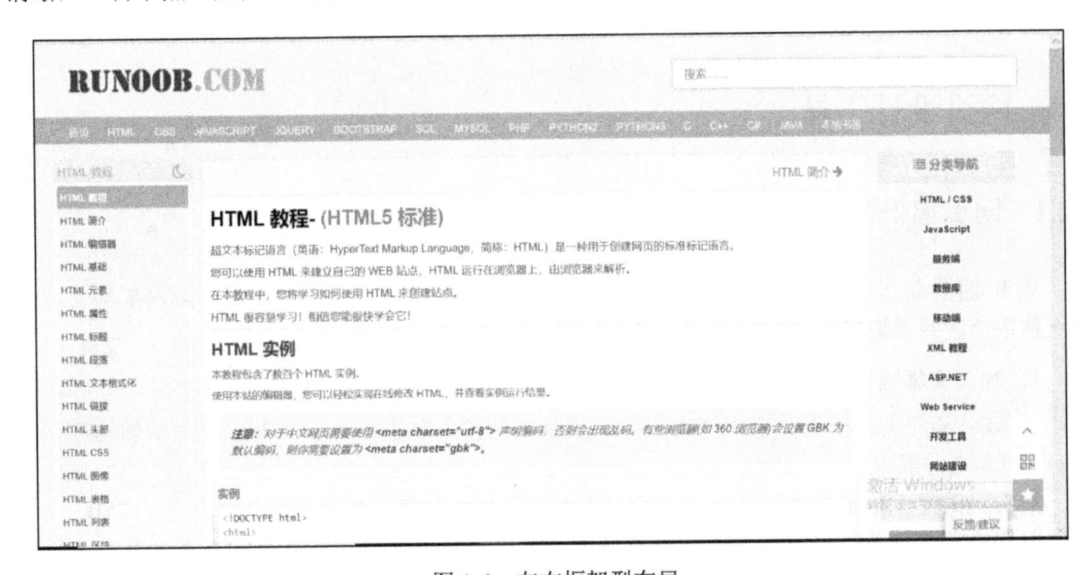

图 1-4 左右框架型布局

（5）封面型布局

封面型布局一般出现在一些网站的首页，由一些精美的平面设计结合一些小的动画组成，在页面中放上几个简单的链接或者仅仅是一个进入的链接，甚至直接在图片上加上链接而没有任何提示。这种布局需要精心设计，能给人带来赏心悦目的感觉，如图1-5所示。

图1-5　封面型布局

（6）Flash型布局

Flash型布局其实与封面型布局类似，只是这种布局采用了目前非常流行的Flash技术。由于Flash功能强大，页面所表达的信息更丰富，因此其视觉效果和听觉效果更能吸引浏览者的访问。

以上介绍了多种网页布局的类型，至于什么样的布局是最好的，其实这要具体情况具体分析。如果内容非常多，就要考虑用国字形或拐角形布局；如果内容不算太多，而且只是一些说明性的东西，则可以考虑标题正文型布局；框架型布局的一个特点就是浏览方便、速度快，但结构变化不灵活；封面型布局适用于展示企业形象，或者个人风采；Flash型布局更灵活一些，好的Flash使网页充满活力。在实际设计中，设计者只有不断地尝试，才会提高网页布局技术。

1.4　网页设计工具

1.4.1　网页编辑器简介

Web前端设计开发需求越来越大，无论是职业人士还是网页设计爱好者，都需要为自己选择一款适合的网页编辑器。

1. 纯文本编辑器

HTML文件实质就是一个纯文本文件，只是文件扩展名为.html。因而，文本编辑器即可编写HTML5文件代码。

最常见的文本编辑器就是Windows自带的记事本。记事本也是初学者学习写HTML文件经常用到的一个工具。虽然直接用记事本也能写出网页，但是要求网页制作者必须具有一定的HTML基础，且效率比较低。

2. 可视化网页编辑器

（1）Dreamweaver

Dreamweaver 简称 DW，它有着很好听的中文名字梦想编织者，是一款流行的网页制作编辑软件。作为可视化的 HTML 网页编辑器，Dreamweaver 集网页创作和网站管理两大利器于一身，它支持最新的 HTML5 和 CSS3 标准。Dreamweaver 采用了多种先进技术，能够快速、高效地创建极具表现力和动感效果的网页，使网页创作过程变得非常简单。借助 Dreamweaver 还可以使用服务器语言（如 ASP、ASP.NET、JSP 和 PHP 等）生成支持动态数据库的 Web 应用程序。

（2）Visual Studio Code

Visual Studio Code 简称 VSC，是一款开源的现代化轻量级代码编辑器，支持几乎所有主流的开发语言，有语法高亮、智能代码补全、自定义热键、括号匹配、代码片段、代码对比等优势，支持插件扩展，并针对网页开发和云端应用开发做了优化。

（3）WebStorm

WebStorm 是 JetBrains 旗下的一款 JavaScript 开发工具。被誉为 Web 前端开发神器、最强大的 HTML5 编辑器、最智能的 JavaScript IDE 等。

1.4.2 网页图像处理工具

图片是构成网页的基本元素，为了有效地吸引浏览者的注意力，精美的图形和图像是关键。现有多种网页图形图像设计工具可供设计者选择，既能帮助用户快捷地制作图像，又能增强艺术效果。

1. Photoshop

Photoshop 是 Adobe 公司推出的功能强大的平面图像处理软件。由于 Photoshop 在图像编辑、桌面出版、网页图像编辑、广告设计、婚纱摄影等各行各业中的广泛应用，它已成为许多涉及图像处理的行业事实标准。目前其最新版本是 Photoshop CC 2019。

2. Fireworks

Fireworks 是一款优秀的网页图形图像处理软件。使用它可以在一个专业化的环境中创建和编辑网页图像、对其进行动画处理、添加高级交互功能以及优化图像。在 Fireworks 中，可以在单个应用程序中创建和编辑位图和矢量两种图像。此外，还可以随时导入或导出图像。目前其最新版本是 Fireworks CS6。

3. CorelDraw

CorelDraw 是 PC 端历史最悠久的绘图软件之一。新发布的 CorelDraw 12 绘图套件包含了用于绘图和排版的 CorelDraw、用于图像编辑的 Corel Photo-Paint 及用于制作矢量动画的 CorelR.A.V.E。CorelDraw 还不断向新的领域进军，使其成为专业的网页图形图像处理工具。目前其最新版本是 CorelDraw X10。

1.4.3 网页动画制作与特效工具

随着网络速度的提高，越来越多的网页中使用了动画效果，这些动态显示的画面不仅吸引了浏览者的注意，而且也给网页增添了不少生机。多姿多彩的动画设计已成为 Internet 中最为绚丽的一部分。

1．Flash

Flash 是一款优秀的网页动画制作软件，它是 Web 设计人员、交互式媒体专业人员开发多媒体内容的理想工具。它注重创建、导入和处理多种类型的媒体，如音频、视频、位图、矢量、文本和数据。使用它做出的动画声音、动画效果都是其他软件无法比拟的。Flash 不仅功能强大，易于使用，而且它和 Fireworks 也能很好地兼容，二者搭配可以制作出精美的动画。

2．Ulead GIF Animator

Ulead GIF Animator 是 Ulead 公司发布的，是一款简单、快速、灵活、功能强大的 GIF 动画编辑软件，它使网页设计者可以快速、轻松地创建和编辑网页动画文件。同时，Ulead GIF Animator 也是一款不错的网页设计辅助工具，还可以作为 Photoshop 的插件使用。它具有丰富而强大的内置动画选项，让设计者能够更方便地制作出符合要求的 GIF 动画。

本章小结

本章作为教程的开篇内容，介绍了网页设计的入门知识，主要包括：Internet 与网页设计的基本概念，如 Internet 的概念、Internet 提供的主要服务等；网站规划设计的基础内容，如设计网站的类型、网站的建设技术等；网页制作的基础知识，如构成网页的基本要素、网页的布局；网页设计与制作的工具软件。

思考与练习

1．简述你所了解的网站就功能实现所涉及的类型有哪些？
2．网站主页的布局有哪些风格？
3．简述网页设计软件中，Dreamweaver、Photoshop 和 Flash 各自的功能特点。

第 2 章　HTML5 基础

HTML 是制作网页的基础语言，是网页设计初学者必须掌握的内容。HTML5 是 Web 中核心语言 HTML 的规范，网页浏览时看到的内容原本都是 HTML 格式的，在浏览器中通过一些技术处理将其转换成为可识别的信息。本章将对 HTML5 基础知识进行介绍，带读者认识网页的源码世界。

本章要点：

- HTML5 基础
- HTML5 基础语法结构
- HTML5 基础标签与属性

2.1　HTML5 简介

1．HTML5 的发展史

HTML 是 HyperText Markup Language（超文本标记语言）的缩写，它是表示 Web 页面的符号标记语言，其目的在于运用标签（Tag）告诉浏览器如何显示其中的内容。通过 HTML，将所需表达的信息按某种规则写成 HTML 文件，再通过专用的浏览器来识别，并将这些 HTML 文件翻译成可以识别的信息，就是所见到的网页。

1993 年 6 月正式推出 HTML1.0 版，提供简单的文本格式功能。1997 年 12 月，W3C（World Wide Web Consortium）发布了 HTML4.0 版，其中增加和增强了许多功能。2014 年 10 月，W3C 发布了 HTML5。HTML5 取代了 HTML4.0 和 XHTML1.0 标准，实现了桌面系统和移动平台的完美衔接。

可以说 HTML5 是 HTML 的升级完善，它将 Web 带入一个成熟的应用平台，在这个平台上，对视频、音频、图像、动画以及与设备的交互都进行了规范。

2．HTML5 的优点

HTML5 是下一代 HTML 标准。

HTML5 仍处于完善之中。然而，大部分现代浏览器已经具备了支持某些 HTML5。

HTML5 得到包括 Firefox（火狐浏览器）、IE9 及其更高版本，Chrome（谷歌浏览器），Safari，Opera 等国外主流浏览器的支持；国内的傲游浏览器（Maxthon），360 浏览器、搜狗浏览器、QQ 浏览器、猎豹浏览器等同样具备支持 HTML5 的能力。

HTML5 成为 HTML、XHTML 以及 HTML DOM 的新标准，它兼容 HTML 和 XHTML，并增加了很多非常实用的新功能和新特性，主要体现在以下几个方面。

（1）兼容性

HTML5 标准统一。新一代网络标准能够让程序通过 Web 浏览器，从包括个人计算机、笔记本式计算机、智能手机或平板计算机在内的任意终端，来访问相同的程序和基于云端的信息。

（2）增加了新特性

HTML5 新增了内容元素，如 header、nav、section、article 和 footer 等。

HTML5 新增了表单控件，如 calendar、date、time、email、url 和 search 等。

HTML5 新增了用于绘画的 canvas 元素。

HTML5 新增了用于媒体播放的 video、audio 元素。

HTML5 更好地支持了地理位置、拖曳、摄像头等 API。

（3）内容与表现的分离

为了避免可访问性差、代码复杂度高、文件过大等问题，HTML5 在清晰分离内容和表现方面做出了很大改进。

（4）简化

HTML5 要的就是简单，避免不必要的复杂性。HTML5 简化了文件声明、字符声明，提供了简单而强大的 HTML5 API，使用浏览器原生能力替代复杂的 JavaScript 代码。

2.2 创建简单网页文件

创建一个简单的网页，可以通过网页编辑器来编辑网页并保存，生成 HTML5 文件。也可以使用文本编辑器直接编写网页文件。下面介绍使用最简单的记事本来编辑网页文件的方法。

1）在 Windows 开始按钮旁的搜索框中，输入记事本（见图 2-1），查找到记事本应用程序并启动。

2）在记事本窗口新建文档中，按 HTML5 语言规则输入代码，内容如图 2-2 所示。

图 2-1 启动记事本

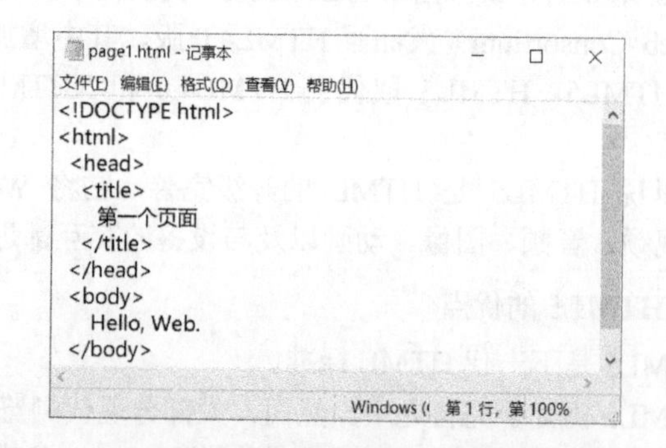

图 2-2 用记事本编写 HTML 代码

3）选择文件菜单的保存命令。此时将弹出另存为对话框，在保存在下拉列表框中选择文件要存放的路径；保存类型选择所有文件（*.*）（不要选择默认的.txt）；在文件名文本框中输入以 html（或 htm）为扩展名的文件名，如 page1.html；单击保存按钮，如图 2-3 所示。

4）在资源管理器中找到保存的 page1.html 文件，双击文件名，在默认的浏览器窗口中可以浏览到网页内容，如图 2-4 所示。

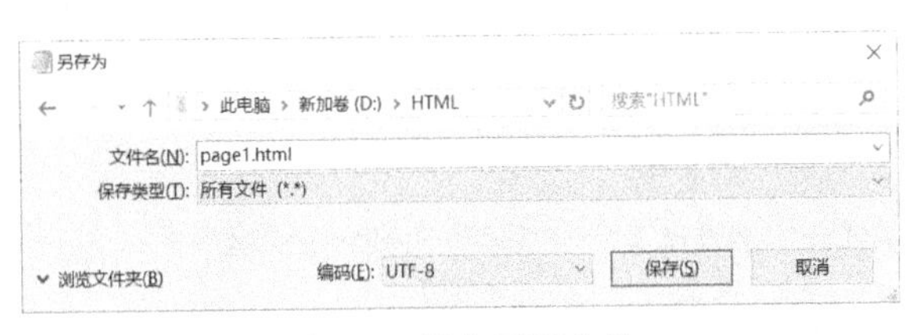

图 2-3　保存网页文件

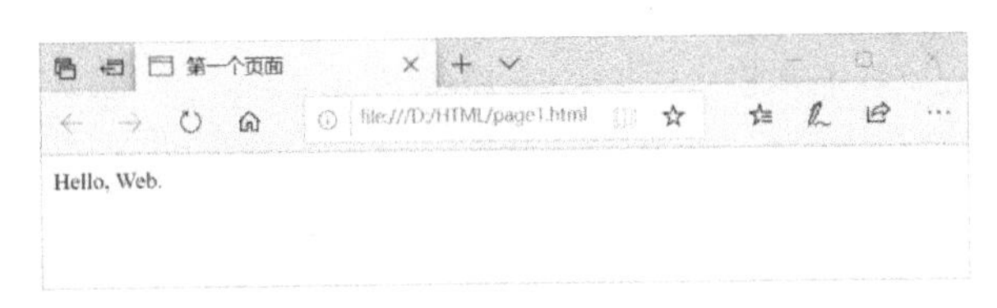

图 2-4　浏览网页

通过上面的例子，可以清楚看到简单网页的生成过程。HTML5 文档的基本格式主要包括一些带<>的标签，下面就具体介绍 HTML5 的文档结构与标签。

2.3　HTML5 语法

编写 HTML 文档时，需要遵循 HTML 语法规范。HTML 文档由标签和信息混合组成，这些标签和信息必须遵循一定的组合规则，否则浏览器无法准确解析。HTML 语法规则很容易被理解。实际上，网页文档就是标签和网页元素组成的容器。

HTML 文档标签名称大都为相应的英文单词首字母或缩写，例如，img 表示 image（图像），p 表示 paragraph（段落）。HTML 标签分为两大类，分别是双标签与单标签。

1．双标签

HTML 标签大多数都成对出现，即由开始标签和结束标签组成。

语法：

```
<标签名>内容</标签名>
```

<标签名>表示标签作用开始；</标签名>是其结束标签，表示该标签内容的结束。例如，<hl>欢迎访问主页！</hl>，其中欢迎访问主页！是标题内容，按照标题一格式显示。

2．单标签

标签也有不用</标签名>结尾的，只用一个标签名就能完整地描述某个功能，这种标签称为单标签。

语法：

```
<标签名/>
```

例如，
用于实现换行。

3．标签的属性

标签规定的是信息的类型，信息的类型可能是文本，也可能是图像，但是要显示这些信息，就需要在标签后加上相关的属性。每个标签都可能有一系列的属性。标签通过属性来显示出各种效果。

语法：

```
<标签名属性 1= " 属性值 1 " 属性 2= " 属性值 2 " …>被标签的内容</标签名>
```

例如，

```
<h1 align= " center " >欢迎您！</h1>
```

【说明】

- 不是所有的标签都有属性，如换行标签就没有。
- 可以根据需要使用该标签的几个属性，在使用的属性之间没有顺序先后之分。
- 属性名和标签名都必须用小写字母表示，属性值都要用双引号括起来。

2.4 HTML5 常用标签

HTML5 定义的标签有很多，下面对一些常用的标签进行介绍。随着读者学习的不断深入，就会掌握更多、更全面的标签使用方法和技巧。

2.4.1 文档结构标签

HTML5 文档是一种纯文本格式的文件，HTML5 文档的基本结构为文件头和文件主体部分。先看下面的源代码，方便理解文档结构中标签的作用。

```
<! DOCTYPE  html>
<html>
  <head>
    <meta charset= " utf-8 " />
      <title>
        第一个 HTML5 页面
      </title>
  </head>
  <body>
      <p>网页内容写在这里。</p>
  </body>
</html>
```

1．<!DOCTYPE>

DOCTYPE 是 Document Type（文档类型）的简写。<!DOCTYPE>位于文档的最前面，用于说明当前文档使用哪种 HTML 标准规范。HTML5 文档的声明非常简单，体现了 HTML5 的简洁性。

【注意】<!DOCTYPE>标签没有结束标签，且对大小写不敏感。

2．<html>标签

<html>处于文档的<!DOCTYPE>标签之后，也称为根标签，用于说明自身是一个 HTML 文档。<html>与</html>标签限定了文档的开始点和结束点，在它们之间是文档的头部（head）和主体（body）。

3．<head>头部标签

<head>标签位于文档的开始处，紧跟在<html>后面。

<head>标签用于定义文档的头部，它是所有头部元素的容器。<head>中的元素可以引用脚本、指示浏览器在哪里找到样式表、提供元信息等。

一些标签可用在 head 部分，如<title><base><link><meta><script><style>等。这些标签都应用在<head>与</head>标签之间。

4．<body>主体标签

<body>标签用于定义文档的主体。

语法：

```
<body>网页内容</body>
```

【说明】

1）主体位于头部之后，以<body>为开始标签，</body>为结束标签。它定义网页上显示的主要内容与显示格式，是整个网页的核心。网页中要真正显示的内容都包含在主体中，如文本、超链接、图像、表格和列表等。

2）<body>标签有很多“呈现属性”，用于呈现页面的外观，如 bgcolor、text、link、alink、vlink、background、leftmargin、topmargin 等。但 HTML5 标准不建议再使用这些属性，而是用 CSS 样式表取代实现。

以上是 HTML 文档结构的基本标签，其中，在<head>标签中又嵌套了两个标签，下面继续认识一下它们。

5．<title>标题标签

<title>标签位于<head>标签内，用于定义文档的标题。在文档头部定义的标题内容并不在浏览器窗口中显示，而是在浏览器的标题栏中显示。尽管头部定义的信息很多，但能在浏览器标题栏中显示的信息只有标题。

语法：

```
<title >标题内容</title >
```

标题会给浏览者带来方便。首先，标题概括了网页的内容，能使浏览者迅速了解网页的内容。其次，如果浏览者喜欢该网页，将它加入书签中或保存到磁盘上，标题就作为该页面的标志或文件名。另外，使用搜索引擎时显示的结果也是页面的标题。可见，标题是相当重要的。

6．<meta>元信息标签

<meta>标签位于<head>标签内，用于提供有关页面的元信息（meta-information），如针对搜索引擎和更新频度的描述和关键词等内容。

例如，

```
<meta charset="utf-8" />
```

其中，<meta>标签的 charset 属性规定了 HTML5 文档的字符编码，这是文本信息能够正常显示在网页中的必要说明。

2.4.2　文本格式标签

网页的文本格式标签有多种，主要用来识别文本区块，如标题和段落等格式标签。

1．<!--…-- >注释标签

HTML5 文档也提供注释功能。浏览器会忽略此标签中的文字而不显示。一般使用注释标签的目的是为文档加上说明，方便以后阅读和修改。

注释并不局限于一行，长度不受限制。

2．<h#>标题标签

在页面中，标题是一段文字内容的核心，所以需要用加强的效果来表示。网页中的信息可以通过设置不同的标题级别，增加文章的条理性。

语法：

```
<h#>标题文字</h#>
```

【说明】

1）“#”用来指定标题文字的大小，取1～6的整数值，分别表示一级至六级标题。

2）属性 align 用来设标题在页面中的对齐方式，取值为：left（左对齐）、center（居中）、right（右对齐）。默认为 left。

3．<p>段落标签

段落标签放在段落的头部和尾部，用于定义一个段落。<p>…</p>标签不但能使后面的文字换到下一行，还可以使两段之间多加一空行，相当于两个
标签。

**4．
强制换行标签**

在 HTML5 文档中，无法用多个<Enter>键、<Space>键或<Tab>键来调整文档段落的格式，要用标签来强制换行、分段。

放在一行的末尾，可以使后面的文字、图像、表格等显示于下一行，而又不会在行与行之间留下空行，即用
强制文本换行。

5．<hr>水平线标签

在页面中插入一条水平标尺线（Horizontal Rules），可以将不同功能的文字分隔开。当浏览器解释到 HTML 文档中的<hr>标签时，会在此处换行，并加入一条水平线段。线段的样式由标签的参数决定。

例如，

```
<hr align="left|center|right" size="横线粗细" width="横线长度" color="横线色彩" noshade="noshade">
```

【说明】

- size：设定线条粗细，以像素为单位，默认值为2。

- width：设定线段长度，可以是绝对值（以像素为单位）或相对值（相对于当前窗口的百分比）。所谓绝对值是指线段的长度是固定的，不随窗口尺寸的改变而改变。所谓相对值是指线段的长度相对于窗口的宽度而定，窗口的宽度改变时，线段的长度也随之增减，默认值为 100%，即始终填满当前窗口。
- color：设定线条色彩，默认为黑色。色彩可以用相应的英文名称或以#引导的一个十六进制代码来表示，见表 2-1。
- noshade：设定线条为平面显示（没有三维效果），若省略则有阴影或立体效果。

表 2-1　色彩实例表

色彩	色彩英文名称	十六进制代码	色彩	色彩英文名称	十六进制代码
红	red	#ff0000	棕	brown	#a52a2a
橙	orange	#ff6500	灰	gray	#808080
黄	yellow	#ffff00	乳白	ivory	#fffff0
绿	green	#00ff00	粉红	pink	#ffc0cb
青	cyan	#00ffff	深红	crimson	#cd061f
蓝	blue	#0000ff	淡紫	lavender	#dbdbf8
紫	purple	#ff00ff	橙红		#ff5a00
黑	block	#000000	橙黄		#ffa500
白	white	#ffffff			

【实例 2.1】分别使用<p>、<h>、
和<hr>标签标识文本。代码如下：

```
<html>
<head>
   <meta charset="utf-8" />
<title>文本格式标签应用</title>
</head>
<body>
   <h1 align="center">春有百花秋有月</h1>
   <p align="right">无门慧开禅师</p>
   <hr align="center" size="8" width="80%" color="blue" />
   <p align="center">
   春有百花秋有月，<br />
   夏有凉风冬有雪，<br />
   若无闲事挂心头，<br />
   便是人间好时节。</p>
</body>
</html>
```

编辑并保存以上代码文档，然后按<F12>键，在浏览器中浏览页面效果如图 2-5 所示。

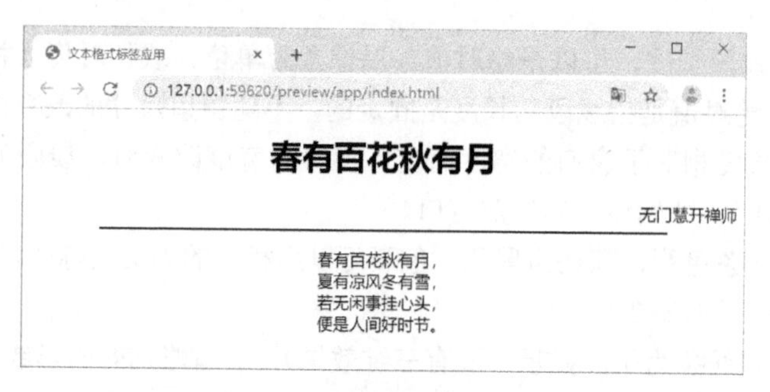

图 2-5 文本格式标签实例

2.4.3 字符格式标签

字符格式标签主要用来标识文本中字符的格式显示，如文本带下画线、切斜等格式。

1．<em>和<strong>强调标签

<em>和<strong>标签都是短语元素。<em>把文本定义为强调的内容，<strong>把文本定义为语气更强的强调的内容。如果只是为了达到某种视觉效果而使用这些标签的话，建议使用样式表，会达到更加丰富的效果。

2．<i>斜体标签

<i>标签是短语元素，将包含其中的文本以斜体字（Italic）显示。如果这种斜体字对该浏览器不可用的话，可以使用高亮、反白或加下画线等样式。

3．<sup>和<sub>上/下标标签

标签中的内容将会以当前文本流中字符高度的一半来显示，但是与当前文本流中文字的字体和字号都是一样的。<sub>和<sup>标签，在数学公式、科学符号和化学公式中非常有用。

4．特殊字符标签

HTML 中有些字符无法直接表示出来，如<和>符号等，使用特殊符号标签就可以将它们在网页中表示出来。HTML 常见的特殊字符标签见表 2-2。

表 2-2 HTML 常见的特殊字符标签

特殊字符	字符标签代码	特殊字符	字符标签代码
空格		“	&qout;
<	<	©	©
>	>	®	®
&	&	×	×

【实例 2.2】字符格式化综合实例。代码如下：

```
<body>
    <h1 align="center">字符格式化</h1>
    <hr align="center" slze="8" width="80%" color="blue" />
    <p align="center"><strong>粗体字</strong> 效果</p>
    <p align="center"><i>斜体字</i> 效果</p>
    <p align="center">字符<sub>下标</sub> 和字符<sup>上标</sup> 效果</p>
```

```
</body>
```

编辑并保存以上代码文档，然后按<F12>键，在浏览器中浏览页面效果如图 2-6 所示。

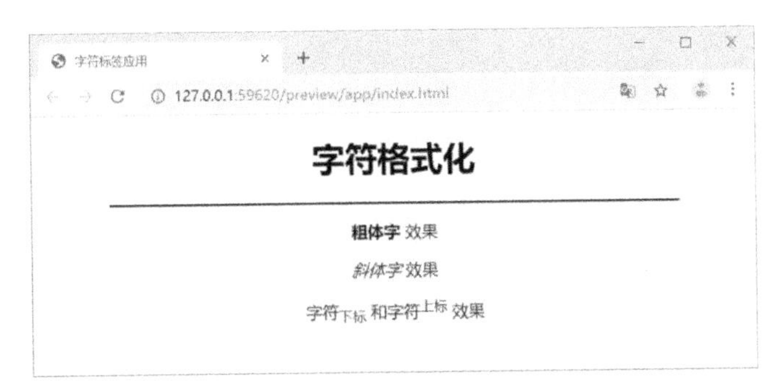

图 2-6　字符格式化综合实例

2.4.4　超链接标签

超链接（Hyper Link）是 HTML 一个最强大的、最有价值的功能，起到网页互联的桥梁作用。超链接可以看作是一个热点，它可以从当前网页定义的位置跳转到其他位置，包括当前页的某个位置、Internet、本地硬盘或其他文件，甚至跳转到声音、图像等多媒体文件。

1. <a>超链接标签

<a>标签定义超链接，用于从一个页面链接到另一个页面。它在网页上建立超文本链接。通过单击文本或图像，可以从此处转到另一个链接资源（目标资源），这个目标资源有唯一的地址（URL）。

语法：

```
<a href="地址"  target="打开窗口方式" >链接对象</a>
```

【说明】

1）href 属性非常重要，它的值为一个 URL，即目标资源的有效地址。如果要创建一个不链接到其他位置的空链接，可用#代替 URL，即<a href="# ">链接对象</a>。

2）target 属性设定超链接被单击后所打开窗口的方式，可选值为_blank、_parent、_self 和_top。

2. 绝对路径链接

绝对路径就是主页的文件或目录在硬盘上的真正存储路径。

例如，北京图书大厦官网中的“友情链接”版块，如图 2-7 所示。这里的超链接都是通过绝对地址进行链接的。

友情链接
搜狐读书频道
新浪读书频道

图 2-7　友情链接

例如，<a href="http://book.sohu.com/">搜狐读书频道</a>，其中 URL 地址为绝对路径信息。单击搜狐读书频道超链接文本，即可跳转访问到对应的频道页面。

3. 相对路径链接

相对路径是以当前文件所在路径为起点，进行相对文件的路径查找。根据目标文件与当前文件的目录关系，有四种相对路径的用法。

【注意】应该尽量采用相对路径。

（1）链接到同一目录内的网页文件

目标文件名是链接所指向的文件。

语法：

```
<a href="目标文件名.htm">热点文本</a>
```

（2）链接到下一级目录中的网页文件

语法：

```
<a href="子目录名/目标文件名.htm">热点文本</a>
```

（3）链接到上一级目录中的网页文件

语法：

```
<a href="../目标文件名.htm">热点文本</a>
```

其中，../表示退到上一级目录。

（4）链接到同级目录中的网页文件

语法：

```
<a href="../子目录名/目标文件名.htm">热点文本</a>
```

../表示先退到上一级目录，然后再进入目标文件所在的目录。

4．锚点链接

锚点可以实现当前页面内部文字的超链接，需要先建立锚点，通过建立锚点对页面内的文字进行引导和跳转。锚点定义就是建立一个书签，对该文本做一个记号。

1）锚点定义语法：

```
<a name="锚点名">目标文字</a>
```

2）锚点链接语法：

```
<a href="#锚点名">热点文本</a>
```

这里，name 的赋值和 href 的赋值之间只差一个#号，是链接对应的关键。单击热点文本，将跳转到锚点名开始的位置。

5．指向下载文件的链接

如果链接到的文件不是 HTML 文件，则该文件将作为可下载文件。

语法：

```
<a href ="可下载文件名">热点文本</a>
```

【注意】文件名一定连同扩展名写完整，如 Diamonds.mp3、安装包.rar 等。

6．指向电子邮件的链接

单击指向电子邮件的链接，将打开默认的电子邮件程序，如 Foxmail、Outlook Express 等，并自动填写邮件地址。

语法：

```
<a href="mailto：E-mail 地址">热点文本</a>
```

【实例 2.3】创建超链接实例。HTML 代码如下：

```
<body>
   <h1 align="center">超级链接实例</h1>
   <div align="center">
   <a href=" http://www.ppsuc.edu.cn">公安大学官网</a><br /><br />
   <a href="news.html" target="_blank">新闻频道</a><br /><br />
   <a href="#the_end">跳转到页尾</a><br /><br />
   <a href= "download/学习课件.rar">下载文件</a><br /><br />
   <a href="mailto:yangming@cppsu.edu.cn">请联系我</a><br /><br />
   </div>
   <hr/>
   <p>  超链接（Hyper Link）是 HTML 的一个最强大的和最有价值的功能，起到网页互联的桥梁作
   用。超链接可以看作是一个热点，它可以从当前网页定义的位置跳转到其他位置，包括当前页的某个位置、
   Internet、本地硬盘或其他文件，甚至跳转到声音、图像等多媒体文件。</div>
   <p>1. 超链接标签</p>
   <p>2. 指向其他页面的链接</p>
   <p>（1）链接到同一目录内的网页文件</p>
   <p>（2）链接到下一级目录中的网页文件</p>
   <p>（3）链接到上一级目录中的网页文件</p>
   <p>（4）链接到同级目录中的网页文件</p>
   <p>3. 指向本页中的链接</p>
   <p>4. 指向下载文件的链接</p>
   <p><a name="the_end">5. 指向电子邮件的链接</a></p>
</body>
```

编辑并保存以上代码文档，然后按<F12>键，在浏览器中浏览页面效果，如图 2-8 所示。可以测试各种超链接功能。

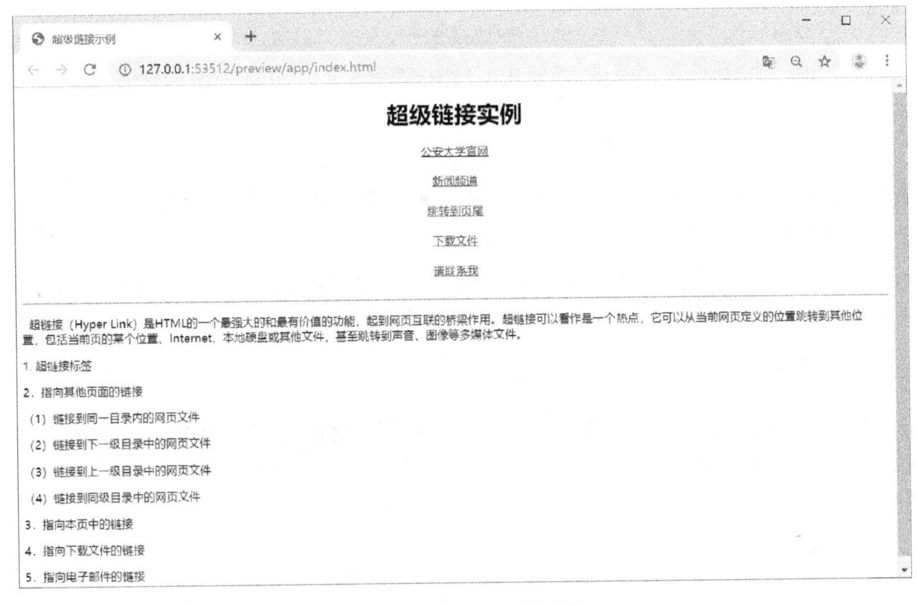

图 2-8　设置超链接功能

2.4.5 多媒体标签

1. <img>图像标签

在HTML中，使用<img>标签可以把一幅图像加入到网页中。

语法：

```
<img src="图像文件名" alt="简单说明" width="图像宽度" height="图像高度" />
```

【说明】

- img是单标签。
- src：指出要加入图像的文件名，规定显示图像的URL。例如，src="/i/eg_tulip.jpg"。
- alt：规定图像的替代文本。例如，alt="郁金香"。
- width：设定图像的宽度（像素数或百分数）。通常应设为图像的真实大小以免失真。若需要改变图像大小，最好事先使用图像编辑工具。
- height：设定图像的高度（像素数或百分数）。

【实例2.4】插入图片实例。代码如下：

```
<body>
    <div align="center">
        <h3>设置图像的尺寸</h3>
        <img src="i/校徽.jpg" />
        <img  src="i/校徽.jpg" width="100" height="100" />
        <br/>    原始尺寸     宽100px，高100px
        <hr color="#CC0000"/>
        <h3>设置图像左右浮动</h3>
        </div>
   <img src="i/2-4.jpg" align="left"/>带有图像的一个段落。图像的 align 属性设置为 "left"。图像将
浮动到文本的左侧。带有图像的一个段落。图像的 align 属性设置为 "right"。图像将浮动到文本的右侧。
   <img src="i/2-4.jpg" align="right"/>
</body>
```

编辑并保存以上代码文档，然后按<F12>键，在浏览器中浏览页面效果，如图2-9所示。本例演示如何将图片调整到不同的尺寸。

<img>标签的应用除了在网页中插入图像功能外，还可以用图像作为网页的背景，即使用<body>标签的background属性，为网页加上背景图像。例如：

```
<body background="i/bg.jpg">
```

其中，background取值为一个图像文件名，并且要指出文件存放的路径，可以是相对路径，也可以是绝对路径。图像文件可以是.gif格式或.jpg格式的文件，如果图像小于页面，图像会进行重复。

2. <audio>标签

<audio>标签是HTML5的新标签，用于定义声音，能够支持.ogg、.mp3、.wav三种音频格式。

图 2-9　插入图片

语法：

```
<audio>…</audio>
```

例如：

```
<audio src="i/2-music.ogg" controls="true" autoplay="true" >您浏览器不支持 audio 标签。
</audio>
```

其中，controls 属性用于设置是否显示播放控件，默认不显示；autoplay 属性控制是否网页加载自动播放；loop 属性用于控制循环次数，如果值为正整数，则播放指定的次数，默认是无线循环播放。

【注意】不是所有的浏览器都支持<audio>标签。如果浏览器不支持，可以在开始标签和结束标签之间放置文本内容，这样不支持的浏览器就可以显示出不支持该标签的信息。此时，可以选择在其他浏览器中测试，如 Chrome 浏览器。

3．<video>标签

<video>标签是 HTML5 的新标签，用于定义视频，如电影片段或其他视频流。

语法：

```
<video>…</video>
```

例如：

```
<video src="somevideo.wmv">您的浏览器不支持 video 标签。</video>
```

浏览器支持 video 标签，则以 src 指定的视频文件进行播放，否则显示浏览器不支持该标签的文本信息。

4．<embed >标签

<embed>标签是 HTML5 的新标签，用于插入多媒体插件。它可以用来插入各种多媒体，能支持.mid、.wav、.swf、.mp3 等格式。

语法：

```
<embed/>
```

例如：

```
<embed src= " i/2-music.wav " />表示自动播放一段音频。<embed src= " i/2-fl.swf " />表示播放一段Flash动画。
```

2.4.6　其他标签

上面介绍的标签是HTML中一些常用的标签，根据使用功能HTML标签还有很多。本小节介绍的标签，都将在后续Dreamweaver章节中与实例相结合进行介绍，这里只做简单说明。

1．列表标签

列表分为无序列表和有序列表两类。带序号标志（如数字、字母等）的表项就组成有序列表，否则为无序列表。

（1）<ul>无序列表标签

代码示例如下：

```
<ul>
<li>HTML5 音频</li>
<li>HTML5 视频</li>
<li>HTML5 画布</li>
<li>HTML5 拖放</li>
</ul>
```

上述代码的页面浏览效果如图2-10所示。

图2-10　无序列表效果

【说明】<ul>用来定义一个无序列表；<li>用来定义列表项；type=# 设置无序列表的符号样式，#取值有以下三种，默认为实心圆。

- type=disc 表示实心圆。
- type=circle 表示空心圆。
- type=square 表示方框。

（2）<ol>有序列表

使用<ol>标签建立有序列表，通过带序号的列表可以更清楚地表达信息的顺序。

代码示例如下：

```
<ol>
<li>HTML5 音频</li>
<li>HTML5 视频</li>
<li>HTML5 画布</li>
<li>HTML5 拖放</li>
</ol>
```

图2-11　有序列表效果

上述代码的页面浏览效果如图2-11所示。

【说明】<ol>用来定义一个有序列表，<li>用来定义有序列表项，type=# 设置序列表的符号样式，#取值有以下几种，默认为 1. 2. 3. 序列。

- type=1。
- type=a。
- type=A。
- type=I。
- type=i。

2．表格标签

表格将文本和图像按行、列排列，它和列表一样，有利于表达信息。表格在主页中常用来建立网页的框架，使整个页面中的图像和空白分布更规矩，并使条目更清晰。

代码示例如下：

```
<table width="200" border="1">
<tr>
<th scope="row">重点</th>
<td>语法</td>
</tr>
<tr>
<th scope="row">难点</th>
<td>复杂表格</td>
</tr>
</table>
```

上述代码的页面浏览效果如图 2-12 所示。

【说明】表格标签通常包括<table>（表格）、<th>（表头）、<tr>（行）、<td>（单元格），还包括一些可选标签，如<tbody><thead><tfoot><caption>等。<tbody>用于定义表格中的主体内容，<thead>用于定义表格中的表头内容，<tfoot>用于定义表格中的注释内容，<caption>用于定义表格标题。

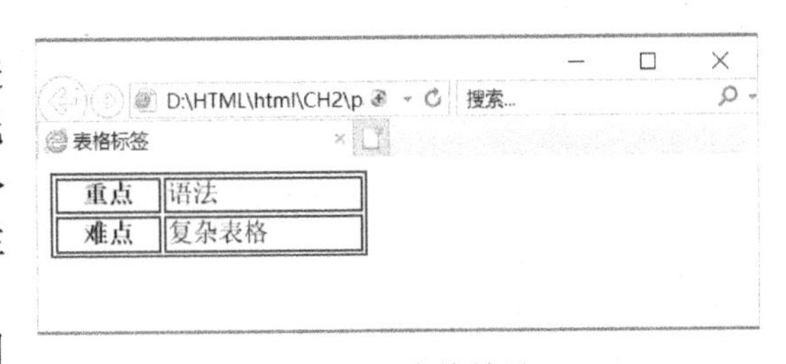

图 2-12　表格效果

3．表单标签

<form>标签用于为用户输入创建 HTML 表单，并向服务器传输数据。表单能够包含<input>标签，如文本字段、复选框、单选按钮、提交按钮等。

4．框架标签

<frame>标签定义 frameset 中的一个特定的窗口（框架）。frameset 中的每个框架都可以设置不同的属性，如 border、scrolling、noresize 等。

【注意】不能与<frameset></frameset>标签一起使用<body></body>标签。

5．样式/节标签

<style>标签用于为 HTML 文档定义样式信息。在<style>中，type 属性是必需的，定义<style> 元素的内容，唯一可能的值是 "text/css"。<style>元素位于<head>部分中。

<div>可定义文档中的分区或节（Division/Section）。<div>标签是用来定义网页内容中的逻辑区域的标签，通过插入<div>标签，并应用 CSS 定位样式来创建页面布局。可以把文档分割为独立的、不同的部分。常采用 id 或 class 来标记<div>，标签的作用会变得更加有效。

2.5 HTML5 新标签

为了更好地适应现今互联网的应用，HTML5 添加了很多新标签，实现很多新的或更好的功能，例如，图形的绘制、多媒体内容、更好的页面结构、更好的形式处理、api 拖放元素、定位、网页应用程序缓存。

2.5.1 <canvas>标签

<canvas>标签用于定义图形，如图表和其他图像。<canvas>标签通过脚本（通常是 JavaScript）来绘制图形（如图表和其他图像）。

【实例 2.5】通过<canvas>元素来显示一个红色的矩形。代码如下：

```
<canvas id="myCanvas"></canvas>
<script type="text/javascript">
var canvas=document.getElementById('myCanvas');
var ctx=canvas.getContext('2d');
ctx.fillStyle='#FF0000';
ctx.fillRect(0,0,80,100);
</script>
```

上述代码的页面浏览效果如图 2-13 所示。

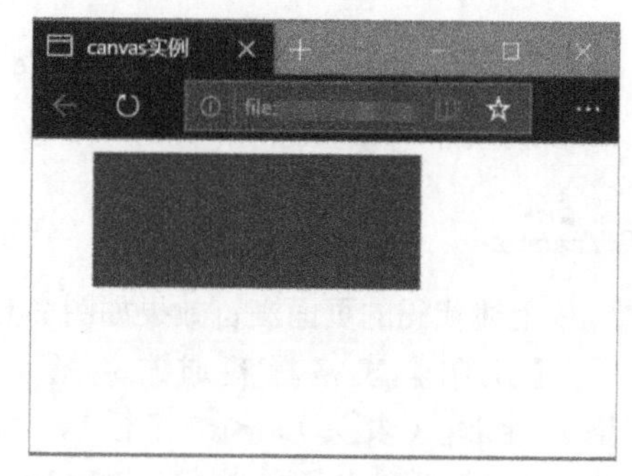

图 2-13 红色矩形

2.5.2 新多媒体标签

HTML5 的出现让多媒体网页开发变得异常简单，也形成了新的标准。HMTL5 增加了一些多媒体标签，支持网页多媒体元素（前面 2.4.5 小节中已有举例）。新多媒体标签及功能描述见表 2-3。

表 2-3 新多媒体标签及功能描述

标签	功能描述
<audio>	定义音频内容
<video>	定义视频（<Video>或者<Movie>）
<source>	定义多媒体资源（<video>和<audio>）
<embed>	定义嵌入的内容，如插件
<track>	为诸如<video>和<audio>元素之类的媒介规定外部文本轨道

【说明】<audio>标签允许使用多个<source>标签，<source>标签可以链接不同的音频文件，浏览器将使用第一个支持的音频文件。

<video>标签定义视频，如电影片段或其他视频流。目前，<video>元素支持三种视频格式：MP4、WebM 和 Ogg。

2.5.3　新结构化标签

新结构化标签更加语义化。HTML5 的新标签可以直接用<header><article><footer>这些清晰明了的标签来表达，使文档的结构更清晰。

以前设计时还要使用<div>，设置 id="container"这一类属性。现在可以用一个 article 等类似标签来表现，作用与<div>一样，只是更方便。新结构化标签和功能描述见表 2-4。

表 2-4　新结构化标签和功能描述

标签	功能描述
<article>	定义页面独立的内容区域
<aside>	定义页面的侧边栏内容。<aside>标签的内容应与主区域的内容相关
<bdi>	允许设置一段文本，使其脱离其父元素的文本方向设置
<command>	定义命令按钮，如单选按钮、复选框或按钮
<details>	用于描述文档或文档某个部分的细节
<dialog>	定义对话框，如提示框
<summary>	标签包含 <details> 元素的标题
<figure>	规定独立的流内容（图像、图表、照片、代码等）
<figcaption>	定义<figure>元素的标题
<footer>	定义<section>或<document>的页脚。一个页脚通常包含文档的作者，著作权信息，链接的使用条款，联系信息等
<header>	定义了文档的头部区域，主要用于定义内容的介绍展示区域。在页面中可以使用多个<header>标签
<mark>	定义带有记号的文本
<meter>	定义度量衡。仅用于已知最大值和最小值的度量
<nav>	定义导航链接的部分
<progress>	定义任何类型的任务的进度
<ruby>	定义 Ruby 注释（中文注音或字符）
<rt>	定义字符（中文注音或字符）的解释或发音
<rp>	在 Ruby 注释中使用，定义不支持<ruby>元素的浏览器所显示的内容
<section>	定义文档中的节（section、区段）。如章节、页眉、页脚或文档中的其他部分
<time>	定义日期或时间
<wbr>	规定在文本中的何处适合添加换行符

本章小结

本章主要介绍了网页代码标准语言 HTML5 的应用，包括 HTML5 文档的基本结构与常用标签，以及各种标签及属性的应用等。读者通过对本章的学习，可以了解和掌握 HTML5 代码编写的基本方法，能够利用文本编辑器编写网页内容。从代码的角度剖析一个网页的内容，使得变换多彩的网页不再神秘莫测，大家都可以试着用HTML5代码来设计一个图文并茂的网页。

HTML5还有一些其他的常用标签，如列表标签、表格标签、表单标签、框架标签等，将在后面的Dreamweaver章节中具体介绍其使用方法，在这里不做详述。

思考与练习

1．HTML5语言编写的基本环境是什么？你所了解的编辑器有哪些？

2．HTML5文档的基本结构是什么？语法规范有哪些？

3．阅读下面的HTML5代码，说明代码能够实现的页面效果，并给代码行加注释。

```
<!doctype html>
<html>
<head>
<meta charset="utf-8">
<title>页面属性设置</title>
</head>
<body bgcolor="#CCCCCC">
<h1 align="center">学 校 简 介</h1>
<hr>
<img src="../img/校园.jpg">
<p>中国人民公安大学是公安部直属普通高等学校暨公安部高级警官学院，国家世界一流学科建设高校。</p>
<p>学校是公安行业综合性大学，是全国公安系统第一所开展普通高等学历教育、第一所开展硕士研究生培养、唯一一所开展博士研究生教育的高等学府，也是学科专业最齐全、办学规模最大、教育层次最完备、目前唯一入选国家&ldquo;世界一流学科建设高校&rdquo;的公安院校。</p>
</body>
</html>
```

第 2 部分
Adobe Dreamweaver CC 应用篇

第 3 章　Adobe Dreamweaver CC 入门知识

Dreamweaver 用于对 Web 站点、Web 网页和 Web 网应用程序进行设计、编码和开发，无论对于网页设计的初学者，还是高级网页设计人员，无论喜欢直接编写 HTML 代码的，还是偏爱在可视化编辑环境中工作的，这款软件都备受青睐，它具有功能强大、操作灵活、超强的扩展能力、强大的网站管理功能等特点。

本章首先介绍 Adobe Dreamweaver CC 2018 的工作环境；然后介绍使用 Dreamweaver 创建本地静态站点和测试站点的基本方法，以及查看站点信息的方法等；最后介绍新建、打开及保存文档等针对文档操作的基本方法。

本章要点：

- Adobe Dreamweaver CC 工作环境
- 站点的创建
- 站点文件的基本操作

3.1　Adobe Dreamweaver CC 2018 工作环境

3.1.1　启动 Dreamweaver CC

安装 Dreamweaver CC 2018 后，首次启动 Dreamweaver CC 时，屏幕上将显示一个快速入门菜单，就三个问题的需求对 Dreamweaver 工作区进行个性化设置。

首先，会出现工作环境设置向导，根据“您是否用过 Dreamweaver CC？”提示选择“不，我是新手”“是，我用过”，如图 3-1 所示。

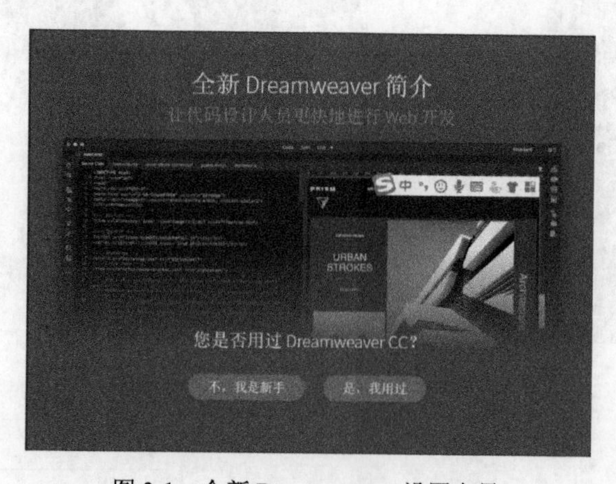

图 3-1　全新 Dreamweaver 设置向导

随后，分别对主题颜色、工作区、最新功能等工作区选项进行设置，如图 3-2 所示。选择后一切就绪，正式进入 Dreamweaver CC。

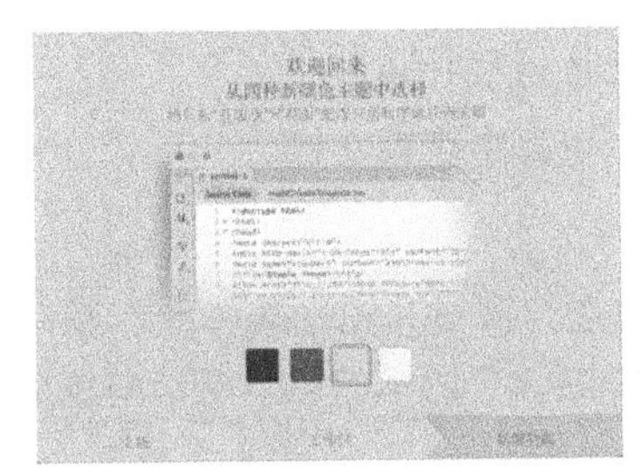
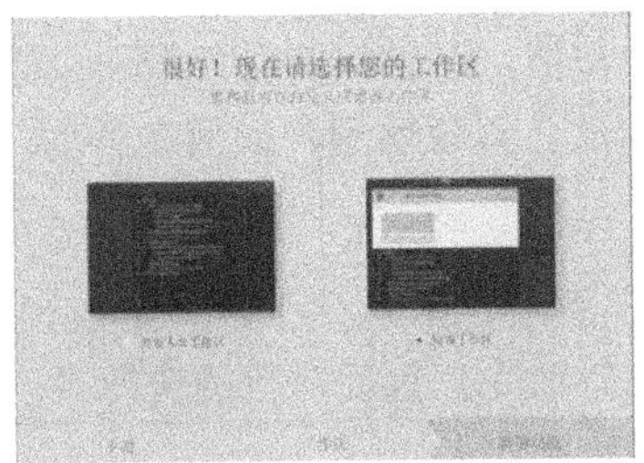
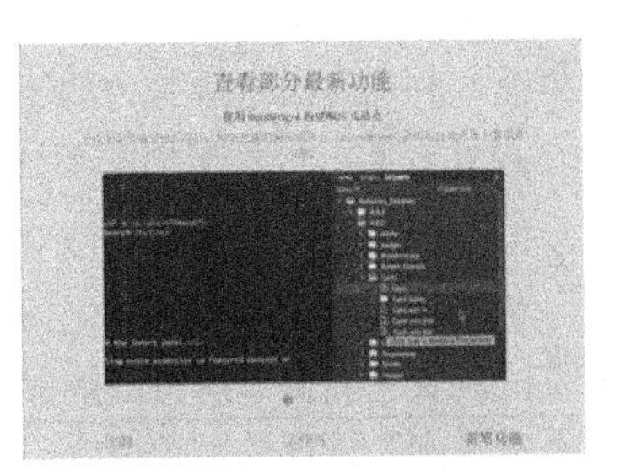

图 3-2 工作区选项设置

3.1.2 工作界面组成

Dreamweaver CC 提供了一个将全部元素置于一个窗口中的集成布局。在工作区中，全部窗口和面板都被集成到一个更大的应用程序窗口中。新建或者打开一个网页文件，就会出现如图 3-3 所示的工作区界面。

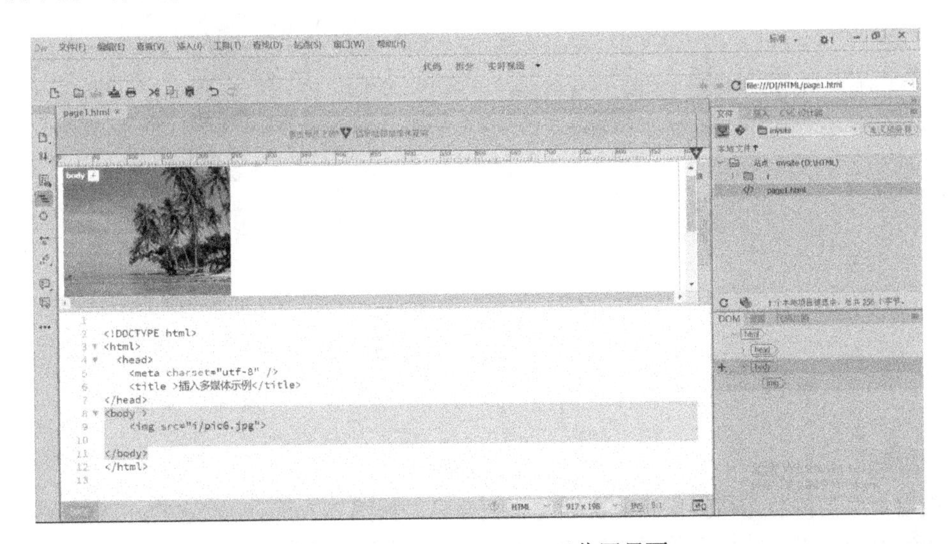

图 3-3 Dreamweaver CC 工作区界面

Dreamweaver CC 的工作区主界面主要包括标题栏、菜单栏、工具栏、文档窗口、状态栏、属性检查器和浮动面板组。下面介绍各个组成部分的功能和对它们的设置。

1. 文档窗口及工具栏

文档窗口显示所有已打开的网页文档，窗口显示当前文档内容。窗口视图方式有代码视图、拆分视图和实时视图三种，如图 3-4 所示。

图 3-4 工具栏

代码视图：仅在文档窗口中显示代码视图。

拆分视图：在代码视图和实时/设计视图之间拆分文档窗口。

实时视图：是一个交互式预览，可准确地实时呈现 HTML5 项目和更新，以便显示出实时的更改。利用实时选项旁边的下拉按钮，可以在实时视图和设计视图之间切换。

设计视图：显示文档的表现形式，以说明用户如何在 Web 浏览器中查看文档。

2．菜单栏

窗口主菜单包括文件、编辑、查看、插入、工具、查找、站点、窗口和帮助菜单项。菜单的下拉列表中提供了所有功能的执行命令，包括对应的快捷键。如图 3-5 所示的站点菜单中包括了新建站点、管理站点等命令。

快捷菜单又称上下文菜单。Dreamweaver CC 广泛使用了快捷菜单。使用这种菜单可以很方便地访问与正在处理的对象或窗口有关的常用命令和属性。快捷菜单仅列出那些适用于当前选定内容的命令。

右击对象或窗口，选定对象或窗口的快捷菜单随即出现，如图 3-6 所示的弹出菜单是针对一个图片对象的快捷菜单内容的显示。

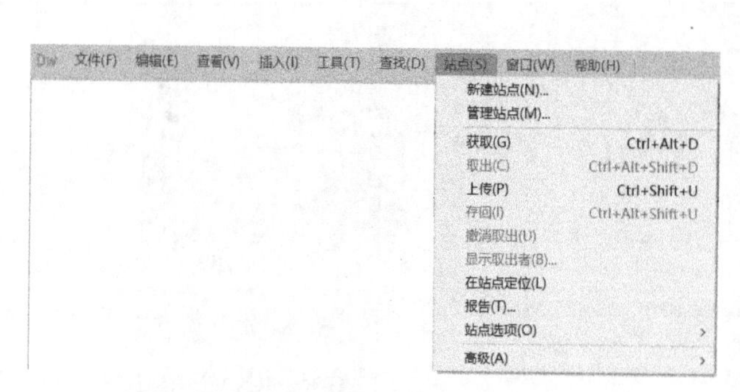

图 3-5　站点菜单

图 3-6　快捷菜单

3．状态栏

文档窗口底部的状态栏提供当前文档的相关信息，如图 3-7 所示。状态栏左侧的标签选择器显示环绕当前选定内容的标签的层次结构。如<img>标签对应了文档中的代码部分用彩色标识出来，便于代码的编辑处理。

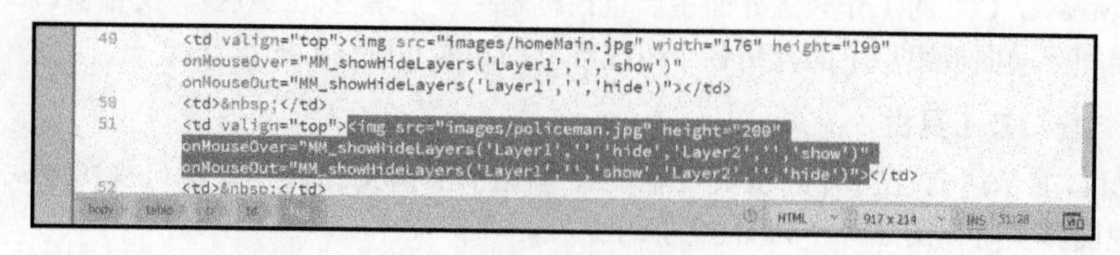

图 3-7　状态栏

状态栏右侧如果有 ⓘ 图标，则表示代码中有警告提示；如果显示 ⊘ 图标，则表示代码无错误。状态栏中还显示了当前文档的类型、页面窗口大小、插入/修改状态、实时预览按钮等信息。

4. 属性检查器

属性检查器用于检查和编辑当前选定页面元素的常用属性。选择【窗口】/【属性】命令打开属性检查器，其默认位于文档窗口的下面。面板中的内容根据选定的元素会有所不同。例如，选择页面上的一个段落，则面板将改为显示该段落的属性，如图 3-8 所示。

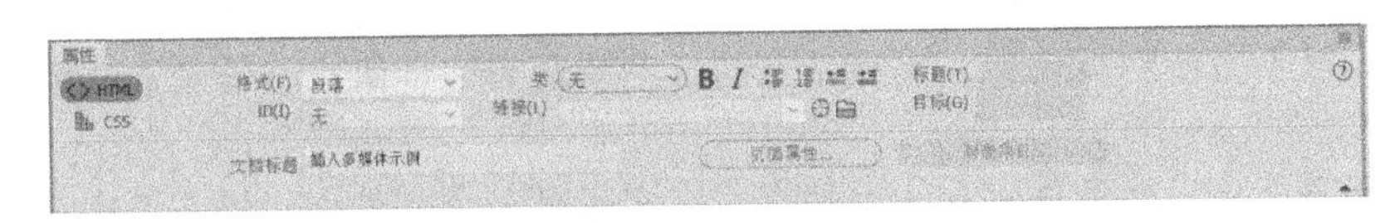

图 3-8 属性检查器

5. 面板及面板组

面板用于监控和修改工作。Dreamweaver CC 中有各种面板，有的面板是单独打开的，如文件面板，有的面板是以面板组合的形式存放的，这些面板是可以浮动于窗口的各个位置的。组合面板的默认停放位置在窗口右侧。【窗口】菜单中显示了面板名称，选中即可打开对应的面板。

文件面板可以管理文件和文件夹，它们可以是 Dreamweaver CC 站点的一部分，也可以在远程服务器上。文件面板可用于访问本地磁盘上的全部文件，类似于 Windows 中的资源管理器，如图 3-9 所示。

6. 设置首选参数

在已有的工作环境下，用户可以随时根据需要调整工作区状态或自定义工作区，包括设置 Dreamweaver 的常规首选参数等。

选择【编辑】/【首选项】命令，即会弹出首选项对话框，如图 3-10 所示。

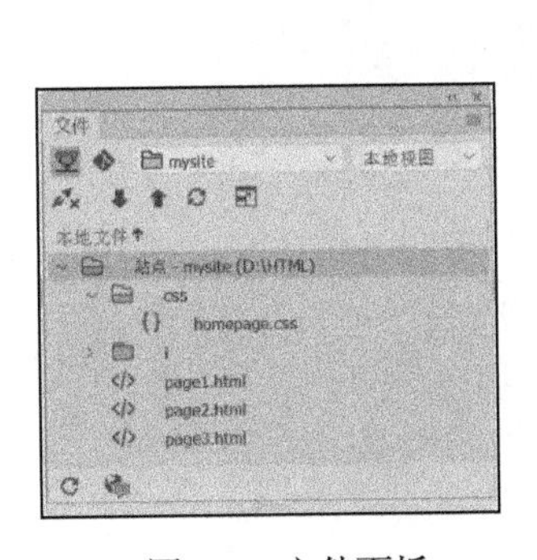

图 3-9 文件面板

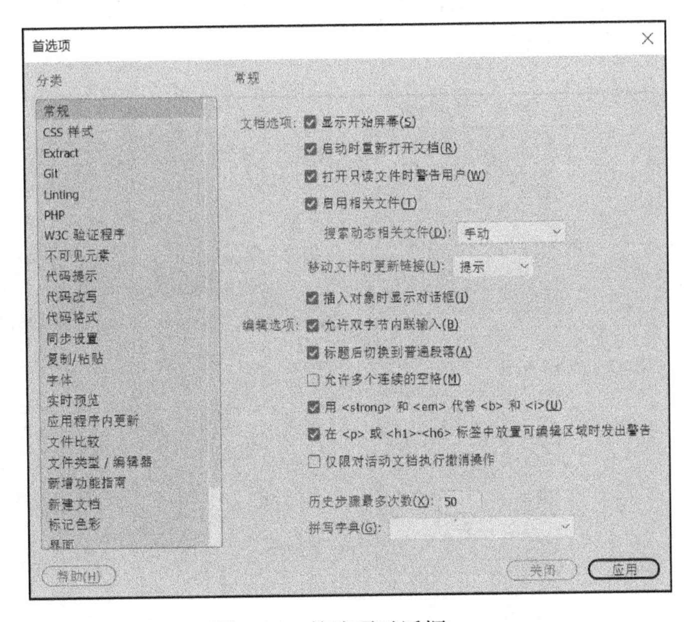

图 3-10 首选项对话框

对话框分为左、右两栏，左侧是分类列表，右侧是对应分类的具体参数设置。如在常规分类中，可以重新设置文档选项和编辑选项。

3.2　站点的创建

网页包含的元素有文本、图像、表格、表单、动画、视频等。如果不将这些元素有效地组织与管理，很不方便网页设计。建立站点的目的就是有效地组织与管理设计网页所需要的各种元素。

在设计网页之前，必须先建立一个站点。它实际是一个文件夹，该文件夹存放网站所需要的所有文档材料和已经设计的网页文件。然后，通过超链接方式将它们有效地组织起来。站点需要一个名称和存储位置也就是目录，它可以存储在磁盘的任何位置。下面介绍站点的创建过程。

3.2.1　创建站点

站点有网络服务器中的站点（即远程站点）和本地站点两种创建形式。通常情况下，首先在本地站点上完成网站的建设，形成本地站点，然后通过 FTP 上传至 Internet 服务器上，形成最终可以在 Internet 上浏览的远程站点。

建立本地站点就是将本地磁盘（通常是硬盘）中的一个文件夹定义为站点，网页中的所有文档均放在该文件夹中，以便于管理。通常，在设计网页之前，应该首先建立本地站点。

【实例 3.1】创建本地静态站点。

操作步骤如下：

1）启动 Dreamweaver CC，选择主菜单的【站点】/【新建站点】命令。弹出站点设置对象对话框，如图 3-11 所示。

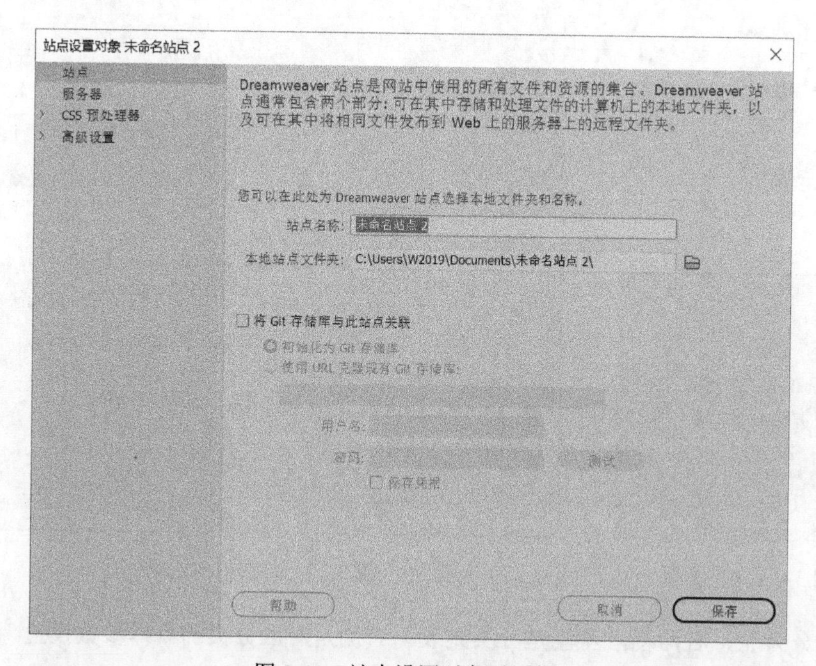

图 3-11　站点设置对象对话框

2）切换到站点选项卡，在站点名称文本框内输入 mysite，该站点名称则显示在文件面板中，用于进行站点资源的定位和管理。在本地站点文件夹文本框中输入路径，对应本地站点根目录文件夹，这里输入 D:\HTML\。设置后的界面如图 3-12 所示。

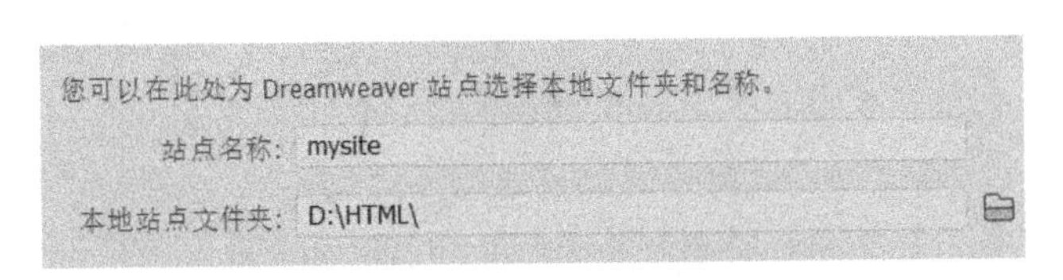

图 3-12 本地站点名称和站点文件夹

通过上面的几个步骤就完成了本地静态站点的创建。此时，文件面板中会显示出新创建的站点文件夹，浏览器中不显示站点名称。此时，文件夹内是空的，可在根文件夹下创建新的子文件夹和文件，相关操作将在后面的站点管理中具体介绍。

【实例 3.2】创建本地测试站点。

操作步骤如下：

1）在 C 盘根目录（或其他位置）新建文件夹测试站点，用于保存测试站点信息。

2）选择主菜单【站点】/【管理站点】命令，弹出管理站点对话框，如图 3-13 所示。

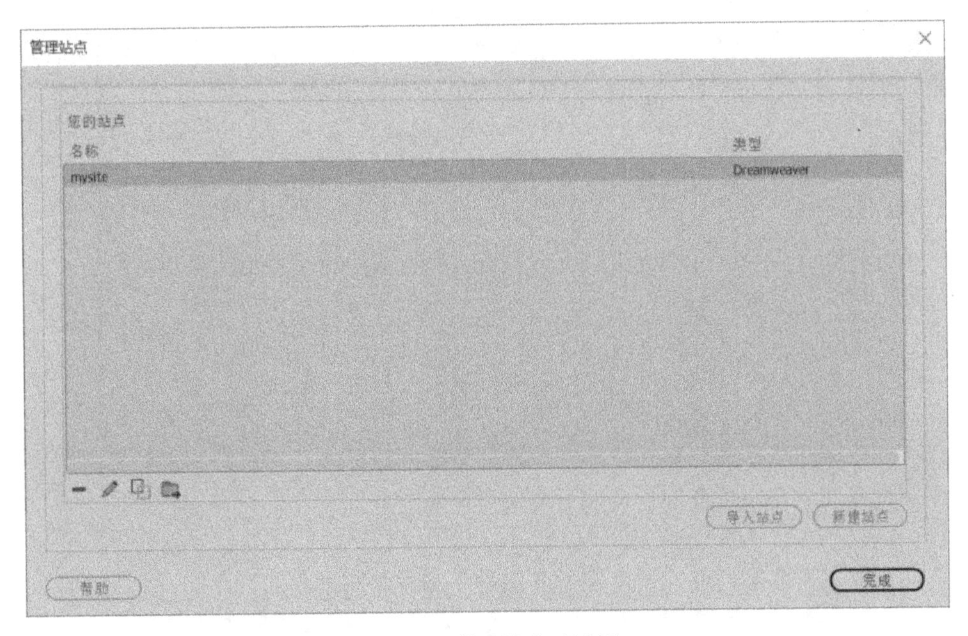

图 3-13 管理站点对话框

3）双击列表框中的 mysite 站点，在弹出的对话框左侧切换到服务器选项卡，单击右侧的+按钮，选择添加新服务器，如图 3-14 所示。

4）随后在弹出的对话框中设置服务器的基本信息，如图 3-15 所示。设置完成后，单击保存按钮，弹出如图 3-16 所示的对话框，在测试服务器列表中选中测试选项，随后保存对话框，再单击管理站点对话框中的完成按钮。

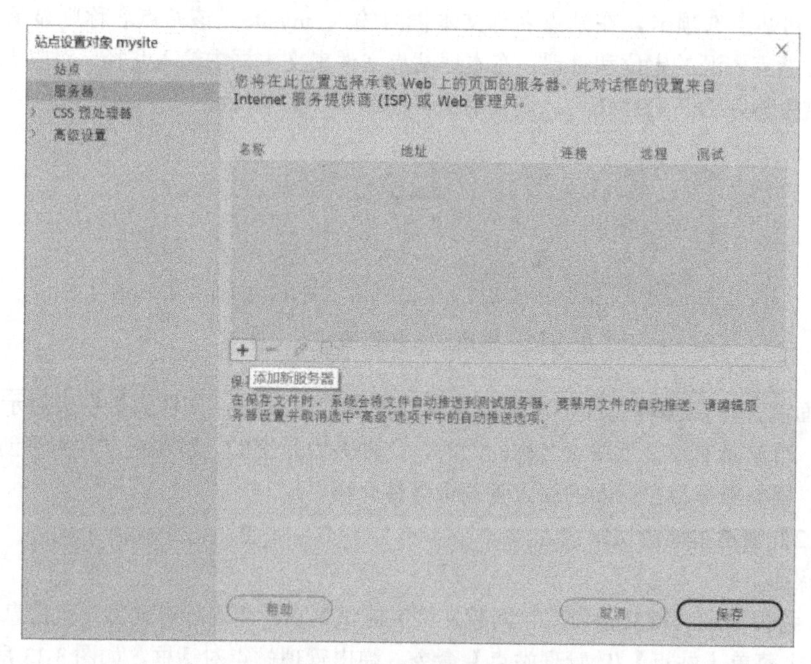

图 3-14　添加新服务器

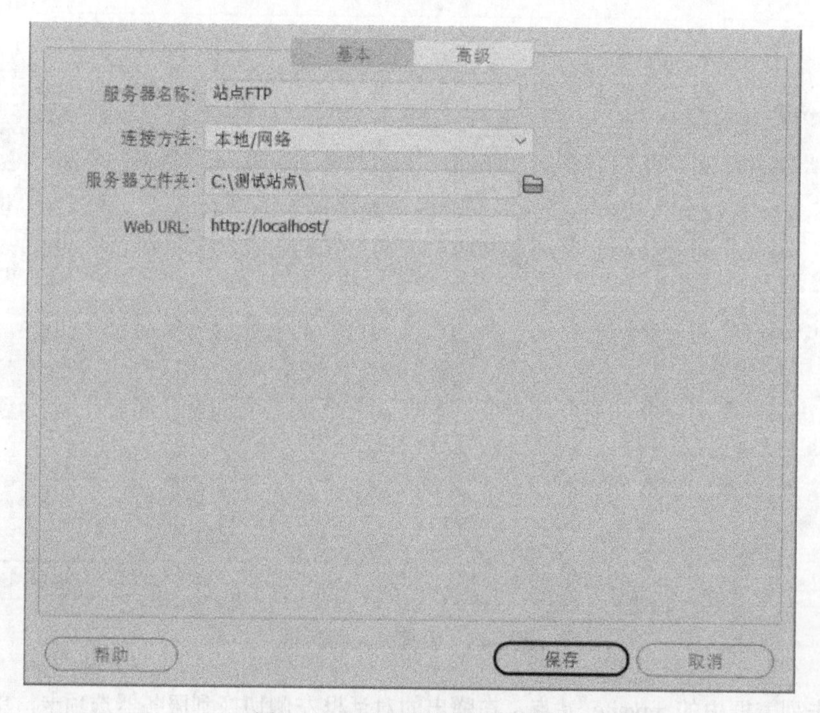

图 3-15　服务器基本信息设置

5）在文件面板中，单击连接按钮，如图 3-17 所示。这样本地站点和测试站点就连接完成。表示未连接，表示已连接。还可以上传本地站点资源到测试站点，或下载测试站点资源到本地站点中。

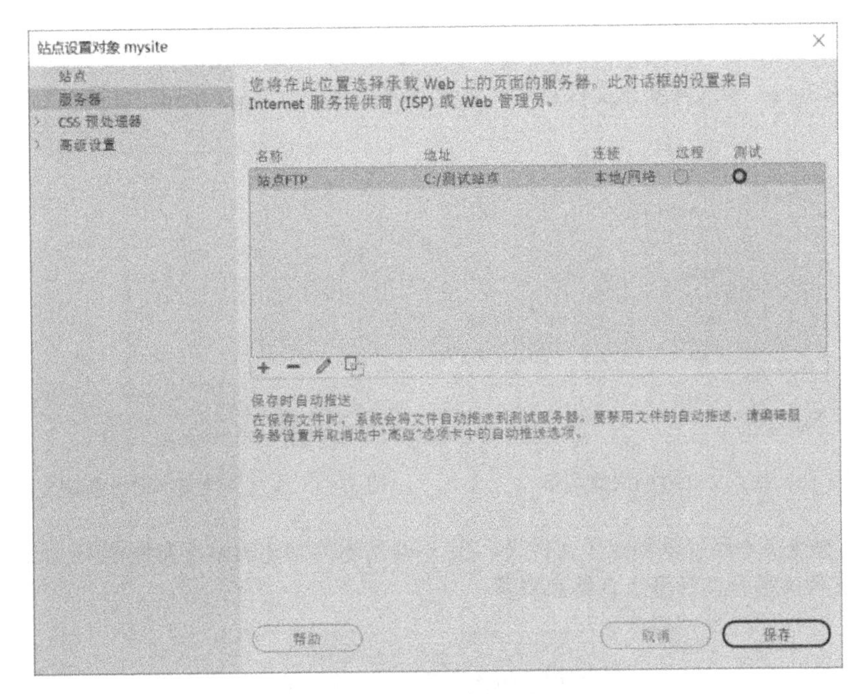

图 3-16　选择测试选项

图 3-17　连接到测试服务器

【注意】并非所有的站点都需要本地测试服务器。如果页面只包括静态 HTML5、CSS 和 JavaScript，则无须测试服务器直接在实时视图中测试页面即可。在有动态技术的页面时，才需要在上传到远程服务器之前，在本地测试服务器进行测试。

3.2.2　创建站点目录和文件

站点创建完成，之后的编辑和管理工作非常关键，其中包括继续创建站点目录和文件。网页文件可以事先建立好，然后分别编辑这些网页。在建立好的站点中，有时需要建立一些文件夹，用来存放图像等有关内容。

【实例 3.3】设置站点资源。在前面的实例中，创建了一个新的站点 mysite，下面就站点内的资源进行创建和载入。

操作步骤如下：

1）打开文件面板，在下拉列表框中选中 mysite 站点，然后右击 mysite 文件夹，在弹出的快捷菜单（见图 3-18）中选择新建文件命令，将文件名重命名为 index.html，如图 3-19 所示。

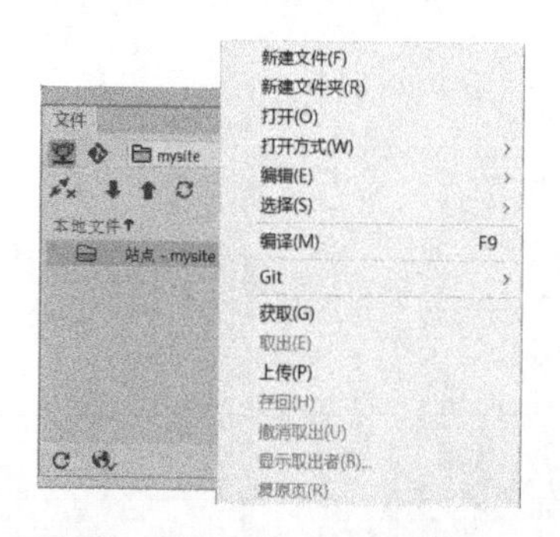

图 3-18　站点文件夹的快捷菜单

图 3-19　通过快捷菜单命令新建文件

2）通过快捷菜单还可以创建子文件夹，图 3-20 所示为创建的站点文件框架，此框架是按照站点资源的文件类型分类管理所有站点资源。

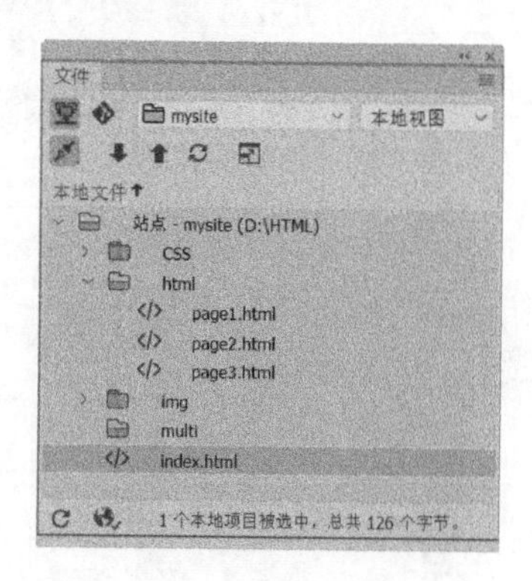

图 3-20　创建站点文件夹框架

3）根据需要，可以事先将站点外的一些资源文件复制到本地站点中，利用资源管理器选择多个文件批量复制并粘贴到站点文件夹，以备后续使用。

3.3　站点文件的基本操作

使用 Dreamweaver 创建网页的最基本操作是能够完成对文件（文件的扩展名是.htm 或者.html）的建立和打开。下面介绍对站点文件的基本操作，包括创建、打开和基本管理等。

3.3.1　新建、打开及保存文档

【实例 3.4】在站点中新建文档、保存文档以及打开已有的文档。

操作步骤如下：

1）选择【文件】/【新建】命令，即弹出新建文档对话框，如图 3-21 所示。对话框分左、

中、右三栏显示。

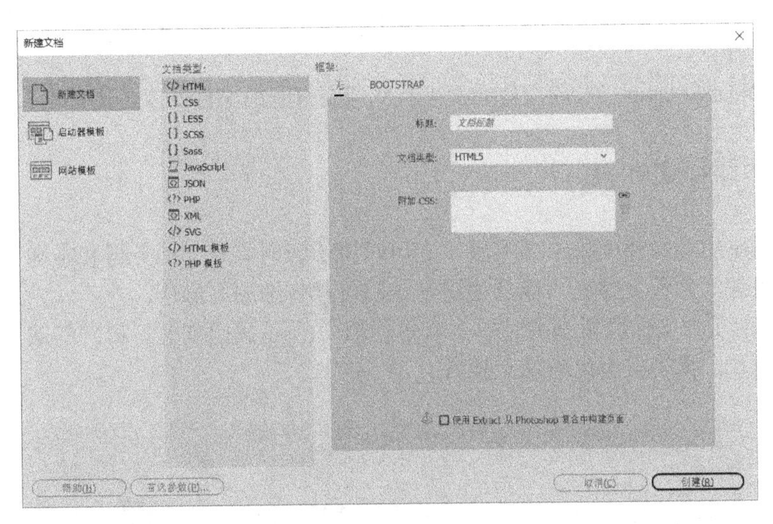

图 3-21　新建文档对话框

2）在对话框默认显示，左栏中新建文档选项卡，中间栏的文档类型为</>HTML，右侧框架选项区域中文档类型是 HTML5，确认后单击对话框右下角的创建按钮。

3）如图 3-22 所示为新建文档编辑窗口。文件名标签为系统默认的 Untitled 1，保存文件后变为新文件名，如 index.html。文档编辑窗口中的设计视图是空的，而在代码视图中，已经产生了一些代码行，这就是 Dreamweaver CC 编辑器自动生成的 HTML5 代码。默认的代码不需要再手动输入了，这样提高了编辑效率。

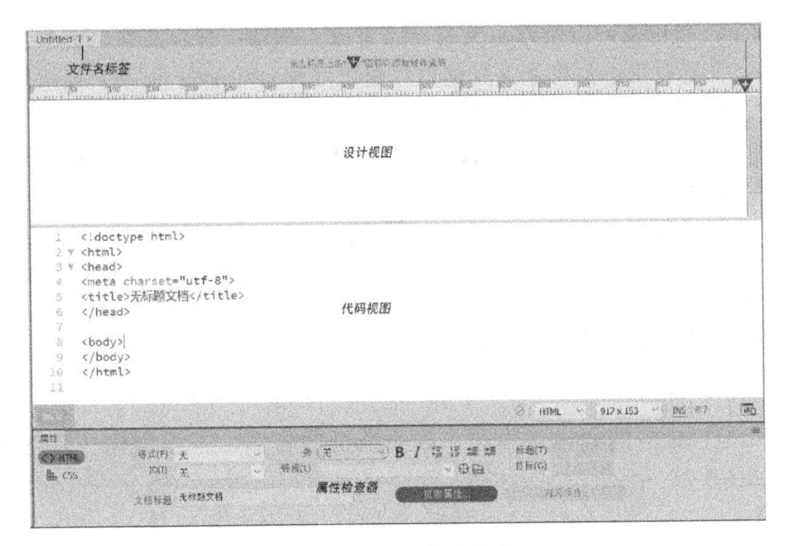

图 3-22　新建文档编辑窗口

4）保存文档。选择【文件】/【保存】命令，或按<Ctrl+S>快捷键保存文档。在弹出的对话框中，定位到要用来保存文件的文件夹。在文件名称文本框中输入文件名，单击保存按钮。并在浏览器中预览页面（按<F12>键）。

5）打开文档。选择菜单【文件】/【打开】命令，或按<Ctrl+O>快捷键，弹出打开对话框。在该对话框中选择文件的位置和名称，选择文件类型有利于快速查找符合的文件。单击打开按钮，即可将文件打开。

也可以在 Dreamweaver CC 的文件面板中找到需要打开的文件，双击文件名直接打开文档。

3.3.2　管理文件和文件夹

Dreamweaver 中的文件面板十分重要，它可以用于访问站点、服务器和本地驱动器，查看文件和文件夹，管理文件和文件夹，以及使用站点的可视化地图等操作。

如图 3-23 所示的文件面板是通过单击文件面板中的按钮展开后得到的效果，同时显示本地站点和测试站点，便于实时比较站点资源。

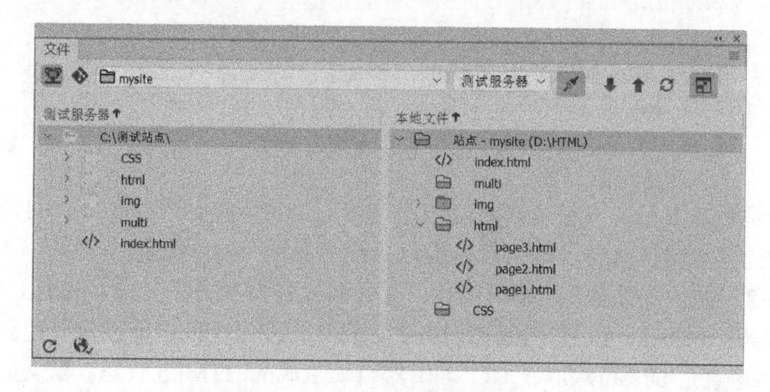

图 3-23　文件面板的展开

在文件面板中，可以及时处理站点文件和文件夹。例如，打开文件、更改文件名；添加、移动或删除文件；在进行更改后刷新文件面板；对于 Dreamweaver 站点，还可以确定哪些文件（本地站点或远程站点上）在上次传输后进行了更新。

以创建文件和文件夹为例，操作方法为：在文件面板中选择一个文件或文件夹，右击，在弹出的快捷菜单中选择新建文件或新建文件夹，输入新文件或新文件夹的名称，按<Enter>键即可创建新的文件或文件夹。

3.4　边学边做（制作自我简介页面）

根据本章和 HTML5 的知识点内容，结合前面的实例，下面制作一个自我简介的页面 page301.html，如图 3-24 所示。

【操作重点】

1）在站点 mysite 内的页面 page301.html 中制作简介。参照实例 3.1 和实例 3.3 完成创建站点和设计站点框架。

2）设置页面标题自我简介。

3）在设计视图中直接输入多行文本内容。

4）在代码视图中使用 HTML5 标签插入图片，设置超链接。

5）完成页面设计后，保存文档，并在浏览器中浏览页面效果。

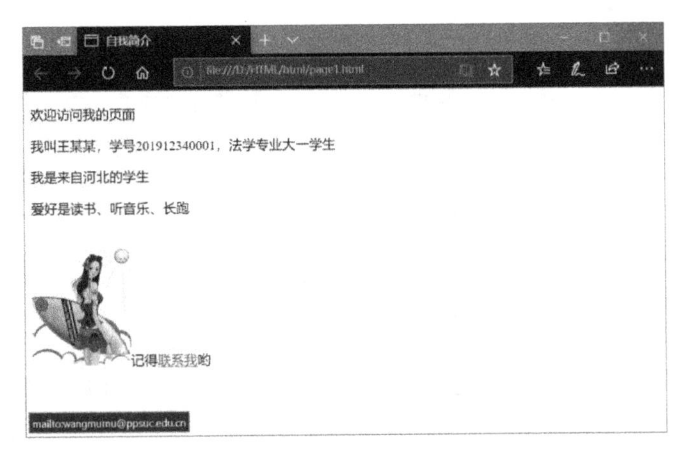

图 3-24　自我简介页面

本章小结

本章首先介绍了 Adobe Dreamweaver CC 2018 的工作环境，然后介绍了在 Dreamweaver CC 编辑器中创建站点的操作方法，以及如何修改和查看站点信息等。这些内容是熟练使用 Dreamweaver CC 的基础，通过练习要熟练地掌握网页文档的基本操作方法。

思考与练习

1. 描述改变面板的大小、位置的操作方法。
2. 简述属性检查器的作用。
3. 描述文件打开、存储的操作过程。
4. 创建站点的基本步骤是什么？
5. 简述站点视图的几种查看方式？
6. 创建一个个人主页站点。

第 4 章　插入基本网页元素

Dreamweaver CC 是一个具有强大网页设计功能的可视化工具，使用 Dreamweaver CC，用户即便不熟悉 HTML 代码，也可以很方便地向 Web 页添加元素并设置元素的格式。网页包含的元素有文本、图像、表格、表单、颜色、影片、声音和其他媒体形式等。

本章首先介绍网页的页面属性设置方法，重点介绍如何在网页中插入各种常见的对象，并对这些对象的属性进行设置。

本章要点：

- 页面属性设置
- 插入与编辑页面的基本元素
- 创建超链接
- 应用列表

4.1　页面属性设置

大多网站的页面会设置固定的色彩或图像作为背景，这些如字体、背景颜色和背景图像等外观属性特征可以通过设置网站的页面属性来控制。

【实例 4.1】通过页面属性设置，对网页整体属性进行设置。

操作步骤如下：

1）在站点中新建一个网页 page402.html。

2）打开属性检查器，单击其中的页面属性按钮，如图 4-1 所示。

图 4-1　页面属性按钮

3）也可以通过选择主菜单中【文件】/【页面属性】命令，弹出页面属性对话框，如图 4-2 所示。外观（CSS）设置方法将在后续章节进行介绍，这里只介绍 HTML 页面设置方法。

4）在该对话框中设置 HTML 页面属性。在对话框左侧的分类列表框中选择外观（HTML）选项，在右侧外观的具体选项中，将背景颜色、背景图像等属性按照图 4-3 所示进行设置。

【注意】颜色的选择可以通过单击拾色器中的颜色直接选定，也可以表示成十六进制值（如 #FF0000）或者表示为颜色名称（如 red）。

5）在文档的设计视图中输入一首宋词《定风波·莫听穿林打叶声》。保存文档并在浏览器中查看页面效果，如图 4-4 所示。

页面属性
分类
外观 (CSS)
外观 (HTML)
链接 (CSS)
标题 (CSS)
标题/编码
跟踪图像
外观 (CSS)
页面字体(F): 默认字体
大小(S): px
文本颜色(T):
背景颜色(B):
背景图像(I):
浏览(W)...
重复(E):
页边界
左边距(M): px
右边距(R): px
上边距(P): px
下边距(O): px
帮助(H)
应用(A)
取消
确定

图 4-2 页面属性对话框

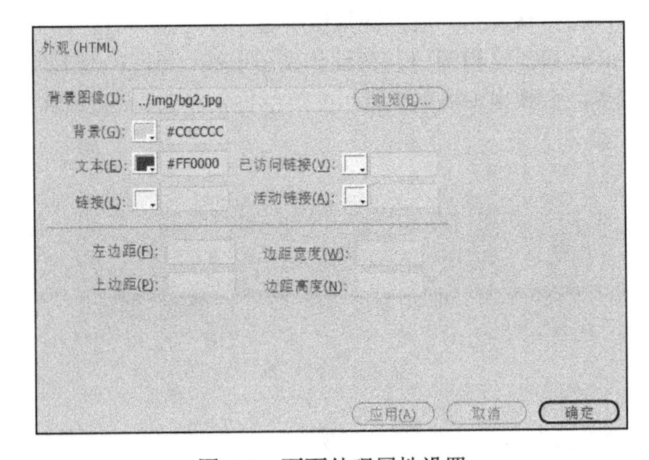

图 4-3 页面外观属性设置

图 4-4 页面效果

从页面效果可以看出，如果图像不能填满整个窗口，则会平铺（重复）背景图像。当背景颜色和背景图像同时设置时，背景图像将覆盖背景颜色。

4.2 文本的插入与编辑

4.2.1 在网页中插入文本

文本是网页中的重要元素，在 Dreamweaver 的设计视图中可以直接输入文本内容，类似在 Word 文档中输入文本。当然，也可以导入其他编辑器中已有的文本，从而快速创建文档内容。

【实例 4.2】将已经编辑好的 Word 文档直接导入网页中。

操作步骤如下：

1）在 Dreamweaver CC 2018 中，新建一个文档 page403.html。

2）在资源管理器中打开一个已经编辑好的 Word 文档，这里打开实例 4.2.docx，按<Ctrl+A>快捷键将文档全部选中，再按<Ctrl+C>快捷键复制所选。

3）回到 Dreamweaver CC 文档窗口，在设计视图中按<Ctrl+V>快捷键，粘贴所有内容到页面里。如果文档内容较多，会弹出如图 4-5 所示的提示框，单击确定按钮即可。

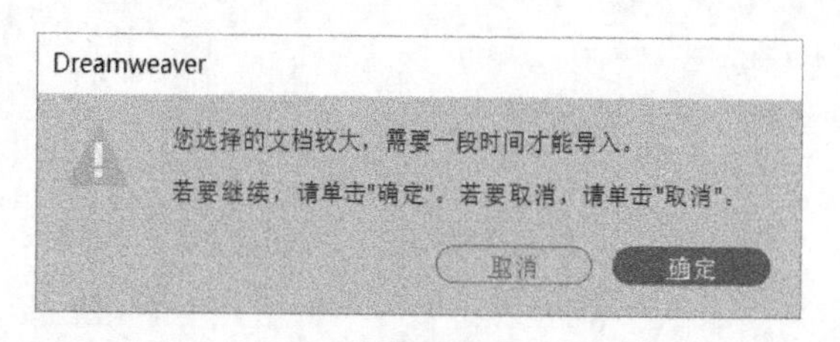

图 4-5　提示框

4）保存文档，并浏览页面效果，如图 4-6 所示。可以看出，网页保持了 Word 段落基本排版格式，可以在此基础上进一步编辑修改网页格式，以达到理想的效果。

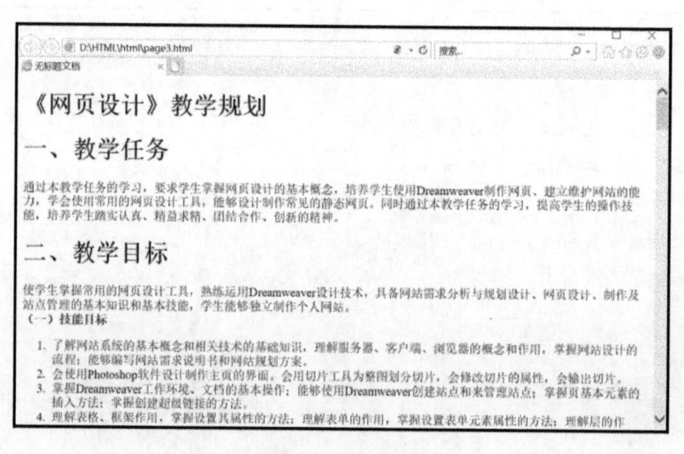

图 4-6　页面效果

5）在 Dreamweaver CC 编辑窗口中粘贴文本时，可以确定是否粘贴文本的原格式。打开如图 4-7 所示的首选项对话框，复制/粘贴分类选项中指出文本粘贴到设计视图时，可以指定为带结构的文本以及基本格式或其他形式。

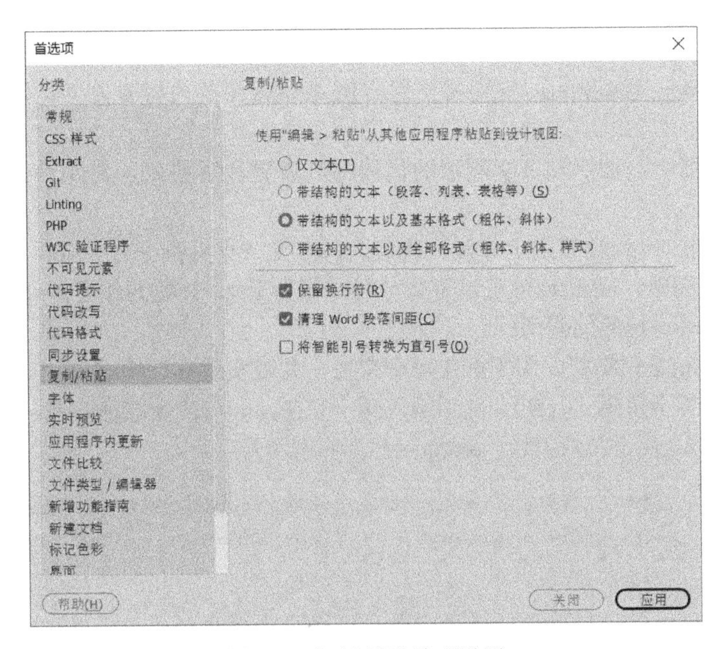

图 4-7 复制/粘贴选项设置

4.2.2 编辑文本

1. 标题级样式设置

文本中的标题用来对内容进行概括或分类，以使层次分明。Dreamweaver CC 在属性检查器的格式栏列表中提供了段落和六种标题级样式。如图 4-8 所示，将文本按照标题 1～标题 6 指定的效果对比。当然，标题文字也可以按照一般文字的设置方法进行设置，以满足不同的需要。

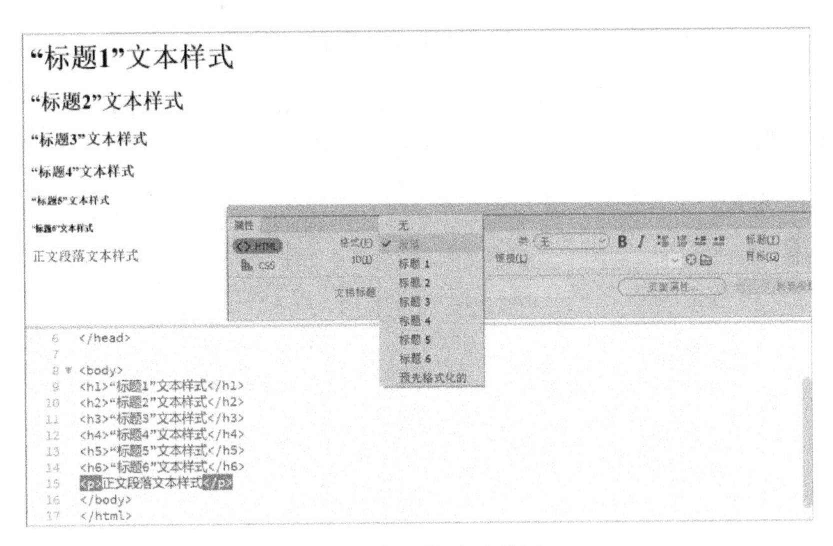

图 4-8 标题级文本设置

2. 文本格式设置

【实例 4.3】实现文本字体属性和段落属性设置。

操作步骤如下：

1）新建文档 page404.html，将素材文件实例 4.3.txt 中的内容复制并粘贴到文档的设计视图中。

2）在代码视图中，按照图 4-9 所示的代码部分设置段落格式。对照设计视图的效果进行编辑。

【注意】代码中的<p>标签用于分段，段落之间产生一个标准空行。
标签用于换行，但不换段。在设计视图中，<Enter>键可以进行分段，相当于<p>标签的作用；<Shift+Enter>键可以进行换行，相当于
标签的作用。

代码中的 是空格符，用于产生单个空格。此处实现首行缩进 2 个字的操作方法是：将中文输入法设置为全角模式（●），然后输入两个空格，即可产生缩进效果。

代码中的“代表左双引号，”代表右双引号。

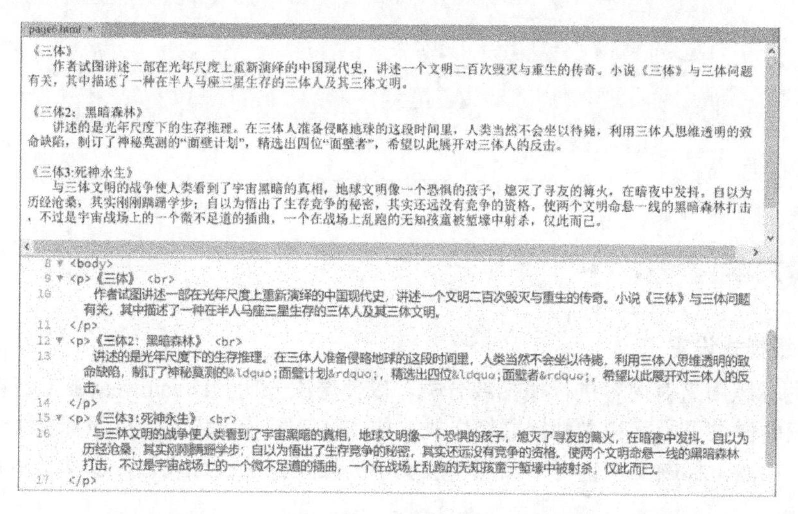

图 4-9　文本格式化

3）通过属性检查器可以设置字体属性，如设置加粗<strong>、倾斜<em>等。

4）保存文档，并在浏览器中浏览页面，效果如图 4-10 所示。

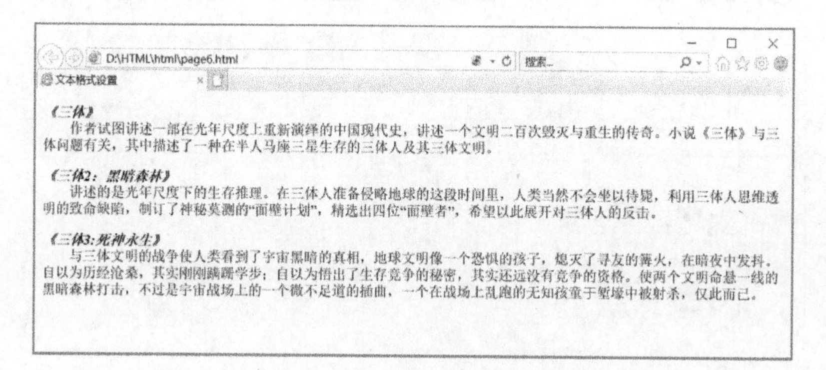

图 4-10　文本页面效果

在 Dreamweaver CC 中，对文本的多种属性基本都采用 CSS 样式设定，在第 6 章使用 CSS 美化和布局网页中将详细介绍 CSS 设置方法。

4.2.3 插入滚动文本

在网站页面中，插入滚动文字可以增强视觉流动性，突出显示文字内容。通过插入<marquee>标签即可实现该功能。

【实例 4.4】在页面中实现文字走马灯效果，如图 4-11 所示。

图 4-11 文字走马灯效果

操作步骤如下：

1）打开网页 page405.html，或者新建网页文档。

2）在代码视图中的适当位置，如<h1>和<hr>标签之间，插入<marquee>标签，并设置相关属性。代码如下：

```
<h1 align="center">学 校 简 介</h1>
<marquee width="1000" >不忘初心牢记使命立德树人育警铸剑</marquee>
<hr>
```

【属性说明】

- direction：设置滚动方向#的取值有 left、right、up、down。默认是 left，即从右至左。
- bgcolor：设置滚动区域的背景色。
- height：设置滚动区域的高度。
- width：设置滚动区域的宽度。
- scrollamount：设置每次移动的速度，数值越大移动得越快。
- scrolldelay：设置每一次滚动停顿的时间，单位是毫秒（ms），时间越短滚动越快。
- loop：设置文字滚动次数，默认为无限次。
- align：设置滚动文字与屏幕的垂直对齐方式，取值有 top、middle 和 bottom。
- hspace：设置字幕左右空白区域。
- vspace：设置字幕上下空白区域。

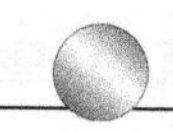

4.3　图像的插入与编辑

图像与文字一样，都是网页构成的基本元素。图像可以更好地表现主题，避免纯文本的单调，以丰富、美观的信息来吸引更多的浏览者。Dreamweaver CC 可以直接显示 GIF、JPEG 或 PNG 格式的图片。

4.3.1　插入图像

在 Dreamweaver CC 中，可以使用菜单命令或快捷命令将图像素材插入到当前网页，也可以使用鼠标拖拽的方法插入图像。

【实例 4.5】在页面中插入图像，产生图文并茂的效果，如图 4-12 所示。

图 4-12　插入图像

操作步骤如下：

1）打开网页 page406.html。页面是准备插入图像的半成品。或者新建一个空白网页。

2）将指针插入点指定在正文段落前面，按<Enter>键空一行。选择主菜单中【插入】/【image】命令，在弹出的对话框中选择图像文件名，单击确定按钮，则图像按原始尺寸插入到页面中。

【注意】当图像文件已经保存在默认站点中，则单击确定按钮后可直接插入图像。如果图像文件源在站点外的位置，则单击确定按钮后，会弹出如图 4-13 所示的系统提示对话框，这时一定要单击是按钮，随后确定复制文件位置，如图 4-14 所示，将站点外文件夹中的文件复制到根文件夹中。

3）在设计视图中单击插入的图片，选中图像后切换到代码视图，在<img>标签中加入右对齐属性 align="right"的设置。代码如下：

```
<img src="../img/galaxy.jpg" width="204" height="144" alt="银河系图片" align="right"/>
```

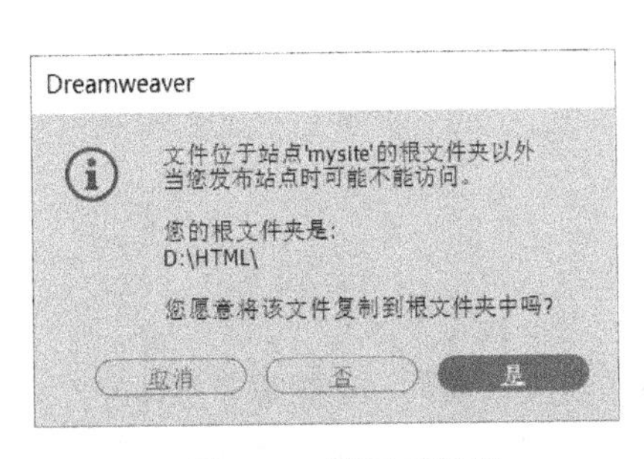

图 4-13 提示对话框

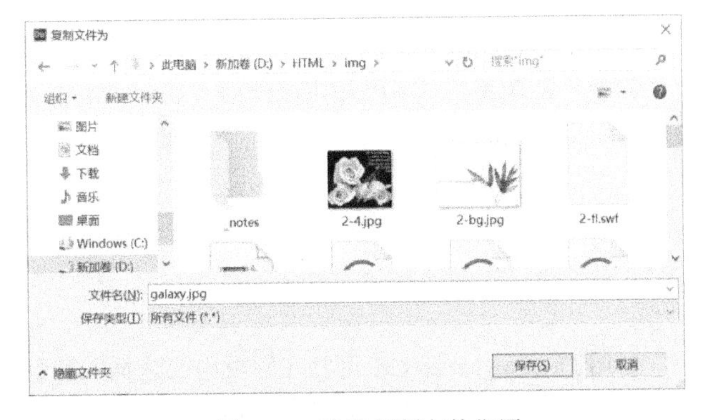

图 4-14 确定复制文件位置

4）设置后会产生如图 4-15 所示的图文混排的效果。

图 4-15 图文混排效果

4.3.2 编辑图像

1. 调整图像的大小

插入图像后，图像以原始大小显示，此时可以调整图像的大小，以适应页面的需求。修改图像大小的方法有以下两种：

方法 1：在设计视图中单击图像，图像的底部、右侧及右下角出现调整大小的控制点，将指针移至控制点，通过直接拖拽来缩放图片。

方法 2：选中图像后，在属性检查器中设置图像的高度、宽度，改变图像大小，如图 4-16 所示。

图 4-16 调整图像的大小

【注意】

修改宽和高时，数值后的三个按钮分别锁定/解锁、取消和确认。解锁表示宽、高尺寸是非锁定状态，这时修改数值可能造成图像变形。单击图标变成锁定状态，此时可按照等比例修改图像大小。

2．重新优化图像

对选中的图像，还可以利用属性检查器中的按钮命令对图像进行优化设置，如裁切、亮度和对比度、锐化 等。也可以使用外部编辑器，如Photoshop，打开选定的图像进行编辑。

4.4　多媒体的插入与编辑

使用Dreamweaver CC可以在网页中快速插入各种类型的音频、视频、动画等多媒体控件。多媒体元素使得网页内容更加丰富多彩。将这些元素添加到页面时，在Dreamweaver CC的编辑窗口是不能直接浏览的，它只是一个占位图标，在浏览器窗口才能听到或看到播放效果。

主菜单【插入】/【HTML】中包括了各种多媒体类型命令，如图4-17所示。

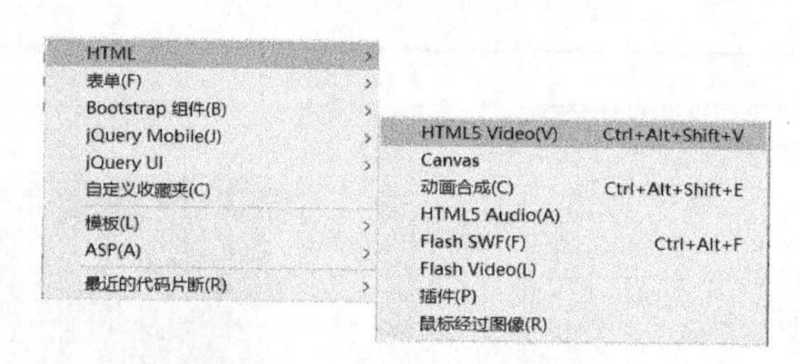

图4-17　多媒体类型命令

1．添加音频

Dreamweaver CC支持多种不同类型的声音文件和格式，例如.wav、.midi和.mp3。常见的音频文件格式主要有以下一些特点。

1）.midi或.mid（Musical Instrument Digital Interface，乐器数字接口）。此格式用于计算机作曲领域。许多浏览器都支持MIDI文件，并且不需要插件。文件相对较小。

2）.wav（波形扩展）是微软公司开发的一种声音文件格式，具有良好的声音品质，许多浏览器都支持此类格式文件并且不需要插件。可以通过传声器录制.wav 文件。.wav 是最接近无损的音乐格式，所以文件大小相对较大。

3）.mp3（Motion Picture Experts Group Audio Layer 3）一种压缩格式，其声音品质非常好，文件相对较小。若要播放.mp3 文件，浏览者必须下载并安装辅助应用程序或插件，如 QuickTime、Windows Media Player或RealPlayer。

4）.ra、.ram、.rpm 或 Real Audio。此格式具有非常高的压缩度，文件大小要小于.mp3。全部歌曲文件可以在合理的时间范围内下载。必须下载并安装RealPlayer辅助应用程序或插件才可以播放这种文件。

【实例4.6】为网页添加背景音乐，优化浏览感受。

操作步骤如下：

1）新建网页page407.html。

2）将指针定位在“设计”视图的空白位置。选择主菜单中【插入】/【HTML】/【HTML5 Audio】命令。设计视图中出现了一个音频图标。

3）选中这个音频图标，并在属性检查器中设置参数，指定文件源（这里选择小夜曲.mp3），设置自动播放。设置后的代码视图中对应了<audio>标签及其属性赋值，如图4-18所示。

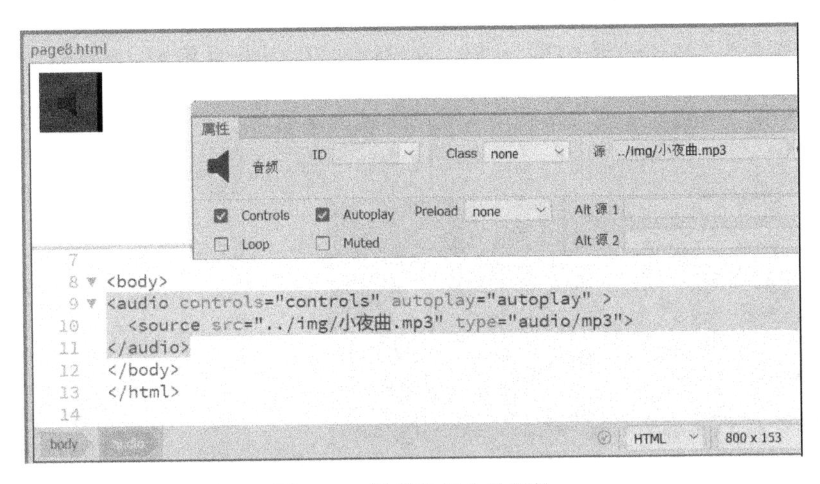

图 4-18 设置音频文件属性

【属性说明】

- Autoplay 属性：表示打开页面后自动播放。
- Controls 属性：用于添加播放、暂停和音量控件。
- Loop 属性：表示当音频文件完成播放后再次开始播放。

4）保存页面后，在浏览器中浏览页面，会出现一个播放控制条，并自动播放音乐作为背景音乐。

5）如果不希望页面中出现这个控制条，则返回“代码”视图，在<audio>标签中添加属性代码 hidden="true"，则页面的控制条就会消失，打开页面只有纯背景音乐响起。

2．添加视频

HTML5 规定了通过<video>标签来包含视频的标准方法。它支持三种视频格式，即 Ogg、MPEG4 和 WebM。

选择主菜单中【插入】/【HTML】/【HTML5 Video】命令，随后在如图 4-19 所示的属性检查器中对<video>标签的属性进行设置。视频属性设置方法与音频文件的属性设置方法一致，可以参考上面的实例步骤，这里不再赘述。

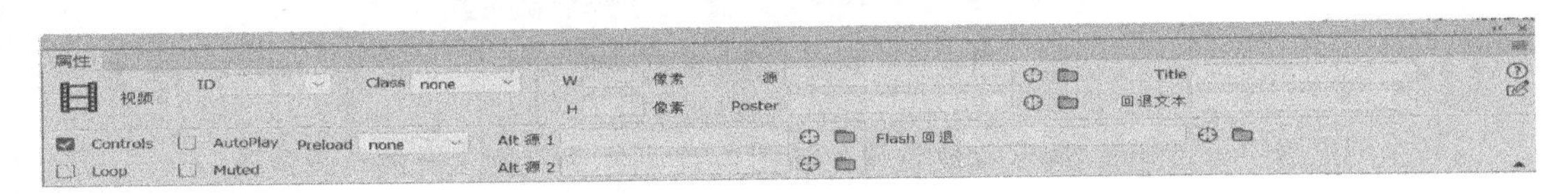

图 4-19 设置视频文件属性

3．添加 Flash 动画

通过 Dreamweaver CC 的插入 Flash 动画命令，可以将动画文件添加到网页。.swf 动画以文件小巧、速度快、特效精美、支持流媒体等特点，被大量应用于网页中。关于动画的创作，将在后面章节介绍，这里只对动画文件的操作进行介绍。

【实例 4.7】插入.swf 动画文件。

操作步骤如下：

1）新建网页文件“page408.html”。

2）选择主菜单中【插入】/【HTML】/【Flash SWF】命令，在弹出的选择文件对话框中选择气泡.swf动画文件，单击确定按钮。此时，在设计视图中出现灰色的.swf动画文件占位符，如图4-20所示。

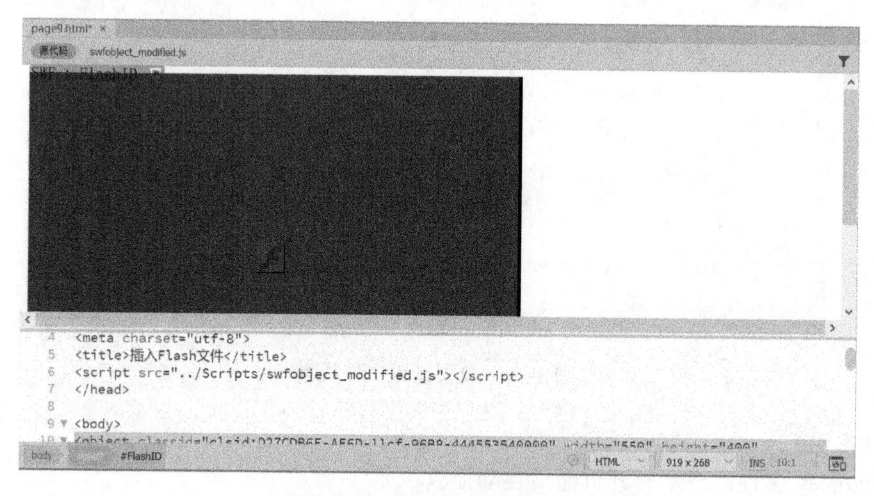

图4-20　插入.swf动画文件

3）按<Ctrl+S>组合键保存此文件，会弹出如图4-21所示的复制相关文件对话框，提示将两个相关文件（expressInstall.swf 和 swfobject_modified.js）保存到站点中的 Scripts 文件夹。

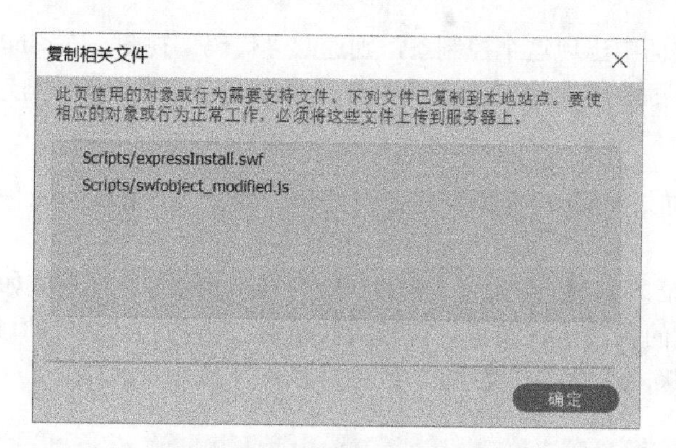

图4-21　复制相关文件对话框

4）在浏览器中可以观看SWF动画效果，如图4-22所示为气泡上升的动画截图。

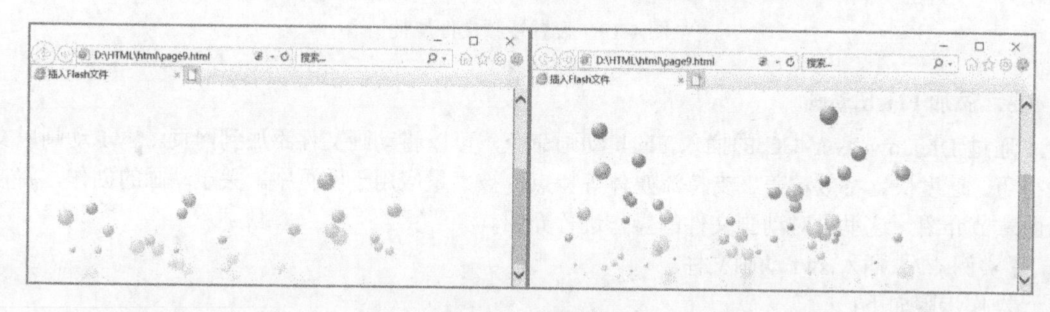

图4-22　动画截图

【注意】Flash 动画的相关文件格式有以下三种：

1）FLA 文件（.fla）：动画源文件，使用 Flash 创作工具创建。此类型的文件只能在 Flash 中打开。

2）SWF 文件（.swf）：源文件的编译版本，可以在 Web 上查看。此类型的文件可以在浏览器中播放，但不能在 Flash 中编辑此文件。

3）FLV 文件（.flv）：动画视频文件，它包含经过编码的音频和视频数据，用于通过 Flash Player 进行传送。

4.5 超链接

所谓超链接是指从一个网页指向一个目标的连接关系，这个目标可以是另一个网页，也可以是相同网页上的不同位置，还可以是一个图片、一个电子邮件地址、一个文件，甚至是一个应用程序。可以说，超链接是互联网技术能够得以飞速普及的关键。

4.5.1 超链接的分类

在 Dreamweaver CC 中创建链接之前，一定要清楚绝对路径、文档相对路径以及站点根目录相对路径的工作方式。在一个文档中可以创建以下几种类型的链接：

（1）外部链接

外部链接是指在不同站点的文档之间创建链接。例如，在个人网站的页面中创建搜狐站点的相关链接。

（2）内部链接

内部链接是指在同一站点文档之间创建链接。例如，到本站点其他文档或文件（如图形、影片、PDF 文件或声音文件）的链接。

（3）锚记链接

锚记链接是指在同一网页的不同指定位置创建链接。此类链接跳转至文档内的特定位置，锚记功能类似书签功能。

（4）E-mail 链接

电子邮件链接，此类链接新建一封空白电子邮件，其中填有收件人的地址。

（5）空链接

空链接是指未指派的链接。空链接用于向页面上的对象或文本附加行为。创建空链接后，可向空链接附加行为，以便当指针滑过该链接时，交换图像或显示层。

（6）脚本链接

脚本链接执行 JavaScript 代码或调用 JavaScript 函数。在网页中建立脚本链接非常有用，能够在不离开当前网页的情况下为浏览者提供有关某项的附加信息。

4.5.2 创建超链接

在网页中创建超链接的方法有多种，在之前的第 2 章 HTML5 基础中，已经介绍了通过使用 <a>标签实现创建超链接的方法。下面介绍在 Dreamweaver CC 中，使用属性检查器等创建超链接的方法。

【实例 4.8】实现各类型的超链接效果。在本例中，将上一小节中介绍的几种类型的超链接一一实现。

操作步骤如下：

1）打开网页文件 page409.html，在该文件中已经具有素材内容。

2）在第一种超链接外部链接中，选中文本链接到知网，然后在对应的属性检查器的链接文本框中输入 http://www.cnki.net，如图 4-23 所示。设置好后，可以看到窗口中被选中的文本变为蓝色，并且带有下画线，这是系统默认的超链接文本样式。

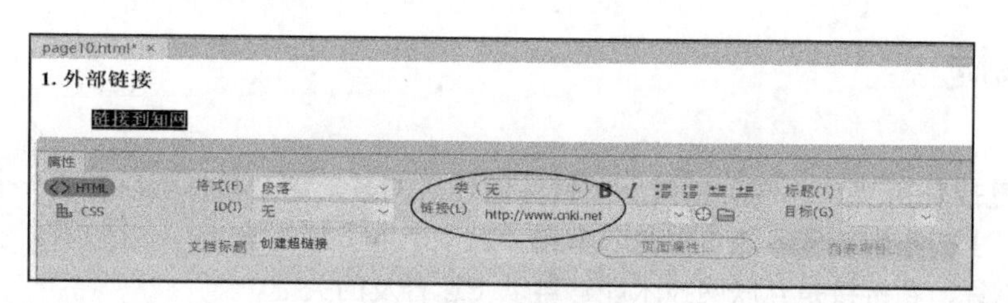

图 4-23 指定链接网站

3）保存文档，浏览网页，单击超链接文本链接到知网，即可跳转到外部站点知网首页。

【注意】在属性检查器的目标下拉列表框中，可以选择文档打开的位置。下拉列表中的选项包括：

- _blank（或者_new)：将链接的文档载入一个新的、未命名的浏览器窗口（_blank 即将在新标准中被废除)。
- _parent：将链接的文档载入该链接所在框架的父框架或父窗口。如果包含链接的框架不是嵌套框架，则所链接的文档载入整个浏览器窗口。
- _self：将链接的文档载入链接所在的同一框架或窗口。此目标是默认的，所以通常不需要指定它。
- _top：将链接的文档载入整个浏览器窗口，从而删除所有框架。

4）在第二种超链接内部链接中，选中文本链接到 page1，然后在属性检查器的链接文本框右侧找到指向文件图标（⊕），在其上按下鼠标左键并将其拖拽至文件面板内要链接的目标文件位置上，如图 4-24 所示。松开鼠标即可完成超链接设置。当然，也可以采用步骤 2）中的方法。

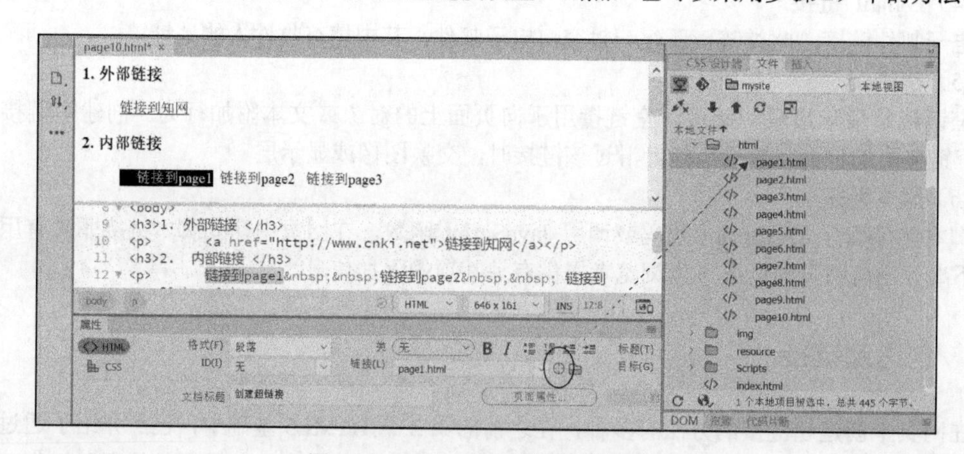

图 4-24 结合文件面板创建超链接

5）在第三种超链接锚记链接中，设置锚链接需要完成两步操作。第一步，在文档窗口的底部位置定义锚，将指针移至新的空行位置，然后在属性检查器的 ID 文本框中输入锚记名称，如 bottom。第二步，回到锚记链接文本跳转到本页末位置选中文本，然后在属性检查器的链接文本框中输入带#字符的锚记名，如#bottom。

6）保存文档，浏览页面，在网页中单击超链接文本跳转到本页末，页面即可跳转到页面的底端显示。

7）在第四种超链接 E-mail 链接中，选中文本联系我，然后选择主菜单中【插入】/【HTML】/【电子邮件链接】命令，随后弹出电子邮件链接对话框。在该对话框中设置文本和电子邮件地址，如图 4-25 所示。

图 4-25 电子邮件链接对话框

【注意】如果不用命令方法，也可以采用步骤 2）中的方法，直接在属性检查器的链接文本框中直接输入 mailto:wangrenhua@ppsuc.edu.cn。但一定要在前面加 mailto:，以实现电子邮件的超链接。

8）在第五种超链接空链接中，选中卡通图片，然后在属性检查器链接文本框中输入 javascript:;。

9）在第六种超链接脚本链接中，选中文本弹出提示框，然后在链接文本框中输入脚本内容，如 javascript:alert("OK");。

10）保存文档，浏览链接效果。当单击文本超链接时，立即弹出一个提示框，如图 4-26 所示。

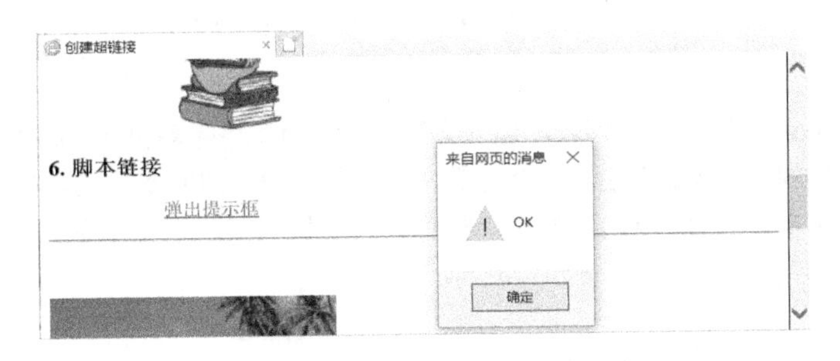

图 4-26 脚本链接页面效果

4.6 应用列表

列表分为项目列表和编号列表两种。项目列表也称为无序列表，编号列表也称为有序列表。

项目列表可以使用符号或图形来对没有顺序的文本进行排列，通常使用项目符号作为列表项的前缀，如用圆点（●）、方块（■）等符号作为列表符号。编号列表是以数字编号来对一组文本进行排列，通常使用一种数字符号作为列表前缀，各项目之间存在顺序和级别之分。

【实例 4.9】为文本添加项目列表。

操作步骤如下：

1）打开已有的素材文档 page410.html。

2）在“设计”视图中，选中所有正文文本（不含题目），然后在属性检查器中单击项目列表符号按钮，则文本前添加了一个圆点形状的项目符号，这是默认的项目符号样式，如图 4-27 所示。

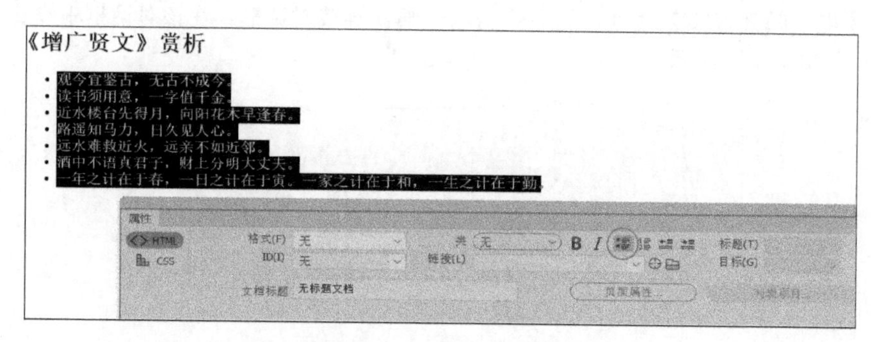

图 4-27　添加项目列表

3）观察代码视图，对应的标签项内容如下：

```
<ul>
<li>观今宜鉴古，无古不成今。</li>
<li>读书须用意，一字值千金。</li>
<li>近水楼台先得月，向阳花木早逢春。</li>
<li>路遥知马力，日久见人心。</li>
<li>远水难救近火，远亲不如近邻。</li>
<li>酒中不语真君子，财上分明大丈夫。</li>
<li>一年之计在于春，一日之计在于寅。一家之计在于和，一生之计在于勤。</li>
</ul>
```

【说明】ul（unorder list）无序列表，建立无序列表使用<ul>标签和<li>标签相结合，并以嵌套形式出现，整个项目列表文本都包含在<ul>标签中，而每个项目的文本又包含在一对<li>标签中。

4）选中正文文本，在属性检查器中单击编号列表按钮，则文本前缀变为有序编号，如图 4-28 所示。

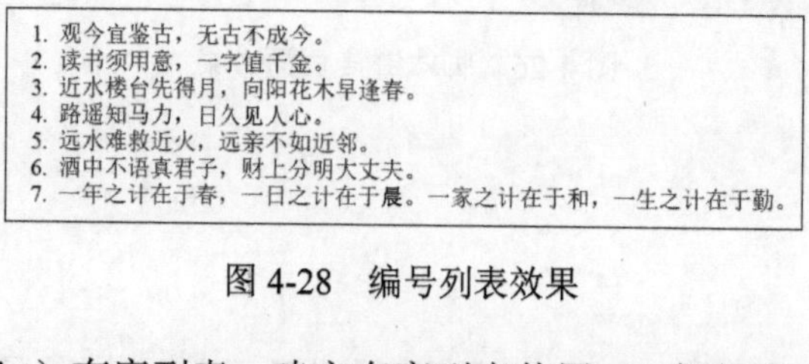

1. 观今宜鉴古，无古不成今。
2. 读书须用意，一字值千金。
3. 近水楼台先得月，向阳花木早逢春。
4. 路遥知马力，日久见人心。
5. 远水难救近火，远亲不如近邻。
6. 酒中不语真君子，财上分明大丈夫。
7. 一年之计在于春，一日之计在于晨。一家之计在于和，一生之计在于勤。

图 4-28　编号列表效果

【说明】ol（order list）有序列表，建立有序列表使用<ol>标签和<li>标签相结合，并以嵌套形式出现，整个项目列表文本都包含在<ol>标签中，而每个项目的文本又包含在一对<li>标签中。

5）在设计视图中，选中其中一个列表文本，然后在属性检查器中单击列表项目按钮，弹出列表属性对话框，单击样式的下拉按钮，弹出选项列表，如图 4-29 所示。例如，选择大写字母样式，单击确定按钮，则列表项前缀序号变为 A，B，C…。图 4-30 所示为编号列表样式和对应的代码内容。

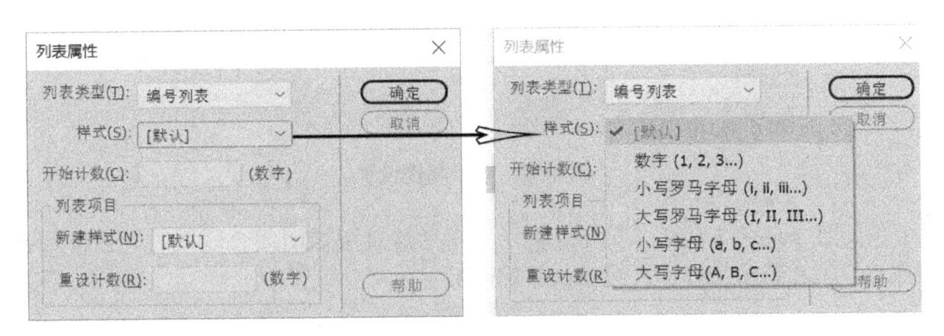

图 4-29 设置列表属性

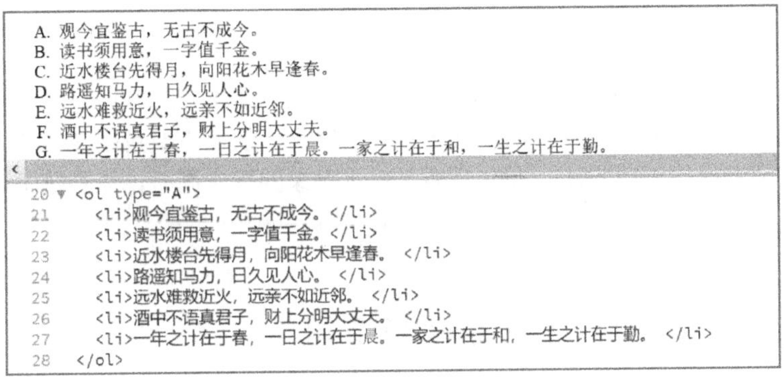

A. 观今宜鉴古，无古不成今。
B. 读书须用意，一字值千金。
C. 近水楼台先得月，向阳花木早逢春。
D. 路遥知马力，日久见人心。
E. 远水难救近火，远亲不如近邻。
F. 酒中不语真君子，财上分明大丈夫。
G. 一年之计在于春，一日之计在于晨。一家之计在于和，一生之计在于勤。

```
20 ▼ <ol type="A">
21       <li>观今宜鉴古，无古不成今。</li>
22       <li>读书须用意，一字值千金。</li>
23       <li>近水楼台先得月，向阳花木早逢春。 </li>
24       <li>路遥知马力，日久见人心。 </li>
25       <li>远水难救近火，远亲不如近邻。 </li>
26       <li>酒中不语真君子，财上分明大丈夫。 </li>
27       <li>一年之计在于春，一日之计在于晨。一家之计在于和，一生之计在于勤。 </li>
28   </ol>
```

图 4-30 编号列表样式和对应的代码内容

4.7 边学边做（创建图像）

使用热点区域，即指定图像内部的某个区域为热点，通过热点超链接触发功能，链接到目标页面或目标位置。图像可以视为一种特殊的超链接。下面就以实例来介绍该功能。具体操作步骤如下：

1）新建网页文档 page411.html。

2）在设计视图中插入一个图像 map.jpg。

3）选中图像，在属性检查器中找到多边形热点工具，如图 4-31 所示。

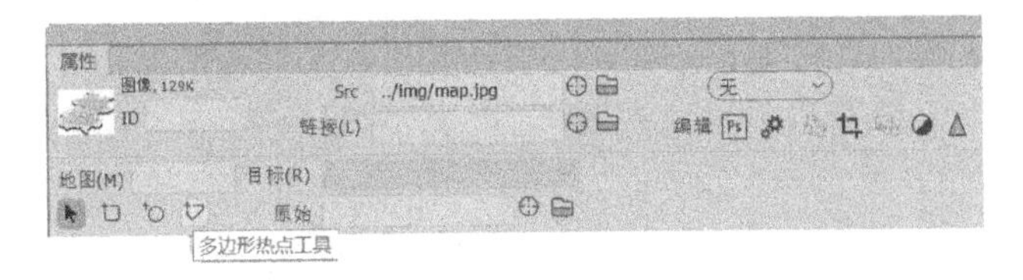

图 4-31 多边形热点工具

4）将指针移至图像上方，沿着图像的边界多次单击，形成一个半透明的闭合区域。

5）针对所创建的热点，在属性检查器中的链接地址框中输入目标页面地址，以及目标位置，如图4-32所示。

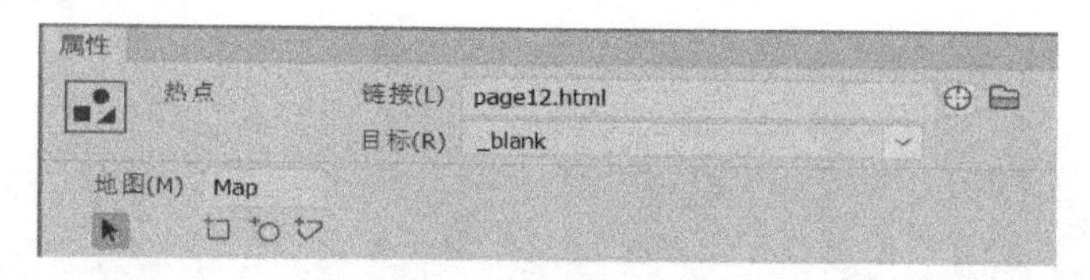

图4-32　热点属性设置

6）保存页面 page411.html，观看效果。当指针滑过图像的闭合区域时，指针形状变成小手，单击热点，则在新窗口打开页面 page412.html。

本章小结

静态网页设计的基础工作不外乎是将文本、图像等信息添加到网页中。本章介绍了使用Dreamweaver CC 在网页中插入各种类型页面元素的操作方法，主要包括文本和图像的插入、多媒体的插入以及超链接的创建方法。在介绍插入网页对象的操作同时，还介绍了对象属性的编辑操作。

思考与练习

1．网页文本处理方法与哪些？
2．简述网页表格的处理方法。
3．简述超链接的作用和建立过程。
4．设计一个介绍自己的网站。

第 5 章　表格和表单

传统的 HTML 页面经常使用表格布局页面，使页面具有整齐的外观结构。应用表单可以实现客户端与服务器的交互，如用来收集用户的信息，由服务器处理并将处理结果返回客户端。

本章介绍表格的基本用途和页面布局功能等内容，通过实例感受页面布局的重要性和完整性。本章还将介绍表单的创建与编辑方法，以及 Spry 组件的创建和应用。

随着 DIV 和 CSS 技术的不断成熟与应用普及，大量网页布局工作交给了 CSS，这些内容将在第 6 章中做详细介绍。

本章要点：

- 表格的创建和编辑
- 表单的创建和编辑
- Spry 组件的创建和应用

5.1　表格的应用

表格是用于在 HTML 页上显示表格式数据，以及对文本和图像进行布局的强有力的工具。表格由一行或多行组成，每行又由一个或多个单元格组成。在 Dreamweaver CC 中可以很方便地创建表格，并操作列、行和单元格。

5.1.1　表格的创建

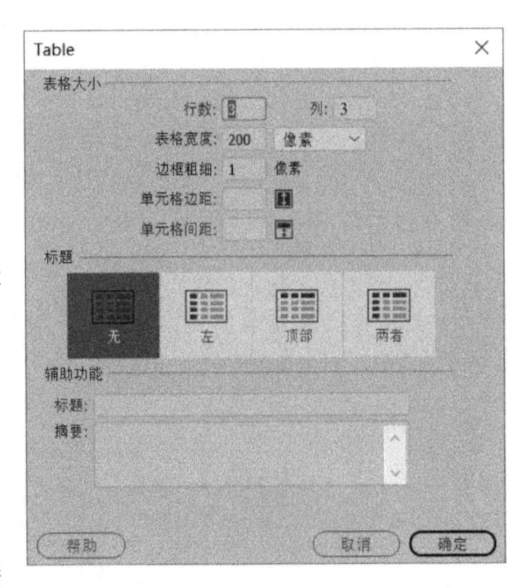

图 5-1　Table 对话框

在设计视图中，将指针置于页面需要插入表格的位置，选择主菜单中【插入】/【Table 表格】命令，弹出 Table 对话框，如图 5-1 所示。在该对话框中，可以对表格的大小、标题及辅助功能等选项进行设置。

这里，参数选项设置为：3 行、3 列、200 像素的表格大小、1 像素边框粗细，其他参数默认。单击对话框的确定按钮，即可插入符合要求的表格，如图 5-2 所示。

【设置说明】

（1）表格大小选项区域

行数（Row）：确定表格具有的行的数目。

列数（Colum）：确定表格具有的列的数目。

表格宽度（width）：以像素为单位或按占浏览器窗口宽度的百分比指定表格的宽度。（图例中修改为百分比宽度，不管网页打开多大或多小，表格总宽度按照网页的宽度比例显示。)

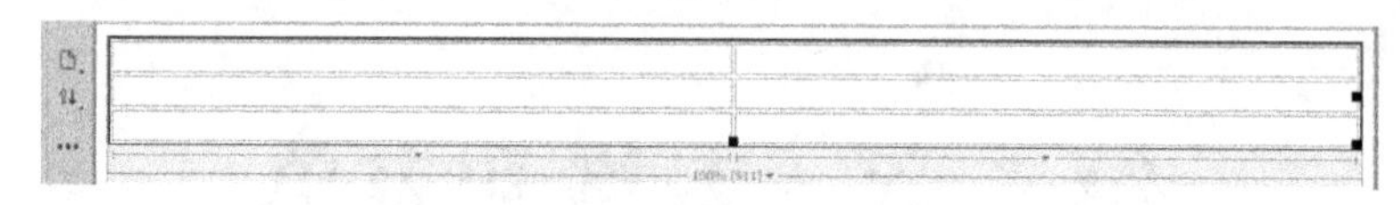

图 5-2 新建表格

表格高度（height）：定义表格的高度，y 为像素数或占窗口的百分比。

边框粗细（border）：指定表格边框的宽度（以像素为单位）。

单元格边距（cellpadding）：确定单元格边框和单元格内容之间的像素数。

单元格间距（cellspacing）：确定相邻的单元格之间的像素数。

（2）标题选项区域

无：对表不启用列或行标题。

左侧：将表的第一列作为标题列，以便为表中的每一行输入一个标题。

顶部：将表的第一行作为标题行，以便为表中的每一列输入一个标题。

两者：在表中输入列标题和行标题。

（3）“辅助功能”选项区域

标题（caption）：提供了一个显示在表格外的表格标题。

对齐标题：指定表格标题相对于表格的显示位置。

摘要：给出了表格的说明。屏幕阅读器可以读取摘要文本，但是该文本不会显示在用户的浏览器中。

5.1.2 编辑表格

1．选择表格与单元格

编辑表格，首选要选择对象，可以选择整个表、行或列，也可以选择一个或多个单独的单元格。操作方法有多种。在设计视图、代码视图中，或 HTML 标签选择器中选中对象，并在属性检查器设置属性。如图 5-3 所示选择表格对象的不同位置。

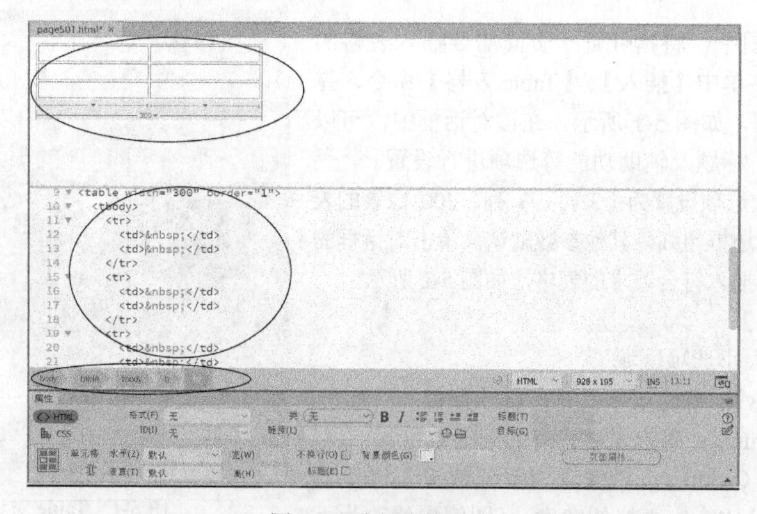

图 5-3 选择表格对象

在设计视图中，将指针移动到表格的外边框处，当指针呈两个双箭头状⇹时，单击表格的外边框，可选中整个表格，此时，表格右边、下边和右下角会出现三个方形的黑色控制柄。

通过文档窗口底部的标签选择器来实现表格的选取。例如，要选中第 2 行第 2 列的单元格，将指针定位在该单元格中，然后单击标签选择器中最近的<td>标签项即可，如图 5-4 所示。

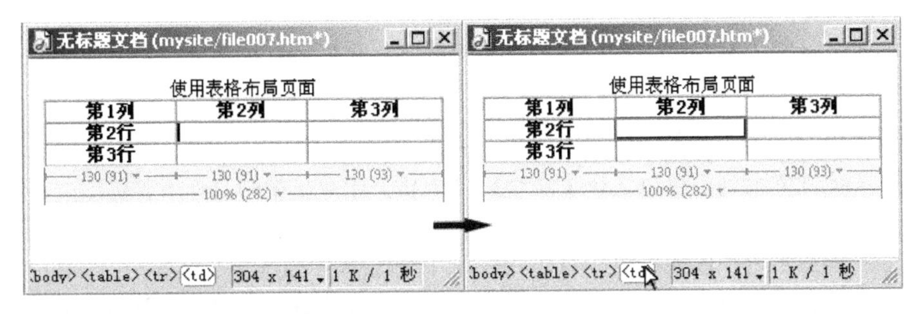

图 5-4　选中单元格

2．设置表格、单元格、行和列的属性

当在设计视图中对表格进行格式设置时，可以设置整个表格或表格中所选行、列或单元格的属性。在属性检查器中查看要修改的表格、单元格、行和列的属性，选择对象，并根据需要更改属性，主要包括格式、字体、大小背景和边框等。

1）表头看作一行，只不过使用的是<th>标签。在浏览器中显示时，<th>标签的文字按粗体显示，<td>标签的文字按正常字体显示。

2）表格内文字的对齐方式。在默认情况下，表项居于单元格的左端。可用列、行的属性设置表项数据在单元格中的位置。表项数据的水平对齐用标签<td>的 align 属性实现。align 的属性值如下：

- center：表项数据的居中。
- left：左对齐。
- right：右对齐。
- justify：左右调整。

表项数据的垂直对齐用标签<td>的 valign 属性实现。valign 的属性值如下：

- top：靠单元格顶。
- bottom：靠单元格底。
- middle：单元格居中。
- baseline：同行单元数据项位置一致。

3）表格的色彩和图像背景。在<table><th><tr><td>标签中，使用下面属性可以改变表格的背景和边框的色彩、添加背景图像，也可以为行和单元格改变色彩、添加背景图像。

- bgcolor：设置背景色彩。
- background：设置背景图像。
- bordercolor：设置表格边框的色彩。
- bordercolorlight：设置表格边框亮部的色彩。
- rules：设置表格内线的显示方法，有 row、cols 和 none 三种显示，none 为无内线。

对表格进行格式设置时，可以对整个表格、行、单元格的属性进行设置。表格格式设置的优先顺序如下：单元格、行、表格。

4）跨行、跨列表项设计。用<tr><td><th>标签中的 colspan 和 rowspan 属性，可以设置多行（合并行）多列（合并列）的表项。

如果将整个表格的某个属性（如背景颜色或对齐）设置为一个值，而将单个单元格的属性设置为另一个值，则单元格格式设置优先于行格式设置，行格式设置又优先于表格格式设置。表格格式设置的优先顺序：①单元格；②行；③表格。

例如，如果将单个单元格的背景颜色设置为蓝色，然后将行的背景颜色设置为黄色，则蓝色单元格不会变为黄色，因为单元格格式设置优先于行格式设置。

3．在表格中插入或删除行/列

若要插入或删除行/列，可以选择【修改】/【表格】子菜单中的命令来实现。

【注意】

- 在表格的最后一个单元格中按<Tab>键，即可在表格中插入一个空行。
- 单击列上面的向下小三角图标，然后在弹出的列表中选择左侧插入列或右侧插入列，即可插入一个空列，如图 5-5 所示。

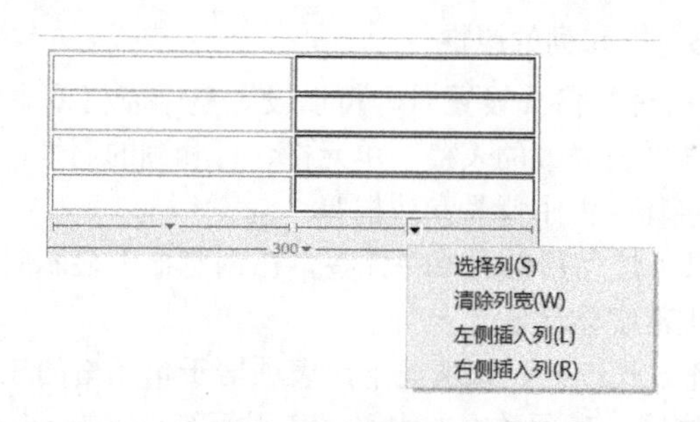

图 5-5　列标题菜单

4．在表格中插入对象

在表格中可以插入图像和文字，操作方法：单击要插入图像或文字的单元格内部，在指针处直接插入图像和文字即可，如图 5-6 所示。

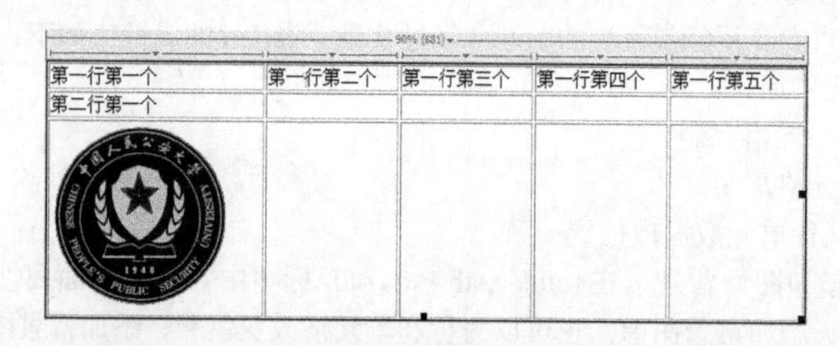

图 5-6　单元格插入图片

在 Dreamweaver CC 的网页文档中，表格可以嵌套，即在表格的单元格中再插入表格。单击要插入表格的单元格，在指针处直接进行表格的插入操作即可。

5．合并/拆分单元格

可以将单元格拆分成任意数目的行或列，或者将多个单元格合并成为一个单元格。如图 5-7 所示的表格效果。Dreamweaver CC 可以自动重新构造表格，以创建指定的排列方式。

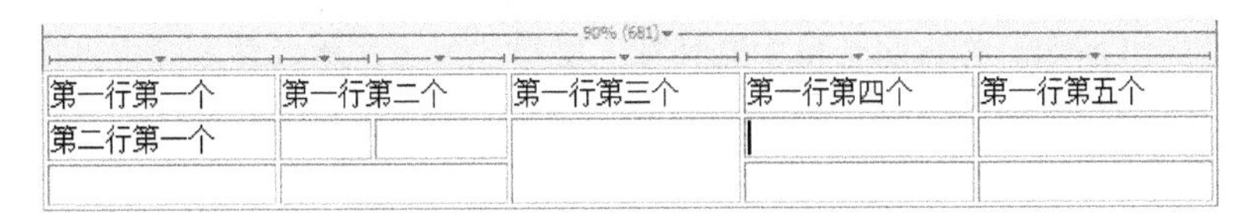

图 5-7 合并、拆分单元格

合并和拆分单元格的操作很简单，首先选中需要合并或拆分的单元格，然后右击，在弹出的快捷菜单中，选择【表格】/【合并单元格】命令，即可实现操作，如图 5-8 所示。也可以通过选择【修改】/【表格】子菜单下的命令或者按快捷键<Ctrl+ALT+M>实现操作。

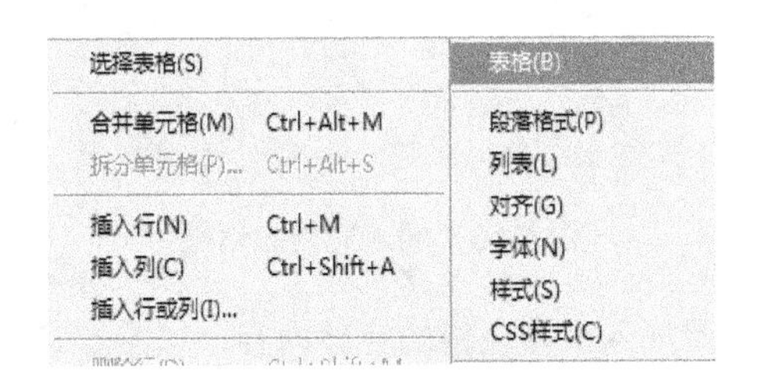

图 5-8 表格快捷菜单

6. 嵌套表格

嵌套表格是在表格的单元格中的另一个表格。可以像对任何其他表格一样对嵌套表格进行格式设置，但是，其宽度受它所在单元格的宽度的限制。

选中现有表格中的一个单元格，然后选择【插入】/【表格】命令，设置表格选项，单击确定按钮，即可实现表格的嵌套。在表格页面布局中，经常用表格嵌套的方法来布局页面元素。如图 5-9 所示的就是一个嵌套表格。

第一行第一个	第一行第二个	第一行第三个	第一行第四个	第一行第五个
第二行第一个				

图 5-9 嵌套表格

5.1.3 数据的导入和导出

在 Dreamweaver CC 中，可以将 Excel 文档的完整内容插入到网页中，也可以将网页文件中数据表格导出。

【实例 5.1】将数据表格导入、导出。

操作步骤如下：

1）新建网页文档 page501.html。

2）打开文件面板，找到站点中将要导入的数据文件数据导入.xlsx。如果数据文件不在站点内，可以事先将资源文件复制到站点文件夹中。

3）在设计视图中，将文件从当前位置拖放到要在其中显示内容的页面中，则会弹出插入文档对话框，如图 5-10 所示。在该对话框中选择插入文档的方式，然后单击确定按钮。

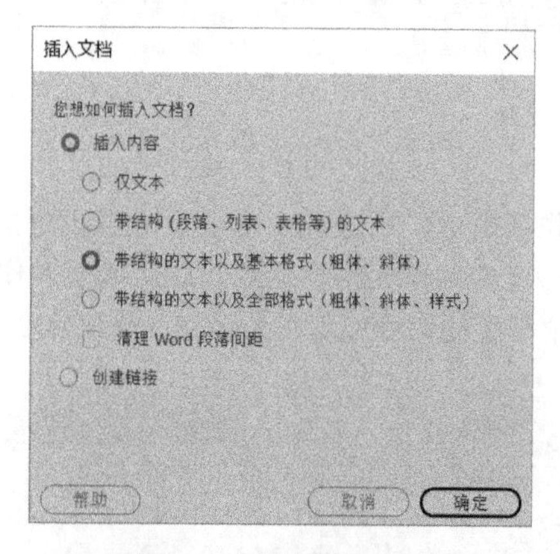

图 5-10　插入文档对话框

4）网页的设计视图中显示插入数据表格的完整内容，如图 5-11 所示。可以看出，表格边框都是虚线，表示网页中显示不出边框的效果。

page501.html ×

书号	书名	作者	出版社	价格	是否有破损	备注
J1022	C语言程序设计	刘志强	清华大学出版社	22	否	
J1035	网页设计技术	王芳	电子工业出版社	35	否	
J1039	图形图像处理	王芳	电子工业出版社	25	否	
J1040	视频技术	张大牛	公安出版社	33	否	
J1041	网络安全	李小虎	公安出版社	42	否	
W1101	红楼梦	曹雪芹	文化艺术出版社	46	是	
W2210	基督山伯爵	大仲马	文化艺术出版社	55	是	新版
W1111	明朝那些事	当年明月	浙江人民出版社	33	否	
W2212	呼啸山庄	勃朗特	天津人民出版社	20	是	
W2213	追风筝的人	卡勒德·胡赛尼	上海人民出版社	20	否	
D1010	侦查讯问学	胡关禄	警官教育出版社	35	否	新版
D1022	刑事侦查学	金光正	政法大学出版社	32	否	

图 5-11　插入数据表格的效果

5）选中整个表格，在属性检查器中设置边框线和对齐效果，或者在代码视图的<table>标签中插入代码内容 border="1" align="center"。保存并浏览网页，效果如图 5-12 所示。至此，导入数据表格的操作结束。

D:\HTML\html\CH5\page501.html　搜索...

表格插入与编辑

书号	书名	作者	出版社	价格	是否有破损	备注
J1022	C语言程序设计	刘志强	清华大学出版社	22	否	
J1035	网页设计技术	王芳	电子工业出版社	35	否	
J1039	图形图像处理	王芳	电子工业出版社	25	否	
J1040	视频技术	张大牛	公安出版社	33	否	
J1041	网络安全	李小虎	公安出版社	42	否	
W1101	红楼梦	曹雪芹	文化艺术出版社	46	是	
W2210	基督山伯爵	大仲马	文化艺术出版社	55	是	新版
W1111	明朝那些事	当年明月	浙江人民出版社	33	否	
W2212	呼啸山庄	勃朗特	天津人民出版社	20	是	
W2213	追风筝的人	卡勒德·胡赛尼	上海人民出版社	20	否	
D1010	侦查讯问学	胡关禄	警官教育出版社	35	否	新版
D1022	刑事侦查学	金光正	政法大学出版社	32	否	

图 5-12　浏览表格数据

6）导出数据表格是导入的逆过程。若要将网页中的数据表格导出到其他文档中，则选择主菜单中【文件】/【导出】/【表格】命令，弹出导出表格对话框，如图 5-13 所示。

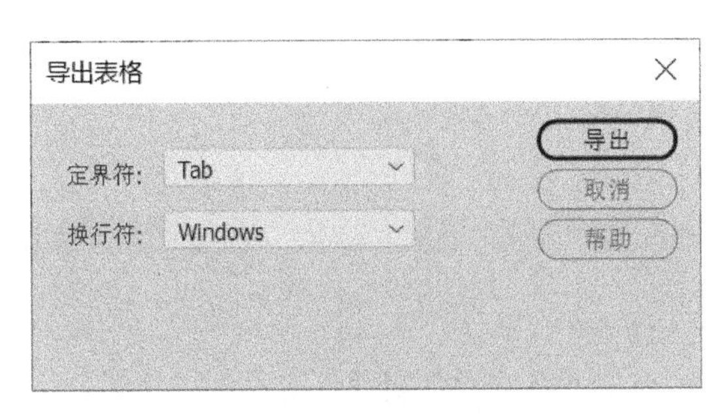

图 5-13　导出表格对话框

7）单击导出按钮，弹出表格导出为对话框，确定文档的保存位置和文件名，如导出数据.txt，单击保存按钮，即可导出表格数据。

【注意】如果导出文件的类型为.xls，则会由于格式不匹配而产生乱码。导出为.txt 文件则为正确内容。

5.2　表单的应用

使用 Dreamweaver CC 设计的表单功能主要由于实现双向交流，即在 Web 浏览器中显示的表单中输入信息，然后将这些信息提交，发送到服务器，服务器中的脚本或应用程序会对这些信息进行处理，并将处理结果反馈回 Web 页面。

5.2.1　创建表单

【实例 5.2】　设计一个用户登录界面，如图 5-14 所示。

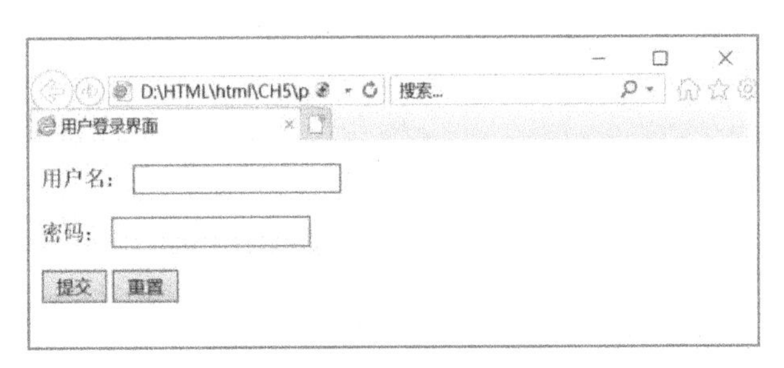

图 5-14　用户登录界面效果

操作步骤如下：

1）新建网页文档 page502.html。网页标题为用户登录界面。

2）在设计视图中，选择主菜单中【插入】/【表单】/【表单】命令，则窗口出现一个红色虚线框，即为表单域，如图 5-15 所示。代码视图中的对应标签是<form>。

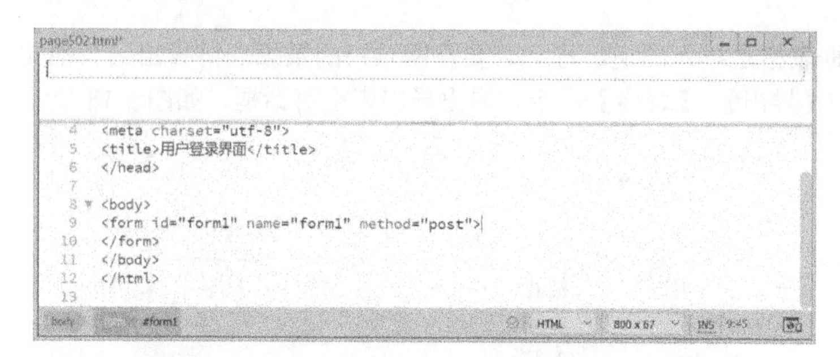

图 5-15 插入表单

【说明】在属性检查器中可以设置表单的属性，如图 5-16 所示。

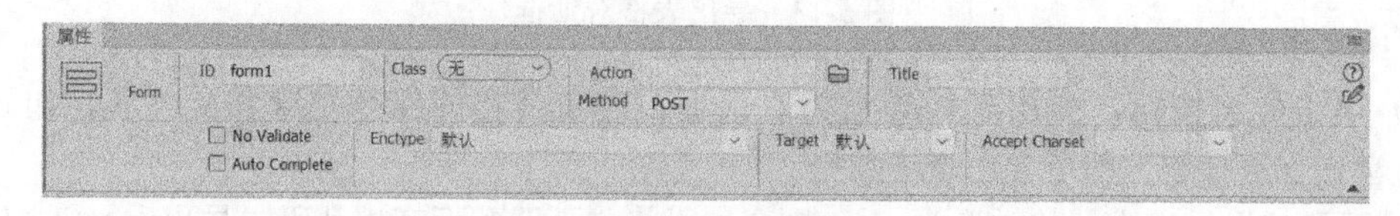

图 5-16 设置表单的属性

表单主要有下面一些主要属性：

- ID：为表单设置一个 ID，在本网页中对该对象的唯一标识符。
- 动作（Action）：编写服务器的表单处理程序。
- 方法（Method）：定义表单数据处理程序，分为 GET、POST 和默认等方式。其中，POST 会将表单数据嵌入 HTTP 请求中，GET 会将值附加到请求页面的 URL 中，默认是使用浏览器的默认设置将表单数据发送到服务器。

有关动作和方法的参数设置都是为网页动态技术做准备，这里只涉及静态页面的制作，可以不考虑。

3）将指针定位到表单域内，选择菜单中【插入】/【表单】/【文本】命令，即可在表单中插入一个文本框，如图 5-17 所示。

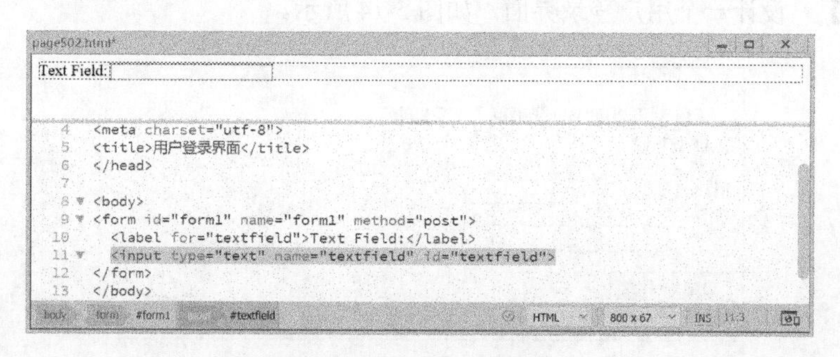

图 5-17 插入一个文本框

4）在对应的代码视图中，可以看到在<form>标签中嵌套了<lable>标签和<input>标签。将<lable>标签中的 Text Field:改为用户名：。

5）将指针移至文本框后，按<Enter>键另起一行，选择菜单中【插入】/【表单】/【密码】命令，则在表单域中产生一个密码框。将<lable>标签中的 Password:改为密码：。

6）将指针移至密码框后，按<Enter>键另起一行，选择菜单中【插入】/【表单】/【“提交”

按钮】命令，则在表单域中产生一个提交按钮。

7）选择菜单中【插入】/【表单】/【“重置”按钮】命令，则在提交按钮旁边添加重置按钮。

8）保存文档并浏览页面，用户登录界面效果如图 5-14 所示。

【说明】表单中可以添加的对象还有很多。

- 文本字段：可以接收任何文本、字母和数字类型。输入内容可设置显示为星，单行显示。
- 文本区域：可以输入多行文本。
- 复选框：在选项中允许选择多个项目。
- 单选按钮：在选项中只允许选择一个项目。
- 按钮：用于执行提交或取消任务。
- 列表：列出一组可供用户选择的项。
- 文件域：允许从磁盘上选择文件。

5.2.2 编辑表单

编辑表单对象主要通过属性检查器来完成。如插入文本框后，在属性检查器中可以设置文本框的属性，如图 5-18 所示。

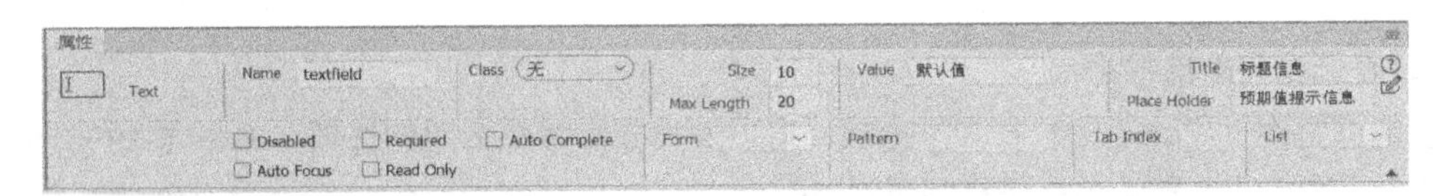

图 5-18 文本框属性检查器

- Name：设置所选文本框的名字，每个文本框都必须有一个唯一的名称。
- Size：设置最多可显示的字符数。如果实际字符数超过字符宽度，在文本框中无法看到全部字符，但仍然保留全部内容。
- MaxLength：设置文本框中最多可输入的字符数。建议对输入字符数进行限制，防止大量数据影响系统稳定性。例如，用户名最多 20 位字符，密码最多 20 位字符，邮政编码最多 6 位字符，身份证号最多 18 位字符。
- Value：设置文本框默认输入信息，提示用户在填写文本框时该写的内容。还有一些表单的通用属性，大部分是属于 HTML5 新增的属性，其作用如下：
- Disable：设置文本框不可用。
- Required：要求必须填写。
- AutoFocus：设置自动获取焦点。
- AutoComplete：设置文本框是否应该启用自动完成功能。
- ReadOnly：设置为只读。
- Form：绑定文本框所属表单域。
- Pattern：设置文本框匹配模式，用来验证输入值是否匹配指定的模式。
- List：绑定下拉列表提示信息框。

5.2.3 表单对象

表单输入类型称为表单对象。表单对象允许用户输入数据。表单包含的标准对象有文本域、按钮、图像域、复选框、单选按钮、列表菜单、文件域及隐藏域等。菜单【插入】/【表单】中包含的命令集如图 5-19 所示。在上一小节中已经使用过一些命令。在制作更复杂的表单时，根据需要可以选择其他命令作为表单的插入对象。

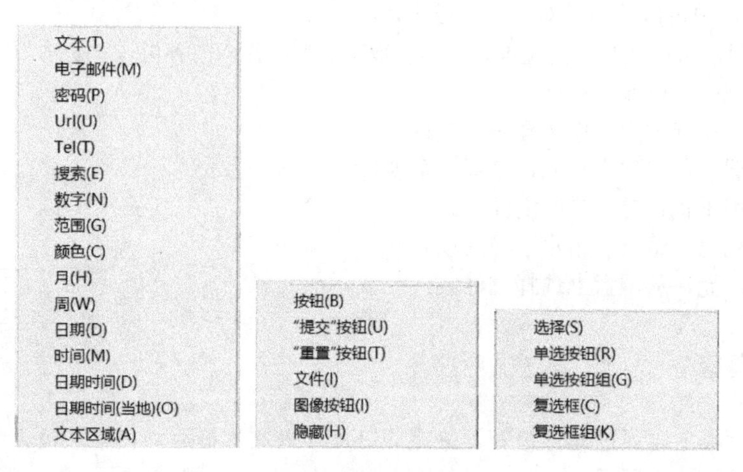

图 5-19　表单对象命令

1．复选框与复选框组

复选框是在一组选项中选择多个选项，可以选择任意多个适用的选项。如图 5-20 所示，显示，选中了两个复选框选项：蹦极和漂流。

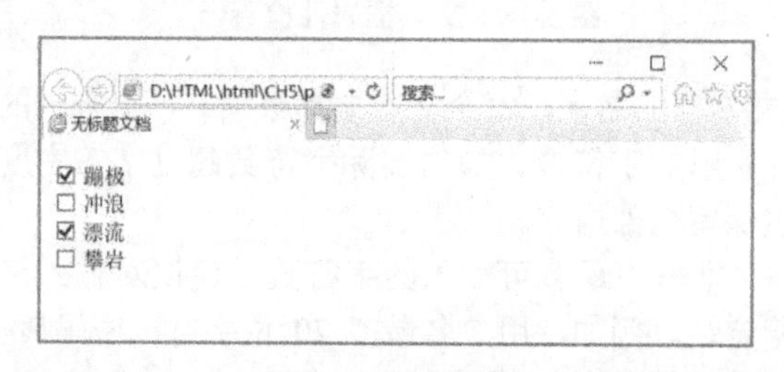

图 5-20　复选框组

2．单选按钮与单选按钮组

单选按钮代表互相排斥的选择。在某单选按钮组（由两个或多个共享同一名称的按钮组成）中选择一个按钮，就不能选择该组中的所有其他按钮。在图 5-21 所示的示例中，只能选择四项中的一项。

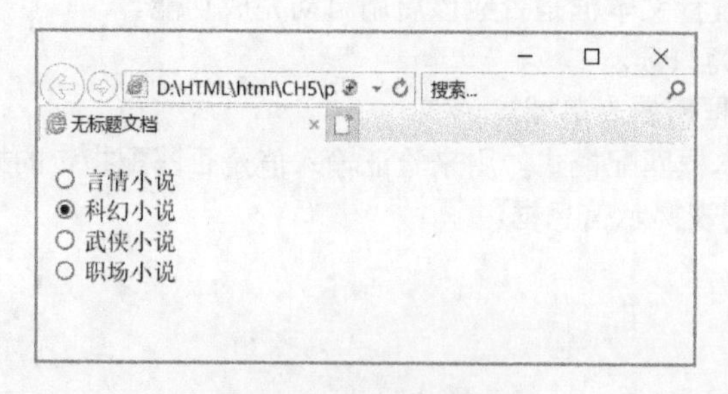

图 5-21　单选按钮组

3. 列表选项

列表选项是在一个菜单中显示选项值，可以从中选择一个选项。在图 5-22 所示的示例中，可以在列表选项中选择其中一项。

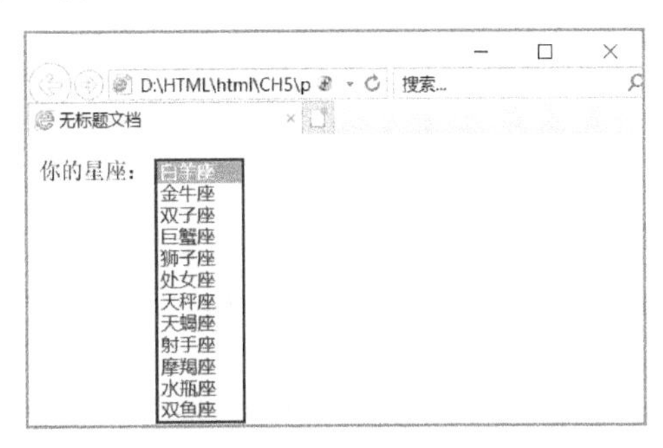

图 5-22 列表选项

4. 文本区域

文本区域是多行文本编辑区域，它与文本域的单行编辑效果略有不同。在图 5-23 所示的示例中所产生的浏览效果，是在属性检查器中设置了参数 cols="50" rows="5"，即宽度为 50px，高度为 5px。

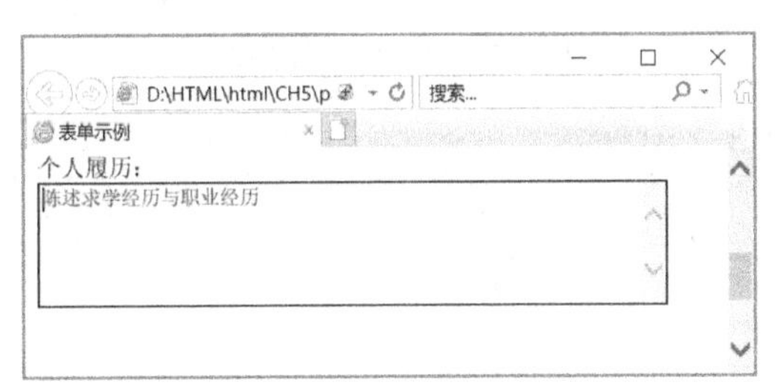

图 5-23 文本区域

5.3 Spry 组件

本节介绍 Spry 组件的建立和使用，属于 Dreamweaver CS5 版本的知识。这部分内容在 Dreamweaver CC 2017 之后就不再使用。为了结合之前的版本的相关知识点，本教材保留了这部分内容。如果直接使用 Dreamweaver CC 2017 之后的版本软件，则可以忽略本节知识，对应内容将在第 7 章行为和模板中进一步介绍。

Dreamweaver CS5 提供的 Spry 组件包括 Spry 数据集、Spry 区域、Spry 重复项、Spry 重复列表，Spry 验证文本域、Spry 验证复选框、Spry 验证选择、Spry 验证密码、Spry 验证确认、Spry 验证单选按钮组，Spry 菜单栏、Spry 选项卡面板、Spry 折叠式、Spry 可折叠面板、Spry 工具提示 3 类 16 种，如图 5-24 所示。

图 5-24 Spry 组件

5.3.1　Spry 表单验证类组件

Spry 表单验证类组件可以对多种表单对象进行验证，从而能够保证表单采集信息的有效性。而且该验证是通过使用 JavaScript 语言在客户端的浏览器上实施的验证，从而减少了服务器的负载。

1．验证文本域

验证文本域组件可以对文本框中输入的多种类型的信息进行实时验证，如电话号码、邮政编码、IP 地址、日期、时间、货币等。若输入的信息格式与指定信息格式不符或输入的字符数与规定字符数不符，则会出现提示信息。

插入验证文本域组件后，通过属性检查器可以对验证文本域组件进行各种属性的设置；选中文本域之后，可以对文本域的属性进行设置。验证文本域与文本域的属性如图 5-25 和图 5-26 所示。

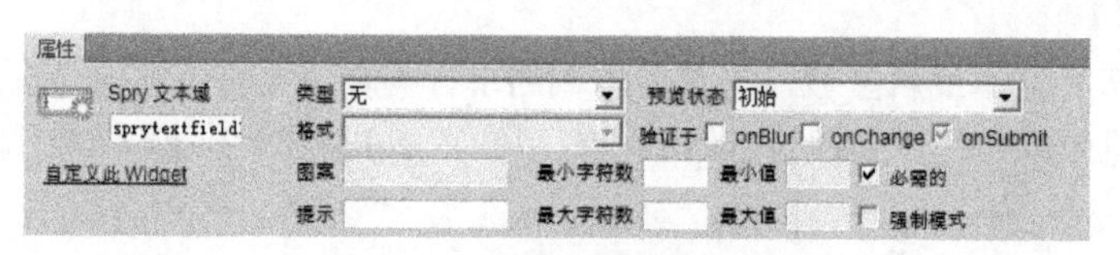

图 5-25　验证文本域的属性

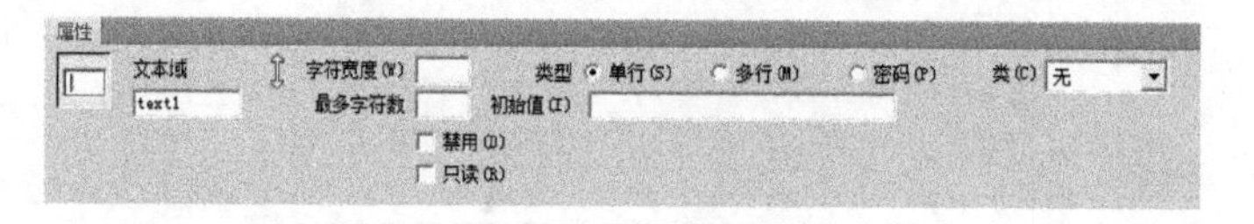

图 5-26　文本域的属性

2．验证复选框

该验证是针对复选框的内容进行验证，如图 5-27 和图 5-28 所示。

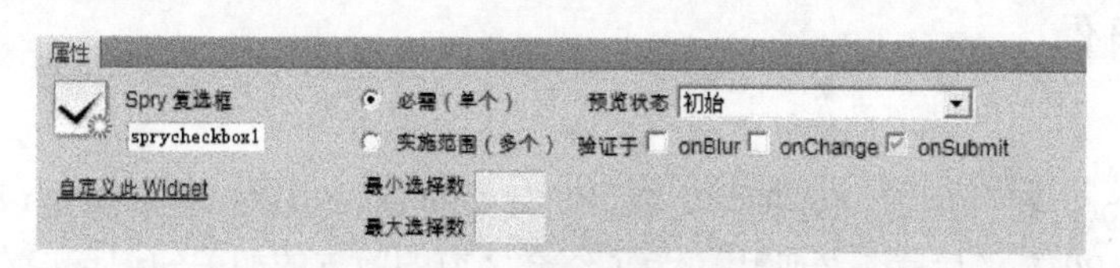

图 5-27　验证复选框的属性

图 5-28　复选框的属性

5.3.2　Spry 表单验证类组件应用举例

【实例 5.3】制作两个页面，一个是申请页（shenqing.html），一个是确认页（queren.html）。申请页面输入信息全部符合验证要求，即可提交到确认页面。

申请页内包括标题（居中显示“参会申请”，格式为标题 1）、姓名（组件为验证文本域）、性别（组件为验证选择）、密码（组件为验证密码）、确认密码（组件为验证确认）、参会形式（组件为验证单选按钮组）、参会分会场（组件为验证复选框）、个人简介（组件为验证文本区域）。此外，增加提交按钮（组件为【插入】/【表单】/【按钮】），修改 form 对象的 action 属性值为 queren.html。

确认页仅提示您提交的申请已经入库，演示信息确认的效果。对申请页面提交的数据不做处理要求。

操作步骤如下：

1）新建 HTML 页面，保存为 shenqing.html。

在设计视图中输入文字参会申请。选中文字，在属性检查器中设置其格式为标题 1；选中文字并右击，在弹出的快捷菜单中选择对齐/居中对齐命令。在标题处输入文字参会申请页面，保存。如图 5-29 所示。

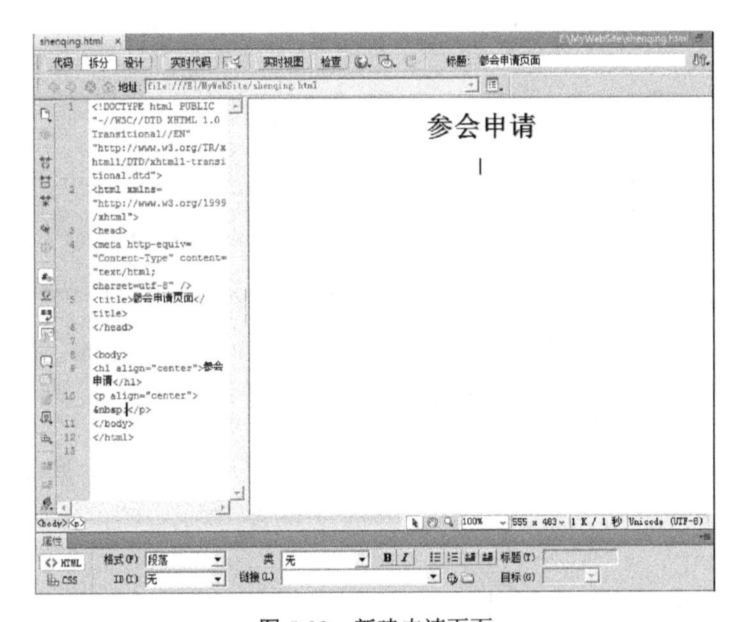

图 5-29　新建申请页面

2）插入 Spry 验证文本域组件。

单击图标，插入 Spry 验证文本域姓名，设置属性，ID=xm，标签=姓名，如图 5-30 所示。完成属性设置后，单击确定按钮，系统提示是否添加表单标签，单击是按钮，完成添加 Form 的操作。此时，可以通过代码视图发现增加了 ID 和 name 都是 form1 的表单（下文中验证确认处调用），其 method="post"，action=" "（此处修改为 action="queren.html"）。如果没有表单，则各个验证组件无法进行提交和验证。

此时，页面中出现一个红色虚框，框内包括一个姓名和文本输入区域。该红色虚框就是表单 form1，所有的验证组件必须包括在该红色虚框内才能在提交的时候实现页面验证。

将指针定位到姓名的文本输入区域后按<Enter>键，插入验证选择，设置属性 ID=xb，标签=性别，然后单击确定按钮。

此时，Spry 验证选择性别被选中，在属性检查器中可以设置验证动作发生的行为。如果需要在提交页面时验证，选择 onSubmit；如果需要在修改时验证，选择 onChange；如果在修改完成指针离开该组件后验证，选择 onBlur。此处，选择 onSubmit，在页面提交时一并验证，如图 5-31 所示。

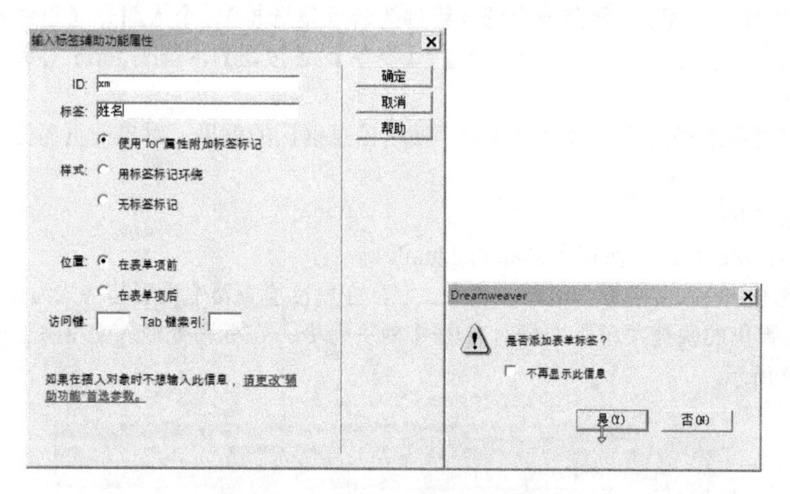

图 5-30　插入 Spry 验证文本域组件

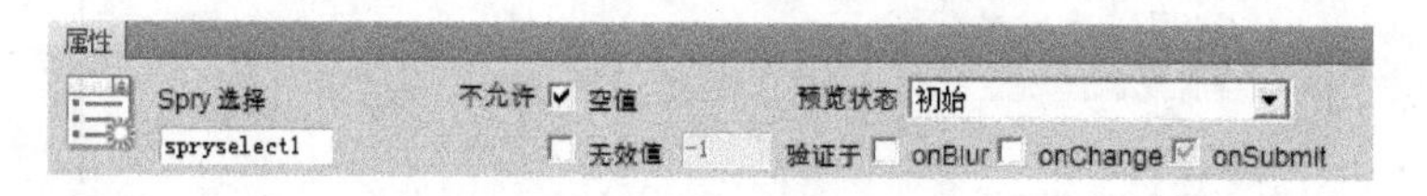

图 5-31　Spry 选择属性

不过此时性别选择框中为空，需要自行添加。首先，右击性别选择框，在弹出的快捷菜单中选择列表数值命令；然后，在新弹出的列表值对话框中单击+按钮，输入项目的标签和值，完成后效果如图。最后，单击确定按钮。

在完成验证选择性别之后，在其后按<Enter>键，新建一个空白行，准备插入新的验证组件，如图 5-32 所示。

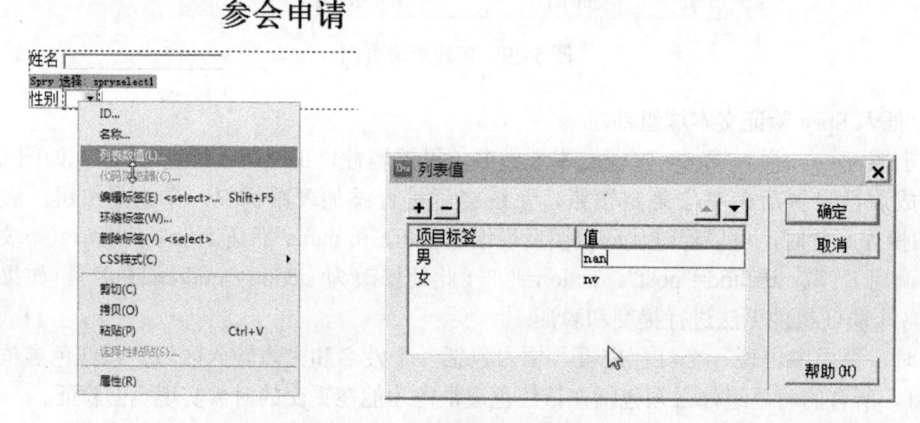

图 5-32　添加选择列表项目

3）插入验证密码组件。设置属性：ID=pass，标签=密码，然后确定（验证密码 ID=pass，下文验证确认中要调用）。在该验证密码的属性检查器中也选择默认设置：选中必填复选框，验证时间为 onSubmit；如果需要限定密码长度时，可以设定最小字符数和最大字符数。设置完成后，在验证组件后回车，新建一行。如图 5-33 所示。

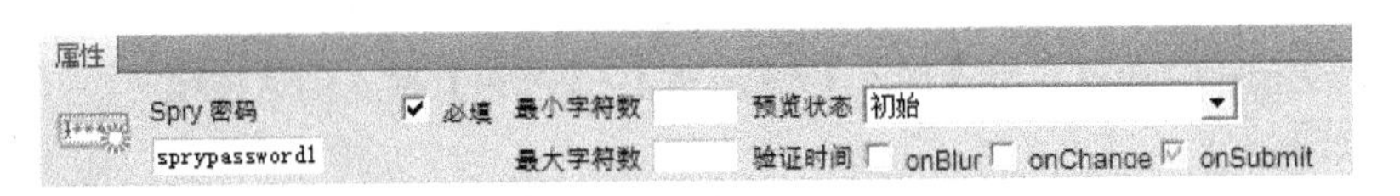

图 5-33　验证密码属性

4）插入验证确认。设置属性：ID=pass2，标签=验证密码，然后单击确定按钮。在该验证密码的属性检查器中也选择默认设置：选中必填复选框，验证时间为 onSubmit，验证参照对象为 pass 在表单 form1 中（即针对 form1 中的 pass 为验证对象，其中 form1 是上文中添加验证文本域姓名时添加的表单 ID，pass 是上文中添加验证密码密码时的 ID）。在验证确认组件后按<Enter>键，新建一行，如图 5-34 所示。

图 5-34　验证确认属性设定

5）插入验证单选按钮组。设置属性：名称=是否宣读论文（此处一般应为英文小写字符），单选按钮中默认两个标签，如果不足可以单击+按钮增加。这里修改两对标签和值为：标签=宣读论文，值=yes；标签=不宣读论文，值=no。效果如图 5-35 所示。然后，单击确定按钮。

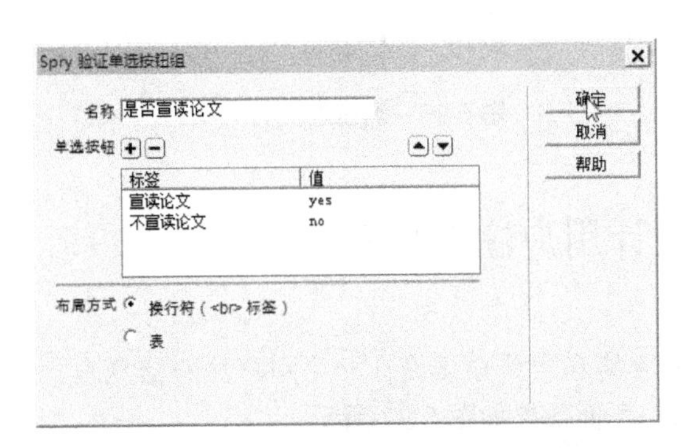

图 5-35　插入验证单选按钮组时编辑单选按钮

该验证单选按钮组的属性检查器中也选择默认设置：选中必填，验证时间为 onSubmit。因为验证单选按钮组占据整个行，无法在其后面通过插入鼠标指针，然后回车换行。可以在代码视图中，代码</form>之前输入一些任意字符，然后刷新设计视图，在输入的任意字符后回车，新建一行，并删除刚才输入的任意字符。此外，在验证单选按钮组之前，需要输入提示字符：是否宣读论文。

6）插入验证复选框。设置属性：ID=anquan，标签=网络安全。该验证组件仅能添加一个复选框，而实际需要添加多个的时候，需要针对代码进行操作。通过选择并复制代码区间<input>…</label>，然后按<Enter>键换行后粘贴代码。再修改网络安全的 input 属性：ID=anquan1，增加 value="1"。修改粘贴代码文字为信息安全，并修改信息安全的 input 属性：id=anquan2，增加 value="2"。

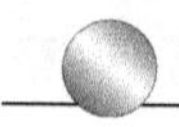

【说明】复选框中所有的元素都应该是一个 name，不同元素的 ID 和 value 必须不同，否则无法区分不同元素。

7）插入验证文本区域。设置属性：ID=jieshao，标签=个人介绍。

8）插入提交按钮。通过菜单【插入】/【表单】/【按钮】插入确认按钮。

9）保存页面。

10）制作确认页面。新建一个页面，输入文字参会确认，然后保存为 queren.html。

11）测试。在浏览器中打开 shenqing.html，直接单击最下面的提交按钮，系统提示如图 5-36a 所示；如果密码和确认密码不同，提示如图 5-36b 所示（注意页面没有转向到 queren.html）；如果全部验证通过，则转移到 queren.html 页面，如图 5-36c 所示。

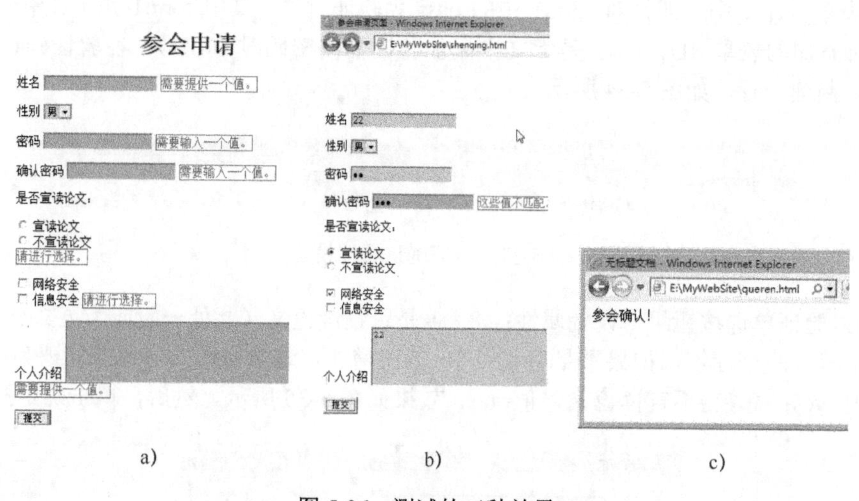

图 5-36　测试的三种效果

5.4　边学边做（设计用户注册信息表）

本节使用本章介绍的表格和表单知识设计一个用户注册信息表。通过综合实例，复习前面的内容并说明表单的使用。页面效果如图 5-37 所示。

结合本实例，将介绍一个新的知识点，即使用 HTML5 的 JavaScript 行为，将其附加到表单设计中，目的是增加客户端动态验证表单对象数据的功能，从而提高表单数据的验证效率。

1）新建文档 page504.html。在属性检查器中设置页面属性，背景颜色为蓝色#577BAF，页面标题为新用户注册。

2）在代码视图中设置：<h1>用户基本信息</h1>，并设置居中。

3）在设计视图中，选择【插入】/【表单】/【表单】命令，生成一个新的表单域。

4）将指针定位在表单域内，选择【插入】/【HTML】/【Table】命令，弹出 Table 对话框，在该对话框中设置的参数如图 5-38 所示。单击确定按钮，在表单域中插入了 1 个 1 行 1 列的空表。

5）在表格的属性检查器中设置 Align 为居中对齐。将指针置入单元格中，在单元格的属性检查器中设置背景颜色为#D4D0D1（浅灰色）。

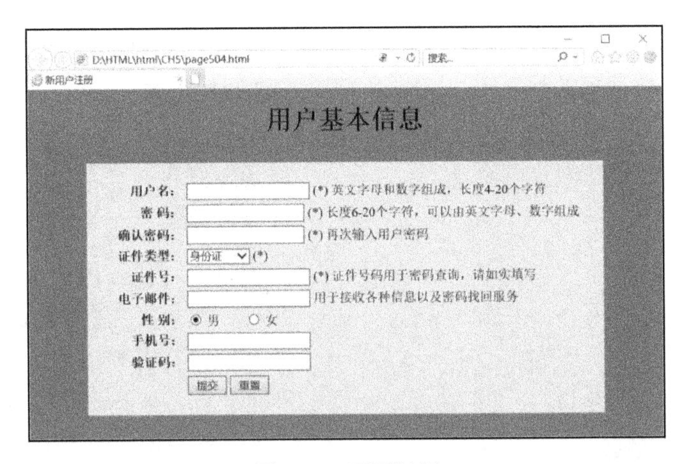

图 5-37 页面效果

6）将指针置入单元格中，选择【插入】/【HTML】/【Table】命令，按照图 5-39 所示设置参数，嵌套插入一个 10 行 2 列的表格。

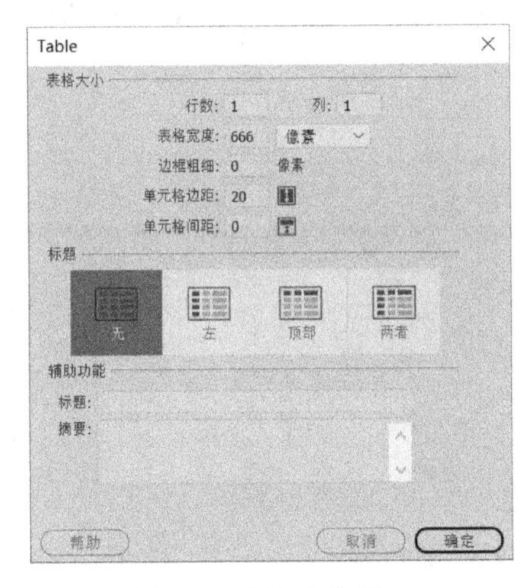

图 5-38 插入表格图

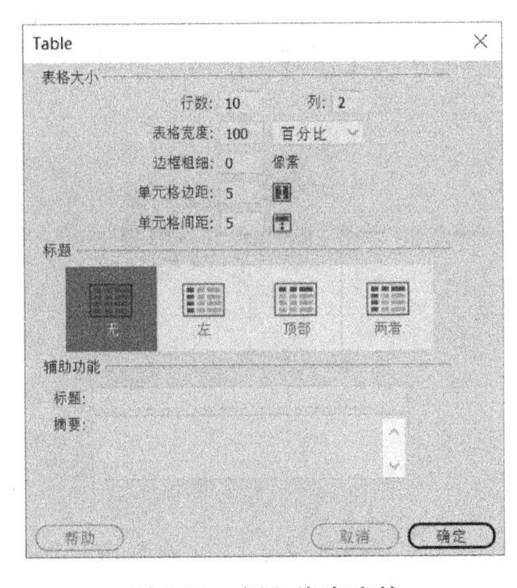

图 5-39 插入嵌套表格

【说明】第一个表格为了设置背景颜色和对齐。第二个表格为了布局表单中的对象。本例采用的表格布局方法并不是唯一的，现在更常见的方法是使用 DIV+CSS，后续章节会再介绍。

7）在第一行第一个单元格中插入表单的文本对象，选中文本框，拖拽至右侧第二个单元格中，并将英文提示文字改为中文，效果如图 5-40 所示。然后，在文本框后面加注释英文字母和数字组成，长度 4～20 个字符。(*) 表示必填项。

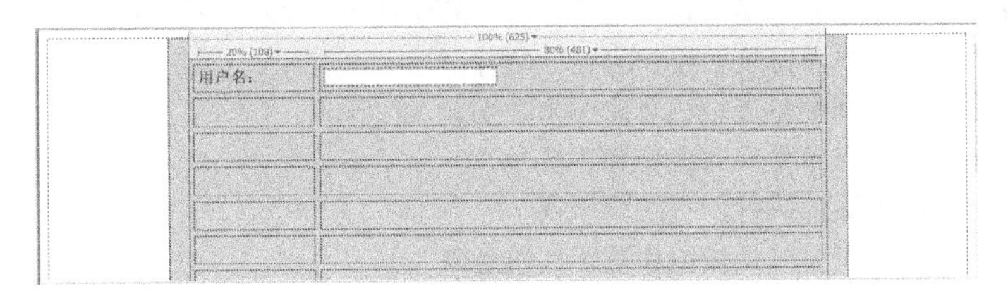

图 5-40 添加用户名文本框

8）选择【窗口】/【行为】命令，打开行为面板，如图 5-41 所示。先选中设计视图中的用户名文本框，然后单击面板的+按钮，在弹出的列表中选择检查表单选项，如图 5-42 所示。

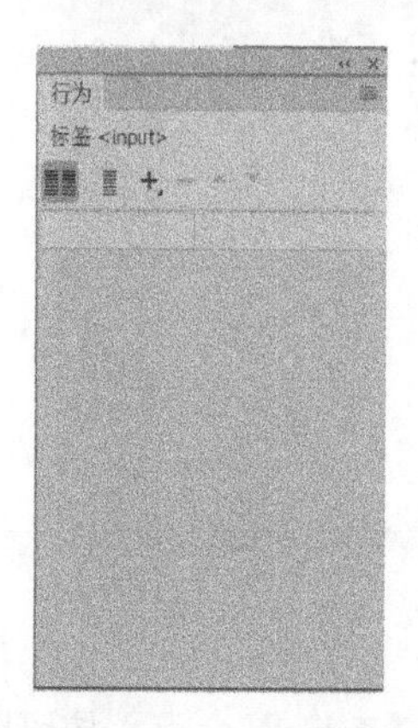

图 5-41　行为对话框

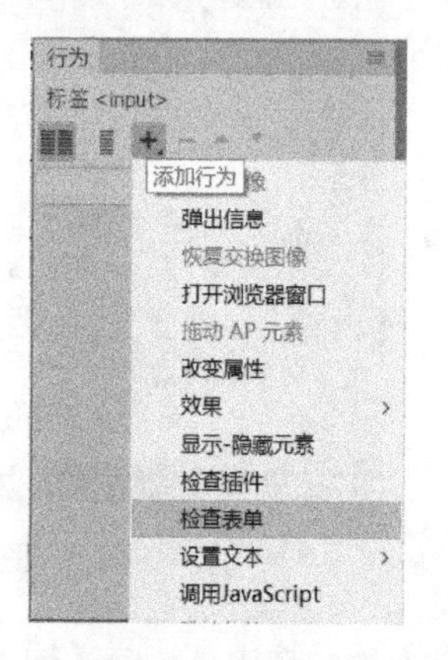

图 5-42　弹出菜单

9）随后弹出检查表单对话框。在该对话框中的域列表框中选择 input "textfield"选项，并选中必需的复选框，单击确定按钮，如图 5-43 所示。

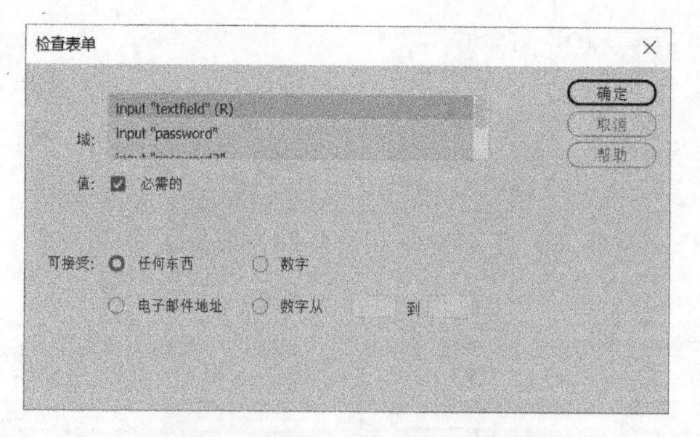

图 5-43　设置文本框内容不能为空

【说明】在“检查表单”对话框中设置必需的作用是，当填写表单的该文本框信息时，如果置空，指针移至下一个文本框时，立即弹出提示，提示该项为必填项。

10）在第二行的第一个单元格中插入表单密码对象，按照步骤 7）的方法进行编辑。第三行是确认密码行设置，方法同步骤 7）～9）。

11）在第四行插入列表对象作为证件类型，列表值为身份证、军官证、学生证和其他证件选项。

12）在第五行插入表单文本对象作为证件号，方法同步骤 7）～9）。

13）在第六行插入表单邮件对象作为电子邮件。

14）在第七行插入两个单选按钮对象作为性别。

15）在第八行插入表单数字对象作为手机号。

16）在第九行插入验证码行，方法同步骤 7）。

17）在第十行插入表单确认按钮和重置按钮对象。

18）在保存并浏览页面效果。

本章小结

本章介绍的表格是网页设计中的重要页面元素。表格的创建和编辑方法灵活多样，单元格可以嵌套表格，使表格的表达形式更加丰富，对数据的表现形式也更多样，也可以实现页面布局效果。表单是动态页面设计中不可或缺的元素。表单对象及验证表单组件的创建与编辑是本章重点内容之一。设计者在设计表单时，通常要根据表单设计需求添加表单元素，并结合表格进行表单元素的布局。

思考与练习

1．表格的实际用途有哪些？

2．表单域中的对象元素有哪些？各有什么特点？

3．除了表格布局表单元素的方法，思考还有什么布局方法可以应用在表单设计中。

第 6 章　使用 CSS 美化和布局网页

CSS（Cascading Style Sheets，层叠样式表）是 W3C 组织制定的网页样式设计标准，是一种用来表现 HTML 文件样式的计算机语言。CSS 不仅可以静态地修饰网页，还可以配合各种脚本语言动态地对网页各元素进行格式化。

在 DIV+CSS 技术时代，CSS 显得格外重要，它可以将 Web 前端的 HTML 代码与页面布局、美化，以及添加一些特殊效果的代码分隔开来。这样，可以更加灵活、高效地开发网页，精确指定网页元素位置，更轻松地修改和控制页面外观。

本章介绍 CSS 的基本应用方法，并介绍 DIV+CSS 布局页面的实例应用。

本章要点：

- 认识 CSS
- 掌握 CSS 的应用
- 熟悉 CSS 选择符和属性使用
- 使用 DIV+CSS 进行网页布局

6.1　初识 CSS

6.1.1　CSS 的特点

从 1996 年 CSS 1.0 的推出到现在最新版本的 CSS 3，W3C 不断完成 CSS 各模块的规范，是一组格式设置规则，用于控制网页的外观。CSS 语言是在 HTML 语言基础上发展起来的，是为了克服 HTML 网页外观和布局的弊端。在 HTML 语言中，各种功能都是通过标签元素来实现的，然后通过标签各种属性来定义和修改各种个性化显示，从而导致了网页代码的臃肿杂乱。CSS 就是为了解决这些问题而出现的。

CSS 比较简单、易学，通过 CSS 设计器可以快速控制 HTML 标签的显示属性。对页面布局、字体、颜色、背景和其他图文实现更加精确的控制。CSS 具有以下一些特点：

（1）将页面的内容与表示形式分离

使用 CSS 样式设置页面的格式，可以将页面内容存放在 HTML 文件中，而用于定义代码表示形式的 CSS 规则存放在另一个文件（外部样式表）或 HTML 文档的另一部分（通常为文件头部分）中。

（2）控制页面的布局

HTML 的页面控制能力有限，而使用 CSS 能够实现所有页面的控制功能，如精确定位图像在网页窗口中的位置等。

（3）网页字节数更小

CSS 是静态文本，不需要图像、执行程序或插件，就像 HTML 文件那样，所以使得网页字节数更小、下载更快。

（4）使浏览器成为更友好的界面

CSS 代码有很好的兼容性，只要是可以识别 CSS 的浏览器都可以应用它，无论新、旧版本的浏览器。

6.1.2 CSS 的规则

CSS 格式设置规则由两部分组成：选择器和声明。选择器是标识已设置格式元素（如 P、H1、类名称或 ID）的术语，而声明则用于定义样式元素。

在如图 6-1 所示的示例中，h1 是选择器，介于大括号（{}）之间的所有内容都是声明。声明由属性和属性值两部分组成，中间用英文冒号:连接。上述示例为 h1 标签创建了样式：链接到此样式的所有 h1 标签的文本都将是 16 像素大小和粗体字体。

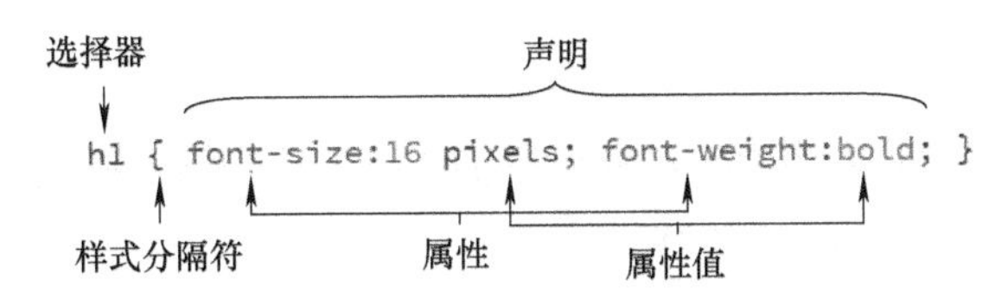

图 6-1 CSS 的基本格式

CSS 的主要优点是统一表现形式，只要对一处 CSS 规则进行更新，则使用该定义样式的所有文档的格式都会自动更新为新样式。

6.1.3 CSS 样式的类型

在 Dreamweaver CC 中可以定义以下几种规则类型的 CSS。

1. 类 CSS 样式

类 CSS 样式自定义 CSS 规则，用于将样式属性应用于页面上的任何元素。所有类样式均以句点“.”开头。例如，可以创建称为 .red 的类样式，设置规则的 color 属性为红色，然后将该样式应用到一部分已定义样式的段落文本中。

2. 标签 CSS 样式

规则重定义特定标签的样式，如创建或更改 h1 标签的 CSS 规则时，所有用 h1 标签设置了格式的文本都会立即更新。

3. ID CSS 样式

ID CSS 样式主要用于定义设置了特定 ID 名称的元素。通常在一个页面中，ID 名称是唯一的，所以，所指定的 ID CSS 样式也是特定指向页面中唯一的元素，如网页的标语等。

4. 复合 CSS 样式

CSS 选择器规则重定义特定元素组合的格式，或其他 CSS 允许的选择器形式的格式。例如，每当 h2 标题出现在表格单元格内时，就应用选择器 td h2。高级样式还可以重定义包含特定 id 属性的标签的格式。例如，由#myStyle 定义的样式可以应用到所有包含属性/值对 id="myStyle" 的标签。

5．伪类 CSS 样式

对于超链接伪类定义状态分为以下几种：

- a:link：定义超链接对象在没有访问前的样式。
- a:hover：定义当指针移至超链接对象上时的样式。
- a:active：定义当单击超链接对象时的样式。
- a:visited：定义超链接对象已经被访问过后的样式。

6.1.4　CSS 的基本用法

将样式信息添加到一个 HTML 文档中，有四种基本方法。

1．添加行内样式

在 HTML 标签中，把样式作为属性值直接定义在 style 中。例如

```
<span style="font-size: larger">CSS 文本样式</span>
```

在上述代码中，style 作为<span>标签的一个属性进行赋值。行内样式与标签属性的用法类似，这种用法没有把 HTML 和 CSS 真正分开，所以不建议使用。

2．定义内部样式表

在<style>标签中集中定义 CSS。例如

```
<style type="text/css">
    p{
        font-size: 20px;
        background: #D5D0D0;
        font-style: italic;
    }
</style>
```

这部分代码通常放在 HTML 文档的<head>标签内，即头部区域。目的是让 CSS 源码早于页面结构代码下载并被解析，从而正常显示 CSS 样式的页面效果。

3．导入外部样式表

页面内定义的 CSS 样式只能用于当前页面，如果有大量页面需要设置 CSS 样式，则重复性工作会非常大。所以，基于网站页面的统筹和管理，通常把 CSS 代码保存在一个独立的文件中，即.css 文件，然后使用<link>标签或@input 命令导入，称为导入外部样式表，一个样式表一个文件。一个网页文件中可以导入一个或多个文件。

（1）通过<link>标签导入外部 CSS 文件

例如

```
<link href="../../CSS/style.css" rel="stylesheet" type="text/css">
```

在使用<link>标签时，一般应定义三个基本属性：href 定义样式表文件的路径；type 定义导入文件的文件类型；rel 定义关联样式表。

（2）通过@input 命令导入外部 CSS 文件

例如

```
@import url("../../CSS/style.css");
```

上述代码在@import 命令后面，调用 url()函数定义外部样式表文件的地址。

以上这几类样式的基本用法在网页中可以混合使用。如果同时使用了多种样式，Dreamweaver CC 会按照先采取行内样式，再采用内部样式，最后采用外部样式表的顺序采用样式。

6.1.5 创建 CSS 样式的方法

在 Adobe Dreamweaver CC 2018 的编辑器中，创建 CSS 样式的方法有多种。

（1）直接编写代码创建 CSS 样式

在代码视图中直接定义 CSS 样式，或者在独立的.css 文件中编写 CSS 样式代码。

（2）在属性检查器中创建 CSS 样式

针对要设置 CSS 样式的元素，选中后在其对应的属性检查器中设置 CSS 样式。

（3）使用 CSS 设计器面板创建 CSS 样式

选择【窗口】/【CSS 设计器】命令，打开 CSS 设计器面板，如图 6-2 所示。使用 CSS 设计器可以跟踪影响当前所选页面元素的 CSS 规则和属性，或影响整个文档的规则和属性。可以在 CSS 设计器中查看、创建、编辑和删除 CSS 样式，并且可以将外部样式表附加到文档。使用 CSS 设计器还可以在“全部”和“当前”模式下修改 CSS 属性。

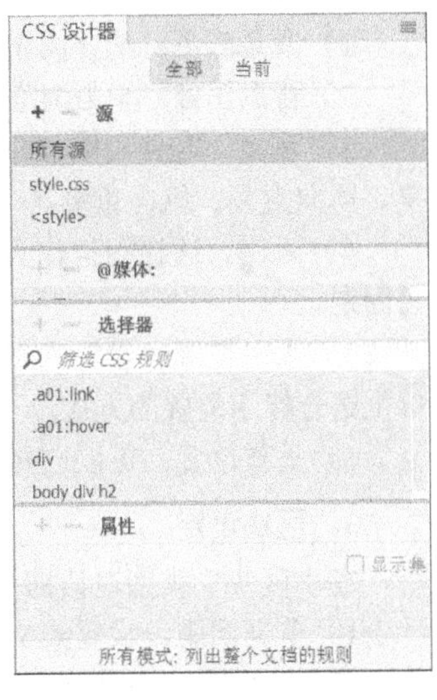

图 6-2 CSS 设计器面板

在 CSS 设计器面板中，各个选项区的功能包括以下内容：

- 源选项区：用于确定网页使用 CSS 样式的方式，是使用外部 CSS 样式还是使用内部 CSS 样式。
- @媒体选项区：用于控制屏幕大小的媒体查询。
- 选择器选项区：用于在网页中创建 CSS 样式，网页中创建的所有 CSS 样式都会在该选项区的列表中显示。
- 属性选项区：与所选的选择器相关的属性，用于对 CSS 样式的属性进行设置和编辑。

6.1.6 CSS 属性说明

1．类型

1）字体。为样式设置字体家族。浏览器使用用户系统上安装的字体系列中的第一种字体显示文本。如果系统安装了某种字体，而在下拉列表中找不到，可以选择菜单上的编辑字体列表命令添加字体。

2）大小。定义文本大小。可以通过选择数字和度量单位选择特定的大小或相对大小。有很多单位供选择：以像素（px）为单位可以有效地防止浏览器破坏文本；以点数（pt）为单位会使设定的字号随着显示器分辨率的变化而调整大小，可以防止不同分辨率显示器中字体大小不一致的现象。

3）样式。将正常、斜体或偏斜体指定为字体样式。默认设置是正常。

4）行高。设置文本所在行的高度。该设置传统上称为前导。选择正常选项，系统将自动计算字体大小的行高，或输入一个确切的值并选择一种度量单位。

5）修饰。向文本中添加下画线、上画线或删除线，或使文本闪烁。正常文本的默认设置是无，链接的默认设置是下画线。将链接设置为无时，可以通过定义一个特殊的类删除链接中的下画线。

6）粗细。对字体应用特定或相对的粗体量。正常相当于 400，粗体相当于 700。在实际制作中不常用。

7）变量。设置文本的小型大写字母变量，在英文中，大写字母的字号一般比较大，可以采用变量中的小型大写字母设置，以缩小大写字母的相对大小。Dreamweaver CC 不在文档窗口中显示该属性。IE 浏览器支持变量属性。

8）大小。将选定内容中的每个单词的首字母大写或将文本设置为全部大写或小写。

9）颜色。设置文本颜色。

2. 背景设定

在背景选项对话框中可以设定如下属性：

1）背景颜色。选择固定颜色作为背景。

2）背景图像。单击浏览按钮可以选择一幅背景图像，也可以直接输入背景图像的路径及名称。

3）重复。在使用图像作背景时，可以使用此项设置背景图像的重复方式。包括不重复、重复、横向重复、纵向重复。

4）附件。选择图像作为背景时，可以设定图像是否跟随网页一同滚动。可以选择滚动或者是固定。

5）水平位置。设置水平方向上的位置。可以是左对齐、右对齐、居中，也可以采用数值与单位结合标示位置的方式。

6）垂直位置。可以选择顶部、底部或居中，也可以采用数值与单位结合标示位置的方式。

3. 区块设定

在“区块”类别对话框中可以设置如下属性：

1）单词间距。设置英文单词之间的距离。可以使用默认的设置正常，也可以设置为数值和单位结合的形式。使用正值为增加单词间距，使用负值为减小单词的间距。

2）字母间距。设置英文字母之间的距离。使用正值为增加字母间距，使用负值为减小字母间距。

3）垂直对齐。设置对象的垂直相对对齐方式，包括：基线、下标、上标、顶部、文本顶对齐、中线对齐、底部、文本底对齐，以及自定义的数值和单位结合形式。

4）文本对齐。设置文本的水平对齐方式，包括左对齐、右对齐、居中和两端对齐。

5）文字缩进。这是区域选项中最重要的项目，中文文字的首行缩进就是由此实现的。首先填入具体的数值，然后选择单位。文字缩进和字号设定要保持统一。例如，字号为 9pt，则 2 字符的缩进数值应为 18pt。

6）空格。对源代码文字空格的控制，包括正常、保留和不换行选项。正常是忽略源代码文字之间的所有空格；保留是将保留源代码中所有的空格形式，包括由<Space>键、<Tab>键和<Enter>键创建的空格；不换行设置文字不自动换行。

7）显示。指定是否以及如何显示元素。

4. 边框设定

在边框类别对话框中可以进行如下属性的设置：

1）样式。设定边框的样式，包括：无、虚线、点画线、实线、双线、槽状、脊状、凹陷、突出。选择全部相同选项，则只需设置“上”的样式，其他方向样式与之相同。

2）宽度。设置四个方向边框的宽度。如果选中全部相同选项，其他方向设置与上相同。可以选择的宽度有细、中和粗，也可以输入数值。

3）颜色。设置对应边框的颜色。如果选择全部相同，则其他方向的设置都与上相同。

4）扩展设定。CSS 样式还可以实现一些扩展功能，这些功能集中在扩展选项中。

5）分页。通过样式来为网页添加分页符号，但目前没有任何浏览器支持此项功能。

6）指针。通过样式改变指针形状，指针放在被此设置项修饰的区域上时，形状会发生改变。具体形状包括：hand（手）、crosshair（交叉十字）、text（文本选择符号）、wait（Windows 的沙漏形状）、Default（默认的指针形状）、help（带问号的指针）、e-resize（向东的箭头）、ne-resize（向东北方的箭头）、n-resize（向北的箭头）、nw-resize（向西北的箭头）、w-resize（向西的箭头）、sw-resize（向西南的箭头）、s-resize（向南的箭头）、se-resize（向东南的箭头）以及 auto（正常指针）。

7）过滤器。使用 CSS 语言实现的滤镜效果。

6.2　用 CSS 样式美化页面

上节介绍了创建 CSS 样式的几种类型，包括类样式、标签 CSS 样式、ID CSS 样式、复合 CSS 样式和伪类 CSS 样式。下面通过实例具体介绍几种 CSS 样式的定义和使用方法。

6.2.1　创建类 CSS 样式

【实例 6.1】创建类 CSS 样式，并应用到 HTML 标签中，实现文本页面排版效果。页面中文本的最终显示效果如图 6-3 所示。

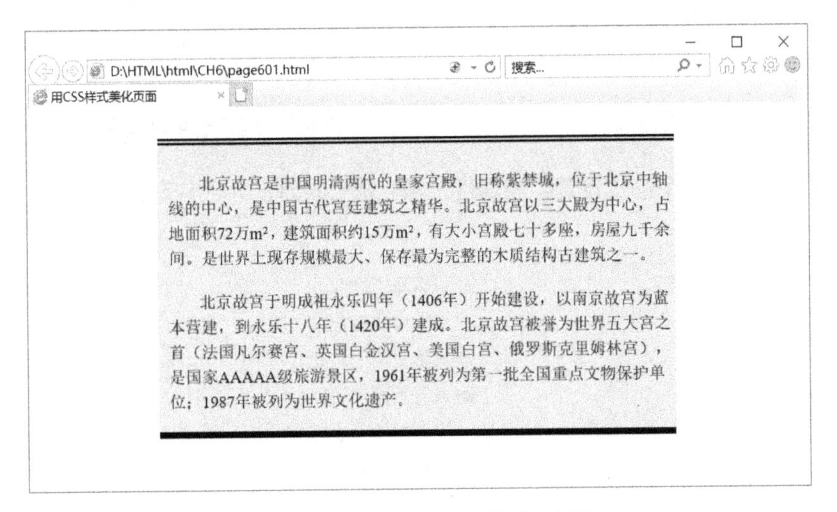

图 6-3　实例 6.1 页面最终显示效果

操作步骤如下：

1）打开站点内的网页文件 page601.html，可以看到已经具有文本素材。

2）在浏览器中浏览该页面，效果如图 6-4 所示。

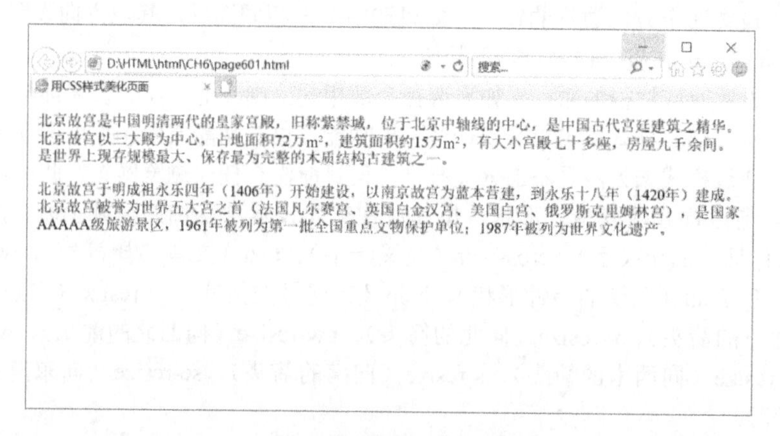

图 6-4 预览页面效果

3）打开 CSS 设计器面板，在选择器选项区中单击添加选择器按钮+，在文本框中直接输入名称为.st1 的类 CSS 样式，如图 6-5 所示。

4）在属性选项区中设置.st1 的各种属性，包括布局、文本、边框、背景和其他，如图 6-6 所示。

图 6-5 定义类样式

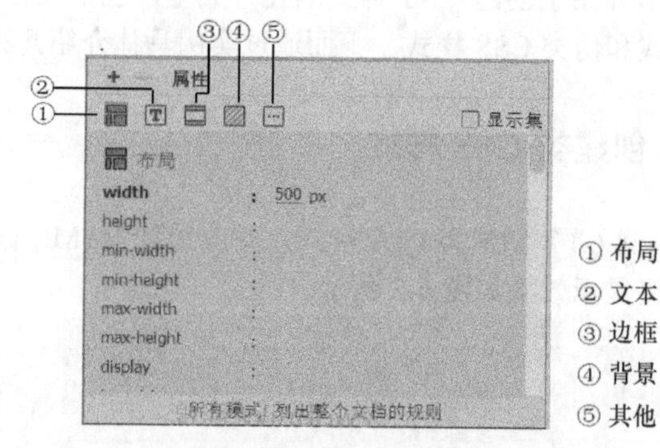

图 6-6 属性选项区设置

按照需求进行属性的个性化设置。在属性选项区进行设置后，对应代码视图中的代码如下：

```
.st1 {
    width: 500px;                      /*设置域宽度*/
    background-color: #F8F5BC;         /*设置背景颜色*/
    margin-top: 30px;                  /*设置页面上边距*/
    margin-left: 120px;                /*设置页面左边距*/
    padding-top: 10px;                 /*设置域的上边距*/
    padding-left: 10px;                /*设置域的左边距*/
    line-height: 150%;                 /*设置行高*/
    text-indent: 0.8cm;                /*设置首行缩进*/
    color: #030000;                    /*设置文字颜色*/
```

```
    border-top-width: 6px;              /*设置上边框厚度*/
    border-top-style: double;           /*设置上边框样式*/
    border-bottom-width: 6px;           /*设置下边框厚度*/
    border-bottom-style: solid;         /*设置下边框样式*/
}
```

5）回到网页的代码视图，将指针定位在<body>标签后，选择【插入】/【HTML】/【Div】命令，弹出如图 6-7 所示的插入 Div 对话框。在该对话框中确认插入为在插入点，Class 为 st1，单击确定按钮。

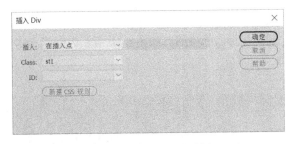

图 6-7 插入 Div 对话框

6）此时，在设计视图中显示了插入<div>标签，并引用.st1 类样式的区域，如图 6-8 所示。

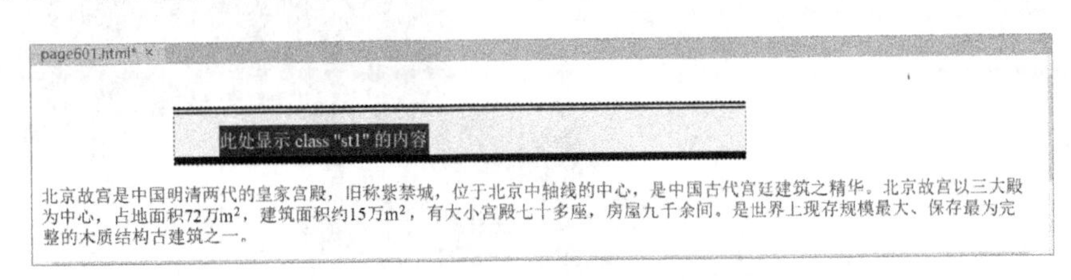

图 6-8 插入<div>标签的边框效果

7）选中下面的三段文字，按<Ctrl+X>组合键，将三段文字剪切后，将指针定位到样式框内，然后再按<Ctrl+V>组合键，将文字粘贴替换此处显示 class " st1 " 的内容。

【注意】观察此时的代码视图，在<body>标签中的代码并没有增加格式设置方面的内容，如图 6-9 所示。只是在<div>标签中增加了一个 class 属性赋值，而大量格式设置的 CSS 样式定义是在<head>文件头区域中。从而可以看出，CSS 成功地实现了内容与格式的分离，它的好处在于可以将.st1 样式应用到任何 HTML 标签的 class 属性赋值。

```
26 <body>
27 <div class="st1" >
28     <p>北京故宫是中国明清两代的皇家宫殿，旧称紫禁城，位于北京中轴线的中心，是中国古代宫廷建筑之精华。北京故宫以三大殿为中心，占地面积72万m²，建筑面积约15万m²，有大小宫殿七十多座，房屋九千余间。是世界上现存规模最大、保存最为完整的木质结构古建筑之一。 </p>
29     <p>北京故宫于明成祖永乐四年（1406年）开始建设，以南京故宫为蓝本营建，到永乐十八年（1420年）建成。北京故宫被誉为世界五大宫之首（法国凡尔赛宫、英国白金汉宫、美国白宫、俄罗斯克里姆林宫），是国家AAAAA级旅游景区，1961年被列为第一批全国重点文物保护单位；1987年被列为世界文化遗产。 </p>
30 </div>
31 </body>
32 </html>
```

图 6-9 代码设置

8）保存文档，并浏览页面效果。

【说明】

1）类 CSS 样式的命名规则是需要在新定义的 CSS 样式名称前加.，如.st1，这个点说明了它是一个类 CSS 样式。根据 CSS 规则，类 CSS 样式可以在 HTML 页面中被多次使用。

2）在使用类 CSS 样式时，首先选中需要应用类样式的标签元素（如 div、h1、p 等），然后在属性检查器的类下拉列表中选择类样式即可。

6.2.2　创建标签 CSS 样式

标签 CSS 样式是网页中最常用的一种 CSS 样式。

【实例 6.2】创建标签 CSS 样式，对<body>标签进行设置，控制页面的字体、颜色、行高、背景图像等属性，从而达到美化页面的目的。如图 6-10 所示为创建 CSS 样式后的页面效果。

图 6-10　实例 6.2 页面最终效果

操作步骤如下：

1）在文件面板中，打开 page602.html。

2）在属性检查器的左侧，选中 CSS 选项，然后单击页面属性按钮，如图 6-11 所示。

图 6-11　属性检查器

3）随后弹出如图 6-12 所示的页面属性对话框。在该对话框中的分类列表框中选择外观（CSS）选项，设置其对应的参数。

对应的代码如下所示：

```
body {
    font-size: 12px;                                                    /*字号*/
    background-image: url( "../../img/mountain resort.jpg");            /*背景图像*/
```

```
    background-repeat: no-repeat;                 /*背景图像不重复*/
    margin-left: 10px;                            /*左页边距*/
    margin-top: 10px;                             /*上页边距*/
    color: #FFFFFF;                               /*文字颜色*/
    font-weight: bold;                            /*文字加粗*/
}
```

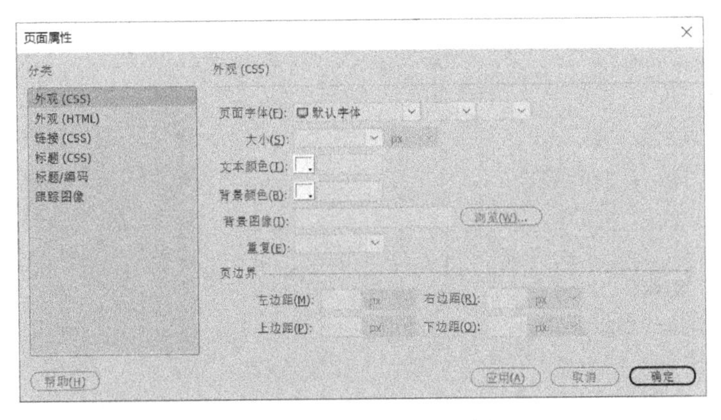

图 6-12 页面属性对话框

4）保存网页，并浏览页面效果。

【实例 6.3】重新定义 HTML 标签的默认格式，给<p>标签和<h1>标签重新设置样式。应用样式前后的页面效果对比如图 6-13 所示。

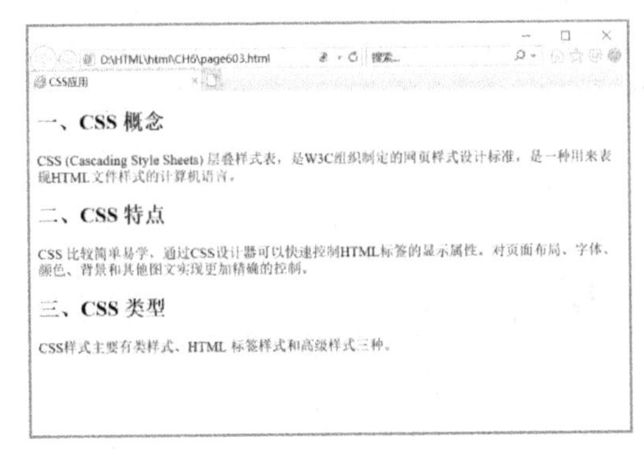

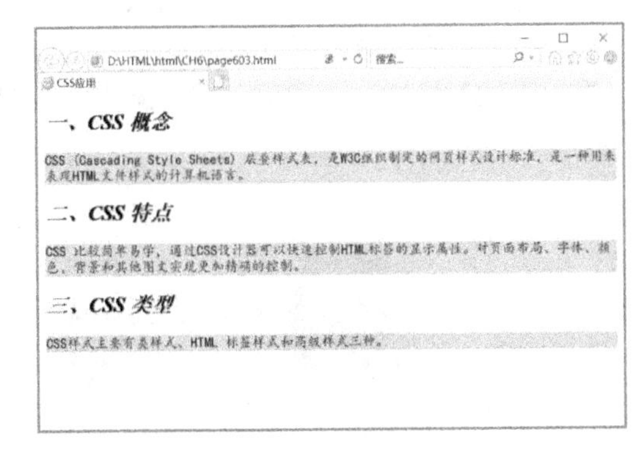

图 6-13 应用 CSS 样式前后对比效果图

操作步骤如下：

1）打开文档 page603.html。

2）在 CSS 设计器面板中，单击源左侧的+按钮，弹出菜单如图 6-14 所示。选择在页面中定义，则源面板中出现<style>标签。

3）单击 CSS 设计器面板中选择器左侧的+按钮，并在下面的文本框中输入 h2，如图 6-15 所示。

4）选中<h2>标签，并在下面的属性选项区域中设置属性。

5）重复步骤 3）和 4），为<p>标签设置属性。

图 6-14　添加 CSS 样式菜单

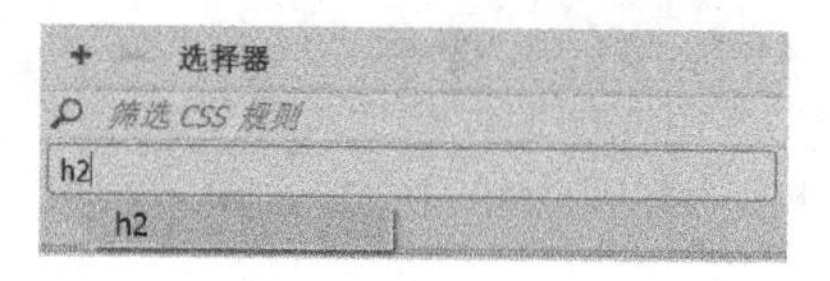

图 6-15　添加<h2>标签

代码设置如下：

```
<style type="text/css">
h2 {
    font-style: italic;
    text-shadow: 1px 0 #F80101;
}
p {
    font-family: 楷体;
    background-color: #D2DEE9;
}
</style>
```

6）保存文档，并浏览页面效果。

6.2.3　创建 ID CSS 样式

ID CSS 样式主要用于定义设置了特定 ID 名称的元素。ID 具有唯一性，所以定义的 ID CSS 样式指向页面中唯一的元素，如导航栏（NavigationBar）、标语（Banner）和标志（Logo）等。

【实例 6.4】将 Dreamweaver 的 Logo 图标设置到网页中。页面最终显示效果如图 6-16 所示。

图 6-16　实例 6.4 页面最终显示效果

操作步骤如下：

1）打开素材文档 page604.html。

2）将指针置于页面起始位置，选择【插入】/【HTML】/【Div】命令，则设计视图中出现一行虚线的 div 域。

3）打开 CSS 设计器面板，单击源左侧的+按钮，选择在页面中定义选项。然后再单击选择器左侧的+按钮，在文本框中输入#logo 并确认。

4）选中#logo，并在属性选项区中设置 Div 的宽和高，如图 6-17 所示。

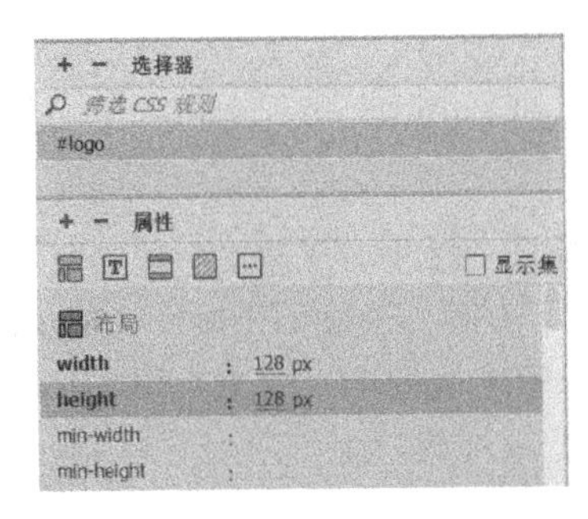

图 6-17　CSS 设计器的属性设置

5）回到窗口底部的属性检查器，选择 Div ID 为 logo，如图 6-18 所示。

图 6-18　设置 Div ID

6）设置后的设计视图和代码视图内容如图 6-19 所示。

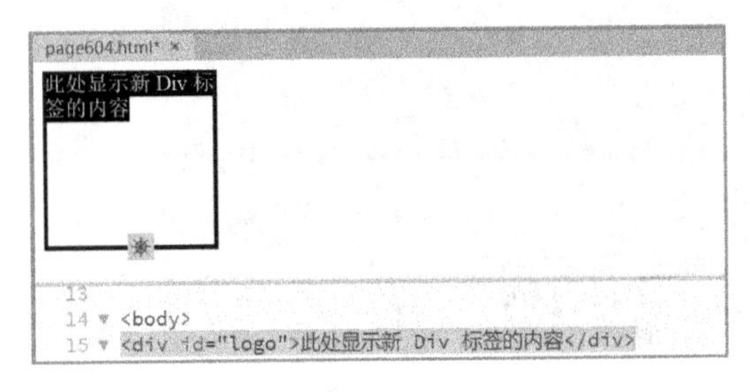

图 6-19　为 Div 标签加 ID 样式

7）将指针定位在 Div 的编辑框内，选择【插入】/【Image】命令，插入 Logo 图标 Dw.ico，则视图窗口内容如图 6-20 所示。在设计视图中.ico 文档显示为一个占位符。

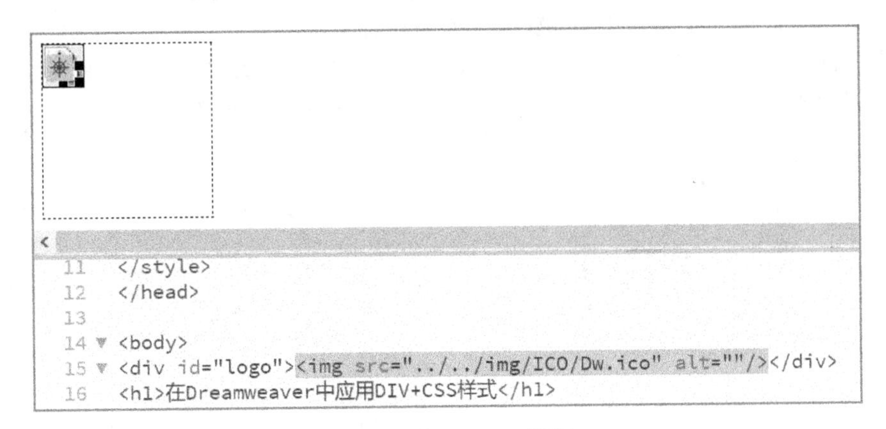

图 6-20　插入 Logo 图标

8）保存文档，并浏览页面效果。

6.2.4　创建伪类 CSS 样式

在网页中经常会有很多的超链接，往往需要设置不同类型的超链接效果。使用 HTML 中的超链接<a>标签创建的超链接，除了有颜色变化和下画线，其他和普通文本没有区别。如果希望设计出另类的超链接效果，则可以通过伪类 CSS 样式实现。

【实例 6.5】创建独立的伪类 CSS 样式。

操作步骤如下：

1）打开素材文档 page605.html。

2）先在浏览器预览页面效果。可以看到页面内超链接文本的超链接效果如图 6-21 所示。其中，上面菜单式的文本超链接采用默认设置比较清晰，而古诗词中作者辛弃疾文本超链接效果由于背景色彩很重，使链接很不清楚，因此这里需要单独设置超链接样式。

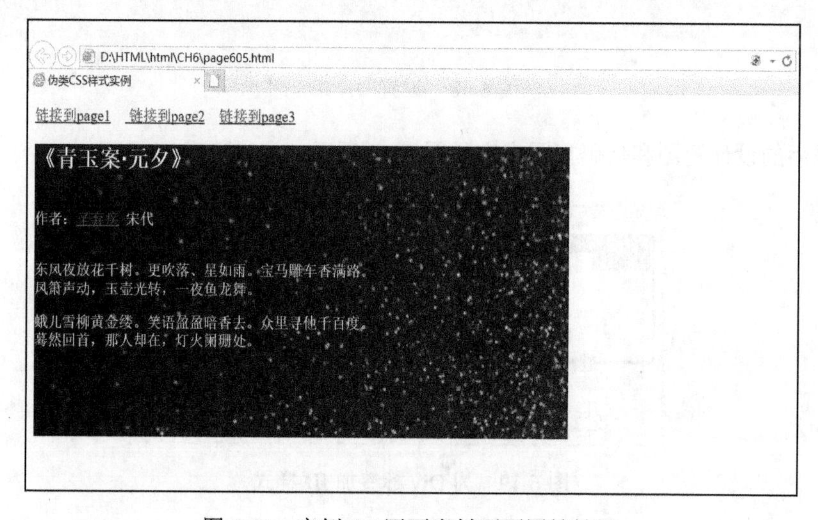

图 6-21　实例 6.5 网页素材页面原始效果

3）打开 CSS 设计器面板，在源选项区选中 style，然后在选择器选项区单击+按钮，在文本框中输入.a01:，此时出现提示列表，如图 6-22 所示，选择:link。

4）选中.a01:link，并在“属性”选项区中设置属性，如图 6-23 所示。主要是将文字颜色指定为浅色，字体倾斜、加粗，目的是将文字颜色与背景色的对比度提高。

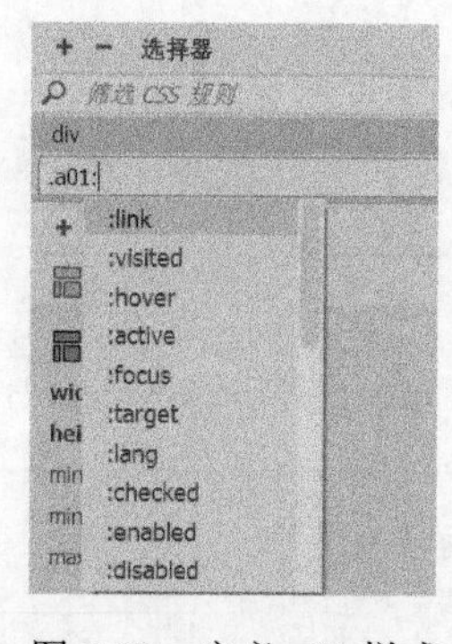

图 6-22　定义.a01 样式

图 6-23　属性设置

5）按照步骤 3）和 4），再定义并设置.a01:hover 样式，则文档中的<style>标签中的代码如下：

```
<style type="text/css">
.a01:link {
    color: #F4EF8F;
    font-style: italic;
    font-weight: bold;
}
.a01:hover {
    color: #FBDCA5;
    font-weight: bolder;
}
</style>
```

6）在设计视图中，选中需要设置新样式的超链接文本辛弃疾，然后在属性检查器中的 CSS 类别中，单击目标规则下拉按钮，选择其中的 a01 选项，如图 6-24 所示。

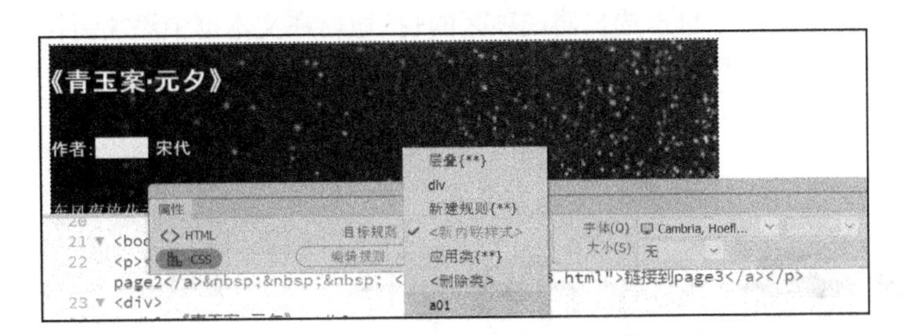

图 6-24　应用新的超链接样式

7）此时，该文本的超链接状态发生变化。保存文档并浏览页面效果。

6.2.5　创建复合 CSS 样式

【实例 6.6】使用复合 CSS 样式设计图片布局效果。页面最终显示效果如图 6-25 所示。

图 6-25　实例 6.6 页面最终显示效果

操作步骤如下：

1）打开素材文档 page606.html。

2）观察 CSS 设计器面板的选择器选项区，列表中已经有了几个样式定义，包括*、body 和 #content。其中，*样式对所有的 HTML5 标签均起作用；body 标签样式重定义页面属性；#content 为 ID CSS 样式，被<div>标签引用，如图 6-26 所示。

图 6-26　div 内容

3）在设计视图中，将指针移至名为 content 的 div 中，将多余文字删除，并依次插入相应的素材图像，如图 6-27 所示。

4）在 CSS 设计器面板中单击选择器选项区的+按钮，在文本框中添加新样式#content img。该样式属于复合样式，在属性选项区中设置 margin 参数为 margin-left:15px，如图 6-28 所示。

图 6-27　插入图像

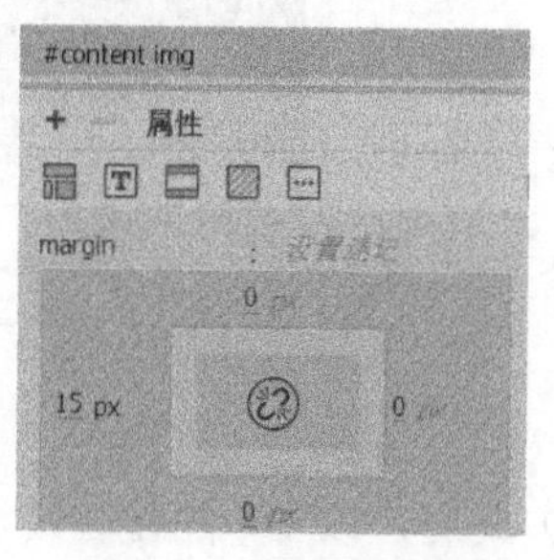

图 6-28　属性参数设置

5）完成复合样式的设置，保存文档，并浏览页面。

【说明】使用复合 CSS 样式可以同时影响两个或多个标签、类或 ID 的复合样式。如实例 6.6 中，输入“div img”，则<div>标签中所有<img>标签都将受此影响，而<img>在<div>以外的其他标签中却不受影响。

6.3　创建 CSS 外部样式

把 CSS 样式放在独立的文件中，称之为外部样式表。外部样式表文件是一个文本文件，扩展名为.css。外部样式表文件需要与.html 网页文件联合使用，通常以链接或导入的形式关联到网页文件中应用。

使用外部样式既可以保持网页外观的一致性，又可以极大地简化设置过程，因而成为专业网站设计中普遍使用的一种方法。

【实例 6.7】创建外部样式表，并在页面中应用样式。

操作步骤如下：

1）打开素材文档 page607.html。

2）在 CSS 设计器面板的源选项区中单击+按钮，在弹出的菜单中选择创建新的 CSS 文件命令，如图 6-29 所示。

3）随即弹出创建新的 CSS 文件对话框，如图 6-30 所示。单击文件文本框后的浏览按钮。

图 6-29 创建新的 CSS 文件命令

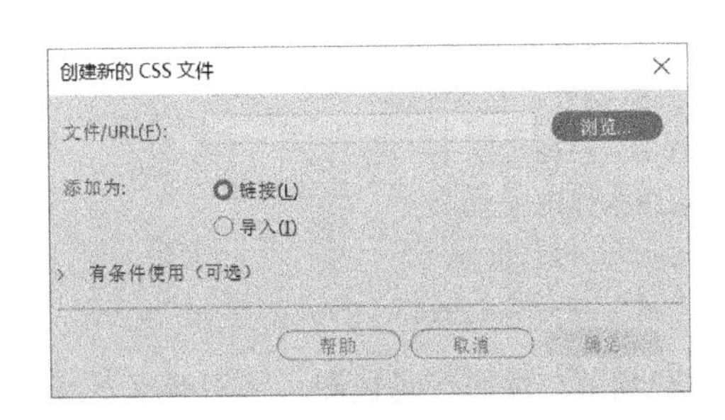

图 6-30 创建新的 CSS 文件对话框

4）随即弹出将样式表文件另存为对话框，在此对话框中，选择保存文件位置在站点根目录的 CSS 文件夹中，确定文件名为 style2，保存类型为样式表文件（*.css），如图 6-31 所示。单击保存按钮。回到图 6-30 所示的对话框，默认添加为选中“链接”单选按钮，再单击确定按钮。

5）此时，在代码视图中看到的效果如图 6-32 所示。在文件名标签下出现源代码标签和 style2.css*标签，自动切换到 CSS 文件编辑窗口，并且第一行默认显示为@charset "utf-8";，表示该文件代码为纯 CSS 样式表内容。

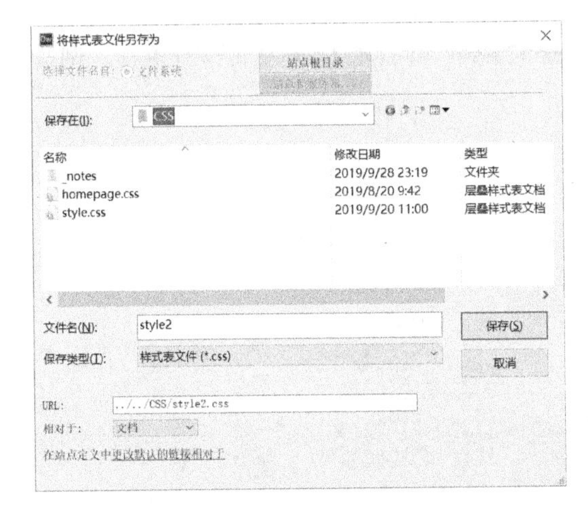

图 6-31 外部样式表文件另存

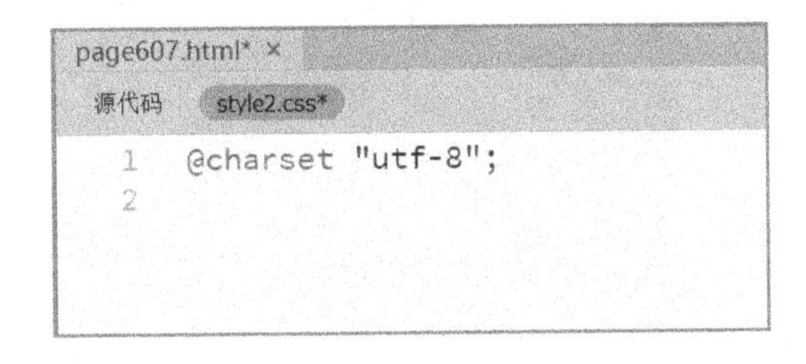

图 6-32 代码视图

6）在 CSS 设计器面板的源选项区中显示了 style2.css，并在选择器选项区中添加 div 设置后 CSS 设计器面板内容如图 6-33 所示。

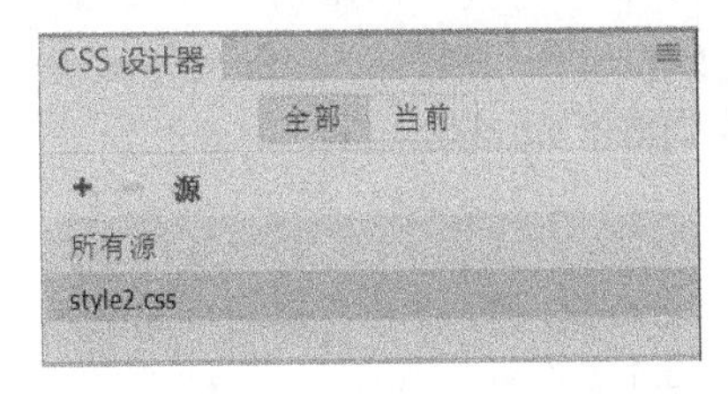

图 6-33 CSS 样式表文件

7）在属性选项区中设置<div>的属性。设置代码如下：

```
div {
    width: 400px;
    margin-top: 50px;
    margin-left: 666px;
    padding-top: 20px;
    padding-left: 10px;
    font-family: 隶书;
    text-align: center;}
```

8）回到源文件的代码视图，将指针移至<body>标签后面，选择【插入】/【div】命令，并将诗词部分内容剪切并粘贴到<div>标签对中，如图 6-34 所示。

```
<body>
<div>
    <h2>念奴娇·赤壁怀古</h2>
    <h4>【宋】苏轼</h4>
    <p>大江东去，浪淘尽，千古风流人物。<br>故垒西边，人道是，三国周郎赤壁。<br>乱石穿空，惊涛拍岸，卷起千堆雪。<br>
    江山如画，一时多少豪杰。 </p>
    <p>遥想公瑾当年，小乔初嫁了，雄姿英发。<br>羽扇纶巾，谈笑间，樯橹灰飞烟灭。<br>故国神游，多情应笑我，早生华
    发。<br>人生如梦，一尊还酹江月。</p>
</div>
</body>
```

图 6-34　将诗词内容移至<div>标签对中

9）选择【文件】/【保存全部】命令，将 page607.html 和 style2.css 文件进行保存。浏览页面的最终显示效果如图 6-35 所示。

图 6-35　实例 6.7 页面最终显示效果

【说明】

1）使用<link>标签：当一个页面被浏览时，<link>引入的 CSS 会被同步加载。

2）使用@import 命令：引用的 CSS 是等到其他元素全被下载完之后才被加载。

6.4　盒模型布局网页

在掌握了 CSS 的基本规则后，还需要学习和掌握盒模型、浮动、定位等技术，才能熟练控制网页的各个布局元素，从而设计出丰富的页面效果。

6.4.1　盒模型的概念

盒模型是 CSS 中的一个重要的概念，理解了盒模型才能更好地排版。所有的 HTML 页面元素都包含在一个矩形框内，这个矩形框就称为盒模型。盒模型描述了元素及其属性在页面布局中所占的空间大小，因此盒模型可以影响其他元素的位置和大小。一般来说，这些被占据的空间往往都比单纯的内容要大。

盒模型是由 margin（边界）、border（边框）、padding（填充）和 content（内容）等几个部分组成。

- margin：边界，也称为外边距，用来设置元素边框与相邻元素之间的距离。
- border：边框，内容边框线，包括边框的粗细、颜色和样式等。
- padding：填充，也称为内边距，用来设置内容与边框之间的距离。
- content：内容，是盒模型中必不可少的一部分，可以放置文字、图像等。

一个盒子的实际高度和宽度是由 content+padding+border+margin 组成的。通过 width、height 属性来控制宽度和高度，并且对任何一个盒子，都可以设置四边的 border、margin 和 padding。

如图 6-36 所示为“CSS 设计器”面板的属性选项区中关于盒子的四边属性设置内容。

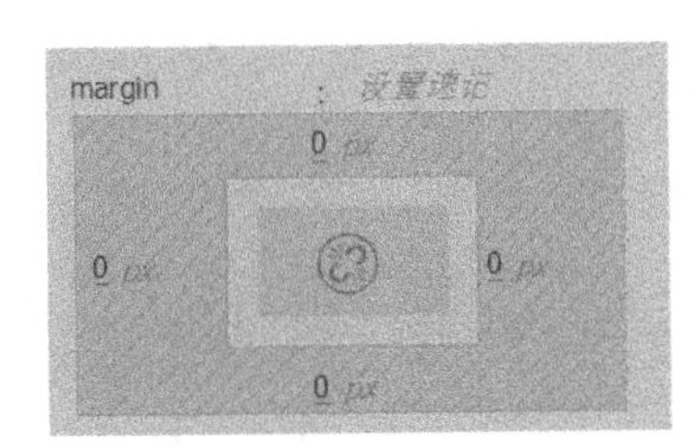

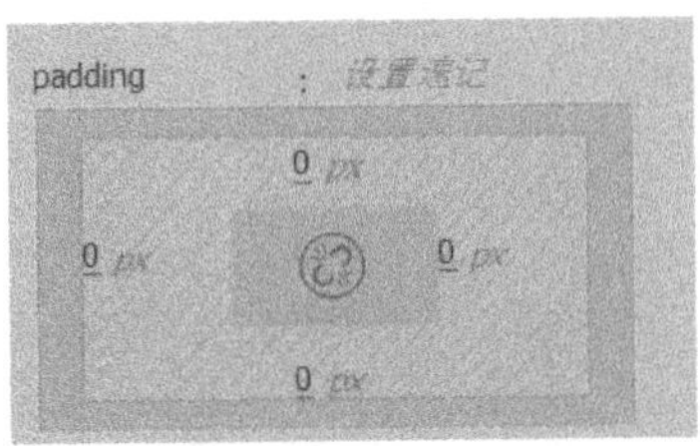

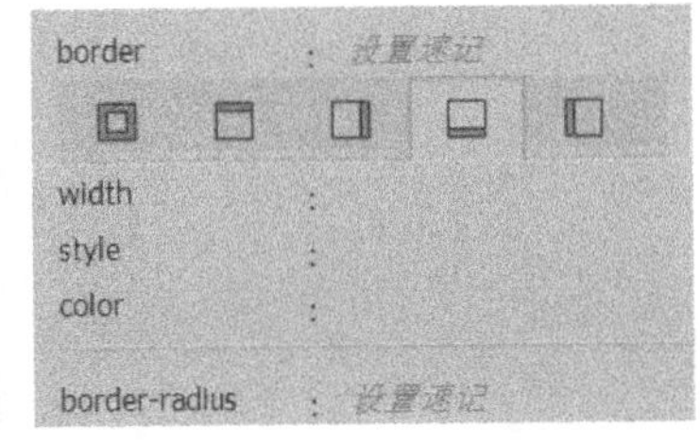

图 6-36　盒子属性设置

6.4.2　盒模型的应用

【实例 6.8】使用盒模型设计网页。页面最终显示效果如图 6-37 所示。

操作步骤如下：

1）打开素材文档 page608.html。

2）浏览素材文档页面，如图 6-38 所示。没有样式设置的页面看起来比较单调。下面应用盒模型来布局设计页面的外观。

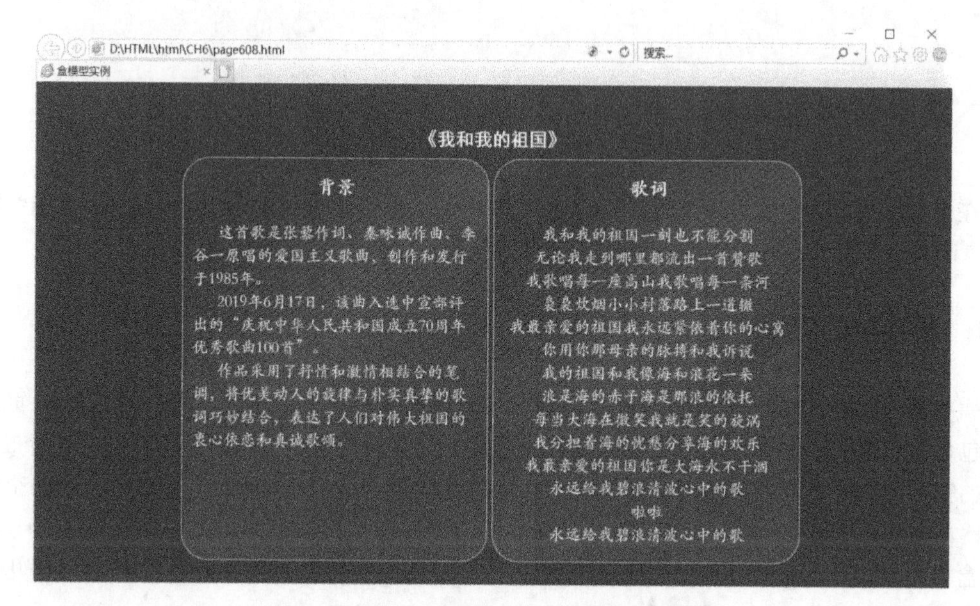

图 6-37　使用盒模型设计网页的最终显示效果

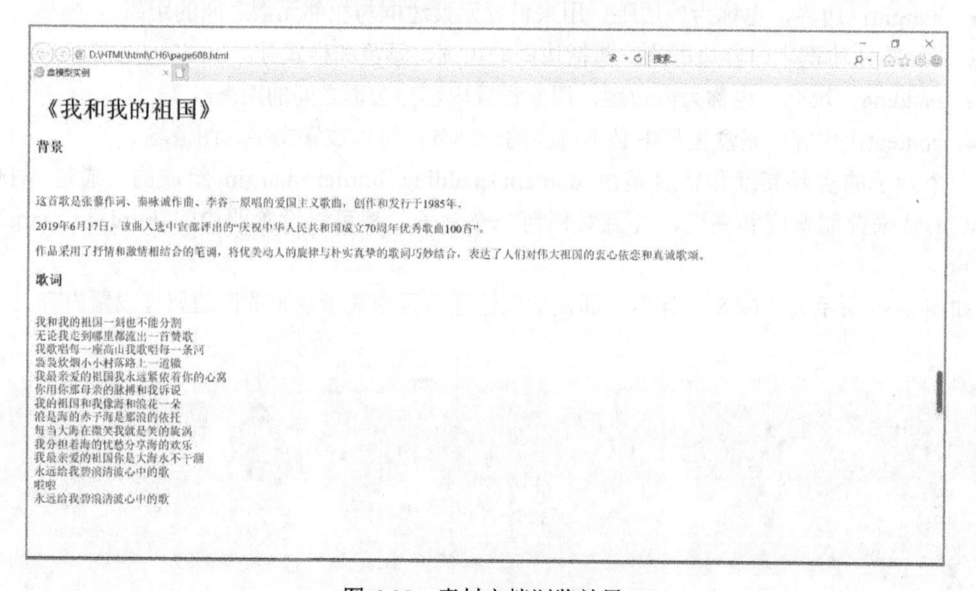

图 6-38　素材文档浏览效果

3）单击 CSS 设计器面板的源选项区域中的+按钮，选择创建新的 CSS 文件命令，将新文件命名为 style3.css。

4）在 CSS 文档中创建样式的核心代码如下：

```
body {                                  /*设置页面文本字号、颜色、行高，及背景色*/
    font-size: 10px;
    color: #FFF;
    line-height: 25px;
    background-color: #494440;
    text-align: center;
```

```
}
div{                                                /*设置 div 边距和宽度*/
    margin: 0px auto;                               /*设置水平居中*/
    width: 700px;
}
#news {                                             /*设置 news 的样式*/
    width: 320px;
    height: 400px;
    margin-left: 5px;
    padding: 20px 10px 15px 10px;                   /*设置内边距，顺序是上、右、下、左*/
    border: 1px solid rgba(255,255,0,0.5);          /*设置边框线的粗细、线型、颜色*/
    background-image: url(../img/Bg/bg5.jpg);       /*设置背景图像*/
    font-family: 华文楷体;
    font-size: large;
    float: left;                                    /*设置浮动*/
    border-radius: 30px;                            /*设置圆角边框*/
}
```

5）保存 CSS 文档，则当前 page608.html 文档中包含了 style3.css 文档，并同时在编辑窗口中打开。

【注意】用于 HTML 的内容和 CSS 的样式分属于两个独立的文档，编辑修改文档内容后，可以选择【文件】/【全部保存】命令，以便同时保存全部更新文档。

6）在设计视图中观看格式化以后的页面效果，会发现边框样式中的圆角效果没有显示出来，将视图方式切换为实时视图，如图 6-39 所示，就可以看到圆角效果了。也可以直接通过浏览器浏览网页的设计效果。

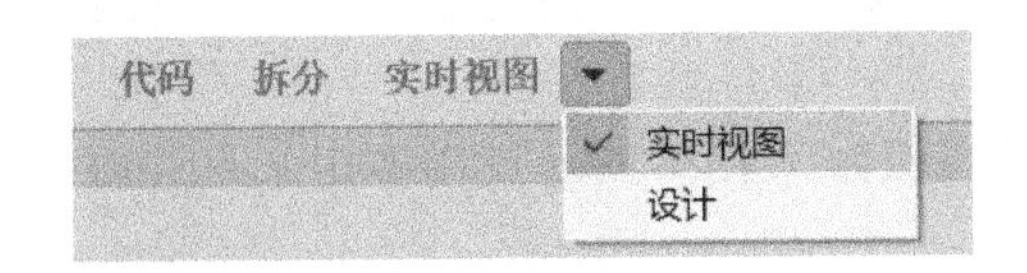

图 6-39　切换设计视图与实时视图

6.4.3　HTML5 结构化标签

HTML5 新增的结构化标签有 header、nav、aside、section、article、footer 等，它们不仅仅是结构元素，也是一个个盒子。

网页布局其实就是多个盒子的嵌套排列。页面布局结构示意如图 6-40 所示。

1．<header>标签

<header>标签定义文档的页眉，通常是一些引导信息。它不限于写在文档的头部，也可以写在网页内容里面。<header>标签通常包含<h>标签、<hgroup>标签，以及 Logo、搜索表单等。

2．<footer>标签

<footer>标签定义页脚，通常包含文章作者、日期、版权、相关文件和链接等信息。

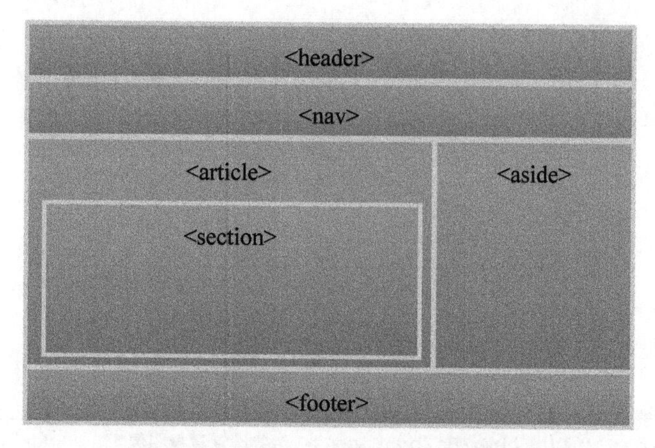

图 6-40　HTML5 页面布局结构示意图

3．<nav>标签

<nav>标签代表页面导航的链接组，是 navigatior 的缩写。其中的导航标签链接到其他页面或当前页面的其他部分，使 HTML 代码在语义化方面更加精确，同时对于屏幕阅读器等设备的支持也更好。

4．<section>标签

<section>标签用于对网页的内容进行分区、分块，定义文档中的节，如章节、页眉、页脚或文档的其他部分。一般情况下，<section>标签由内容和标题组成。

【注意】

- <section>标签表示一段专题性内容，一般会带有标题，没有标题的内容不要使用<section>标签定义。
- 根据实际情况，如果<article>标签、<aside>标签或<nav>标签更符合使用条件，则不使用<section>标签。
- 当一个容器需要被直接定义样式或通过脚本定义行为时，推荐使用<div>标签而非<section>标签。

5．<article>标签

<article>标签是一个特殊的<section>标签，具有更明确的语义，可以独立使用，如一篇完整的论坛帖子、一篇博客文章等。

6．<aside>标签

<aside>标签用于装载非正文的内容，被视为页面里单独的一个部分。它包含的内容与页面的主要内容分开，可以被删除，而不会影响页面的内容、章节或页面要传达的信息。可以在<article>标签内使用，作为主要内容的附属信息；也可以在<article>标签外使用，作为页面或站点全局的附属信息，如广告、友情链接、侧边栏、导航条等。

6.5　边学边做（DIV+CSS 布局网页）

【实例 6.9】教学信息平台主页设计，效果如图 6-41 所示。

图 6-41 主页设计效果

本节综合实例设计为开放式设计，不作具体要求，在此将需要注意的几点说明如下：

（1）页面效果与结构分析

根据图 6-41 所示的效果，使用 DIV+CSS 布局页面，包含盒模型、浮动与定位等技术完成页面布局。整体区域分为四个部分，分别为头部区域、导航区域、主体区域和页脚区域。

将所有定义的 CSS 样式存放在单独创建的样式表文件中，并链接到网页文件中。

（2）页面整体样式设置

设置通配样式和页面属性的关键代码如下：

```
*{
    margin: 0px;
    padding: 0px;
    color:white;
    font-size: 14px;
    line-height: 1.5em;
    list-style: none; }
body {
    background-color:#a4c4e7;}
```

在<body>标签中，还需要定义一个基本盒子<div>来放置所有的页面元素。CSS 样式代码如下：

```
div{
    background-color: #fff;
    width: 1000px;
    margin: 0 auto;
}
```

（3）头部信息和基础样式分析

头部信息在<header>标签中，可以采用插入图片的方式完成，素材图片在 Photoshop 中已经设计完成。

（4）导航栏信息分析

导航栏信息在<nav>标签中。注意，设置背景可以采用图片平铺效果，也可以直接指定颜色值，因为文字颜色为白色，所以背景色一定要选取色差大的深色。定义 menu ID CSS 样式的代码如下：

```
#menu {
    width: 600px;
    height: 28px;
    background-image: url(../img/Bg/nav.gif);
    color: rgba(255,255,255,1.00);
    margin: 5px 0 5px 0;
    float: left;
    border-top-right-radius: 20px;
}
```

注意，导航栏中的文字可以使用<ul>标签和<li>标签实现。HTML 部分代码如下：

```
<nav id="menu">
    <ul>
    <li><a href="#">首页</a></li>
    <li>|</li>
    …
    </ul>
</nav>
```

（5）主体部分分析

从效果页面可以看出，主体部分又分为左、右两个分区，分别为新闻动态和教学案例库。其中左侧的新闻动态包括标题和其下的图片，右侧的教学案例库包括标题和列表部分，CSS 样式分别定义为 mainleft 和 mainaside，关键代码如下：

```
.mainleft{
    width: 660px;
    height: 395px;
    float: left;
    margin: 5px  5px;
    background: rgba(40,40,40,0.6);
    border-radius: 5px;
}
.mainaside{
    width: 310px;
    height: 395px;
    float: left;
    margin:5px 5px;
    background: rgba(40,40,40,0.60);
```

```
    border-radius: 5px;
}
```

（6）页脚部分分析

页面底部设计比较简单，主要设计背景，文字内容为版权内容。

本章小结

本章主要介绍了 CSS 样式功能，DIV+CSS 样式布局已成为网页布局的主流方法，CSS 样式可以作为网页外观布局的主要手段。本章需要读者掌握的主要知识点包括：CSS 样式的概念和 CSS 样式类型的介绍，它在网页的排版和布局方面能够发挥巨大的作用。使用 CSS 设计器面板创建 CSS 样式的方法。编辑和设置 CSS 样式属性的方法。使用盒模型布局网页。

思考与练习

1. 常用的 CSS 样式的类型有哪几种？
2. CSS 样式基本用法有哪些？能结合使用吗？
3. 简述 DIV+CSS 布局页面的特点。

第 7 章　行为和模板

前端网页设计通常不仅包含静态的文本和图像，还有很多交互式动态效果，这种效果可以通过 Dreamweaver CC 提供的又一强大功能来实现，即行为。模板是一种特殊类型的文档，它可以将具有相同版面布局的页面制作成一个模板，而后大量生成基于模板的网页。

本章通过介绍行为面板的使用，结合实例，设计网页中的各种动态效果，使网页形式更加多样化，且具有独特的风格。通过介绍模板的创建方法，以及基于模板创建网页的方法，使多个网页具有统一的外观效果，从而提高网页设计和页面更新的工作效率。

本章要点：

- 应用行为面板
- 添加内置行为的方法
- 应用模板

7.1　行为及其使用方法

7.1.1　行为概述

Dreamweaver CC 的行为是一种运行在浏览器中的 JavaScript 代码。将这些行为附加到网页的元素上，用于实现形式多样的网页动态效果，无须书写任何 JavaScript 代码，通过简单的可视化操作，设置按钮或选项即可。Dreamweaver CC 自动将 JavaScript 代码放置在文档中，允许浏览者与网页进行交互，从而以多种方式更改页面信息或引起某些任务的执行。

行为是事件和由该事件触发的动作的组合。事件是触发动态效果的条件，是浏览器生成的消息，指示该页的浏览者执行了某种操作。网页事件分为不同的种类：有的与鼠标操作相关，如将指针放置在图像上、移出图像、单击图像等。动作是由预先编写的 JavaScript 代码组成的，这些代码最终产生动态效果。例如，打开浏览器窗口、显示或隐藏层、播放声音等。

对象、事件和动作三者关系为：对象在发生设定事件的情况下，产生相应的动作。例如，对于交换图像这一行为，可以用三要素来解释：图像（对象）在指针放置其上时（事件），更换为另外一幅图片（动作）。一般的动作是改变某一个对象（原来的对象或者新对象）的属性。

7.1.2　行为面板

选择主菜单中【窗口】/【行为】命令，打开行为面板，如图 7-1 所示。

当选中某一个对象时，已附加到对象上的行为显示在行为面板列表中，行为按事件以字母顺序排列。如果同一个事件有多个动作，则将以在列表上出现的顺序执行这些动作。

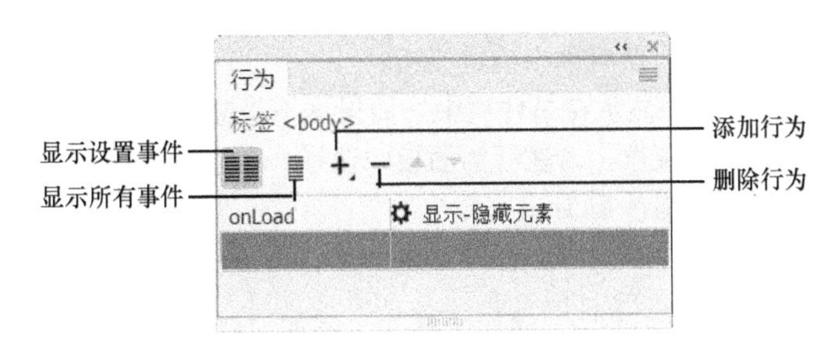

图 7-1　行为面板

行为面板包含以下选项：

- 显示设置事件：仅显示附加到当前对象的那些事件。事件被分别划归到客户端或服务器端类别中。每个类别的事件都包含在可折叠的列表中。显示设置事件是默认的视图。
- 显示所有事件：按字母顺序显示属于特定类别的所有事件。
- 添加行为：显示行为列表，其中包含可以附加到当前选定元素的动作。当从该列表中选择一个动作时，将出现一个对话框，在此对话框中指定该动作的参数。
- 删除行为：从行为列表中删除所选的事件和动作。
- 向上箭头按钮和向下箭头按钮：在行为列表中上、下移动特定事件的选定动作。对于不能在列表中上、下移动的动作，箭头按钮将处于禁用状态。
- 事件：显示一个下拉菜单，其中包含可以触发该动作的所有事件，此菜单仅在选中某个事件时可见（当单击所选事件名称旁边的箭头按钮时显示此菜单）。根据所选对象的不同，显示的事件也有所不同。
- 显示事件：指定当前行为在哪个浏览器中起作用（这是事件菜单的子菜单）。在此菜单中进行的选择将确定事件菜单中显示哪些事件。

7.1.3　行为的应用方法

1. 添加行为

行为是为相应某个具体事件而采取的一个或多个动作。当指定的事件被触发时，将运行相应的 JavaScript 程序，执行相应的动作。所以，当创建行为时必须先指定一个动作，然后再指定触发动作的事件。具体操作如下：

1）在页面上选择一个元素，如一个图像或一个链接。若要将行为附加到整个页，则在文档窗口底部左侧的标签选择器中单击<body>标签。

2）选择菜单中【窗口】/【行为】命令，打开行为面板。

3）单击加号+按钮，从弹出的行为菜单中选择一个动作，如图 7-2 所示。

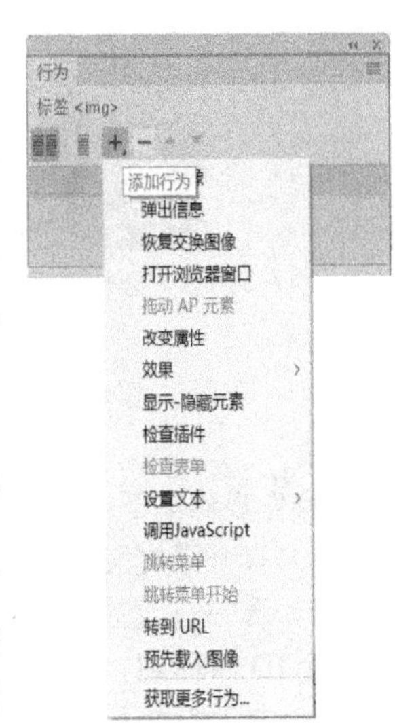

图 7-2　行为菜单

【注意】菜单中灰色显示的动作不可选择。其呈灰色显示的原因可能是当前文档中缺少某个所需的对象。例如，如果文档不包含表单，则“检查菜单”为灰显。如果所选的对象无可用事件，则所有动作都呈灰显。

4）当选择某个动作时，将出现一个对话框，显示该动作的参数和说明。为该动作设置各参数，然后单击确定按钮。

5）触发该动作的默认事件显示在事件栏中。如果这不是需要的触发事件，从事件菜单中选择另一个事件。若要打开事件菜单，请在行为面板中选择一个事件或动作，然后单击显示在事件名称和动作名称之间的向下的黑色箭头。

2．更改行为

在附加了行为之后，可以更改触发动作的事件、添加或删除动作以及更改动作的参数。选择一个附加有行为的对象。在行为面板中，多个行为按事件以字母的顺序显示在面板上。如果同一个事件有多个动作，则以执行的顺序显示这些动作。

根据需要可以执行下列操作之一：

- 编辑动作的参数。双击该行为名称，或将其选中并按<Enter>键，然后更改对话框中的参数并单击确定按钮。
- 更改给定事件的多个动作的顺序。选择某个动作然后单击向上或向下箭头按钮，或者选择该动作，然后将它剪切并粘贴到其他动作中所需的位置。
- 删除某个行为。先将其选中，然后单击−按钮或按<Delete>键。

7.2　应用内置行为

7.2.1　交换图像

交换图像行为是通过更改<img>标签的 src 属性将一个图像和另一个图像进行交换。

【实例 7.1】通过添加交换图像行为，实现指针移至图像上方时，图像会切换为另一幅图像的交互效果，如图 7-3 所示。

a）原始图像

b）指针滑过时交换图像

图 7-3　交换图像效果

操作步骤如下：

1）打开素材文档 page701.html。

2）选中 1.交换图像标题下面的图像作为要添加行为的对象。在属性检查器中，为该图像设定一个 ID 名称 a1，以便在设置多幅图片交换动作时能更好地区分开它们。

3）打开行为面板，单击+按钮，并从弹出的菜单中选择交换图像命令。弹出如图 7-4 所示的交换图像对话框。

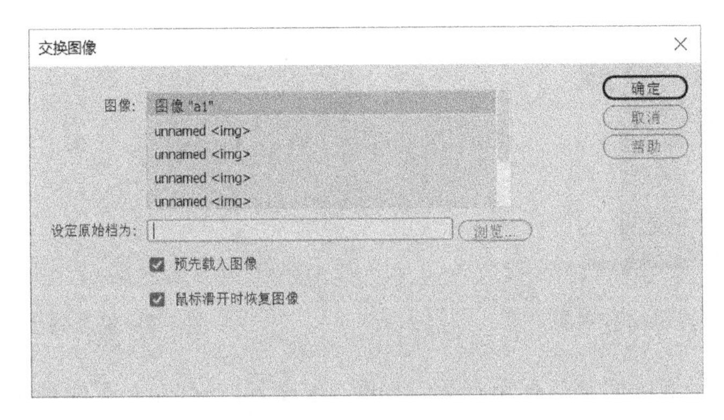

图 7-4 交换图像对话框

4）在图像列表框中选择图像"a1"，单击设定原始档为文本框后面的浏览按钮，确定交换的图像文件 sailing.jpg。单击确定按钮。观察代码视图，可以看到页面内自动添加了大段的 JavaScript 代码，即添加的行为所对应的代码。

【注意】对话框默认选中两个复选框：预先载入图像，在载入网页时将新图像载入到浏览器的缓存中，这能防止当图像该出现时而由于下载而导致的延迟；鼠标滑开时恢复图像，将最后一组交换的图像恢复为它们以前的源文件，就不再需要手动选择恢复交换图像动作。

5）此时的行为面板自动添加了两个行为，如图 7-5 所示。onMouseOver 事件对应交换图像动作，onMouseOut 事件对应恢复交换图像动作。

图 7-5 添加行为

6）保存文档，并在浏览器中浏览测试页面中的行为效果。

7.2.2 弹出信息

【实例 7.2】通过添加弹出信息行为，设计实现单击图片对象时，系统弹出提示信息对话框。效果如图 7-6 所示。

操作步骤如下：

1）在 page701.html 中，选中 2.弹出信息标题下面的图像作为要添加行为的对象。

2）在属性检查器的 ID 文本框中输入 a2。

3）在行为面板中单击+按钮，并在弹出的列表中选择弹出信息动作。随即弹出弹出信息对话框。

4）在消息列表框中输入 Hello，the World!，如图 7-7 所示。单击确定按钮。

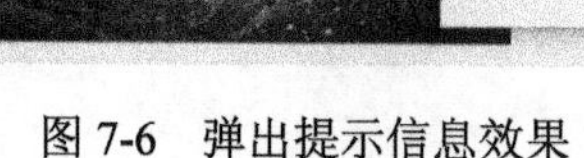

图 7-6　弹出提示信息效果

图 7-7　输入弹出信息内容

5）此时，行为面板中添加了一个行为，如图 7-8 所示。onClick 事件对应弹出信息动作。

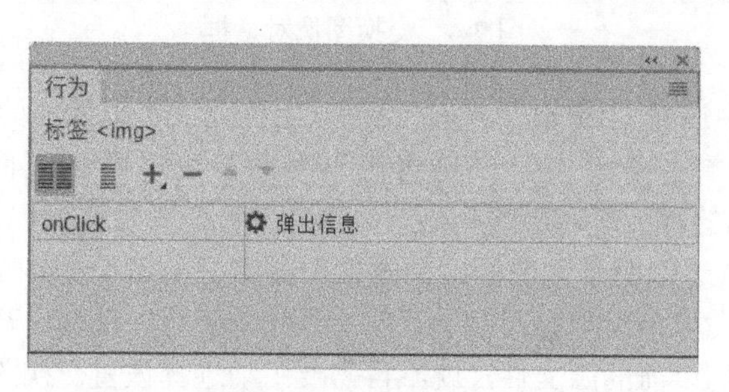

图 7-8　添加行为

6）保存网页文档，并浏览网页，测试行为效果。

【注意】检查行为中的默认事件是否是所需的事件 onClick（单击）。如果不是，则单击事件名称，然后在弹出的列表中重新选择所需的事件名称。

弹出信息行为实际上也可以通过调用 JavaScript 行为方法实现。可以将实例 7.2 和实例 7.3 对比实现。

7.2.3　调用 JavaScript

使用行为面板的调用 JavaScript 动作，指定当发生某个事件时应该执行的自定义函数或 JavaScript 代码行。也可以使用 Web 上各种免费的 JavaScript 库中提供的代码。

【实例 7.3】通过添加调用 JavaScript 行为，设计实现单击图片对象时，弹出提示信息对话框的效果，如图 7-9 所示。

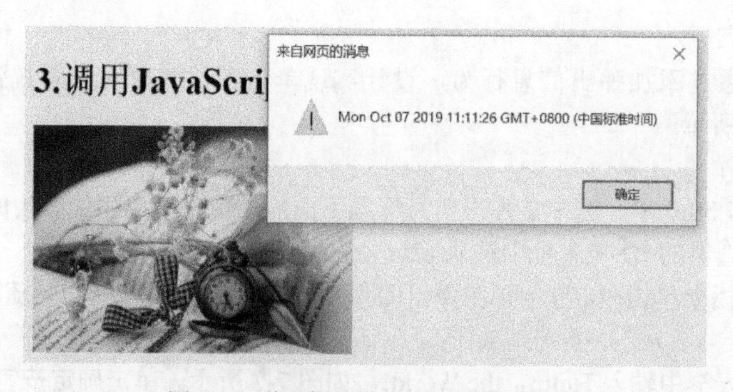

图 7-9　弹出提示信息对话框的效果

操作步骤如下：

1）在 page701.html 中，选中 3.调用 JavaScript 标题下面的图像作为要添加行为的对象。

2）在属性检查器的 ID 文本框中输入 a3。

3）在行为面板中单击+按钮，并在弹出的列表中选择调用 JavaScript 动作。随即弹出调用 JavaScript 对话框。

4）在该对话框的调用 JavaScript 文本框中输入 alert(Date());函数语句，如图 7-10 所示。单击确定按钮。

【注意】文本框中输入的语句包含两个函数相互嵌套，其中 alert()函数用于弹出提示框，Date()函数用于显示系统当前的时间。

5）可以看到，在行为面板中添加了一个行为项目，如图 7-11 所示。项目的左侧为行为的触发事件名称，右侧为指定的动作名称。

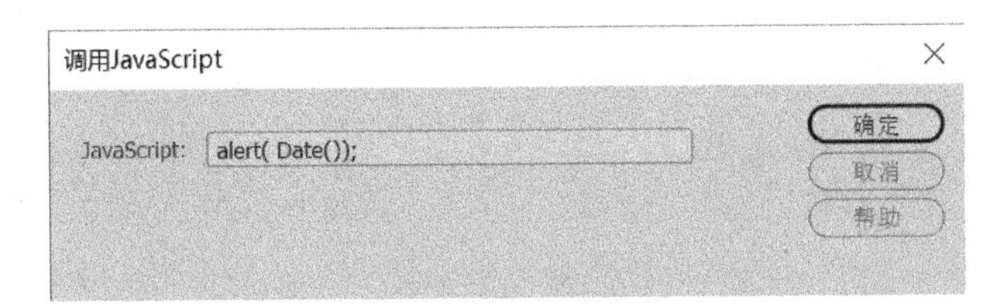

图 7-10　输入函数语句

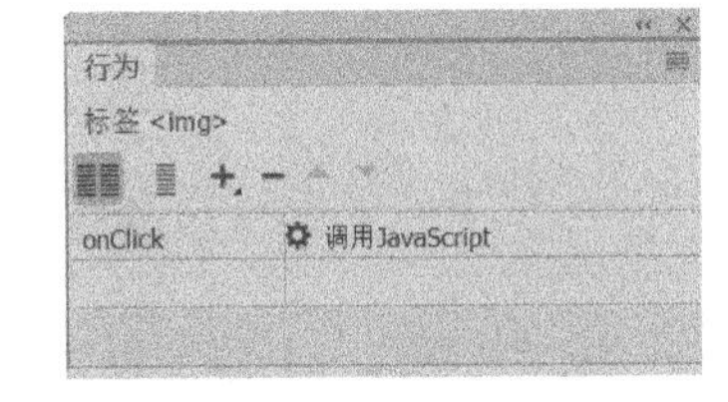

图 7-11　添加行为

6）保存文档，并在浏览器中浏览页面，测试行为效果。

7.2.4　显示-隐藏元素

显示-隐藏元素行为用于显示、隐藏或恢复一个或多个元素的默认可见性。此动作用于在用户与网页进行交互时显示信息。

【实例 7.4】通过添加显示-隐藏元素行为，设计实现当指针滑过图像对象时，对应的文字被隐藏；当指针离开图像时，文字信息显示。初始效果如图 7-12 所示。

图 7-12　显示-隐藏元素初始效果图

操作步骤如下：

1）在 page701.html 中，选中 4.显示-隐藏元素标题下面的图像作为要添加行为的对象。

2）在属性检查器的 ID 文本框中输入 a4。

3）在行为面板中单击+按钮，并在弹出的列表中选择显示-隐藏元素动作，随即弹出显示-

隐藏元素对话框。

4）在该对话框的元素列表框中选择 div shici 选项，单击隐藏按钮，如图 7-13 所示。然后，单击确定按钮。

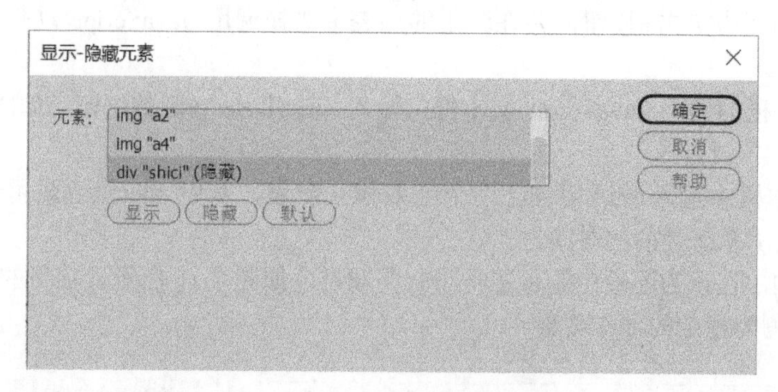

图 7-13　显示-隐藏元素对话框

5）在行为面板中可以看到，已经添加了一种行为方式，将动作的触发事件名称设定为 onMouseOver。

6）继续为图像 a4 添加行为。单击+按钮，选择显示-隐藏元素动作。在弹出的显示/隐藏元素对话框中，将元素 div shici 设为显示，然后单击确定按钮。

7）此时的行为面板中有两个行为方式，如图 7-14 所示。将 onClick 事件名称重定义为 onMouseOut。

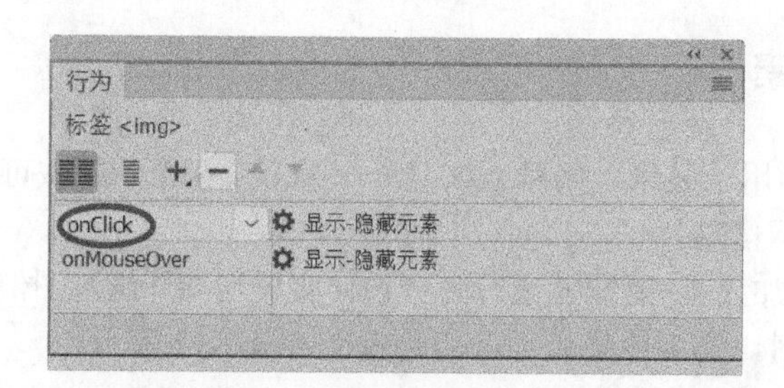

图 7-14　重定义事件名称

8）双击动作名称显示-隐藏元素，弹出设置对话框，可以检查事件对应的动作是否正确。

9）保存网页文档，浏览网页，测试行为效果。

7.2.5　改变属性

使用改变属性行为可以改变对象的属性值，实现动态改变对象的属性效果。

【实例 7.5】通过改变属性行为，设计实现单击图像，改变外边框颜色。如图 7-15 所示为改变属性的前后对比效果。

操作步骤如下：

1）在 page701.html 中，选中 5.改变属性标题下面的图像作为要添加行为的对象。

2）在属性检查器的 ID 文本框中输入 a5。

a）原始图　　b）改变边框颜色效果

图 7-15　改变属性的前后对比效果

3）在行为面板中单击+按钮，并在弹出的列表中选择改变属性动作，随即弹出改变属性对话框。通过对某一个对象添加改变属性行为，可以对其他任何元素的属性进行修改。

4）在该对话框的元素类型下拉列表中选择 IMG，在元素 ID 下拉列表中选择图像"a5"，在属性/选择下拉列表中选择 borderColor，然后在新的值文本框中输入#f00，如图 7-16 所示。最后，单击确定按钮。

5）此时的行为面板已经添加了一个行为方式，onClick 事件触发改变属性。

6）保存文档，浏览页面，并测试行为效果。

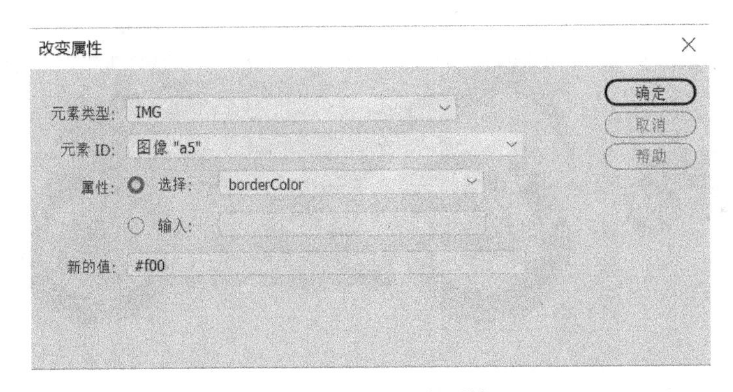

图 7-16　设置改变属性

7.2.6　转到 URL

转到 URL 行为实现在当前窗口或指定的框架中转到一个新页面。此操作尤其适用于通过一次单击更改两个或多个框架的内容。

【实例 7.6】通过添加转到 URL 行为，单击图片对象时跳转到 URL 指定的图片页面。

操作步骤如下：

1）打开素材文档 page703.html。

2）选中 6.转到 URL 标题下面的图像作为要添加行为的对象。

3）在属性检查器的 ID 文本框中输入 a6。

4）在行为面板中单击+按钮，并在弹出的列表中选择转到 URL 动作，随即弹出转到 URL 对话框。

5）在该对话框中，单击 URL 文本框后面的浏览按钮，选择目标文件 motorbike.jpg，如图 7-17 所示。最后，单击确定按钮。

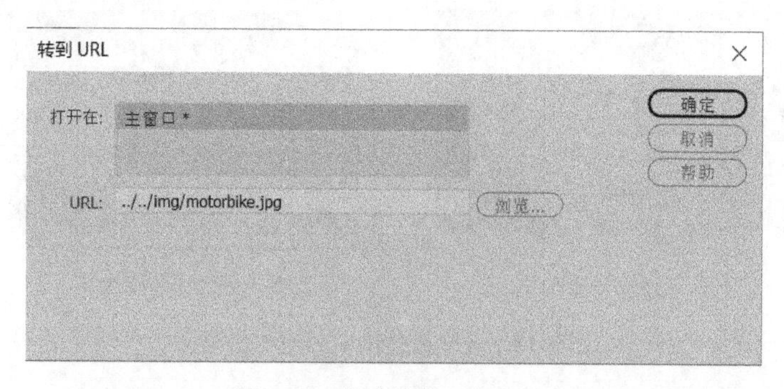

图 7-17　指定链接目标文件

【注意】选择 URL 的目标文件可以是 HTML 网页文件，也可以是一个图片文件，如本例选择的.jpg 文件，表示链接到图片的网页文件。

6）查看行为面板中的行为触发事件是否为 onClick。

7）保存文档，并在浏览器中单击图片 a6，测试行为效果如图 7-18 所示。

a）原始图　　b）转到 URL

图 7-18　转到 URL 行为效果

7.2.7　打开浏览器窗口

使用打开浏览器窗口行为可以实现在一个新的窗口中打开 URL。可以指定新窗口的属性（包括其大小）、特性（是否可以调整大小、是否具有菜单栏等）和名称。

【实例 7.7】通过添加打开浏览器窗口行为，设置单击对象，弹出设置好的消息窗口。

操作步骤如下：

1）在 page703.html 中，选中 7.打开浏览器窗口标题下面的图像作为要添加行为的对象。

2）在属性检查器的 ID 文本框中输入 a7。

3）在行为面板中单击+按钮，并在弹出的列表中选择打开浏览器窗口动作。随即弹出打开浏览器窗口对话框，如图 7-19 所示。

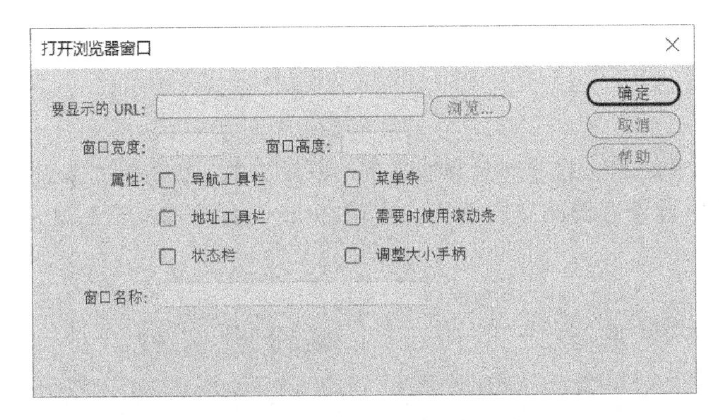

图 7-19　打开浏览器窗口对话框

4）在该对话框中设置各项参数，以符合弹出的链接窗口外观效果。

【说明】在打开浏览器窗口中包含以下一些设置选项：

- 窗口宽度：指定窗口的宽度（以像素为单位）。
- 窗口高度：指定窗口的高度（以像素为单位）。
- 导航工具栏：是一行浏览器按钮（包括后退、前进、主页和重新载入等）。
- 地址工具栏：是一行浏览器选项（包括地址文本框）。
- 状态栏：是位于浏览器窗口底部的区域，在该区域中显示消息（如剩余的载入时间以及与链接关联的 URL）。
- 菜单条：是浏览器窗口上显示的菜单区域。
- 需要时使用滚动条：指定如果内容超出可视区域应该显示滚动条。
- 调整大小手柄：指定用户应该能够调整窗口的大小，方法是拖动窗口的右下角或单击右上角的最大化按钮。
- 窗口名称：是新窗口的名称。如果要通过 JavaScript 使用链接指向新窗口或控制新窗口，则应该对新窗口进行命名。此名称不能包含空格或特殊字符。

5）设置好参数以后，单击确定按钮，并检查默认事件是否是所需的事件。

【注意】如果不指定该窗口的任何属性，在打开时它的大小和属性与打开它的窗口相同。指定窗口的任何属性都将自动关闭所有其他未显式打开的属性。

6）保存文档，浏览网页，测试行为效果。如图 7-20 所示，单击图像后弹出一个 300×100 像素的窗口，没有滚动条、状态栏、导航工具栏、菜单条等的简单窗口效果。

图 7-20　打开浏览器窗口行为效果

7.2.8　设置文本

使用设置文本行为，可以设置包括容器文本、框架文本、状态栏文本以及文本域文本等。

【实例 7.8】应用设置容器的文本行为，实现在<div>容器内双击后显示文本。页面效果如图 7-21 所示。

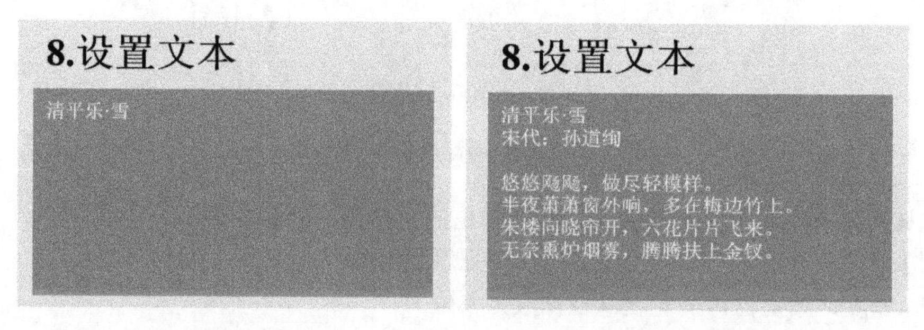

a）原始文本　　　　b）双击后显示文本

图 7-21　设置文本页面效果

操作步骤如下：

1）在 page703.html 的标签状态栏中，选中绿色背景框的<div>标签，如图 7-22 所示为在设计视图中被选中的区域。注意，属性检查器面板中的 Div ID 为 shici。

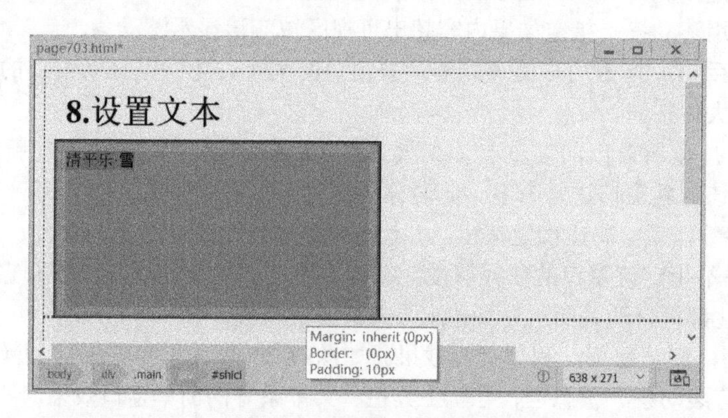

图 7-22　选中 div 容器

2）在行为面板中单击+按钮，在弹出列表中选择【设置文本】/【设置容器的文本】动作，随即弹出设置容器的文本对话框。

3）在该对话框中选择容器为 div "shici"。然后在新建 HTML 文本框中输入诗词文本内容，如图 7-23 所示。单击确定按钮。

4）查看行为面板中添加的行为方式，设置触发事件名称为 onDblClick，对应的动作为设置容器的文本。

5）保存网页文档，浏览网页，并在绿色背景框中双击，测试行为效果。

【注意】设置容器的文本行为将页面上的现有容器（即可以包含文本或其他元素的任何元素）的内容和格式替换为指定的内容。该内容可以包括任何有效的 HTML 源代码。

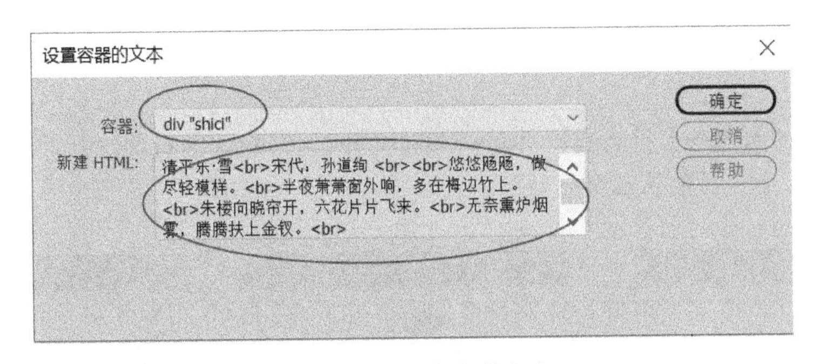

图 7-23　设置容器的文本

- 设置容器的文本动作：用指定的内容替换页面上现有容器的内容和格式设置。该内容可以包括任何有效的 HTML 源代码。
- 设置文本域文本动作：用指定的内容替换表单文本域的内容。
- 设置框架文本动作：允许动态设置框架的文本，用指定的内容替换框架的内容和格式设置。该内容可以包含任何有效的 HTML 代码。使用此动作动态显示信息。虽然设置框架文本动作将替换框架的格式设置，但可以选择保留背景颜色以保留页背景和文本颜色属性。
- 设置状态栏文本动作：在浏览器窗口底部左侧的状态栏中显示消息。例如，可以使用此动作在状态栏中说明链接的目标而不是显示与之关联的 URL。

7.3　jQuery 特效

Dreamweaver CC 中增加了一系列 jQuery 特效，使用炫酷的 jQuery 特效可以创建动画过渡或者以可视方式修改页面，能让页面元素产生更灵活丰富的动态效果。Dreamweaver CC 与 jQuery 相结合，无须编写任何代码，即可添加特效。

在行为面板的效果子菜单中有一系列命令，如图 7-24 所示。特效实现的方法基本一致，下面以 Blind 和 Bounce 两个效果行为为例进行介绍。

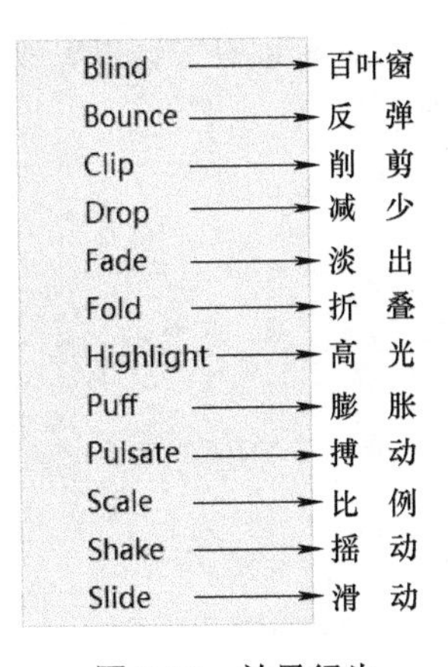

图 7-24　效果行为

7.3.1 使用 Blind

【实例 7.9】使用 Blind 行为设计页面内的图片产生百叶窗式的折叠效果。如图 7-25 所示为实施行为动作前、中、后的状态变化效果。

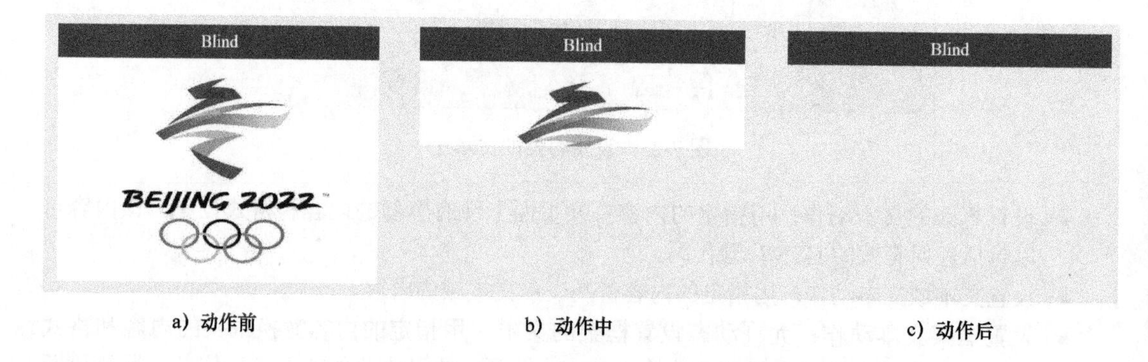

a）动作前　　b）动作中　　c）动作后

图 7-25　百叶窗式的折叠效果示意

操作步骤如下：

1）打开素材文档 page704.html。

2）将指针定位在黑底白字的 Blind 处，然后单击下面标签状态栏中的<article>标签，并在属性检查器中设置“Article ID”为“id1”，如图 7-26 所示。

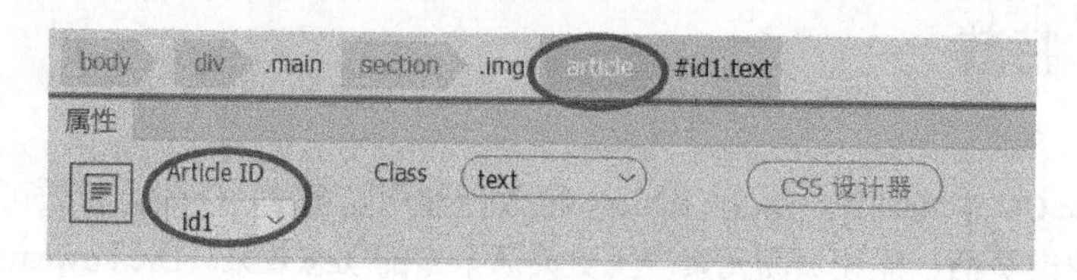

图 7-26　选定添加行为对象

3）在行为面板中单击+按钮，并在弹出的列表中选择效果/Blind 行为，随即弹出 Blind 对话框。

4）在该对话框中选择目标元素为 img "img1"，效果持续时间为 1000ms，可见性为 hide，方向为 up，如图 7-27 所示。单击确定按钮。

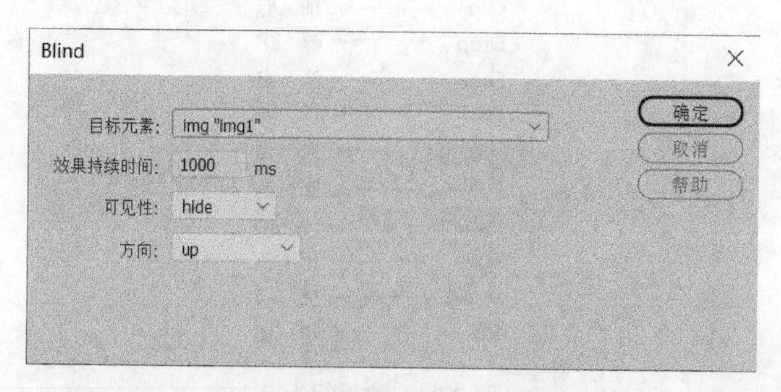

图 7-27　设置“Blind”对话框

5）在行为面板中确认所设置的行为，触发事件 onClick，动作 Blind。

6）保存网页文档，在浏览器中浏览页面，测试行为，在 Blind 标题框中单击鼠标，则产生下图百叶窗折叠效果，图片自下而上折叠起来直到消失。

【注意】在步骤 2）中，选定目标元素可以与最初选择的元素相同，也可以是页面上的不同元素。例如，本例中单击 Blind 的标题框，以隐藏图片 img1，则目标元素是 img1。

7.3.2 使用 Bounce

【实例 7.10】使用 Bounce 行为，设计当指针滑过 Bounce 标题区时，实现图片抖动后渐隐，当指针移开时，图片抖动后显示。如图 7-28 所示为图片抖动渐隐动作前、中、后的状态变化效果。

a）抖动前　　b）抖动中　　c）隐藏

图 7-28　图片抖动渐隐动作前、中、后的状态变化效果

操作步骤如下：

1）在 page704.html 中，将指针定位在黑底白字的 Bounce 处，然后单击下面标签状态栏中的<article>标签，并在属性检查器中设置 Article ID 为 id2。

2）在行为面板中单击+按钮，并在弹出的列表中选择效果/Bounce 行为，随即弹出 Bounce 对话框。

3）在该对话框中选择目标元素为 img"img2"，效果持续时间为 1000ms，可见性为 hide，方向为 right，距离为 20 像素，次数为 5，如图 7-29 所示。单击确定按钮。

4）在行为面板中确认所设置的行为，触发事件 onMouseOver 对应的动作为 Bounce。

5）在行为面板中再次添加 Bounce 行为，在弹出对话框中设置参数如图 7-30 所示。

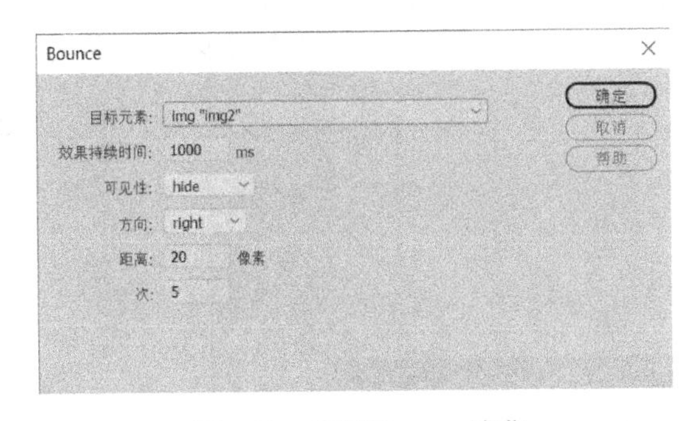

图 7-29　设置 Bounce 隐藏

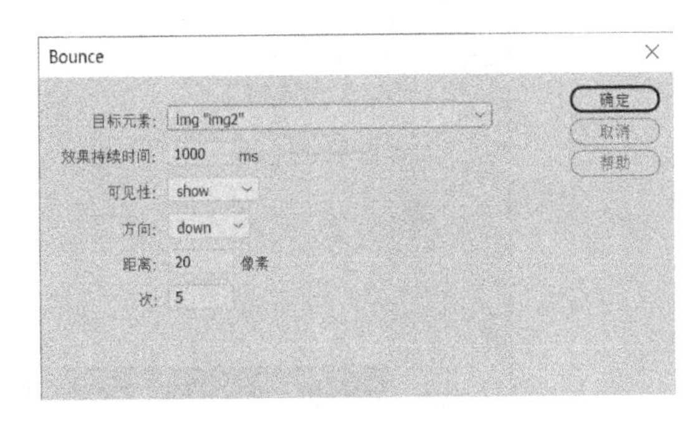

图 7-30　设置 Bounce 显示

6）在行为面板中确认所设置的行为，触发事件 onMouseOut 对应的动作为 Bounce。最终行为面板的内容如图 7-31 所示。

7）保存网页文档，在浏览器中浏览页面，测试行为效果，当指针滑过 Bounce 标题框时，图片抖动后消失，当指针移出标题框时，图片抖动显示。

【说明】使用 Bounce 行为，可以实现网页元素抖动并隐藏或显示的功能，并且可以控制抖动的频率和幅度，以及隐藏和显示的方向等。

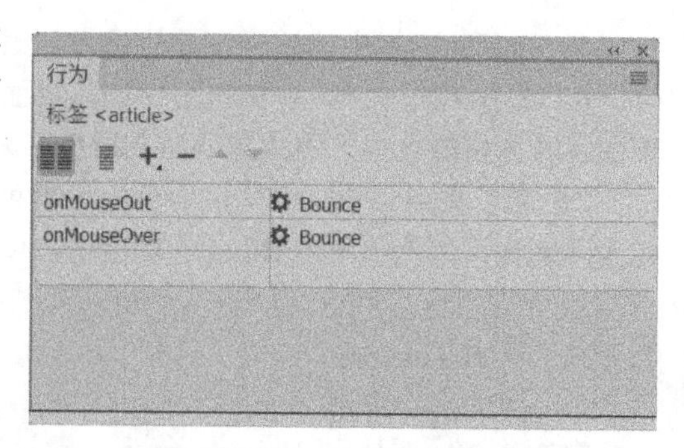

图 7-31　最终行为面板的内容

7.4　应用模板

7.4.1　创建模板

在 Dreamweaver CC 中，有两种方法可以创建网页模板：一种是将现有的网页文件另存为模板，然后根据需要再进行修改；另一种是直接新建一个空白模板，在其中插入需要显示的文档内容。模板文件的扩展名是.dwt。

模板的制作方法与普通网页一样，只是在制作完成后要定义可编辑区。模板可以通过直接定义来创建，也可以将普通网页另存为模板。前者在实际应用中更为普遍。在插入可编辑区域之前，将要插入该区域的文档另存为模板。

【实例 7.11】通过普通网页创建模板。

操作步骤如下：

1）打开素材文档 page705.html。在浏览器中浏览页面效果如图 7-32 所示。

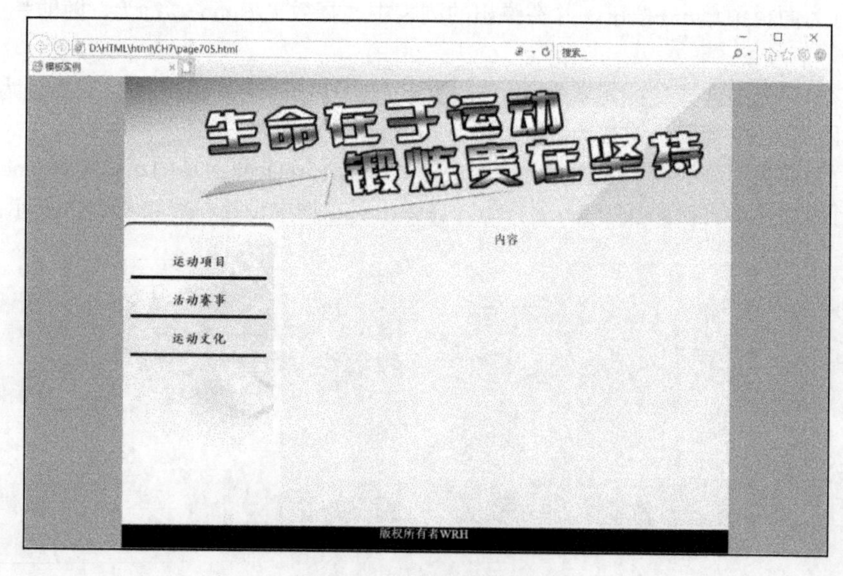

图 7-32　浏览页面效果图

2）选择菜单中【文件】/【另存为模板】命令，会弹出另存模板对话框，如图 7-33 所示。在另存为文本框中输入一个名称 MB，单击保存按钮。弹出如图 7-34 所示的提示对话框，提示是否要更新页面中的链接。

3）单击是按钮，观察文件面板。完成模板创建后，站点新增了一个 Templates 文件夹，文件夹里有名为 MB.dwt 的文件，如图 7-35 所示。

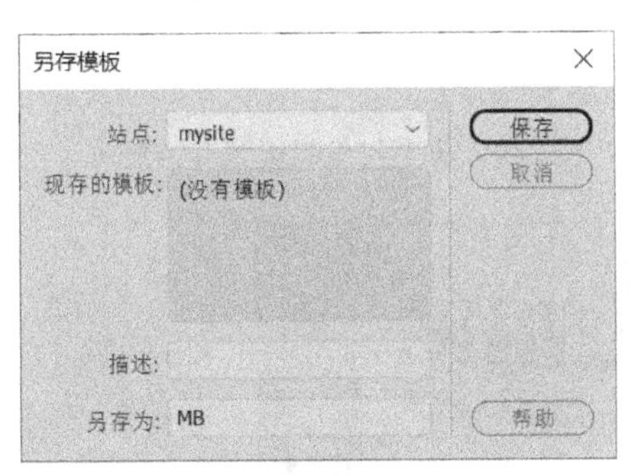

图 7-33 另存模板对话框

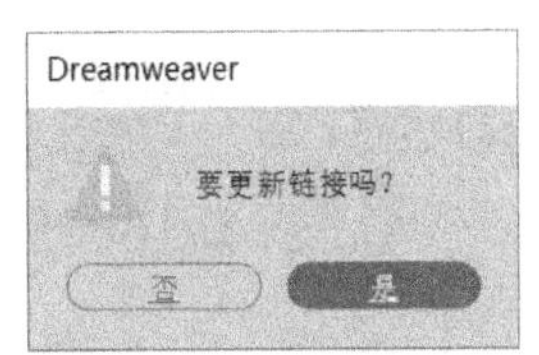

图 7-34 提示对话框

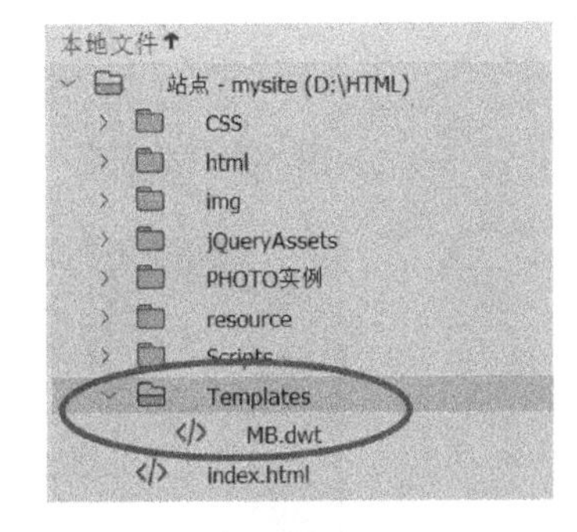

图 7-35 新增 Templates 文件夹

【说明】模板文件存储在站点根目录的 Templates 文件夹中。在 Dreamweaver CC 中，不要将模板文件移出 Templates 文件夹，或将其他非模板文件移入 Templates 文件夹中。

7.4.2 创建可编辑区域

【实例 7.12】创建模板可编辑区域。

操作步骤如下：

1）当.html 文件另存为.dwt 文件后，窗口打开的文档标签显示为《模板》MB.dwt。在该文档中继续进行编辑。

2）将指针移至页面中 Section ID 名为 right 的区域边框并选中，或者指针移至内容区域内，并在标签状态栏中选择<section>标签，选中 section 区域，如图 7-36 所示的右侧框线选中的区域。

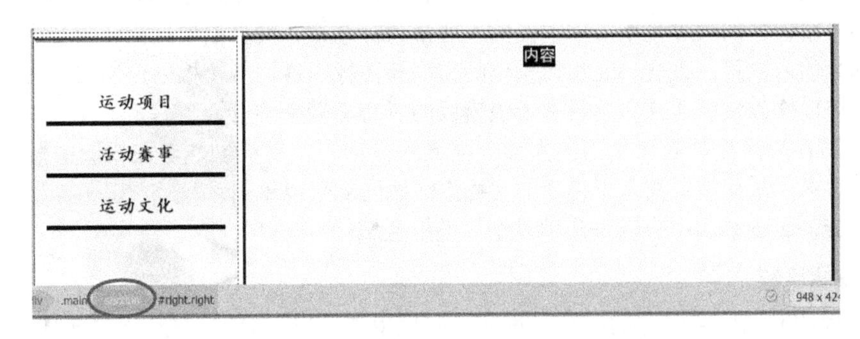

图 7-36 选中 section 区域

3）选择菜单中【插入】/【模板】/【可编辑区域】命令，如图 7-37 所示。弹出新建可编辑区域对话框，如图 7-38 所示。单击确定按钮，即可创建可选区域，如图 7-39 所示。

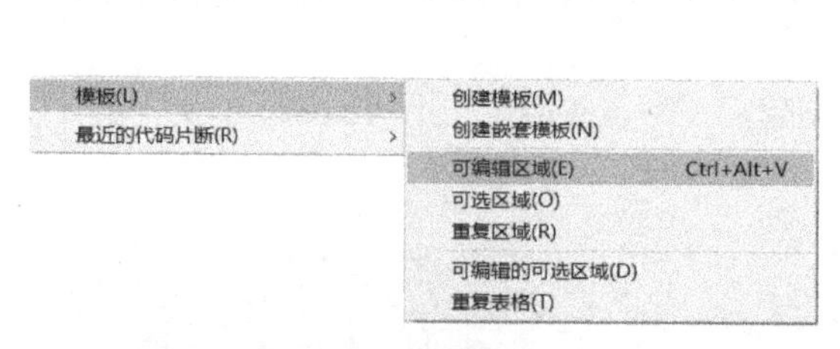

图 7-37　菜单命令

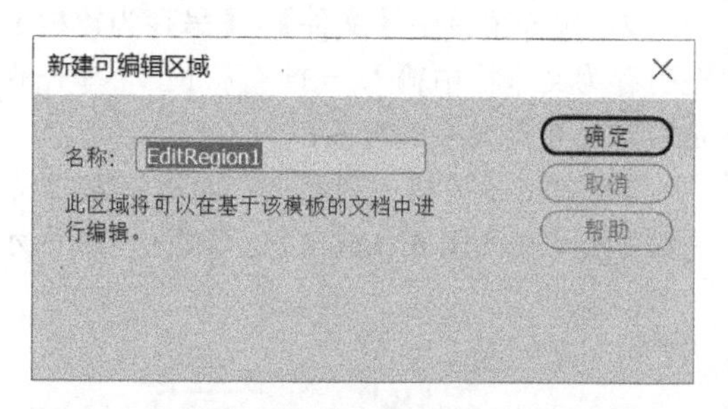

图 7-38　新建可编辑区域对话框

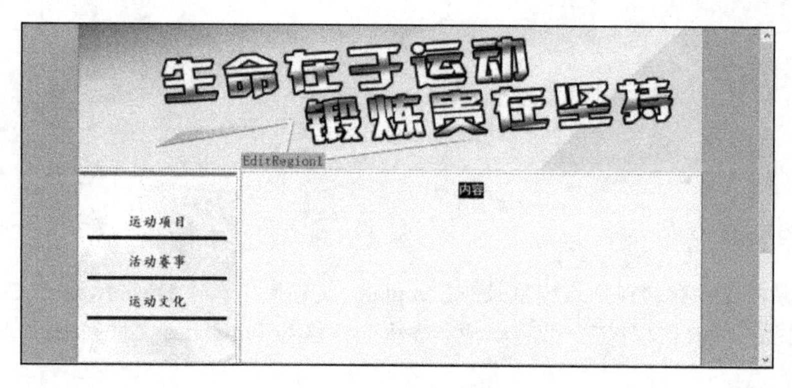

图 7-39　创建可选区域

4）保存模板文档。

【说明】在模板页面中需要定义可编辑区域，可编辑区域可以控制模板页面中哪些区域是可以进行编辑的，哪些是不能进行编辑的。可编辑区域在模板页面中由蓝色高亮显示的矩形边框围绕，并且区域左上角会显示一个该选区名称的标签，如上例中的 EditRegion1。

7.4.3　模板区域的类型

设计模板时，指定在基于模板的文档中哪些内容是用户可编辑的，即区分可编辑区和不可编辑区。不可编辑区的内容是不可以改变的，通常为标题栏、网页框架结构、导航栏、网页图标等。可编辑区的内容可以改变，通常为具体的文字和图像内容。从模板创建的文档与该模板保持连接状态，可以修改模板并立即更新基于该模板的所有文档中的设计。

将文档另存为模板以后，文档的大部分区域就被锁定。模板创作者在模板中插入可编辑区域或可编辑参数，从而指定在基于模板的文档中哪些区域可以编辑。

在 Dreamweaver CC 中有以下几种类型的模板区域：

1．可编辑区域

基于模板的文档中未锁定的区域，也就是模板用户可以编辑的部分。模板创作者可以将模板的任何区域指定为可编辑的。要使模板生效，其中至少应该包含一个可编辑区域，否则基于该模板的页面是不可编辑的。

2．重复区域

重复区域是文档布局的一部分。设置该部分可以使模板用户必要时在基于模板的文档中添加或删除重复区域的副本。例如，可以设置重复一个表格行。重复部分是可编辑的，这样，模板用户可以编辑重复元素中的内容，而设计本身则由模板创作者控制。可以在模板中插入重复区域或重复表格。

3. 可选区域

可选区域为模板中放置内容（如文本或图像）的部分。该部分在文档中可以出现也可以不出现。在基于模板的页面上，模板用户通常控制是否显示内容。

7.4.4 创建基于模板的网页

在 Dreamweaver CC 中，创建新网页时，可以直接由模板创建新网页。前面已经完成了创建模板文件，并在模板中定义了可编辑区域，下面完成针对可编辑区域的页面内容的制作。

【实例 7.13】创建基于模板的网页。

操作步骤如下：

1）选择菜单中【文件】/【新建】命令，打开新建文档对话框。在该对话框左侧选择网站模板选项卡，在站点列表中选择当前站点 mysite，在右侧模板预览框中可以看到已经创建好的模板文件预览效果，如图 7-40 所示。可选中当模板改变时更新页面复选框。

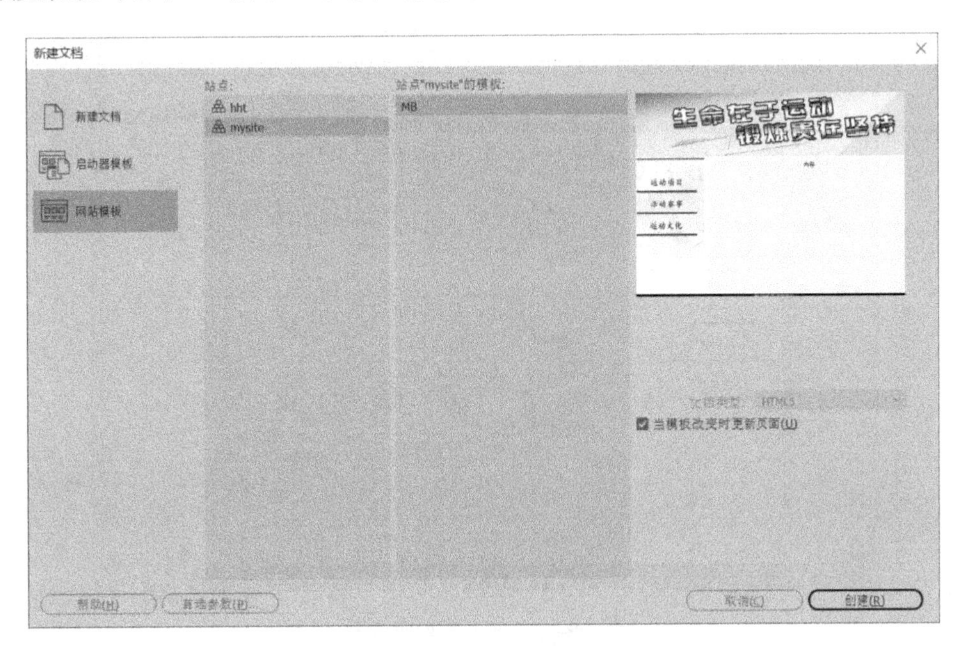

图 7-40 新建文档对话框

2）单击创建按钮，即可将选中的模板应用到新创建的页面文档中。

3）保存文档为 page705-1.html。

4）在网页文档编辑窗口中，将指针移至 EditRegion1 中，指针呈现可编辑状态I。但移至可编辑区以外的位置，指针显示为禁止编辑状态⊘。

5）将指针移入可编辑区域，将多余的文字删除。为该区域添加需要的页面内容。

6）保存文档，并浏览页面效果，如图 7-41 所示。

图 7-41　运动项目页面效果

7）按照上述步骤可以创建多个基于同一模板的多个页面文档，如 page705-2.html，如图 7-42 所示。

图 7-42　运动文化页面效果

7.5　管理模板

1．在基于模板的文档中编辑内容

在 Dreamweaver CC 中可以首先创建模板，然后创建基于模板的网页。这些网页中部分区域是不能编辑的，称为锁定区。有些区域则是可编辑的，称为可编辑区。在编辑窗口中，当鼠标滑过网页的锁定区域时，鼠标为禁止状态（🚫）；而滑过可编辑区域时，可以在插入点输入新的内容。使用模板的最大好处就在于，当修改模板时，基于该模板创建的所有网页可以一次更新，这大大提高了网页更新与维护的效率。

当禁用高亮显示时，在基于模板的文档中编辑锁定区域，指针将更改，表示不能在锁定区域内单击。也可以在基于模板的文档中修改属性并编辑重复区域的项目。

2．更新模板文件

模板的高效性不仅在于创建网页时的批量处理，更体现在修改网页的时候。对模板进行修改之后，可以将模板的修改应用于所有基于该模板生成的网页中。

【实例 7.14】编辑与更新模板。

操作步骤如下：

1）打开网页模板文档 MB.dwt。

2）选择左侧菜单栏中的文本运动项目，然后在属性检查器中的链接下拉列表框中指定目标文档为 page705-1.html，如图 7-43 所示。

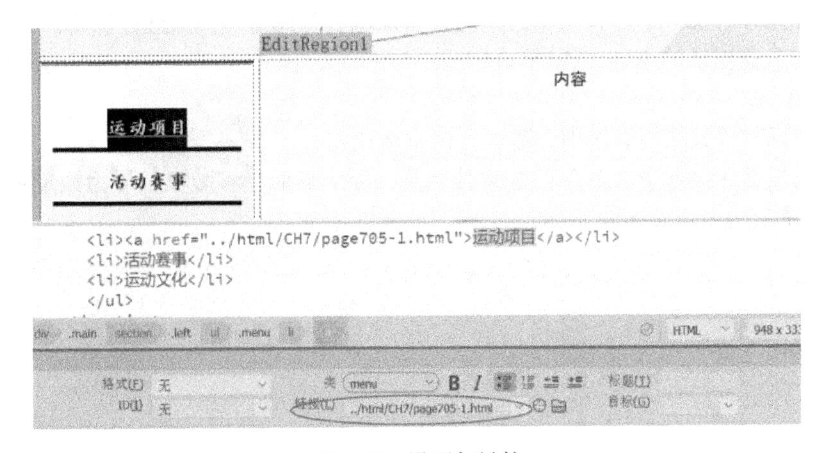

图 7-43　设置超链接

3）重复步骤 2），再为其他菜单设置超链接。

4）在模板文件中完成修改编辑操作后，选择菜单中【文件】/【保存】命令，弹出更新模板文件对话框，如图 7-44 所示。在该对话框的列表中显示了所有基于此模板创建的文件，提示是否要基于此模板更新所有文件。

5）单击更新按钮，随后弹出更新页面对话框，如图 7-45 所示，即可完成页面的自动更新，显示更新完成情况。状态栏会显示检查文件数、更新文件数等信息。更新完毕后，单击关闭按钮，结束操作。

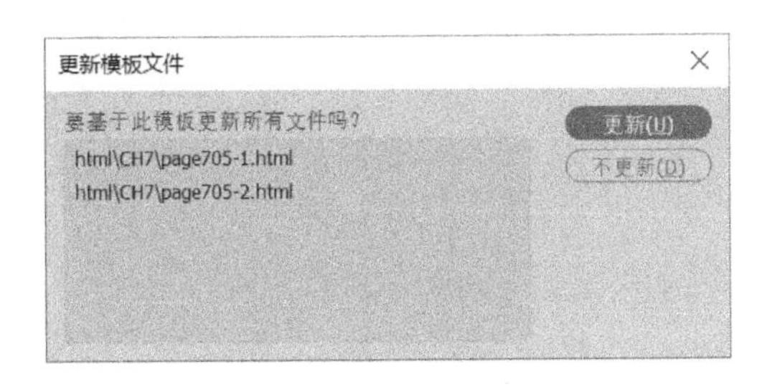

图 7-44　更新模板文件对话框

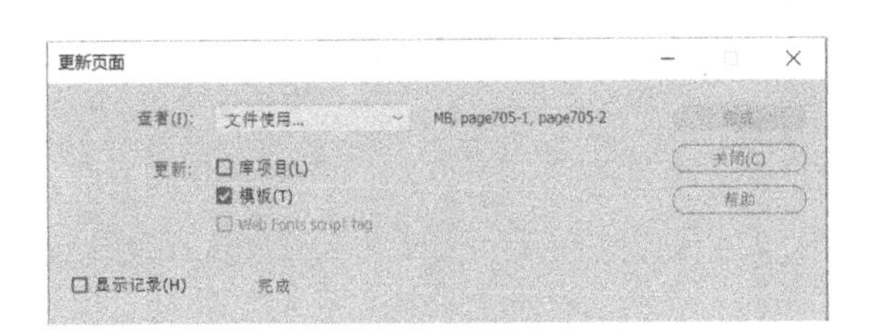

图 7-45　更新页面对话框

本章小结

本章介绍了行为和模板功能及其应用方法。读者可以通过应用行为创建具有动态效果的网页，应用模板功能实现统一的多页面效果。对于一些大中型网站，使用模板可以更好地维护网页，有利于减轻网站设计中的重复工作量。对于刚刚学习网页制作的设计者来说，可能会觉得本章的知识用处不是很大，但经过一些实践创作之后，就能体会到它们的好处。

思考与练习

1．添加行为时对象、事件和动作之间的关系是什么？请结合实例进行说明。

2．针对浏览器提供的事件，说明 onClick、onDrag、onMouseOver、onMouseOut 事件的触发条件。

3．模板布局与框架布局的区别有哪些？请举例说明。

4．使用模板技术制作学校各部门的宣传网页，要求导航栏和版权区域为锁定区域，其余区域为可编辑区域。

第 8 章　利用虚拟机建立动态 Web 站点

计算机一般安装的操作系统无法满足动态网站环境的需要，很多人在进行 Web 系统设计开发时，也就无法通过个人计算机进行动态网站设计。为了解决这个问题，引入了虚拟技术。通过虚拟技术，可以为计算机虚拟一个服务器，通过配置服务器后，可以很好地实现动态网站的建设和管理。

本章通过“网上考试系统”实例进行讲解，完整地介绍系统创建和开发过程，其中动态网页技术等知识点是属于站点建设和管理的进阶部分内容，读者可以将本章作为扩展知识补充学习，以提高站点管理和实际应用技能和水平。

如果读者感觉对动态技术中涉及的代码理解和掌握有困难，本章内容可以略过，并不影响学习后面章节的内容。

本章要点：

- 虚拟机
- ASP 技术
- SQL 语言
- SQL Server 数据库

8.1　动态 Web 系统开发概述

动态网站是指基于数据库进行架构的网站，有没有动画效果不作为参考标准。动态网站一般采用编程语言开发与设计动态网页，通过数据库使网站具有更多自动的和高级的功能。

一般情况下，专业公司通过出租网站空间给网站所有者，提供动态网站运行环境，包括 Web 服务器和支持 Web 服务器运行的服务器版本操作系统，以及数据库管理系统。网站所有者租用一定的空间，选择空间支持环境，获取 IP、用户名、口令等授权信息后，在本地通过网络进行网站信息维护。

动态 Web 系统通常由 HTML 文件、脚本代码和资源文件组成。HTML 文件提供静态的网页内容。脚本代码可以嵌入到 HTML 文件中，也可以独立成为一个个文件。具有脚本代码的网页往往以该脚本的技术简称为扩展名，如 ASP 文件、PHP 文件或者 JSP 文件。资源文件一般是图片、视频、文档等。

8.1.1　系统开发过程

一般开发动态 Web 系统的过程如下：

（1）明确并细化建站需求和技术路线，收集相关素材

建设网站必然有一定的需求和目的。要根据需求和目的去规划网站的栏目、设计网站的版

面；同时，要明确采用何种技术路线进行网站开发，因为不同的技术路线需要的软/硬件环境不同；并且，要搜集相关的素材，包括文字素材、图片素材、视频素材等。

（2）准备 Web 服务器硬件

根据需求和技术路线确定 Web 服务器硬件。

一般比较成熟的技术路线包括：Windows Server + IIS + ASP + SQL Server、Linux + Apache + Tomcat + PHP + MySQL、Solaris + J2EE + Oracle，等等。采用何种技术路线，直接决定了 Web 服务器硬件的选型，不同的软件系统需要不同的硬件来支持。

（3）安装服务器操作系统

根据确定的技术路线，安装服务器操作系统。

常见的服务器操作系统有 Windows Server、RedHat Enterprise、Solaris 等。

（4）安装 Web 服务器应用程序

根据确定的技术路线，安装 Web 服务器。Web 服务器是一个能够支持 Web 页面运行的平台。没有 Web 服务器，很多由脚本构成的网页将无法正确运行。通过 Web 服务器，来响应用户通过浏览器提交的请求，然后将结果转换成 HTML 文件，返回给用户，显示在浏览器中。

常见的 Web 服务器有 IIS、Apache、J2EE 等。

（5）安装和配置数据库管理系统

数据库管理系统为 Web 站点提供数据库服务，用来存储网站中的动态数据，如用户注册数据、用户登录信息等。

常见的数据库系统有 SQL Server、MySQL、Oracle 等。

（6）安装和配置 Web 页面编辑工具

一般要在用户个人计算机上安装和配置 Web 页面编辑工具。当然，如果服务器操作系统支持，也可以在服务器上安装编辑工具，不过一般服务器仅对用户开发有限的资源，无法使用其上的开发工具。

比较专业的 Web 页面编辑工具有 Dreamweaver、FrontPage 等。

安装完 Web 页面编辑工具后，通过新建站点等操作，将服务器地址、用户名、密码、访问形式、远程目录等信息保存到编辑工具中，便于以后随时对站点进行管理和维护。

（7）安装和配置数据库管理客户端

一般是在用户个人计算机上安装和配置数据库远程管理工具，从而对远程的数据库进行有效地操作和管理。

对于不同的数据库系统来说，安装的客户端也不尽相同。如对于 SQL Server 来说，可以在个人计算机上安装微软的 SQL Server 客户端；对于 MySQL 来说，可以安装 SQL Front 等多种客户端；对于 Oracle 来说，也需要安装 Oracle 客户端。

安装完成客户端后，需要连接到远程数据库服务器。SQL Server 中称作注册，通过远程服务器 IP 地址、数据库用户名、密码等信息进行注册。

（8）进行数据库设计

在完成站点的需求分析和版面的总体设计后，数据库管理员（DBA）开始进行数据库的设计和开发，包括创建数据库以及建立表、视图等。

在完成数据库设计后，可以通过动态 Web 脚本语言对数据库进行操作，包括插入数据、删除数据、统计数据、更新数据，以及变更表格结构、创建对象、数据库备份等。

（9）根据需求进行 Web 页面设计

作为本章内容的重点，Web 页面设计与开发包括模块划分、版面设计、网页特效、动态脚本等多个方面。一般情况下，根据总体设计将站点进行功能模块的划分，然后使用网页编辑工具针对不同模块逐步进行开发，同时在功能实现上嵌入动态脚本语言。

（10）测试 Web 系统

在 Web 系统开发完成后，需要通过测试，测试其具体功能是否符合要求。在经过反复的测试和修复后，系统逐步达到实际应用的需求，即可上线试运行。一般的测试都在本地运行。

（11）上线运行

系统通过测试，即可上线运行。运行过程中，需要网站运维人员不断地更新数据内容，保持网站内容的鲜活，同时进行必要的数据备份。此外，还要根据实际情况提出新的改进建议，不断丰富网站的表现形式，提高网站的吸引力和生命力。

对于非专业公司，投巨资采购 Web 服务器硬件，并实时联网对外提供 Web 服务，成本太大。因此，它们往往采用空间、域名租用的形式，花费较小成本，却能获得专业的网络服务公司提供的高效运行维护保障服务。

广大 Web 系统开发的学习者或者爱好者，如果通过一台计算机既能进行很好的开发，又能够建立并成功访问 Web 站点，将极大地扩展 Web 系统开发实际操作的空间和时间。而虚拟技术刚好能够满足这种需求。

8.1.2 技术路线与设计规划

1．技术路线

本系统选择如下技术路线：Windows Server+IIS+ASP+SQL Server。

用户通过账户密码进入考试系统，参加不同科目的单选题考试。可以多次参与考试，每次系统随机组卷。考试采用倒计时方式。

用户可以查询自己的考试历史，包括科目、考试时间、成绩、答题 IP 地址。

用户可以修改个人的密码、所在单位。

管理员通过后台进行用户管理、成绩统计等。

用户管理包括：用户账户的增/删/改、用户密码重置、用户单位调整。

成绩统计包括：每个人的成绩统计，每个单位或某个科目的成绩统计等。

2．设计规划

有关设计规划如下：

1）用户计算机 Windows 7 （IP:192.168.1.100）安装 DW CS5 和 SQL Server 客户端，用于管理服务器 Windows 2003 Server（IP：192.168.1.101）上的网站和数据库。

2）用户计算机安装的 DW CS5 中，新建站点设置：连接方法为 FTP；IP 地址为 192.168.1.101；用户名为 yhwsks；密码为 12345。（上述设置与 Windows 2003 FTP 对应。）

3）用户计算机安装的 SQL Server 客户端，注册新 SQL Server 服务器，地址为 192.168.1.101，用户名 sa，密码为 123456。（与 Windows 2003 SQL Server 配置对应。）

4）用户计算机在 Windows 7 上安装 WMware Workstation 后，安装虚拟服务器 Windows 2003，并设置其 IP 地址为 192.168.1.101。保证 Windows 7 与 Windows 2003 能够相互访问。

5）在服务器 Windows 2003 上安装 Web 服务器 IIS，并配置：目录为 C:\wsksweb，网站首页为 index.asp，继承父目录，缓存 90min。

6）在服务器 Windows 2003 上安装数据库服务器 SQL Server，并配置：用户 sa 的密码为

123456；建立数据库为 wsks，其中，用户表为 users，成绩表为 chengji，考题表按照顺序 dx1，dx2，dx3，依此类推，还有其他相关表和视图。

7）在服务器 Windows 2003 上安装 FTP 服务器 Filezilla。并且新建一个用户 yhwsks，密码设为 12345，用户根目录为 C:\wsksweb。（注意：此处必须与 IIS 网站目录一致，在 DW CS5 中建立站点才能成功。）

学习本章，读者需要准备如下软件和系统：

- Windows XP（或者 Windows 7）。
- Windows Server 2003 安装盘（或者 ISO 安装文件）。
- SQL Server 2000 安装盘（或者更高版本）。
- SQL Server 2000 SP4 补丁包。
- VMware Workstation 6 安装软件（或者更高版本）。
- Dreamweaver CS5 安装盘。
- FTP 服务器软件 FileZilla Server。

8.2 虚拟机的安装与部署

虚拟机是指在一台物理计算机上通过虚拟技术虚拟出来的独立的逻辑计算机。通过虚拟技术可以在现有的操作系统上虚拟出一个或多个新的子系统，这些子系统建立在正在运行的操作系统之上，同时，又拥有自己独立的硬件资源，它们之间通过虚拟网卡相互联结起来组成网络，从而通过网络相互访问。

在虚拟机软件中，实际存在的物理计算机称为宿主机器，虚拟出来的计算机称为虚拟机器。此处，将个人计算机安装的 Windows 7 系统作为宿主机器，通过虚拟软件虚拟的 Windows Server 2003 作为虚拟机器。

8.2.1 虚拟机的安装

常用的虚拟机软件有 VMware 公司的 VMware Workstation 和 VMware Server 系列产品、微软公司的 Microsoft Virtual PC/Server，Oracle xVM VirtualBox 等。随着云计算、虚拟化等技术的日渐兴起，将会有越来越多的虚拟机软件以供选择。在众多的虚拟机软件中，VMware 无论从技术特点还是产品的成熟度、易用性等方面都具有明显的优势。下面以 VMware Workstation 为例进行介绍。

在 Windows 7 上安装 VMware 的过程比较简单，此处不再赘述。安装完成之后，打开 VMware，界面如图 8-1 所示。

在 VMware 界面中，主要有以下功能：

1）关闭虚拟机电源：关闭打开的虚拟机操作系统。类似于计算机关机。下次启动虚拟机时，将从最初启动状态，经过系统自检，进入操作系统。

2）挂起该虚拟机：以快照形式（类似于休眠模式）挂起该虚拟机。下次启动虚拟机将从挂起时的状态恢复。

3）启动该虚拟机电源：也就是开启虚拟机。无论虚拟机是关闭状态还是挂起状态都可以启动。

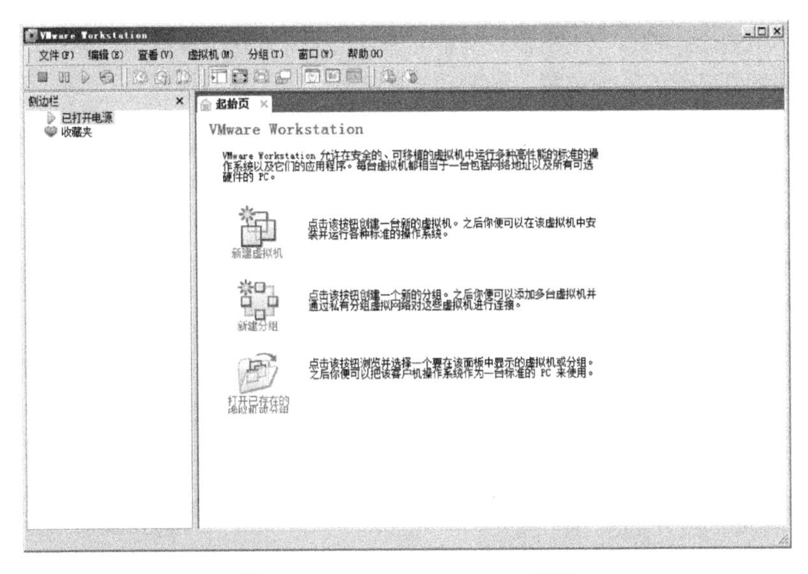

图 8-1　VMware Workstation 界面

4）全屏显示：将虚拟机系统以全屏形式显示，从而便于直接在虚拟机上进行有关操作。

8.2.2　安装配置宿主虚拟机（Windows Server 2003）

1）单击 VMware 上的新建虚拟机图标，打开新建虚拟机向导。在欢迎界面，可以选择标准或者自定义两种安装模式。这里选择标准模式，如图 8-2 所示，单击下一步按钮。

2）在安装客户机操作系统界面，可以选择从光盘安装，从镜像文件安装，还是以后安装。一般选择从光盘安装。这里为了快捷，选择了从镜像文件进行安装。找到了安装盘镜像文件之后，系统自动检测出安装操作系统的版本，如图 8-3 所示。

图 8-2　选择标准安装模式

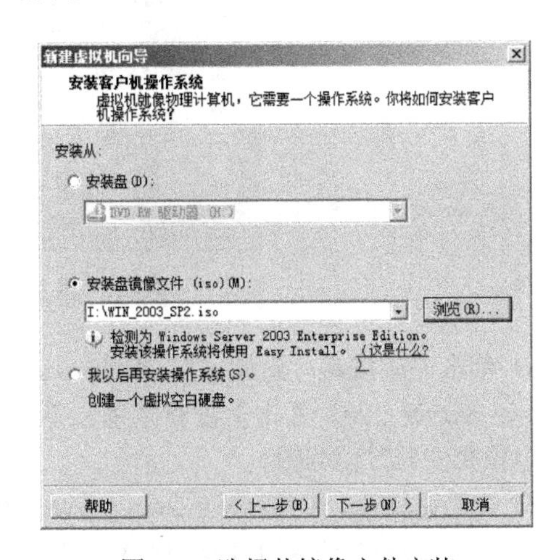

图 8-3　选择从镜像文件安装

3）单击下一步按钮，进入 Easy Install 信息界面，如图 8-4 所示。在安装 Windows Server 2003 时，需要输入安装注册码，并设定管理员名称、密码等。输入完成后，单击下一步按钮。如果此时没有输入注册码，在安装过程中，系统会自动提示。

4）进入命名虚拟机界面，如图 8-5 所示，虚拟机名称默认为操作系统名称。虚拟机存放位置可以设定为系统盘之外的其他位置，如 E 盘。

图 8-4　输入 Windows 2003 注册码

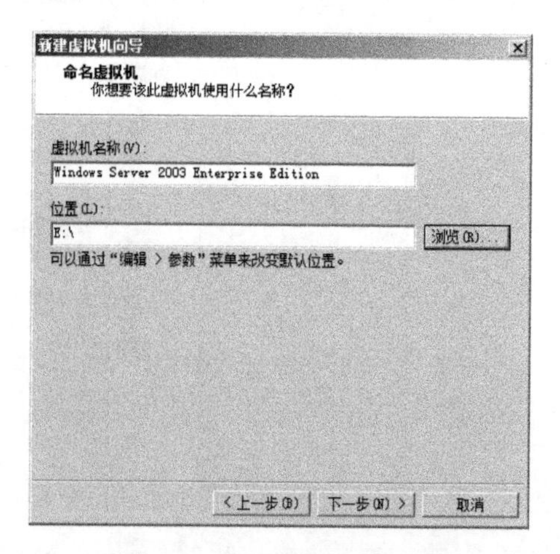

图 8-5　选择虚拟机存放位置

5）单击下一步按钮，对虚拟机所占用的空间进行设定，如图 8-6 所示。这里选择默认 40GB。最后，完成虚拟机的定制后，系统将定制结果进行集中显示。

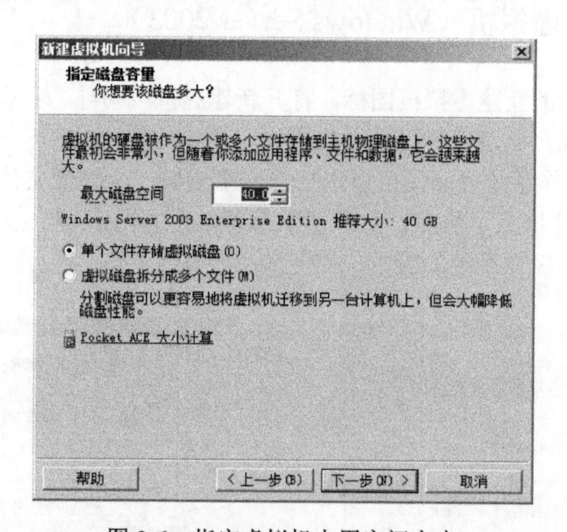

图 8-6　指定虚拟机占用空间大小

6）单击完成按钮，开始安装 Windows Server 2003。剩下的安装过程与在一台裸机上安装 Windows Server 2003 基本上没有区别，不过速度相对较快。如图 8-7 所示为 Windows Server 2003 虚拟机安装过程截图。

7）安装完成后，需要对 Windows Server 2003 的网络等设置进行配置。在进入 Windows Server 2003 时，通过按<Ctrl+Alt+Del>组合键，宿主机器（Windows 7）和虚拟机器（Windows Server 2003）都会响应。为了避免混淆，在 VMware 中，虚拟机器的组合键用<Ctrl+Alt+Del>代替。

8）在 VMware 最下面的按钮中，有一个网络适配器的图标，单击该图标，进行网络设置。系统弹出虚拟机设置界面。在该界面，可以对虚拟机的内存大小、处理器个数、硬盘大小、网络连接形式等进行设置。这里需要宿主机器与虚拟机器能够相互访问，所以采用“桥接”方式。

图 8-7　Windows Server 2003 虚拟机安装过程

9）进入 Windows Server 2003 后，设定与宿主机器在同一网段的网络地址。

例如，宿主机器的网络设置包括：IP 设置为 192.168.1.100，子网掩码为 255.255.255.0，默认网关为 192.168.1.1。那么，不妨设置 Windows Server 2003 系统的 IP 地址为 192.168.1.101，其他一致。

10）网络设置完毕后，可以通过命令进行测试。

在宿主主机的命令窗口输入：ping 192.168.1.101（IP 地址为虚拟主机）。如果有回复(Reply)，表示宿主主机能够访问虚拟主机。如果提示无法访问（Request time out），则说明网络设置有问题。

在虚拟主机的命令窗口输入：ping 192.168.1.100（IP 地址为宿主主机）。如果有回复（Reply），表示虚拟机器能够访问宿主主机。如果提示无法访问（Request time out），则说明网络设置有问题。

完成以上初步工作后，即可在 Windows Server 2003 上安装有关的服务软件和系统。

8.3　在服务器上安装配置 IIS\SQL Server\FileZilla

8.3.1　安装配置 Web 服务器 IIS

IIS 是 Internet Information Server 的缩写，它是一个 Web 服务器的应用程序，能够完全支持 ASP 技术。

Windows Server 2003 默认安装时不包括 IIS 安装，因此需要手动安装该程序。安装方法如下：

在虚拟机 Windows Server 2003 中，选择控制面板中的添加或删除程序命令，单击添加/删除 Windows 组件按钮，打开 Windows 组件向导。在向导对话框中，双击打开应用程序服务器后，选中 Internet 信息服务（IIS）复选框，单击确定按钮，如图 8-8 所示。安装过程中需要插入安装盘，或者指定其他安装位置。

安装完成后，在管理工具中，可以看到 Internet 信息服务（IIS）管理器选项。选择该选项，可以打开 IIS 管理器窗口，如图 8-9 所示。

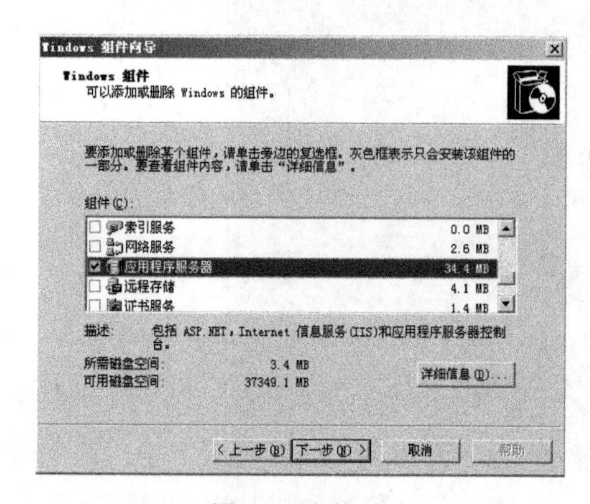

图 8-8　安装 IIS

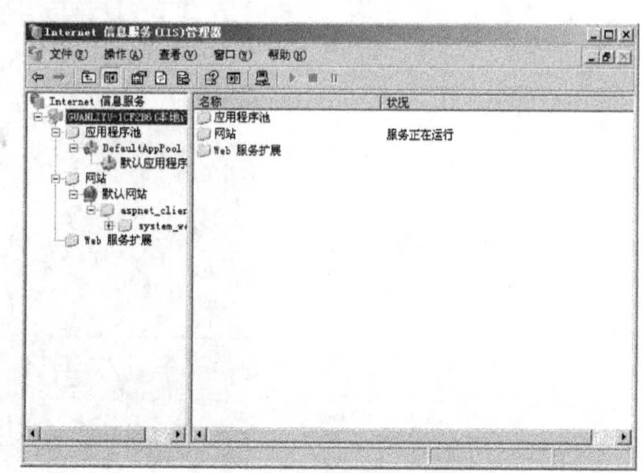

图 8-9　IIS 管理器窗口

一般情况下，Web 站点需要设置 IP 地址、文件存放目录和站点首页。此外，还可以设置是否继承父目录、cookie 时间等。

首先，展开 Web 服务扩展，将默认状态下的 Active Server Pages 的禁止状态修改为允许，将在服务器端的包含文件的禁止状态修改为允许，将 Internet 数据连接器的禁止状态修改为允许，修改后的效果如图 8-10 所示。

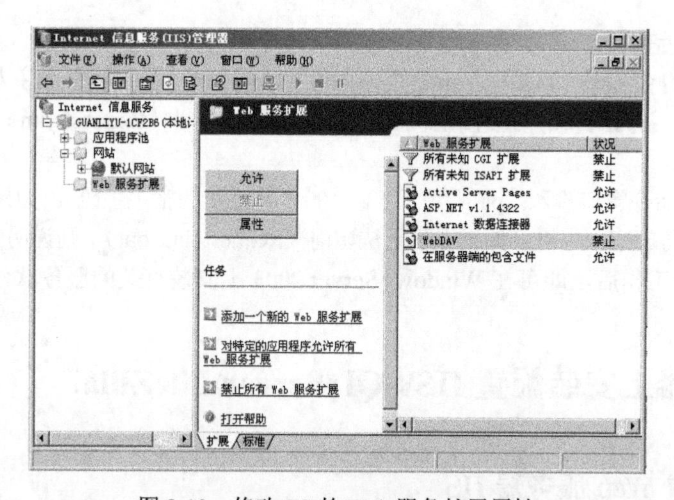

图 8-10　修改 IIS 的 Web 服务扩展属性

然后，展开网站下的默认网站，右击默认网站，在弹出的快捷菜单中选择属性命令，进入默认网站的属性界面。这里的网站描述、IP 地址和端口可以采用默认设置。如果服务器有多个 IP 地址，一般需要选择一个 IP 作为某一个网站的 IP。

选择主目录选项卡，设定此计算机上的目录，并且本地路径选择 C:\wsksweb。选中脚本资源访问复选框。

然后单击配置按钮，打开应用程序配置界面，切换到选项选项卡，选中启用会话状态复选框，可以设定超时时间为 90min；选中启用缓冲复选框；选中启用父路径复选框；ASP 脚本超时设为 9000s。

再切换到调试选项卡，在正式上线之前，选中启用 ASP 服务器端脚本调试和启用 ASP 客户端脚本调试复选框。最后，单击确定按钮。

返回默认网站属性界面，切换到文档选项卡，单击添加按钮，添加默认内容页 index.asp，并通过上移按钮将 index.asp 上移到第一位。

至此，IIS 基本配置完成，单击确定按钮，退出 IIS 设定界面。

8.3.2 安装配置数据库服务器 SQL Server

SQL Server 包括企业版、标准版、开发版等多个版本。这里以安装评估版为例进行说明。

1）在弹出的 SQL Server 自动菜单中选择安装 SQL Server 2000 组件，如图 8-11 所示。

2）在安装组件界面中，选择安装数据库服务器，如图 8-12 所示。

图 8-11 安装 SQL Server 2000 组件

图 8-12 安装数据库服务器

3）在安装程序要求输入计算机名称时，选中本地计算机单选按钮，如图 8-13 所示。

4）在安装选择界面中，选中创建新的 SQL Server 实例，或安装客户端工具单选按钮，如图 8-14 所示。

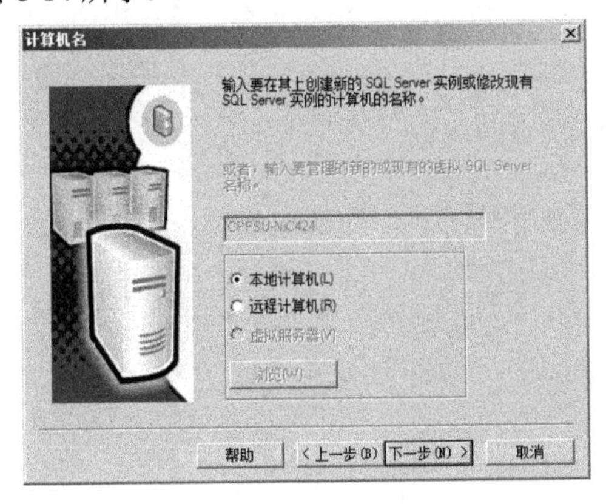

图 8-13 创建计算机名称

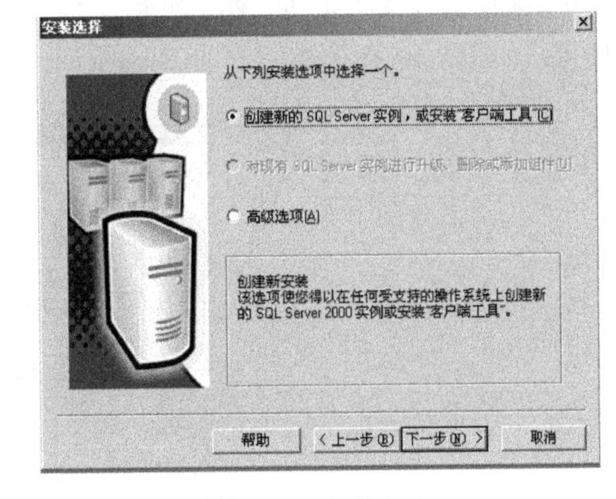

图 8-14 安装选择

5）在安装定义界面，选中服务器和客户端工具单选按钮，如图 8-15 所示。

6）在设置安装类型时，可以对程序文件和数据文件的目录进行自定义，如图 8-16 所示。

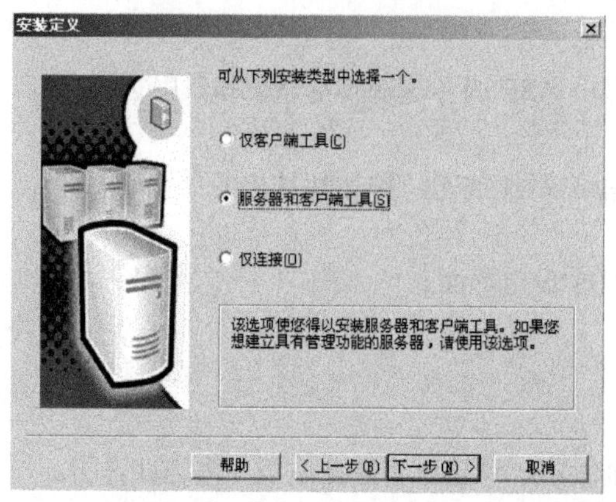

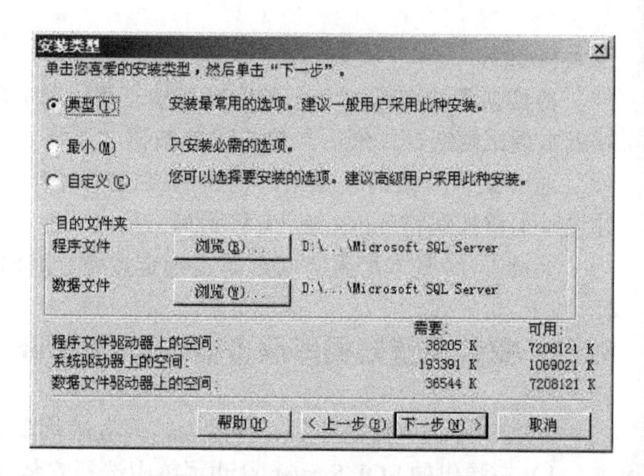

图 8-15　安装定义　　　　图 8-16　自定义安装文件目录

7）在设置服务账户时，选中对每个服务使用同一账户。自动启动 SQL Server 服务单选按钮；同时，将服务设置改为使用本地系统账户，如图 8-17 所示，然后，单击下一步按钮。

8）将身份验证模式设置为混合模式，并且设定 sa（默认用户账户）的密码，如图 8-18 所示。

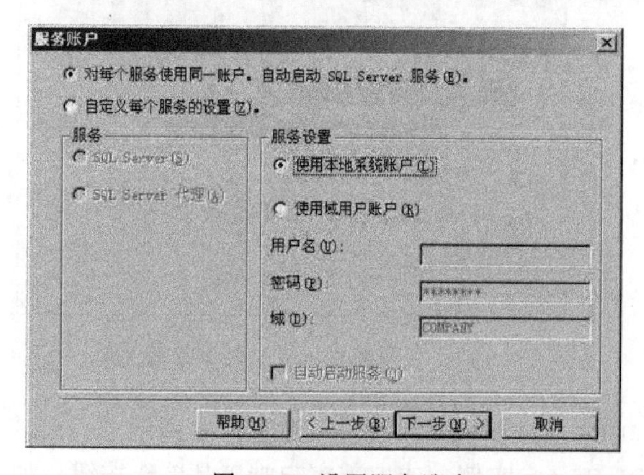

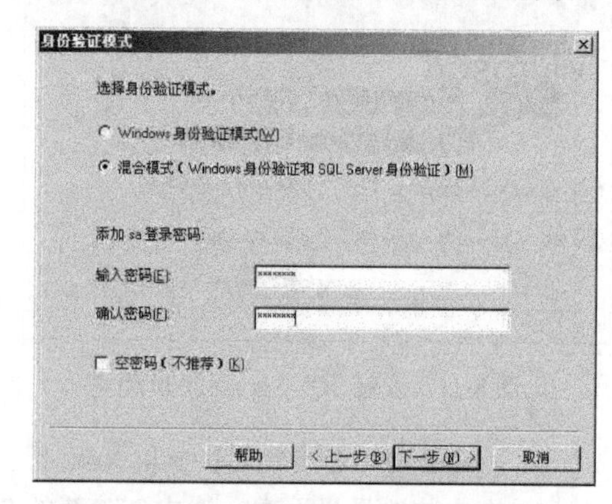

图 8-17　设置服务账户　　　　图 8-18　身份验证模式设置为混合模式

9）随后系统开始复制文件，正常安装。在设置许可模式时，一般设每客户模式、100 个设备即可，如图 8-19 所示。

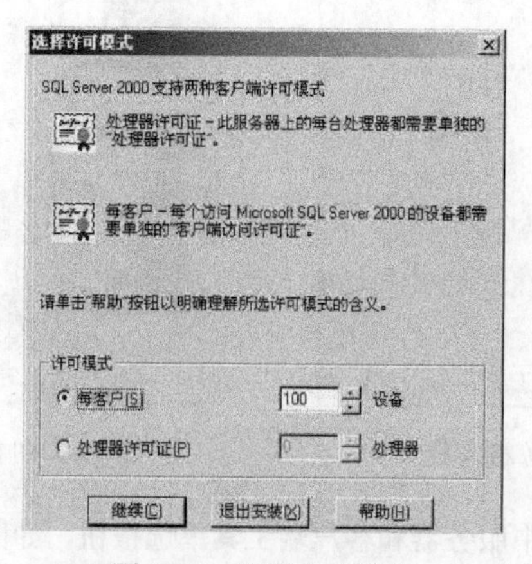

图 8-19　选择许可模式

安装完成之后，一定需要安装 SQL Server 2000 补丁，否则无法通过 Windows 7 客户端访问。建议直接安装 SP4。

8.3.3　安装配置 FTP 服务器 FileZilla

为了能够通过 Windows 7 系统访问 Windows Server 2003 服务器上的资源，需要在 Windows Server 2003 上安装一个 FTP 服务器软件。

可以选择 FileZilla Server 作为 FTP 服务器软件。安装过程非常简单，这里不再赘述。安装完成后，需要在开始菜单的程序中选择 start FileZilla ftp server 命令，从而启动 FTP 服务。

针对 FTP 服务器的配置，主要目的是客户端能够通过 DW CS5 访问网站内容并上传和下载。可以设定一个账户 yhwsks，密码为 12345，根目录为 C:\wsksweb。该账户具有根目录的文件增/删/改、子目录增/删/改的权限。

具体操作步骤如下：

1）通过连接到服务器，对服务器进行配置。FileZilla 完成安装后，在桌面上有一个快捷启动图标，单击该图标，弹出如图 8-20 所示的连接服务器界面。选择默认设置，直接单击“OK”按钮后进入 FileZilla 管理界面。

2）在如图 8-21 所示的管理界面中，单击工具栏中的显示用户图标，弹出 Users 对话框。在该对话框中，单击右侧 Add 按钮，添加新账号。可以输入账户名 yhwsks。用户所属组可以不选。然后，单击 OK 按钮返回 Users 对话框。在 Account settings 选项区域中，选中 Password 复选框，然后输入 12345，作为账户 yhwsks 的密码。效果如图 8-22 所示。

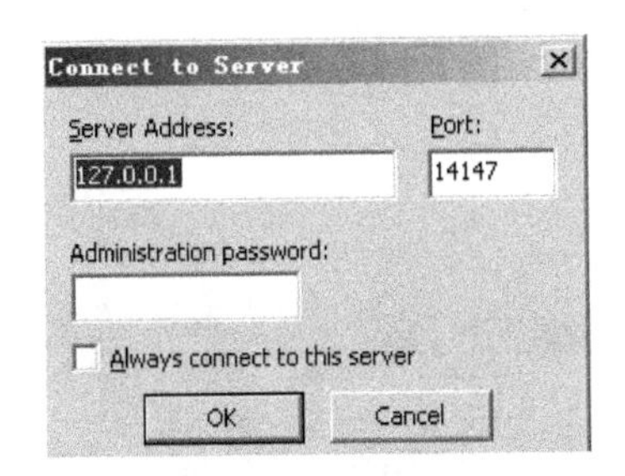

图 8-20　FileZilla 登录页面

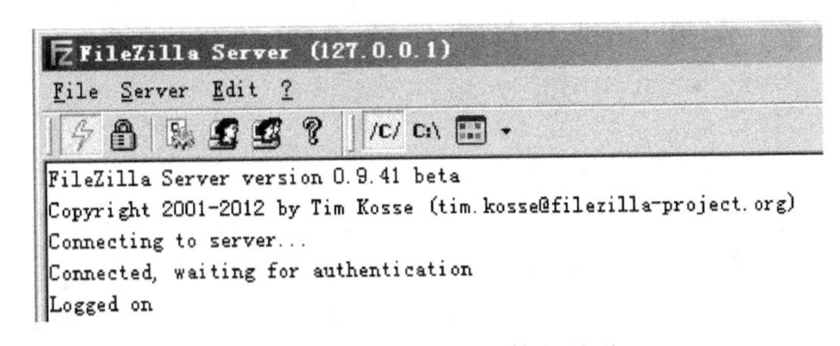

图 8-21　FileZilla 管理界面

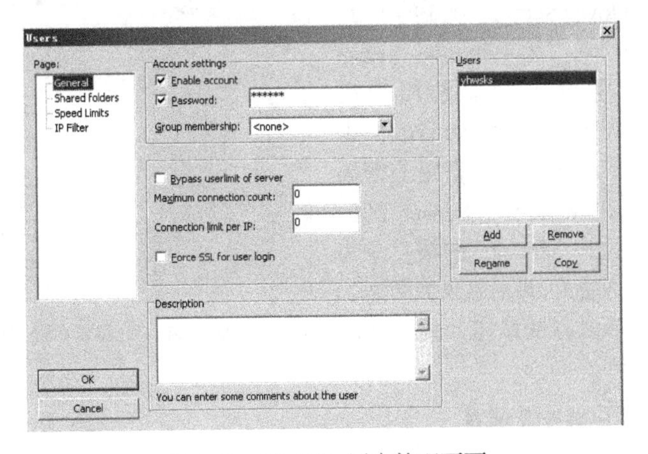

图 8-22　FileZilla 用户管理页面

3）切换到 Share folders 选项卡。单击 Share folders 选项区域中的 Add 按钮，添加用户 yhwsks 的共享目录，在浏览文件夹对话框中选择 C:\wsksweb。然后，全部选中 Files 选项区域中的复选框 Read、Write、Delete 和 Append，并且全部选中 Directories 选项区域中的复选框 Create、Delete、List 和+Subdirs。设置效果如图 8-23 所示。

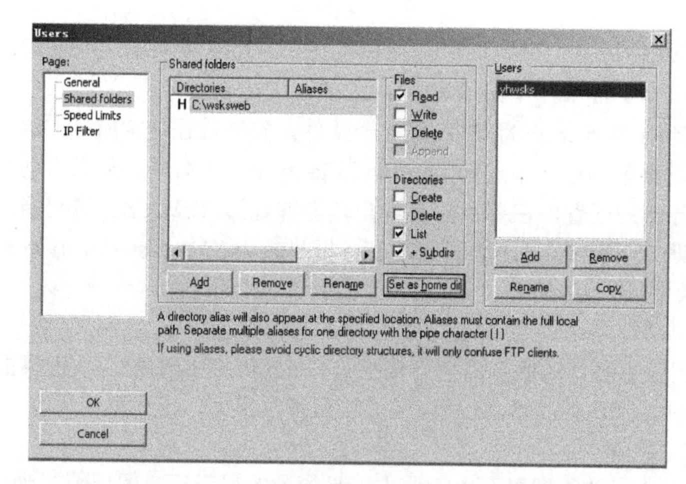

图 8-23 设置 FileZilla 用户管理共享文件夹

4）单击左侧的 OK 按钮。完成之后，可以通过 Windows 7 终端测试访问。

8.4 在客户端上安装配置 DW CS5 和 SQL Server 客户端

1．安装配置 DW CS5

DW CS5 的安装和配置过程在此不再赘述。新建站点的服务器端配置主要包括：服务器名称（用于在 DW 上区别于其他网站服务器）、连接方法（此处选择 FTP）、FTP 地址（此处为虚拟机器 Windows Server 2003 的 IP 地址 192.168.1.101）、用户名（为 Windows Server 2003 上 FileZilla 服务器中创建的用户名 yhwsks）、密码（为 Windows Server 2003 上 FileZilla 服务器中为用户 yhwsks 设定的密码 12345）以及根目录（在 Windows Server 2003 的 FileZilla 中设定了用户 yhwsks 的根目录为 C:\wsksweb，此处可以为空），最后效果如图 8-24 所示。配置完成后，单击测试按钮，提示成功连接到 Web 服务器即可。

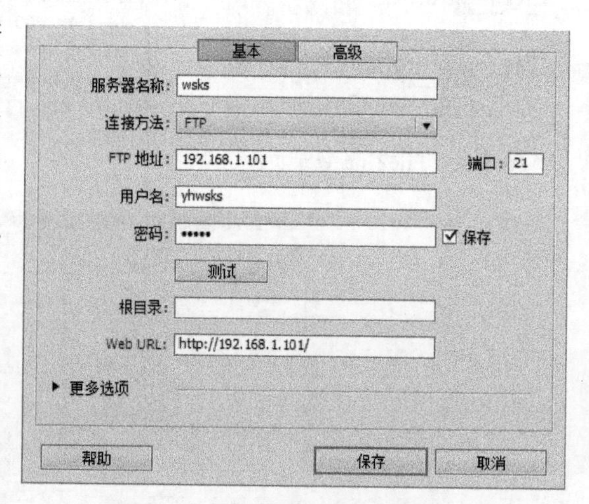

图 8-24 在 DW CS5 中设置新建站点

2．SQL Server 客户端安装配置

安装过程与在 Windows Server 2003 上安装 SQL Server 数据库服务器相似。不同之处如下：

设置安装选择为安装客户端工具；设置安装定义为仅客户端；在选择组件界面中，保留默认选择即可。

通过安装向导，完成 SQL Server 客户端工具的安装。

安装完成后，通过开始菜单，打开 SQL Server 的企业管理器。

在控制台根目录中，右击 SQL Server 组项，在弹出的快捷菜单中选择新建 SQL Server 注册命令，打开注册 SQL Server 向导。

完成 SQL Server 服务器注册。

至此，所有的准备工作全部完成。

8.5 数据库结构设计与实现

8.5.1 数据库基础介绍

1．数据库的概念

SQL Server 数据库管理系统可以创建多个数据库。一般来说，每个数据库由多个表、视图、索引等数据库对象组成。

表是保存基本数据的逻辑单位，由行和列组成。每一行代表一条记录，每一列称为字段。每个数据库可以包含多个表。例如，在网上考试数据库中，可以包含人员表、单位表、成绩表、考试结果表、考场管理表、组卷参数表等。而在人员表中，用 userid 字段表示用户账户，用 userchname 字段表示人员姓名。

视图是一种虚拟的表，它在物理上并不存在，是从一个或者多个表中查询的结果。

数据库索引类似于书籍中的索引。为表的某一列或多列建立了索引之后，数据库中以该字段为查询参数的查询速度将会大大加快。

2．SQL 语句

SQL 语句是结构化查询语言，是专门为数据库而设计的一种语言，SQL 语言能够完成数据定义、数据查询、数据控制等多种功能。SQL Server 2000 提供了 Transact-SQL，是 SQL 的增强版本，其中某些 SQL 语句不能在其他环境中使用。

常用的 SQL 语句包括：查询语句 Select、插入语句 Insert、删除语句 Delete 和更新语句 Update。

3．建 SQL Server 数据库

在 SQL Server 企业管理器中，可以创建数据库。在左侧窗口中展开服务器实例，右击数据库，在弹出的快捷菜单中选择新建数据库命令，打开数据库属性对话框。在名称文本框中输入数据库的名称（此处可以输入 wsks），切换到数据文件选项卡，可以设置数据库存放位置。设置完成之后，单击确定按钮。

创建数据库完成之后，可以看到数据库 wsks 出现在左侧的数据库列表中。单击 wsks 数据库节点，可以看到数据库内所有的对象等，如图 8-25 所示。

也可以通过语句创建数据库。创建数据库 wsks 的语句为：

```
Create database wsks
Go
```

右击数据库 wsks 后，可以在弹出的快捷菜单中选择所有任务/脱机命令，使数据库处于脱机状态。在该状态下，可以将数据库文件（包括库文件和日志文件）复制到其他位置，从而实现简单的备份或者迁移。

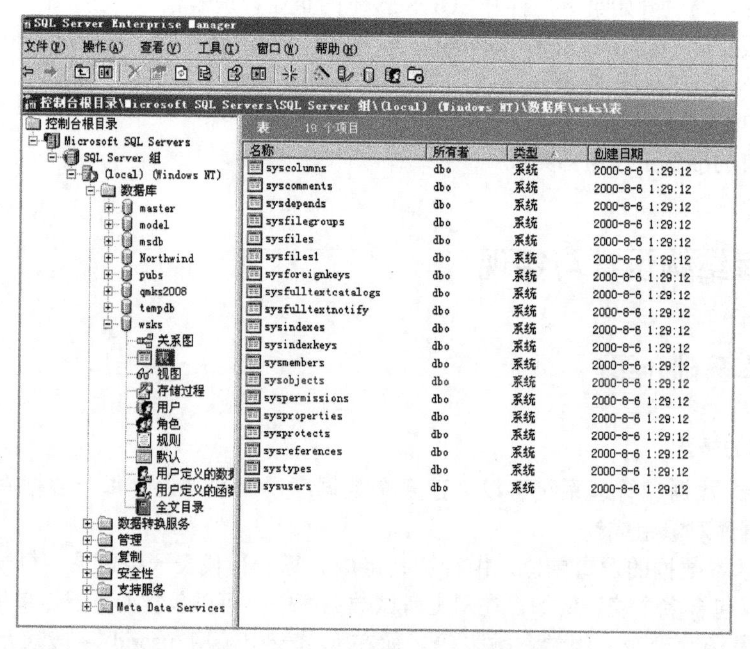

图 8-25　SQL Server 企业管理器

4．创建 SQL Server 表

表在 SQL Server 中称为 Table，是数据库中存储数据的重要的对象。对表的管理包括对表的创建、删除、修改，以及对表中记录的查询、增加、删除、修改、统计等。

创建表的关键是确定表的结构，明确表的各个字段以及字段的数据类型、表的存取权限等。

SQL Server 中的基本数据类型包括：

二进制数据：Binary\Varibinary\Image 类型；

字符数据：char\varchar\text 类型；

日期时间：datetime\smalldatetime 类型；

数字数据：bigint\smallint\tinyint\Decimal\numeric\float\real 类型；

货币数据：money\smallmoney 类型；

特殊数据：table\bit\timestamp 等。

创建表的过程如下：

1）在企业管理器中，展开数据库 wsks，右击表节点，在弹出的快捷菜单中选择新建表命令，打开表设计器，确定表中各字段的名字（即列名）、数据类型、长度、是否允许为空。

2）设计完成之后，单击工具栏中的保存按钮，弹出选择名称对话框，确定表的名称。

也可以通过使用 Create Table 语句创建表，基本语法为：

```
Create Table Table_name
(
```

```
列名 1  数据类型和长度 1  列属性 1,
列名 2  数据类型和长度 2  列属性 2,

...
列名 n  数据类型和长度 n  列属性 n,
)
```

8.5.2 Web 系统数据库结构设计

为了保持网站的一致性，建议在创建数据库时，在 Windows Server 2003 的 C:\wsksweb 内，增加一个 database 目录，将数据库保存在 database 中。

本系统定义的数据库 wsks 中，包括如下一些表。

1. 用户信息表结构

包括用户表 Users、单位表 Danwei、权限表 QuanXian。其中，用户表 Users 的表结构见表 8-1，该表记录见表 8-2。

表 8-1 Users 的表结构

编号	字段名称	数据类型	属性	说明
1	userid	nvarchar（53）	非空	用户的 ID，登录账户，标识
2	userchinaname	nvarchar（100）	非空	用户的中文名
3	userpasswd	nvarchar（53）	非空	
4	userdwID	int	非空	用户所在单位，与 danwei.dwid 对应
5	userQXID	int	非空	用户权限，与 QuanXian.QXID 对应

表 8-2 Users 的表记录

userid	userchinaname	userpasswd	userdwID	userqxID
Admin	管理员	111111	1	1
Test001	测试 001	2222	2	3
Out001	不测试 001	3333	2	4

单位表 Danwei 的表结构见表 8-3，表记录见表 8-4。

表 8-3 Danwei 的表结构

编号	字段名称	数据类型	属性	说明
1	Dwid	int	非空	单位的 ID，自增 1，标识，与 Users.userdwID 对应
2	DwName	nvarchar（100）	非空	单位的中文名

表 8-4 Danwei 的表记录

DWID	DwName
1	管理员单位
2	测试单位

权限表 QuanXian 的表结构见表 8-5，表记录见表 8-6。

表 8-5 QuanXian 的表结构

编号	字段名称	数据类型	属性	说明
1	QXID	int	非空	权限的 ID，自增 1，标识，与 Users.userQXID 对应
2	QXName	nvarchar（100）	非空	权限的中文名字

此处规定：

QXID=1 表示管理员权限；

QXID=2 表示单位管理员权限；

QXID=3 表示参与考试的普通用户权限；

QXID=4 表示不参与考试和统计用户权限。

表 8-6 QuanXian 的表记录

QXID	QXName	QXID	QXName
1	管理员	3	一般人员
2	单位管理员	4	不参加考核人员

2. 题库信息表结构

包括单选、多选、判断和填空等题型。以第 1 章为例，说明结构如下：

第 1 章单选 dx1，单选题 dx1（单选表结构一致）表结构见表 8-7；

第 1 章多选 dd1，多选题 dd1（多选表结构一致）表结构见表 8-8。

表 8-7 dx1 表结构

编号	字段名称	数据类型	属性	说明
1	th	smallint	非空	题编号，标识
2	tm	nvarchar（255）	非空	题目要求
3	x1	nvarchar（255）		单选题第一选项
4	x2	nvarchar（255）		单选题第二选项
5	x3	nvarchar（255）		单选题第三选项
6	x4	nvarchar（255）		单选题第四选项
7	da	smallint		正确答案序号（从 1～5 中选）

表 8-8 dd1 表结构

编号	字段名称	数据类型	属性	说明
1	th	smallint	非空	题编号，标识
2	tm	nvarchar（255）	非空	题目要求
3	x1	nvarchar（255）		多选题第一选项
4	x2	nvarchar（255）		多选题第二选项
5	x3	nvarchar（255）		多选题第三选项
6	x4	nvarchar（255）		多选题第四选项
7	da	nvarchar（15）		正确答案序号（为数组）

3. 成绩信息表结构

包括成绩表 chengji 以及答题结果日志表（又包括单选结果表 dxjg、多选结果表 ddjg、填空结果表 tkjg、判断结果表 pdjg）。

8.6 Web 站点开发准备及规划

1．Web 站点开发的目录结构

在创建完成数据库表并在表中添加了部分测试数据后，需要在客户端系统（Windows 7）上设定网站的目录结构。可以通过 DW CS5 中的站点创建目录，包括：

Admin：用于存放与后台管理有关的 ASP 页面；

Images：用于存放图片文件；

Database：用于存放 SQL Server 数据库文件（该目录在服务器上，可不用在 Windows 7 创建）；

Common：用于存放一些通用的模块文件；

其他一些相关的目录和文件。

2．Web 站点开发的素材准备

在开发 Web 系统之前，需要搜集一些图片素材、文字素材以及一些测试数据。

3．各模块开发顺序规定

不同系统的各模块开发顺序不同。一般可以按照系统流程图的顺序进行开发。在网上考试系统中，普通用户访问 Web 系统的流程为：登录（需要账户密码）→考试（需要考卷）→交卷（进行判卷和登分）→退出。

因此，可以按照用户管理、考试管理这个顺利确定模块开发的顺序。当然，有些公共的代码可以保存成文件，被其他页面引用，从而在开发之前，将一些公共代码进行集中，形成基础模块。网上考试系统的安全性作为重要的一个方面，一定要加以考量，因此还需要安全模块。

8.7 用户管理模块

用户管理包括用户的增、删、改，以及用户单位维护等。管理员才能够具有用户管理权限。

8.7.1 人员管理

人员管理（RenYuanGuanLi.asp）能够实现用户增加、修改姓名和修改单位等功能。人员管理页面如图 8-26 所示。

修改了人员单位后提交到 ChangeUserDW.asp 页面。ChangeUserDW.asp 页面的关键代码如下：

```
<%
  if session("userid")="" then
     response.write "错误!!您没有权限或者连接超时,请重新登录." %>
<a href="../../index.asp" target="_top">登录</a>
<% response.end
```

```
  end if
  if trim(request("userdw"))<>""then
dim sql
     sql = "UPDATE users SET DWID = '" & trim(request("userdw")) & "' where userid='" & request("userid") & "'"
     conn.execute sql
     if not err.number<>0 then
          '此处查询单位名称
          dim sqldw
          set sqldw=server.createobject("adodb.recordset")
          sqldw.open  "select  userchinaname,userid,DWName  from  users,DanWei  where users.DWID=danwei.DWID and userid='" &request("userid") & "'",conn,1,1
          if not sqldw.bof and not sqldw.eof then
               response.write request("userid")&":"&sqldw("userchinaname")&"单位已经修改为<b>"&trim(sqldw("userdwname"))&"</B>"
          end if
          sqldw.close
          set sqldw=nothing
     '查询单位名称结束
  end if
response.end
end if
%>
```

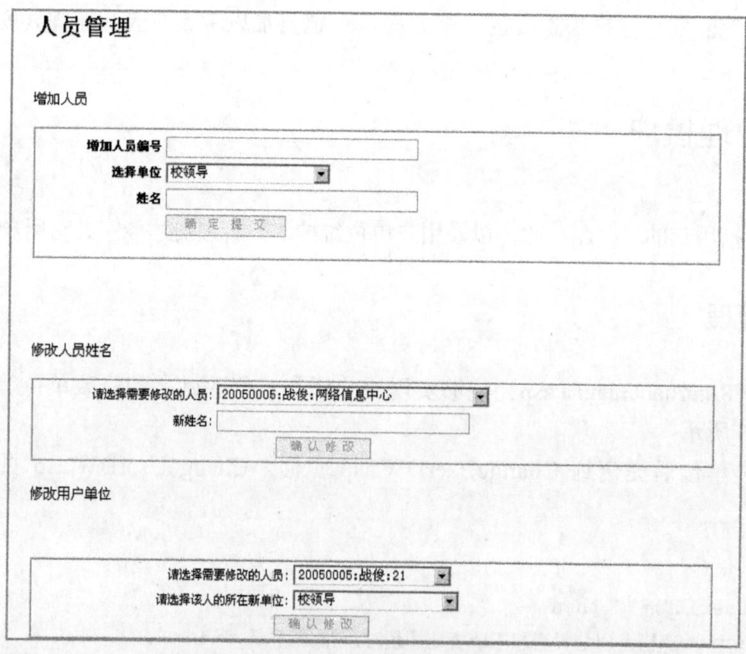

图 8-26　人员管理页面

8.7.2　用户登录认证页面

用户登录认证页面（index.asp）作为所有用户登录的首页，既要美观，又要简介，需要精雕细琢，效果如图 8-27 所示。

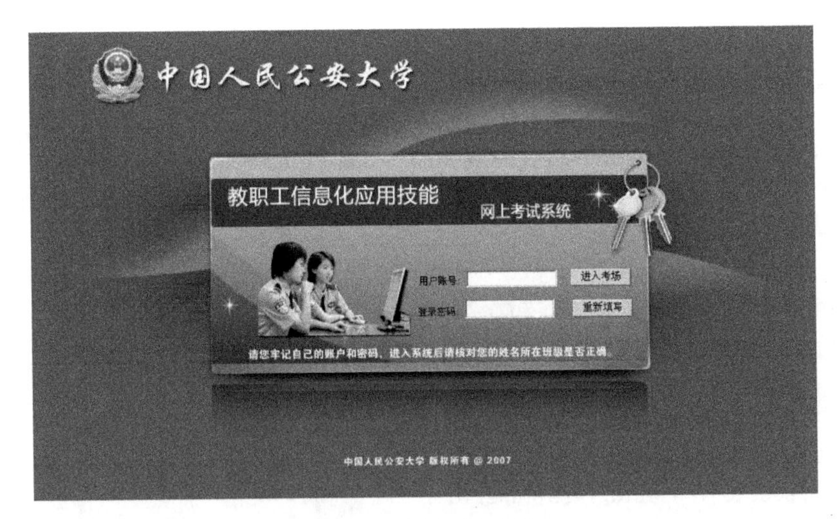

图 8-27　用户登录页面

在用户登录页面需要验证用户的身份和权限，身份合法才能进入系统内部（/admin/index.html）。

index.asp 页面中判断合法用户的代码如下：

```
<!--#include file="/common/DBOpen.asp"-->
<html>
<head>
<title>网上考试系统登录</title>
</head>
<body onmouseover="self.status='您好!!进入考试系统后,首先请详细阅读使用说明!!';return true"
topmargin=0 >
<!--判断浏览器类型-->
<%
dim BS,BM
BS=request.servervariables("HTTP_USER_AGENT")
BS=Lcase(BS)
BM="msie"
if instr(BS,BM)=0 then
     response.write "您的浏览器不是 IE。退出。请选择 IE 浏览器"
     response.end
end if
%>
<%
```

```
  if  request("username")<>""  and  request("userpassword")<>""  and  request("leixing")<>"0"
then
       dim name
       dim pwd
       dim sql
       dim rs
       name=request.form("username")
       pwd=request.form("userpassword")
       set rs = server.createobject("adodb.recordset")
       sql="select users.userid,users.DWID,danwei.DWName,userchinaname,userQXID from users,
danwei where users.DWID=danwei.DWID and userid='" & name & "' and userpasswd='" & pwd & "'"
       rs.open sql,conn,1,1
       if err.number <> 0 then
           response.write "数据库操作失败："&err.description
           response.redirect "index.asp"
           response.end
       else
           if not rs.eof and not rs.bof then
              session("userid")=rs("userid")
              session("userdw")=trim(rs("DWName"))
              session("userchinaname")=trim(rs("userchinaname"))
              session("leixing")=trim(rs("userQXID"))
    %>
<SCRIPT LANGUAGE="javascript">
<!--
window.open ('/admin/index.html', '', 'fullsreen=1, top=0, left=0, toolbar=no, menubar=
no, scrollbars=no, directories=0, resizable=yes,location=no, status=1')
window.opener=null;
self.close()

//Javascript 表示转到一个弹出全屏的窗口页面/admin/index.html
-->
</SCRIPT>
<%          else%>
<SCRIPT LANGUAGE="javascript">
            window.alert("用户名/密码错误，请重试!! ");
    </SCRIPT>
<%
            end if
         end if
      rs.close
      set rs=nothing
  end if
%>
```

Index.asp 登录界面代码简化后为：

```
<form  name="dd"  method="post"  action="index.asp"  >
用户账号:<input type="text" name="username" class="input" size="15" maxlength="12" onMouseOver=
this.focus() onKeyDown="onlyNum();" tabindex="1">
登录密码:<input type="password" name="userpassword" class="input" size="15" maxlength= "6"
onMouseOver=this.focus() tabindex="2">
<input type="submit" value="进入考场" class="button" tabindex="3">
<input type="reset" name="Submit" value="重新填写" tabindex="4">
</form>
```

8.8　考试模块

考试模块包括考试和交卷判分两部分。

8.8.1　考试界面

用户登录系统后，就可以参加考试。考试试卷（kaoshi.asp）由四类题型按照一定比例随机构成。每个人的题目都不尽相同，一个人多次生成的考卷也不尽相同。在界面中悬浮着一个倒计时器。时间到后将强制交卷，时间未到时可以随时交卷。考试页面效果如图 8-28 所示。

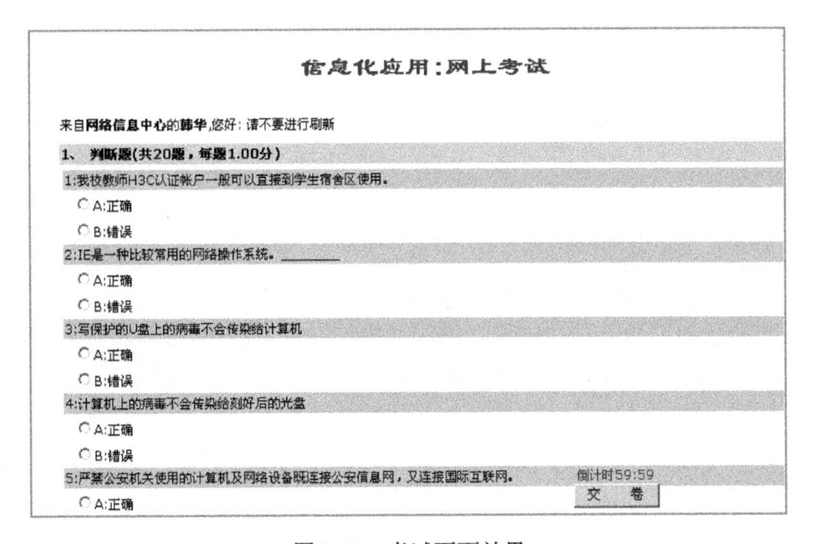

图 8-28　考试页面效果

Kaoshi.asp 主要代码如下：

```
<% option explicit %>
<!--#include file="common/DBOpen.asp"-->
<%
dim ts
```

```
ts=100
Response.Buffer = True
Response.ExpiresAbsolute = Now() - 1
Response.Expires = 0
Response.CacheControl = "no-cache"
  if session("userid")="" then
      response.write "错误!!您没有权限或者连接超时,请重新登录。" %>
<a href="../../index.asp" target="_top">登录</a>
<% response.end
end if
%>
<html>
<head>
<title>用户管理</title>
</head>
<body onLoad="self.refresh();" onblur="self.focus();" onkeydown="onKeyDown()" oncontextmenu=
"return false" onselectstart="return false" ondragstart="return false"
<%
if session("test-refresh")="" then
session("test-refresh")="1"
response.redirect "kaoshi.asp"
else if session("test-refresh")< "2" then
session("test-refresh")="2"
response.redirect "kaoshi.asp"
end if
end if
%>
<script language=javascript>
      if (window.top==self){
          alert('操作错误：考试或判分期间请勿重复进行考试！')
          window.close()
          //window.top.location="/index.asp"
        }
    </script>
<SCRIPT LANGUAGE="JavaScript">
<!--
var maxtime;
maxtime = 1.5*60*60;
function CountDown(){
 if(maxtime>=0){
  minutes = Math.floor(maxtime/60);
  seconds = Math.floor(maxtime%60);
  msg = "倒计时"+minutes+":"+seconds+"";
```

```
  document.all["timer"].innerHTML = msg;
  //if(maxtime == 5*60) alert('注意，还有5min!');
  --maxtime;
  window.name = maxtime;
 }
 else{
  clearInterval(timer);
  alert("时间到，结束!");
  document.tryForm.submit();
 }
}
timer = setInterval("CountDown()",1000);
//-->
</SCRIPT>
<Script Language=javascript>
    function Click(){
    if(event.button!==1){alert
    ('考试正在进行,请勿作弊!!');
    }}
    document.onmousedown=Click;
</Script>
<form action="dengfen.asp" method="post" name="tryForm" >
<table border="0" align="left" width="600">
<tr><td>
<p>来自<b><%=session("userdw")%></b>的<b><%=session("userchinaname")%></b>,您好: 请
<span class="style1">不要进行刷新</td></tr>
         <tr><td><tr><td></td></tr>
<tr>
<td bgcolor="#CCCCFF"><span class="style2">
一、填空题（每题 1 分）
</span></td>
</tr>
<tr><td>
<!--第 1 章，从中选择 6 个题目-->
<table align="center"  border="0" width="100%">
<% dim j
      j=1
     set rs=server.createobject("adodb.recordset")
     rs.open "select top 6 * from tk1 order by newid()" ,conn,1,1
     if not rs.bof and not rs.eof then
     rs.movefirst
     do while not rs.eof %>
          <tr bgcolor="#99CCFF">
```

```
        <td><%=j%>:<%=rs("tm")%>
        <input type="Hidden" name="tk<%=j%>" value='1'>
<input type="Hidden" name="id<%=j%>" value='<%=rs("id")%>'>
        <input type="Hidden" name="d1<%=j%>" value='<%=rs("d1")%>'>
        <input type="Hidden" name="d2<%=j%>" value='<%=rs("d2")%>'>
    <input type="Hidden" name="d3<%=j%>" value='<%=rs("d3")%>'>
    <input type="Hidden" name="d4<%=j%>" value='<%=rs("d4")%>'>
        </td></tr>
        <tr><td>
              填空:<input name="tkda<%=j%>" type="text"
class="inputred" size="50" maxlength="45">
        </td></tr>
<%
        j=j+1
        rs.movenext
        loop
    end if
        rs.close
        set rs=nothing
        %>
        </table>
        </td></tr>
        <tr><td>
<!--第2章，从中选择3个题目-->
<table align="center" border="0" width="100%">
<%
    set rs=server.createobject("adodb.recordset")
    rs.open "select top 3 * from tk2 order by newid()" ,conn,1,1
    if not rs.bof and not rs.eof then
    rs.movefirst
    do while not rs.eof %>
        <tr bgcolor="#99CCFF">
        <td><%=j%>:<%=rs("tm")%>
        <input type="Hidden" name="tk<%=j%>" value='2'>
<input type="Hidden" name="id<%=j%>" value='<%=rs("id")%>'>
        <input type="Hidden" name="d1<%=j%>" value='<%=rs("d1")%>'>
        <input type="Hidden" name="d2<%=j%>" value='<%=rs("d2")%>'>
    <input type="Hidden" name="d3<%=j%>" value='<%=rs("d3")%>'>
    <input type="Hidden" name="d4<%=j%>" value='<%=rs("d4")%>'>
        </td></tr>
        <tr><td>
              填空:<input name="tkda<%=j%>" type="text"
class="inputred" size="50" maxlength="45">
```

```
        </td></tr>
<%
        j=j+1
        rs.movenext
        loop
     end if
        rs.close
        set rs=nothing
        %>
        </table>
<!--第 3 章以及以下填空题略-->
<!--下面是选择题-->
<tr>
<td bgcolor="#CCCCFF"><span class="style2">

<!--第 2 章及以下题型代码略-->
```

8.8.2　判分页面

判分页面 dengfen.asp 分别针对每道题目提示正确与否，最后汇总总分保存到 chengji 表中。Dengfen.asp 效果如图 8-29 所示。

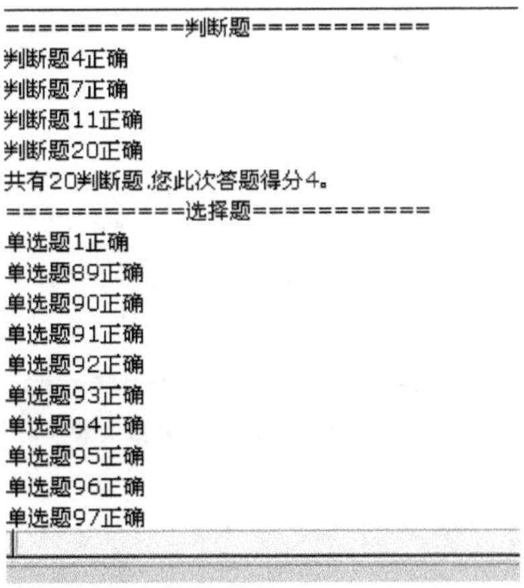

===========判断题===========
判断题4正确
判断题7正确
判断题11正确
判断题20正确
共有20判断题,您此次答题得分4。
===========选择题===========
单选题1正确
单选题89正确
单选题90正确
单选题91正确
单选题92正确
单选题93正确
单选题94正确
单选题95正确
单选题96正确
单选题97正确

图 8-29　考试结果判分页面

下面分别针对填空题、单选题和多选题编写不同的判分代码。

（1）填空题判分代码

```
<%   j=1
     do while j<=tkts  '填空题总个数
       if lcase(trim(request("tkda"&j)))<> "" then
        if   lcase(trim(request("tkda"&j)))=lcase(trim(request("d1"&j)))   or  lcase(trim
(request("tkda"&j)))=lcase(trim(request("d2"&j)))   or  lcase(trim(request("tkda"&j)))=lcase
```

```
(trim(request("d3"&j)))   or lcase(trim(request("tkda"&j)))=lcase(trim(request("d4"&j)))
then
           tkscore=tkscore+tkfz  '每一道题目的分数 tkfz;
           response.write "填空题"&j&"正确<br>"
       end if
     end if
      j=j+1
    loopv
%>
```

（2）单选题判分代码

```
<%
    i=1
    do while i<=xzts   '选择题总个数 xzts
      if  lcase(trim(request("key"&i)))=lcase(trim(request("answer"&i))) then
           response.write "单选题"&i&"正确<br>"
           score=score+xzfz  '每一道题目的分数 xzfz
       end if
      i=i+1
    loop
    %>
```

（3）多选题判分代码

```
<%
    i=1
    do while i<=DX_TMS   '多选题总个数
       KE=replace(cstr(request("DD_key"&i)),", ","")
       AN=replace(cstr(request("DD_answer"&i)),", ","")
       if  lcase(trim(KE))=lcase(trim(AN)) then
           response.write "      OK<br>"
           DX_score=DX_score+DX_FZ  '每一道题目的分数 DX_FZ
       end if
      i=i+1
    loop
    %>
```

（4）将总成绩登记到数据库表中

```
<%
    dim rs
    set rs=server.createobject("ADODB.recordset")
    rs.Open "SELECT * from chengji",conn,1,3
    rs.addnew
       rs("userid")=session("userid")
```

```
    rs("chjip")=Request.ServerVariables("REMOTE_ADDR")
    rs("chjshu")=score+tkscore+cxscore+DX_score+PD_score
    rs("KSEL_ID")=cstr(trim(request("KSEL_ID")))
   response.write "您此次答题总分"&score+tkscore+cxscore+DX_score+PD_score&""
    rs.update
    rs.close
    set rs=nothing
%>
```

本章小结

本章为解决读者无法使用网络服务器的实际困难，通过虚拟机的形式，建立 Web 服务器，并以网上考试系统为例，详细介绍了动态 Web 站点设计开发的过程。

本章内容主要包括动态 Web 系统开发的概念、虚拟机安装与部署、服务器安装配置 IIS、客户端安装配置 DW CS5、数据库结构设计与实现、Web 站点开发与规划、用户管理模块、考试模块。通过学习本章，读者可以扩展了解和掌握有关动态 Web 站点设计与管理的实现方法和技巧，这也是本书在原有版本的内容上新增的一章内容，感兴趣的读者可以由此拓展知识面。

思考与练习

1．简述利用动态 Web 站点技术设计开发系统的关键环节有哪些。
2．针对本章介绍的内容，拟设计一个个人站点，具备网上留言板功能，简述如何设计实现。

第 3 部分

Adobe Photoshop CC 应用篇

第 9 章　网页图像基础知识

图形图像设计是网页设计与制作中的重要环节。图形图像与文字不同，它是一种视觉语言形式。无论是页面的整体效果加工或是局部处理，都会有图形图像的加入和体现；而网页的色彩是树立网站形象的关键之一，将色彩设计运用于网页中，会给网页带来了鲜活的生命力。网页的背景、文字、图标、边框、超链接等，无不与色彩的搭配紧密相关。

本章将介绍图形图像的基本概念和色彩的基础等网页设计相关知识，通过本章的学习，可以更清晰地了解和掌握网页图形图像处理软件的功能及使用方法，从而在网页设计中有更好的表达。

本章要点：

- 图像分辨率
- 位图与矢量图
- 色彩原理
- 网页配色

9.1　基本概念

9.1.1　像素、分辨率和图像尺寸

1．像素

像素是组成图像的最小单位，它们就是一个个有颜色的方格，每一个像素都有一个明确的位置和色彩值。文件中像素的多少决定着在屏幕上呈现的文件的大小，像素越多，文件越大，图像的品质越好。

2．分辨率

分辨率是指单位长度上像素的数目，其单位为像素/英寸（pixels/inch）。分辨率对于了解与制作数字图像是非常重要的。分辨率可以分为图像分辨率、扫描分辨率、屏幕分辨率、输出分辨率和位分辨率等。

（1）图像分辨率

图像分辨率（PPI）是指图像中每单位长度所含有像素的多少。相同打印尺寸的图像，高分辨率图像的像素比低分辨率图像的像素多。文件大小与其图像分辨率的二次方成正比。

在 Photoshop 中，分辨率指的是单位长度的像素数，如每英寸的像素数（ppi）。对手机来说，分辨率通常说的是像素尺寸，而不是像素密度；而在 Photoshop 中，分辨率指的是像素密度。

（2）扫描分辨率

扫描分辨率（SPI）是指在扫描一幅图像之前所设定的分辨率，它将影响所生成的图像文件

的质量和使用性能，它决定图像将以何种方式显示或打印。如果扫描图像用于 640×480 像素的屏幕显示，则扫描分辨率不必大于一般显示器屏幕的设备分辨率，即一般不超过 120dpi。

（3）屏幕分辨率

屏幕分辨率是指确定显示器上每单位长度所显示的像素数。屏幕分辨率取决于显示器和像素的设置。屏幕分辨率低时（如 640×480 像素），单击此处添加图片说明在屏幕上显示的项目少，但尺寸比较大；屏幕分辨率高时（如 1600×1200 像素），在屏幕上显示的项目多，但尺寸比较小。

（4）输出分辨率

输出分辨率（DPI）是数码照相机或激光打印机等输出设备在输出图像时所设定的分辨率。

（5）位分辨率

位分辨率用来衡量每个像素存储信息的位数，又称位深。这种分辨率决定可以标记为多少种色彩等级的可能性。一般常见的有 8 位、16 位、24 位或 32 位色彩。有时也将位分辨率称为颜色深度。所谓“位”，实际上是指“2”的二次方数，8 位即是 2 的 8 次方，也就是 8 个 2 相乘，等于 256。所以，一幅 8 位色彩深度的图像，所能表现的色彩等级是 256 级。

3. 图像尺寸

图像尺寸的长度与宽度是以像素（或厘米等）为单位的。像素与分辨率是数码影像最基本的单位，图片分辨率越高，所需的像素越多。例如，分辨率为 640×480 像素的图片，大概需要 31 万像素，2048×1536 像素的图片，则需要高达 314 万像素。目前高级数码照相机，已有超过 1 亿像素级的产品。

图片分辨率和输出时的成像大小及放大比例有关，分辨率越高，成像尺寸越大，放大比例越高。

9.1.2 位图与矢量图

计算机图形学根据成像原理和绘制方法的不同，将图像的类型分为两大类，即位图和矢量图。了解这两种图像的区别对于创作和编辑作品会有很大的帮助。Illustrator、Freehand 和 Coreldraw 等都是矢量绘图软件，而 Photoshop、Painter 等则是位图处理软件。

1. 位图

位图又称为点阵图像（或栅格图像），是由众多的像素点组成的。这些点可以进行不同的排列和染色以构成图样，当放大位图时，可以看见赖以构成整个图像的无数个单个方块。

位图与分辨率有关，这意味着，描述图像的数据被固定到一个特定大小的网格中。放大位图尺寸的效果是增大单个像素，这些像素在网格中重新进行分布。将位图放大到一定比例，会使图像的边缘呈锯齿状，并且会丢失细节。在一个分辨率比图像自身分辨率低的输出设备上显示位图会降低图像品质。

如图 9-1 所示，一幅位图中的自行车轮胎就是由该位置的像素拼合在一起组成的。

2. 矢量图

矢量图又称为向量图，它是根据几何特性，以数学公式来定义的点、直线和曲线组成的，内容以线条和色块为主。文件占用空间较小，因为这种类型的图像文件包含独立的分离图像，可以自由无限制地重新组合。

图 9-1　位图图像

矢量图与分辨率无关，这意味着，当更改矢量图的颜色、移动矢量图、调整矢量图的大小、更改矢量图的形状或者更改输出设备的分辨率时，其外观品质不会发生变化。综合来说，矢量图的特点就是放大后图像不会失真，和分辨率无关，文件占用空间较小，因此其适用于图形设计、文字设计和一些标志设计、版式设计等。如图 9-2 所示，一幅矢量图中的自行车轮胎是由一个圆的数学定义组成的，这个圆按某一半径绘制，放在特定的位置并填以特定的颜色。

图 9-2　矢量图形

【提示】位图和矢量图有各自的优缺点，位图能够制作出色彩丰富的图像，且可以在不同软件之间兼容，但由于文件较大，所以占用的存储空间较大。矢量图所占存储空间较小，精确度高，但不能制作出色彩丰富的图像，不易在软件间兼容。在实际创作中，可以将两种图像结合运用，取长补短。

9.1.3　网页图片文件的格式

图像文件的格式有很多种，但网页中常用的图片格式只有 PNG、GIF 和 JPEG 三种。PNG 的压缩比高，且属于无损压缩，支持真彩色及透明背景等多种图像特征，并能够保存编辑时的所有信息，在任何时候都可以进行编辑和修改。但只有高版本的浏览器才支持这种文件格式，而且不能完全支持 PNG 格式文件的所有特性。GIF 格式是常用无损压缩算法，其压缩比高，文件较小，最多支持 256 色，同时支持静态和动态两种形式，适合显示色调不连续或具有大面积单一颜色的图像。JPEG 格式是常用有损压缩算法，支持真彩色，适合显示摄影或连续色调图像。随着JPEG 格式文件品质的提高，文件的大小也随之增加。

- **Photoshop** 格式（PSD）：是默认的文件格式，而且是除大型文档格式（PSB）之外支持所有 Photoshop 功能的唯一格式。存储 PSD 时，可以设置首选项以最大限度提高文件的兼容性，这样将会在文件中存储一个带图层图像的复合版本。可以将 16 位/通道的图像和高动态范围（HDR）32 位/通道的图像存储为 PSD 文件。
- **GIF**：图形交换格式（GIF）是一种流行 Web 图形格式，适合卡通、徽标、包含透明区域的图像以及动画。在导出为 GIF 文件时，包含纯色区域的图像的压缩质量最好。GIF 文件最多包含 256 种颜色。
- **JPEG**：由 Joint Photographic Experts Group（联合图像专家组）专门为照片或增强色图像开发。JPEG 支持数百万种颜色（24 位）。JPEG 格式适合扫描的照片、使用纹理的图像、具有渐变颜色过渡的图像和任何需要 256 种以上颜色的图像。
- **PNG**：可移植网络图形（PNG）是支持最多 32 位颜色的通用 Web 图形格式，可包含透明度或 Alpha 通道，并且可以是连续的。但是，并非所有的 Web 浏览器都能查看 PNG 图像。
- **WBMP**：无线位图（WBMP）是一种为移动设备（如手机和 PDA 等）创建的图形格式。此格式用于无线应用协议（WAP）网页。由于 WBMP 是 1 位格式，因此只显示两种颜色，即黑色和白色。
- **TIFF**：标签图像文件格式（TIFF）是一种用于存储位图图像的图形格式。TIFF 文件常用于印刷出版。许多多媒体应用程序也接收导入的 TIFF 文件。
- **BMP**：是 Microsoft Windows 图形文件格式。许多应用程序都可以导入 BMP 图像。
- **PICT**：由 Apple Computer 公司开发，最常用于 Macintosh 操作系统。大多数 Mac 应用程序都能够导入 PICT 图像。
- **PDF**：便携文档格式（PDF）是一种灵活的、跨平台、跨应用程序的文件格式。基于 PostScript 成像模型，PDF 文件精确地显示并保留字体、页面版式以及矢量和位图图形。另外，PDF 文件可以包含电子文档搜索和导航功能（如链接）。PDF 支持 16 位/通道的图像。

9.2 色彩基础知识

我们生活在一个色彩斑斓的现实世界中，色彩的视觉冲击常常令人目不暇接。色彩的使用在网页制作中起到非常重要的作用，但对于初学者来说，开始学习制作网页时，如何很好地使用色彩搭配来美化网页是一个难点。下面就介绍网页色彩的相关知识。

9.2.1 色彩的要素

从物理学角度看，光波是电磁波的一部分，其中可见光的波长为 380～780nm。颜色与波长有关，不同波长的光呈现不同的颜色。在可见光范围内，按波长从小到大，光的颜色依次为红、橙、黄、绿、青、蓝、紫。只有单一波长的光称为单色光，含有两种以上波长的光称为复合光。不同波长的光不仅给人不同的彩色感觉，也给人不同的亮度感觉。

视觉所感知的一切色彩现象，都具有基本的构成要素。彩色中的任何一种颜色都包含三个基本要素——明度、色相和纯度。

1．明度

明度是指光作用于人眼时所引起的明暗或深浅程度，即颜色的相对色调或明亮程度，通常也称为亮度或发光强度。人之所以能看到物体的明暗，是因为不同的物体反射的光的量不同。反射的光越多，物体色彩的明度就越高；反之，反射的光越少，物体色彩的明度就越低。总的来说，色彩的明度取决于色彩中白色和黑色含量的比例。如果彩色光的强度降低到最低，人的眼睛看不见，在亮度标尺上它就和黑色对应。如果其强度很大，那么，亮度等级和白色对应。如图9-3所示为色彩明度的变化标识。

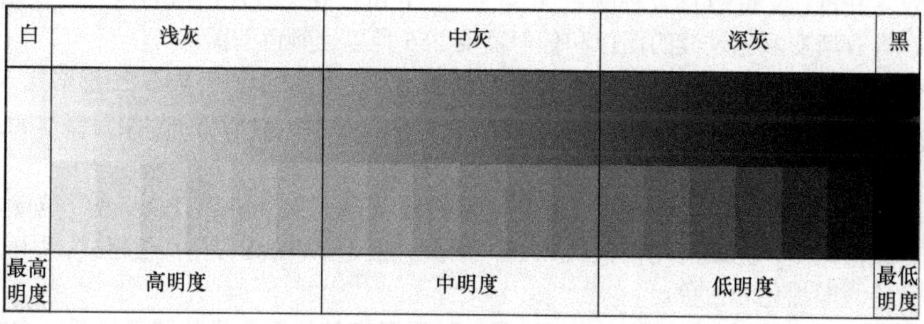

白	浅灰	中灰	深灰	黑
最高明度	高明度	中明度	低明度	最低明度

图9-3　色彩明度的变化标识

2．色相

色相是色彩中最主要的特征，是色彩所表现出来的相貌，是色彩的种类，又称色度。色相的差异与物体发射或反射的光波波长有关，眼睛通过对不同光波波长的感受，可以区分不同的颜色。在可见光谱中，红、橙、黄、绿、青、蓝、紫每一种色调都有自己的波长和频率。人们给这些可以相互区别的色调定出各自的名称，当人们称呼某一种颜色的名称时，就会有一个特定的色彩印象。如图9-4所示为色相变化标识。

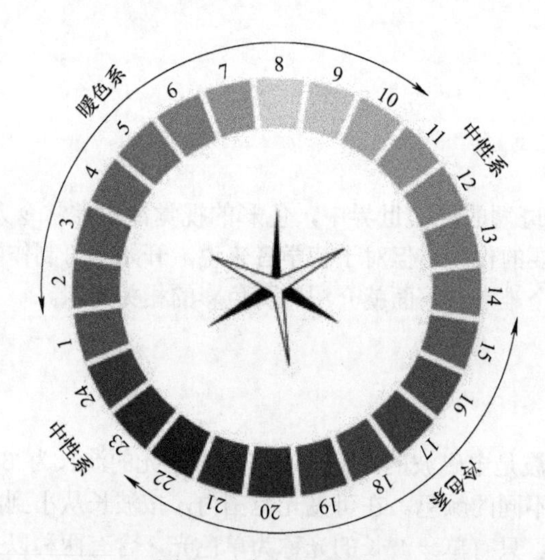

图9-4　色相变化标识

3．纯度

纯度指色彩的纯净程度，又称彩度、饱和度或艳度。纯度取决于色彩波长的单一程度。简单地讲，光波波长越单纯，则色光越鲜明。不同的色相不但明度不同，纯度也不同。在人的视觉中所能感受到的色彩范围内，绝大部分是非高纯度的色，即含有一定纯度的灰的色。从图 9-5 所示的纯度阶梯图可以看出，在同一色相中纯度发生变化，也会带来色彩性质的变化。

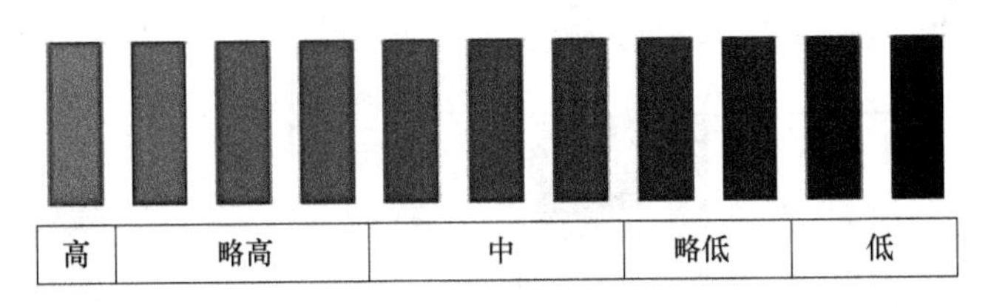

图 9-5　纯度阶梯图

9.2.2　三基色原理

三基色原理是指自然界常见的各种可见光，都可由红（Red）、绿（Green）、蓝（Blue）三种颜色光按不同比例相配而成。同样，绝大多数可见光也可以分解成红、绿、蓝三色光。

三基色的选择不是唯一的，也可以选择其他颜色作为三基色，但是，三基色和三种颜色必须是独立的，即任何一种颜色都不能由其他两种颜色合成。由此，一般选红（R）、绿（G）、蓝（B）为三基色。三基色（RGB）原理是色度学最基本的原理。

三基色分为叠加型和消减型两种。所谓叠加型的三基色是指红、绿、蓝这三种颜色，如电视机、显示器以及投影仪等发光设备就是使用叠加型的三基色来表达色彩的，网页设计中的 RGB 颜色模式也是建立在叠加型三基色的理论基础之上的。而消减型的三基色是指品红、黄、青这三种颜色，如书本、杂志、花朵等反光（又称吸光）的物体的色彩就可以使用消减型三基色来表达，绘画中的色彩也可以使用消减型三基色来表达。如图 9-6a 所示属于叠加型三基色，三种颜色叠加会产生白色；如图 9-6b 所示属于消减型三基色，三种颜色叠加会产生黑色。

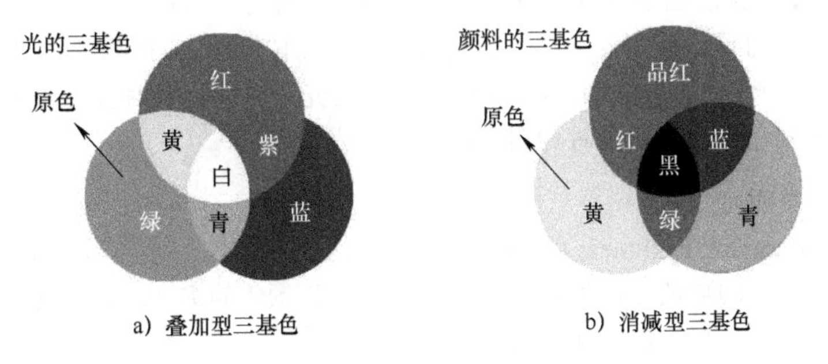

图 9-6　三基色原理

9.2.3　颜色模式

同一种颜色在不同的颜色模式中有不同的表示，各种颜色模式存在着相互联系，可以互相转换。

专业图像处理软件 Photoshop 通过拾色器选取颜色。在如图 9-7 所示的对话框中，各种颜色模式的表示方法表明不同颜色模式之间存在着值的对应关系。

网页图像处理软件 Fireworks 则通过调色板来选取颜色，在如图 9-8 所示的对话框中，可以使用不同的颜色模式来创建颜色。

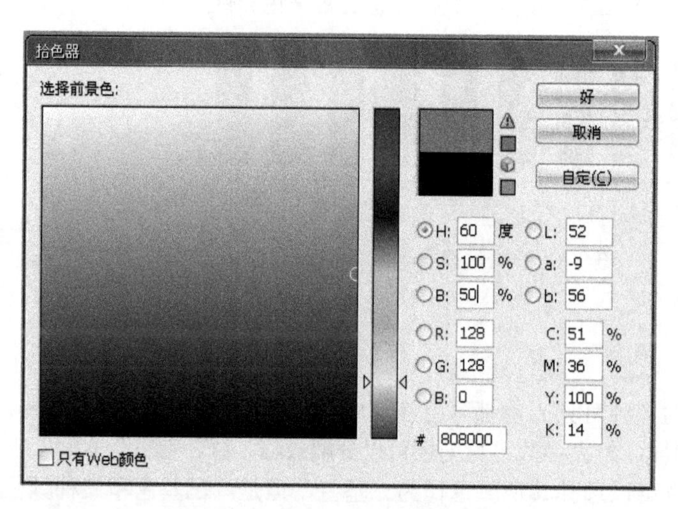

图 9-7 Photoshop 的拾色器

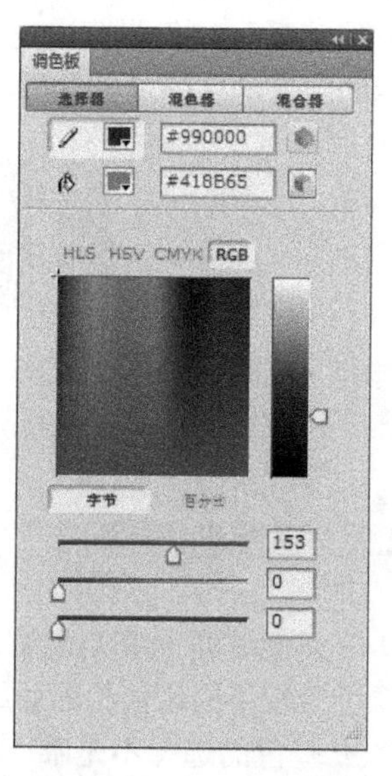

图 9-8 Fireworks 的调色板

1．RGB 颜色模式

在 RGB 颜色模式中，图像中的每个像素值都分成 R、G、B 三个基色分量，每个基色分量直接决定其基色的强度，这样产生的色彩称为真彩色。若 R、G、B 各用 8 位来表示各自基色分量的强度，每个基色分量的强度等级为 $2^8=256$ 种，图像可容纳 $2^{24}=16M$ 种色彩。这样得到的色彩可以较好地反映原图的真实色彩，故称真彩色。

在计算机图像显示中，用得最多的是 RGB 颜色模式。因为计算机彩色显示器的输入需要 RGB 三个色彩分量，通过三个分量的不同比例，在显示屏幕上合成所需的任何颜色，所以不管软件中采用什么形式的颜色模式表示，最后的输出一定要转换成 RGB 颜色模式。

RGB 颜色模式产生色彩的方法称为加色法。没有光是全黑，各种光色按不同强度加入后才产生色彩，当各种光色都加到极限时为白色，即全色光。

2．HSL 颜色模式

HSL（Hue Saturation Lightness）颜色模式是用 H、S 和 L 三个参数来生成颜色。其中，H 为颜色的色调，改变它的数值可以生成不同的颜色；S 为颜色的饱和度，改变它可以改变颜色的深浅；L 为颜色的亮度，改变它可以使颜色变亮或变暗。

HSL 颜色模式更符合人的视觉特性，更接近人对彩色的认识和解释。对某一颜色，人眼分辨不出其中 R、G、B 的比例，但可以感觉到颜色的种类、深浅和明暗程度。

3．CMY 颜色模式

利用计算机屏幕显示彩色图像时采用的是 RGB 颜色模式，在打印时一般需要转换成 CMY 颜色模式。CMY（Cyan Magenta Yellow）模型是采用青、品红、黄三种基本颜色按一定比例合成颜色的方法。RGB 颜色模式色彩的产生直接来自于光线的色彩，是各种基色光线的混合，是加色法；而 CMY 颜色模式色彩的产生是来自于照射在颜料上反射回来的光线，当全色光照在颜料上时，颜料会吸收一部分光线，未被吸收的光线会反射出来，成为视觉判断颜色的依据，这种彩色产生的方法称为减色法。当所有的颜料加入后，能吸收所有的光产生黑色；当颜料减少时，只能吸收一部分光线，便开始出现色彩；颜料全部除去后，不吸收光线，就成为白色。

从理论上讲，只由青、品红、黄三种颜色混合就可以得到黑色，但在印刷时考虑到混合过程中的误差和油墨的不纯，同样的 CMY 混合后很难产生完美的黑色或灰色，所以在印刷时必须加上一个黑色（Black），这样就成为 CMYK 颜色模式。

4．颜色模式的表示

下表是在 Fireworks 中所使用的不同颜色模式及颜色的表示模式。从中可以看出，任意一种颜色可以用几种颜色模式来表达，且可以相互转化。

表 颜色模式表示

颜色模式	颜色表示模式
RGB	红色、绿色和蓝色的值，其中每个成分都是一个 0～255 之间的值。0-0-0 表示黑色， 255-255-255 表示白色
十六进制	红色、绿色和蓝色的 RGB 值，其中每个成分都有一个从 00～FF 的十六进制值。00-00-00 表示黑色，FF-FF-FF 表示白色
HSL（HSB）	色相、饱和度和亮度的值。色相有一个从 0°～360° 的值，而饱和度和亮度有一个从 0%～100%的值
CMY	青色、品红色和黄色的值，其中每个成分均有一个从 0～255 的值。0-0-0 表示白色， 255-255-255 表示黑色
灰度等级	黑色所占的百分比。单个黑色（K）成分有一个从 0%～100%的值，其中 0%表示白色，100%表示黑色，两者之间的值为灰度阴影

9.3 色彩搭配

9.3.1 色彩的选择

1．色彩的心理感受

在图 9-4 所示的色环中可以看到，色彩按红→黄→绿→蓝→红依次过度渐变，就可以得到一个色彩环。色环的两端是暖色和冷色，当中是中性色。不同的颜色会给浏览者不同的心理感受。

红色——是一种激奋的色彩。有刺激效果，能使人产生冲动、愤怒、热情、活力的感觉。

绿色——介于冷暖两中色彩的中间，给人和睦、宁静、健康、安全的感觉。它和金黄、淡白搭配，可以产生优雅、舒适的氛围。

橙色——也是一种激奋的色彩，具有轻快、欢欣、热烈、温馨、时尚的效果。

黄色——具有快乐、希望、智慧和轻快的个性，它的明度最高。黄绿色有青春、旺盛的视觉意境，而蓝绿色则显得幽宁和阴深。

蓝色——是最具凉爽、清新色彩。它和白色混合，能体现柔顺、淡雅、浪漫的气氛（像天空的色彩）。

白色——会产生洁白、明快、纯真、清洁的感受。

黑色——会产生深沉、神秘、寂静、悲哀、压抑的感受。

灰色——具有中庸、平凡、温和、谦让、中立和高雅的感觉。

2．网页的配色特性

颜色分非彩色和彩色两类。非彩色是指黑、白、灰系统色。彩色是指除了非彩色以外的所有色彩。网页制作用彩色还是非彩色好呢？根据专业的研究机构研究表明，彩色的记忆效果是黑白的 3.5 倍。也就是说，在一般情况下，彩色页面较完全黑白页面更加吸引人。

通常的做法是：主要内容文字用非彩色（黑色），边框、背景、图片等用彩色。这样页面整体不单调，看主要内容也不会眼花。

网页的配色常常遵循以下几点特性：

1）色彩的鲜明性。通常情况下，色彩鲜明的网页容易引人注目，会给浏览者留下深刻的印象。例如，主色调为粉红的网页，除了营造出一种浪漫的气氛之外，浏览者的印象会非常深刻。

2）色彩的独特性。网页色彩的选择应该有与众不同的独特性，使得浏览者的印象强烈，以明确与其他网页的区分。

3）色彩的合适性。网页的内容与色彩应该相辅相成，就是说色彩和所表达的内容气氛要相适合，而且色彩的选择应该适合绝大部分网站浏览者的审美情趣。例如，用粉色体现女性站点的柔性；购物网站常用橘黄色作为网页的主色调，是为了迎合喜欢购物的大部分年轻人的喜好，体现了热情、光明、活泼的气氛。

4）色彩的联想性。不同色彩会产生不同的联想，如蓝色想到天空，黑色想到黑夜，红色想到喜事等。选择的色彩要和网页的内涵相关联。

9.3.2　网页配色设计方案

一个成功的配色方案可以完美地体现出网站的主题及表达出网站的信息，更能表现出这个网站的内涵。网页配色通常根据设计风格指定方案，如无色方案、单色方案、相邻色方案等。

1．无色方案

所谓无色，是指在网页设计时，不采用彩色，只有黑、白及灰色。这种方案简洁、质朴，而又不失稳重，此外还透露出一种怀旧的感觉。如图 9-9 所示是华为消费者业务网站的主页，它就是一种无色方案的设计。

图 9-9　华为消费者业务网站主页

2．单色方案

单色方案是只选择单一色相的色彩，然后对该色彩的明度及纯度进行调整，使得网页色彩呈现出层次感。如图 9-10 所示的北京动物园网站主页采用了以绿色为主色调，体现了生态环保、清新亮丽的意境。

图 9-10　北京动物园网站主页

3．相邻色方案

这种配色方案比较简单，主页是根据实际情况，在色相环上任意选择几种相邻的色彩作为网页的主色。由于是一个色系，所以色彩之间的过渡非常自然。如图 9-11 所示是中国美术馆网站的主页，页面的主色调以类似黄土地的颜色和相邻颜色黄色、棕色为主，白色文字搭配，端庄静美，体现了淡雅简约的风格。

图 9-11　中国美术馆网站主页

4．其他配色方案

除了以上几种配色方案之外，还有其他的配色方案，例如，互补配色（对比色）方案、二次配色方案、三次配色方案等。由于人们对于色彩美感的认识存在共同性，因此对于网页的搭配也有一些技巧可以充分利用，这些配色技巧在网页设计中也会经常出现。

目前流行主页中以主题图片来突出效果的形式，如图 9-12 所示的上海迪士尼公园的网站主页就是用一组动图来突出和丰富主页面。

图 9-12　上海迪士尼公园的网站主页

本章小结

本章介绍了网页图像的基础知识，包括与网页图像设计相关的基本概念：像素和分辨率、位图和矢量图，以及网页图片文件的格式等。本章还介绍了网页色彩基础知识及网页色彩搭配的知识。作为网页图像处理的初学者，了解这些内容是有必要的，有了本章知识的储备，再学习应用 Photoshop 设计制作网页图片时，就会更加得心应手。

思考与练习

1．从像素和分辨率的角度分析，网页图片与海报图片相比，各自有哪些特点？

2．计算机中主要存在哪两种图像类型？组成它们的基本元素是什么？这两种图像分别具有何种特点？

3．为自己的个人网站设计一种色彩搭配方案，简述网页中涉及的色调搭配与网页内容之间的关系。

第 10 章　Photoshop CC 2018 初识

随着网页设计的需求越来越多，在制作网页的过程中，对图像进行设计是制作与美化网页必不可少的重要环节。Photoshop 是一款专业的图像编辑和设计软件，具有强大的图像编辑功能，几乎可以编辑所有图像格式。Photoshop CC 不仅可以处理网页所需要的图片，还适应潮流增加了很多和网页设计相关的处理功能。

本章主要介绍 Photoshop CC 的基础知识，包括软件的工作界面和基本操作等内容。如果初次学习 Photoshop 软件，本章有助于理解打开、导入和保存文件等一般的、解决问题的方法。

本章要点：

- Photoshop CC 2018 工作界面
- 文档的基本操作
- 选区的创建
- 图层的应用

10.1　Photoshop CC 简介

10.1.1　Photoshop 的发展

Adobe Photoshop（简称 Photoshop）是 Adobe 旗下的图形创意软件，Photoshop 产品从最早的 1990 年发布的 Photoshop1.0 版本至今，历经很多版本的更迭，大致可以分为如图 10-1 所示的三个阶段。

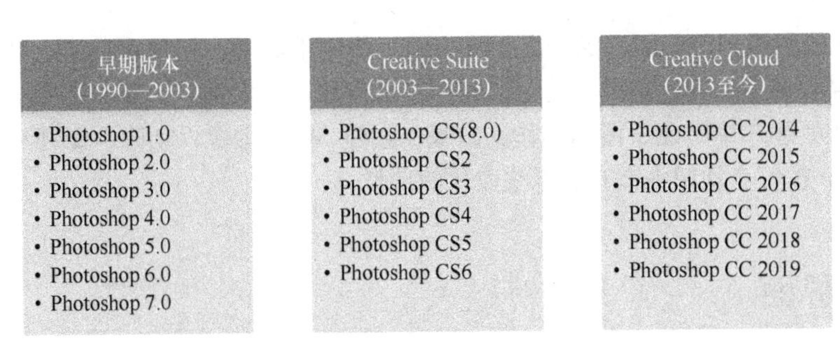

早期版本
(1990—2003)
• Photoshop 1.0
• Photoshop 2.0
• Photoshop 3.0
• Photoshop 4.0
• Photoshop 5.0
• Photoshop 6.0
• Photoshop 7.0
Creative Suite
(2003—2013)
• Photoshop CS(8.0)
• Photoshop CS2
• Photoshop CS3
• Photoshop CS4
• Photoshop CS5
• Photoshop CS6
Creative Cloud
(2013至今)
• Photoshop CC 2014
• Photoshop CC 2015
• Photoshop CC 2016
• Photoshop CC 2017
• Photoshop CC 2018
• Photoshop CC 2019

图 10-1　Photoshop 的版本发展情况

Photoshop1.0～Photoshop 7.0 属于早期版本，与现在的 Photoshop 从界面到功能都发生了很大改变，其主要作用是做简单的图像处理。

2003 年 9 月，Adobe 推出 Adobe Creative Suite（创意套装），Adobe 套装包括了 Photoshop、

Acrobat、Flash、Dreamweaver、Illustrator、InDesign等一系列产品。PS CS（内部版本号V8.0）是其中一员，更多新增功能为数码照相机而开发，如智能调节不同区域亮度、镜头畸变修正、镜头模糊滤镜等。

2008年9月，Adobe公司推出Adobe Creative Suite 4 产品家族，从Photoshop CS4 开始，出现独立支持64位CPU的PS版本。

2010年，Adobe迎来了20周年，Photoshop CS5发布，新功能带来了更好的边缘检测、蒙版等。

2013年6月，Adobe公司推出新版本Adobe Creative Cloud（创意云），Adobe将所有产品都更改了名称，冠以CC品牌，其中包括Photoshop CC。该版本的新功能包括：相机防抖动功能、Camera RAW功能改进、图像提升采样、属性面板改进、Behance创意设计等。

目前，Adobe Photoshop CC 2019为市场最新版本。

10.1.2　Photoshop的主要功能与应用

1．主要功能

Photoshop软件具有非常强大的功能，主要体现在以下几个方面。

1）图像编辑。图像编辑是图像处理的基础，可以对图像做各种变换，如放大、缩小、旋转、倾斜、镜像、透视等，也可进行复制、去除斑点、修补、修饰图像的残损等。

2）图像合成。图像合成则是将几幅图像通过图层操作和工具应用合成完整的、传达明确意义的图像，这是美术设计的必经之路。Photoshop提供的绘图工具让外来图像与创意很好地融合。

3）校色调色。校色调色可方便、快捷地对图像的颜色进行明暗、色偏的调整和校正，可以根据不同的需要来转换图像的颜色模式，进行不同颜色的切换，以满足图像在不同领域，如网页设计、印刷、多媒体等方面应用。

4）特效制作。特效制作在Photoshop中主要由滤镜、通道及工具综合应用完成。包括图像的特效创意和特效字的制作，如油画、浮雕、石膏画、素描等常用的传统美术技巧都可借由Photoshop特效完成。

2．应用领域

Photoshop的应用领域已经广泛分布于我们的工作与生活中，如平面设计、界面设计、影像合成、图片扫描与调整、图像拍摄与处理、创作艺术作品、艺术文字、制作插图、绘画、制作背景与壁纸、绘制处理三维贴图、图标制作、出版、创建Web图像、动画、影视后期制作等各个方面。Photoshop在每个领域中都有着无法取代的地位。

10.2　工作界面

10.2.1　主界面

启动Adobe Photoshop CC 2018应用程序，在系统默认的首选项状态下打开一个文档，即可看到如图10-2所示的工作界面。

图 10-2 Adobe Photoshop CC 2018 工作界面

Photoshop 的默认工作区包括顶部的菜单栏和选项栏、左侧的工具箱以及右侧的浮动面板组。打开文档时，就会出现一个或多个图像窗口，选项卡显示文档名称。

10.2.2 工具箱

在工具箱中包含了用于创建和编辑图像、图稿、页面元素等的工具，共分为从编号 A～G 的七大类工具，如图 10-3 所示。工具箱默认停放在窗口左侧，可以展开某些工具以查看它们后面的隐藏工具。

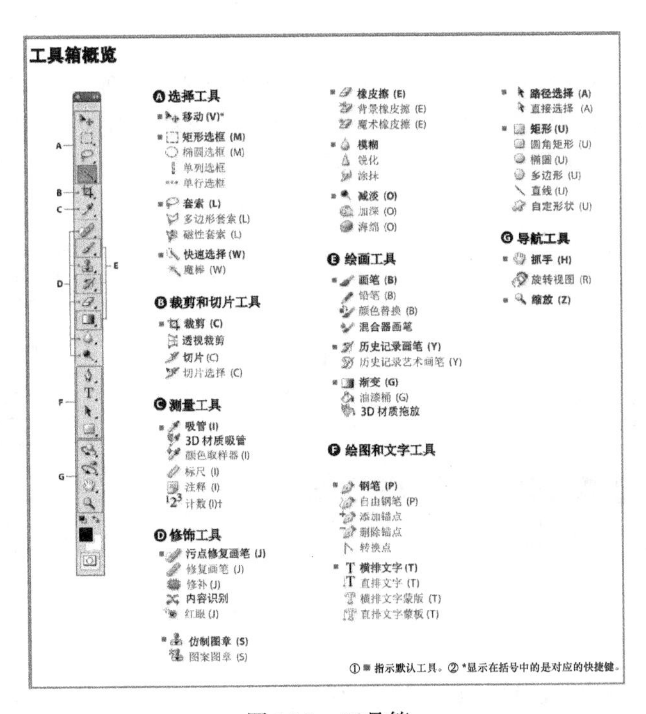

图 10-3 工具箱

1. 显示工具信息

将指针放在工具上，便可以查看有关该工具的信息。工具的名称将出现在指针下面的工具提示中。如图 10-4 所示，将指针停放在“矩形选框工具”上，则显示工具信息。

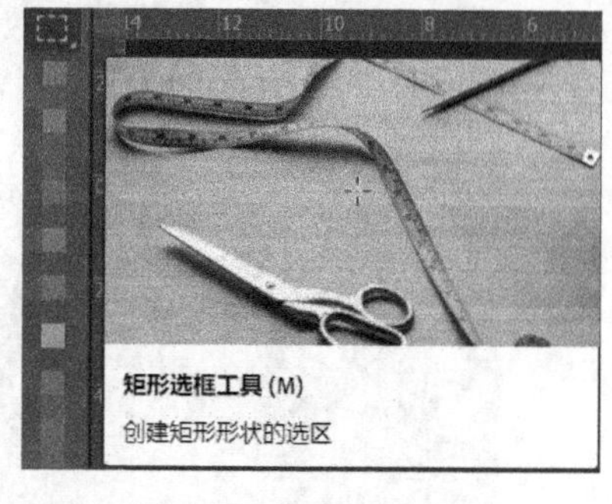

图 10-4 显示工具信息

2. 选择工具

单击工具箱中的某个工具即可选中该工具。工具图标右下角的小三角形表示存在隐藏工具，要想选择隐藏的工具，则按住鼠标左键来查看隐藏的工具，然后单击要选择的工具。

可以通过快捷键来快速选择工具，快捷键的应用参考第 10.2.5 小节的内容。

关于工具的使用方法，将在后面的实例应用中具体介绍，这里就不一一列举了。

10.2.3 选项栏与状态栏

1. 选项栏

工具箱中的某些工具会在上下文相关选项栏中提供一些选项，对应该工具的相应参数。学会使用选项栏是掌握 Photoshop 功能的基础。选项栏将在工作区顶部的菜单栏下出现。选项栏是上下文相关的，会随所选工具的不同而改变。如图 10-5 所示为渐变工具的选项栏。

图 10-5 渐变工具的选项栏

2. 状态栏

状态栏位于每个文档窗口底部，主要用于显示图像处理的各种信息。可显示诸如现用图像的当前放大率和文件大小等信息，如图 10-6 所示。单击状态栏右侧的>按钮，从弹出菜单中可以选择显示文档大小等各种类型的信息，如图 10-7 所示。

100% 文档:1.45M/4.84M

图 10-6 状态栏

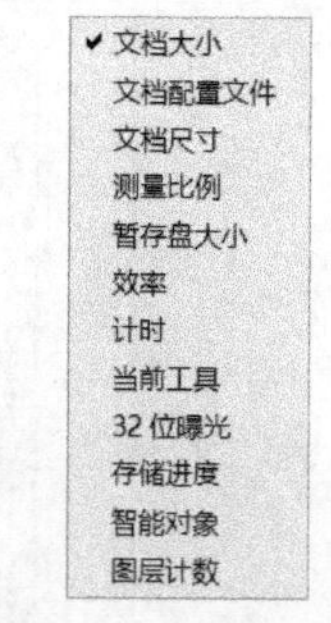

图 10-7 状态栏菜单

10.2.4 浮动面板

浮动面板能够帮助用户编辑、监视和修改所选对象的各个方面或文档的元素。对面板可以进行编组、堆叠或停放。如图 10-8 所示是 Photoshop CC 2018 部分面板组的展开状态。每个面板都是可拖动的，因此可以按自定义排列方式对面板进行分组。

图 10-8　面板组的展开状态

面板组默认停靠在窗口右侧，需要时，可以通过【窗口】菜单命令方式或直接拖拽的方式，随时移动面板位置、调整面板大小、添加或删除面板，或者重新组合面板组。

由于窗口空间有限，为了最大限度利用图像空间，可以随时隐藏或显示所有面板。单击面板右上角的折叠/展开按钮可以对面板组进行折叠或展开。按<Tab>键，则可隐藏或显示所有面板（包括工具面板和控制面板），按<Shift+Tab>组合键，则可隐藏或显示所有除工具面板和控制面板之外的面板。

10.2.5　键盘快捷键

在 Adobe Photoshop 中，使用键盘快捷键可提高工作效率。Photoshop 中提供很多默认的菜单快捷键和工具快捷键。

一些常用的菜单快捷键见表 10-1。

表 10-1 菜单快捷键

功能	快捷键	功能	快捷键
文档新建	Ctrl+N	合并图层	Ctrl+E
文档打开	Ctrl+O	合并可见图层	Shift+Ctrl+E
文档存储	Ctrl+S	选择全部	Ctrl+A
自由变换	Ctrl + T	取消选择	Ctrl+D
还原/重做	Ctrl+Z	反选	Shift+Ctrl+I
调整色阶	Ctrl+L	选择所有图层	Alt+Ctrl+A
调整曲线	Ctrl+M	上次滤镜操作	Alt+Ctrl+F
图像大小	Alt+Ctrl+I	视图放大	Ctrl++
画布大小	Alt+Ctrl+C	视图缩小	Ctrl+-
按屏幕大小缩放图层	按住 Alt 键单击图层	关闭全部文档	Alt +Ctrl +W
通过复制新建图层	Ctrl + J	画笔	F5
通过剪切新建图层	Shift + Ctrl + J	图层	F7

工具快捷键可以快速选取要使用的工具。常用工具快捷键见表 10-2。

表 10-2 常用工具快捷键

工具	快捷键	工具	快捷键
移动工具/画板工具	V	抓手工具	H
矩形选框/椭圆选框工具	M	旋转视图工具	R
套索/多边形套索/磁性套索/快速选择工具	L	缩放工具	Z
魔棒工具	W	默认前景色/背景色	D
裁剪/透视裁剪/切片/切片选择工具	C	前景色/背景色互换	X
吸管/3D 材质吸管/颜色取样器工具	I	切换标准/快速蒙版模式	Q
污点修复画笔/修复画笔/修补/内容感知移动/红眼工具	J	切换屏幕模式	F
画笔/铅笔/颜色替换/混合器画笔工具	B	切换保留透明区域	/
仿制图章/图案图章工具	S	减小画笔大小	[
历史记录画笔/历史记录艺术画笔工具	Y	增加画笔大小	]
橡皮擦/背景橡皮擦/魔术橡皮擦工具	E	减小画笔硬度	{
渐变/油漆桶/3D 材质拖放工具	G	增加画笔硬度	}
减淡/加深/海绵工具	O	渐细画笔	,
钢笔/自由钢笔/弯度钢笔工具	P	渐粗画笔	.
横排文字/直排文字/直排文字蒙版/横排文字蒙版工具	T	最细画笔	<
路径选择/直接选择工具	A	最粗画笔	>
矩形/圆角矩形/椭圆/多边形/直线/自定形状工具	U		

【提示】在使用工具快捷键选择工具之前，需要确认当前输入法状态为英文状态才可以选择。

快捷键使用举例：

按<Z>键选择缩放工具，将指针指向窗口中的图像，当指针变为一个放大镜时，其中有一个（+）号，在图像的任何地方单击，则按比例放大图像，按<Alt>键，放大镜的（+）号变为（−）号，单击，则按比例缩小图像。

表 10-1 和表 10-2 所示的快捷键可以作为实例应用中的参考，经常使用就会熟能生巧，也可以通过自定义快捷键方式应用快捷键。

10.3　选区

几乎每个图像处理的操作都少不了针对选区的操作，因此，选区的创建和编辑工作是一项基础而又重要的内容。在 Photoshop 中，用于创建选区的工具和方法有多种，可以根据具体情况的需要，使用合理的方法来创建图像中的选区。

10.3.1　选择工具

选择类工具包括移动、选框、套索和魔棒四组工具，如图 10-9 所示。

a）移动工具组

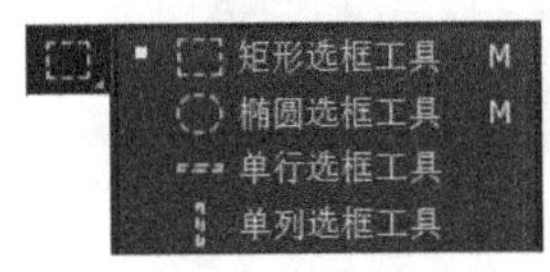

b）选框工具组

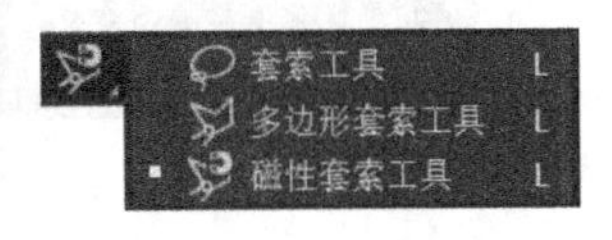

c）套索工具组

d）魔棒工具组

图 10-9　选择工具

使用默认显示工具或隐藏工具的方法有多种：可以使用鼠标直接单击选择；也可以按住<Alt>键并单击某一工具按钮，会将遍历隐藏的这组工具；按住<Shift+快捷键>组合键，如<Shift+L>组合键，将在套索工具、多边形套索工具和磁性套索工具之间来回切换。

10.3.2　创建选区

图像选区可以分为规则选区和不规则选区两大类。选区的确定往往是进行下一步工作的基础，选区位置、大小、形状或样式的不同，可使图像产生出不同的处理效果。下面通过两个实例来分别介绍规则选区和不规则选区的创建方法。

【实例 10.1】使用矩形框选区工具创建图像选区。

操作步骤如下：

1）按<Ctrl+O>组合键，打开文档 ch10-1.jpg，显示一幅带相框的画，如图 10-10 所示。

2）在工具箱中选择矩形选框工具，将指针移至图像中选框内部的左上角位置，按下鼠标左键并拖拽至相框内边右下角，松开鼠标左键，即形成一个流动虚线的矩形选区，如图 10-11 所示。

3）在工具箱中选择移动工具，将指针移入选区并拖拽，即可将选区图像移出至其他位置，如图 10-12 所示。

图 10-10　打开图像文档

图 10-11　创建选区

图 10-12　移动选区图像

【实例 10.2】使用多边形选区工具创建图像选区。

操作步骤如下：

1）按<Ctrl+O>组合键，打开文档 ch10-2.jpg，显示一幅积木形状的图像，如图 10-13 所示。

2）在工具箱中选择多边形套索工具，将指针移至图像中房屋的顶部，单击，创建多边形的第一个点，然后沿图像边界角点处单击，提取过程中按<Ctrl++>组合键局部放大图像，以便准确提取边界，如图 10-14 所示。

图 10-13　打开图像文档

图 10-14　放大局部区域

3）在边界选取过程中，按住<Space>键，指针变为抓手工具，可拖拽图像到任意区域，如

图 10-15 所示。松开<Space>键，指针恢复为多边形选区工具，继续进行边界提取。

【说明】若想在直线型多边形选区的某个点直接结束操作，可双击，自动将最后一个点与起点相连，形成闭合的浮动选区。在创建多边形选区过程中，按<Backspace>键可以撤销当前一个或多个已经选取的点。

4）当指针移至与起始点重合的位置时，再次单击，形成一个多边形闭合区域，如图 10-16 所示。

5）按<Ctrl+C>组合键，复制选区图像，再按<Ctrl+V>组合键，粘贴图像，选择工具箱中的移动工具，将复制的图像移至窗口左下角。

6）按照步骤 5）再选择一次，增加右下角的图像，最后形成如图 10-17 所示的效果。

图 10-15　移动显示

图 10-16　多边形选区效果

图 10-17　复制选区图像

10.3.3　调整选区

在创建选区的过程中，可以利用选项栏中的选项设置，或是使用快捷键辅助来完成对选区的确定。在初步创建好选区后，还可以通过选区命令编辑选区，以达到更好的图像选取效果。

【实例 10.3】使用魔棒工具选取彩色拼图。

操作步骤如下：

1）按<Ctrl+O>组合键，打开文档 ch10-3.jpg，显示一幅彩色拼图的图像，如图 10-18 所示。

图 10-18　打开图像文档

2）在工具箱中选择魔棒工具，随后在选项栏中单击选择主体按钮，如图 10-19 所示。

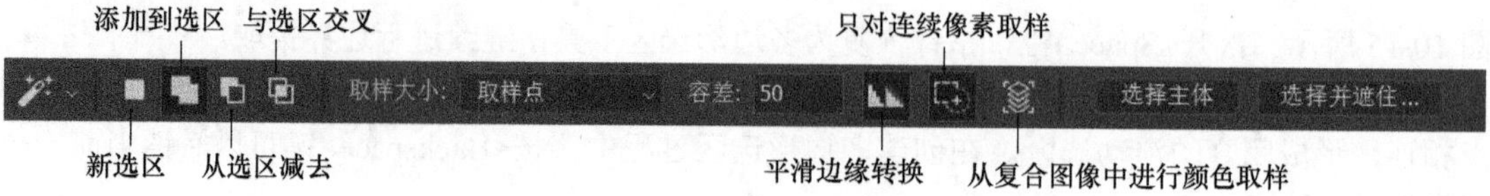

添加到选区
与选区交叉
只对连续像素取样
取样大小:
取样点
容差: 50
选择主体
选择并遮住...
新选区
从选区减去
平滑边缘转换
从复合图像中进行颜色取样

图 10-19　魔棒工具选项栏

3）图像选区自动按照主体内容获得，如图 10-20 所示。可以看到彩色拼图的主题区域已经一键选出，但边界的阴影色彩过渡部分还不准确，下面进一步精确选区。

4）在魔棒工具选项栏中查看默认是新选区按钮状态，按<Ctrl++>组合键（一次或多次）放大视图显示比例。细化边界选区时，将容差值指定为 30（甚至更小）。按<Shift>键添加选区，按<Alt>键从选区减去，等同于选项栏中的对应选项功能。如图 10-21 所示为细化边界选区处理。

【提示】选项栏中的容差（Tolerance）值将决定选区范围的大小。容差值范围是 0～255，数值越大，选取近似颜色的区域就越大。

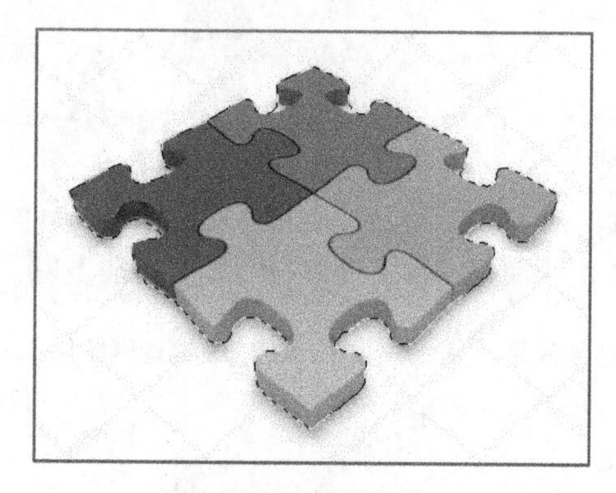

图 10-20　选择主体

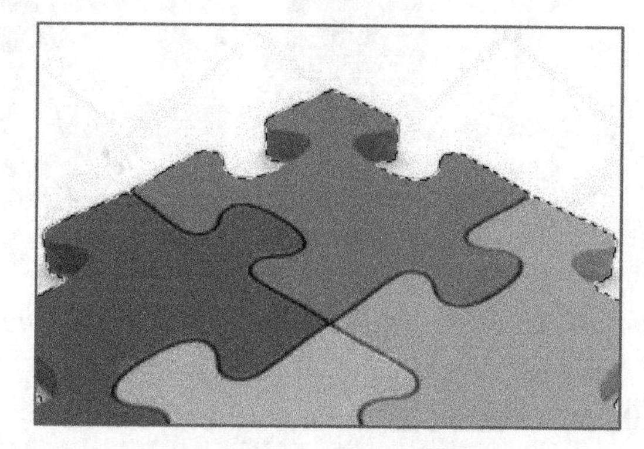

图 10-21　细化边界选区处理

5）边界处理完成，按<Ctrl+->组合键，恢复 100%显示。然后，选择【选择】/【修改】/【扩展】菜单命令，在弹出的对话框中设置扩展量为 1 像素，单击确定按钮，如图 10-22 所示。

6）继续选择【选择】/【修改】/【平滑】菜单命令，在弹出的对话框中设置取样半径为 2 像素，单击确定按钮，如图 10-23 所示。

此时，彩色拼图就较为精确地选取出来了，可以为实现后面的设计任务打下基础。

扩展选区
扩展量(E): 1
像素
确定
应用画布边界的效果
取消

图 10-22　扩展选区

平滑选区
取样半径(S): 2
像素
确定
应用画布边界的效果
取消

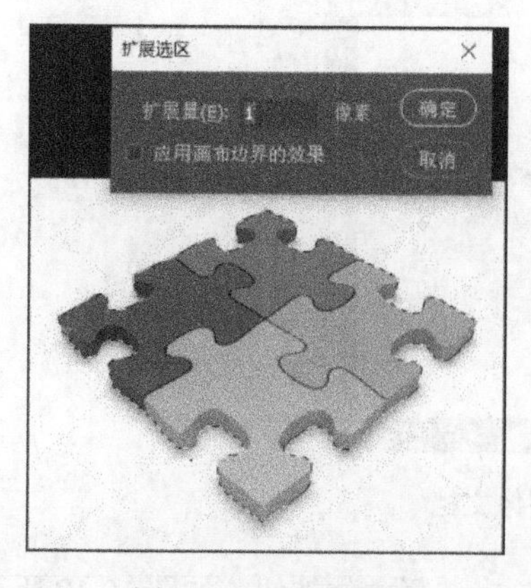

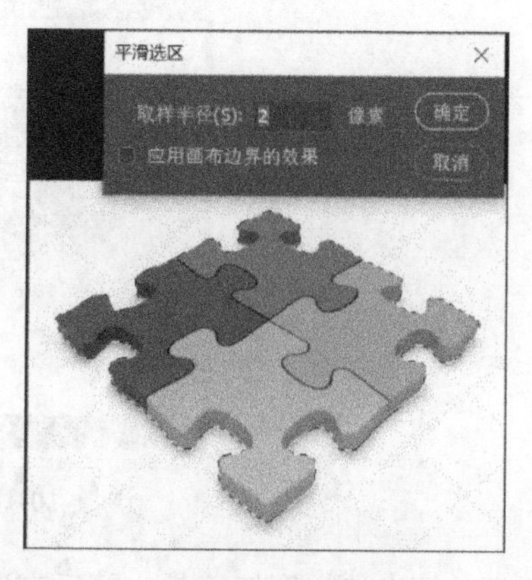

图 10-23　平滑选区

10.4 图层

10.4.1 概述

图层（Layer）是 Photoshop 图像处理时应用最频繁的功能。在 Photoshop 中，可使用图层将图像的不同部分分开，这样每个图层都可以作为独立的图像进行编辑，为合成和修订图像提供极大的灵活性。图层的应用给图像的编辑带来了极大的方便，使原来需要复杂操作才能实现的效果，通过图层、图层组和图层样式便可以轻松地完成。

每个 Photoshop 文档包括一个或多个图层。新建文档通常包含一个背景层，类似于画布底层，所有后续的新图层都是透明地堆叠到背景层之上。图层就如同堆叠在一起的透明纸，可以透过图层的透明区域看到下面的图层。如图 10-24 所示，显示了一个新建文档为白色的背景图层和一个新建图层的透明网格图层。

a）白色背景图层

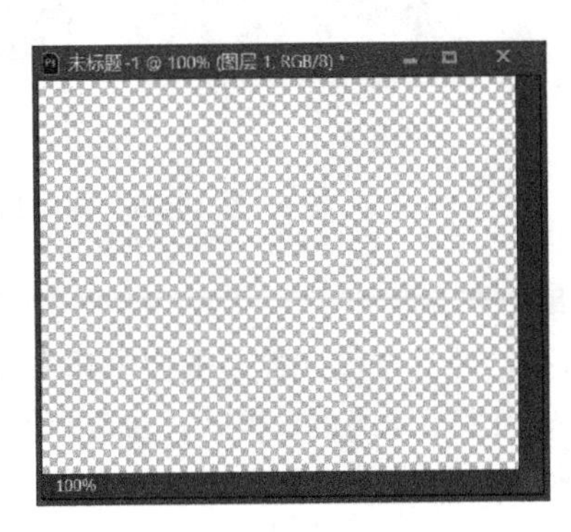

b）透明网格图层

图 10-24　图层显示

图层可以分为多种不同的类型，Photoshop 中的图像可以由多个图层和多种图层组成。在设计过程中，利用图层放置不同的图像元素，可以形成不同的合成效果。

10.4.2 图层面板

Photoshop 中的图层面板列出了图像中的所有图层、图层组和图层效果。可以使用图层面板来显示和隐藏图层、创建新图层以及处理图层组。可以在图层面板菜单中访问其他命令和选项。如图 10-25 所示为图像和对应的图层面板内容。

1. 面板菜单按钮

单击面板右上角的面板菜单按钮，弹出面板控制菜单，可以实现创建、复制和删除图层或图层组，以及合并图层等多种操作。

2. 按类型过滤图层

使用过滤选项可快速地在复杂文档中找到关键层。可以基于名称、种类、效果、模式、属性或颜色标签显示图层的子集。

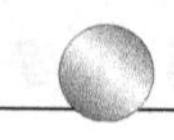

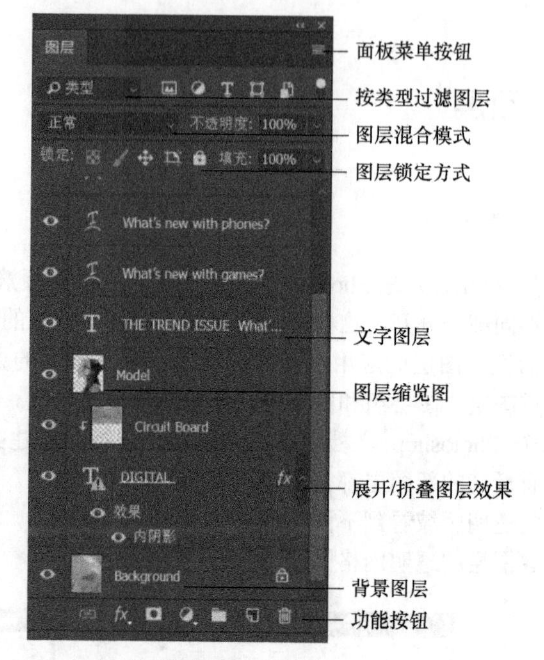

a）图像　　b）图层面板

图 10-25　图像和对应的图层面板

3．图层混合模式

选项栏中指定的混合模式控制图像中的像素如何受绘画或编辑工具的影响。默认的模式是正常，在列表中选择不同的混合模式，会得到不同的图像效果。

4．图层锁定方式

单击图标，凹状态表示选中锁定方式；再次单击，图标弹起表示取消锁定。Photoshop 提供了如下四种锁定方式：

1）锁定透明像素：表示图层的透明区域能否被编辑。当选择该选项后，图层的透明区域被锁定，即不能编辑透明区域。

2）锁定图像像素：表示当前图层被锁定。除了可以移动图层上的图像外，不能对图层进行任何操作。

3）锁定位置：表示当前图层不能被移动，但可以进行编辑。

4）全部锁定：表示当前图层被锁定，不能对图层进行任何编辑。

5．文字图层

当创建文字时，图层面板中会添加一个新的文字图层。创建文字图层后，可以编辑文字并对其应用图层命令。

6．显示/隐藏当前图层

每个图层左侧都有一个眼睛图标，表示此图层处于显示状态，单击此图标，眼睛图标消失，表示该图层隐藏不可见。

7．功能按钮

面板底部有多个功能按钮，从左至右分别是：

- 图层链接按钮：可以将多个图层或图层组链接。具有链接关系的图层可以一起进行移动（Move）、应用转换（Transformation）和创建快速蒙版（Clipping Masks）。用再次单击链接按钮，图层上的链接图标消失，表示取消链接关系。
- 图层样式按钮fx：单击此按钮，会弹出图层样式选项菜单，可以为当前图层选择新的图层样式。
- 添加图层蒙版按钮：给当前图层添加图层蒙版。
- 创建新的填充或调整图层按钮：单击此按钮，会弹出菜单，可选择调节图层或填充图层的命令。
- 新图层组按钮：用于创建新的图层组。
- 新图层按钮：用于创建新的图层。
- 垃圾桶按钮：删除不需要的图层。

8．图层不透明度

当不透明度（Opacity）的数值设为 100% 时，表示这个图层下面的图层内容被全部遮盖；当数值为 0% 时，这个图层将变得完全透明，即不可见；数值为 0%～100%，是半透明效果，值越大，透明效果越不明显。

9．图层填充度

图层的填充度（Fill）表示当前图层的颜色填充情况，以百分比表示，图层填充度越大，颜色的浓度就越深。

10.4.3　图层的应用

【实例 10.4】变换图像背景。

操作步骤如下：

1）打开一幅素材图像 ch10-4.jpg，如图 10-26 所示。按<Shift+Ctrl+S>组合键，将文件另存为 ch10-4.psd。

2）打开图层面板，按<Ctrl+J>组合键，复制背景到新图层背景复制。

3）在工具箱中选择磁性套索工具，在选项栏中设置平滑边缘转换（消除锯齿）。随后在图像中花束的一个边界处单击，并沿着边界滑过，边界会对齐图像中定义区域的边缘，如图 10-27 所示。

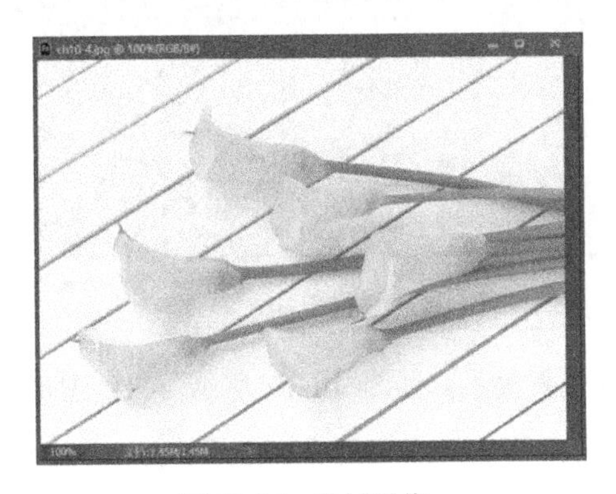

图 10-26　素材图像

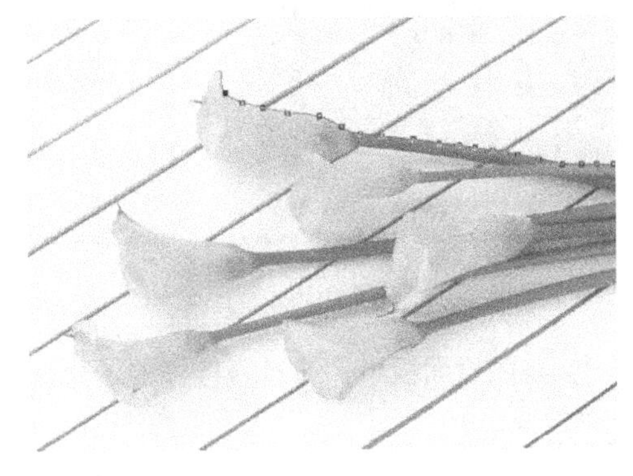

图 10-27　使用磁性套索

4）当终点与起始点重合时，形成初建选区，如图 10-28 所示。

【提示】在使用磁性套索工具绘制选区的过程中，可以在任意拐点处单击，创建新锚点（形状为一个空的方块），这样用来结合自动形成的路径信息，使笔触更精确。

5）按<Alt>键（减去）或<Shift>键（加上），继续使用磁性套索或是套索工具，对选区进行细节处理，完成选区创建，如图 10-29 所示。

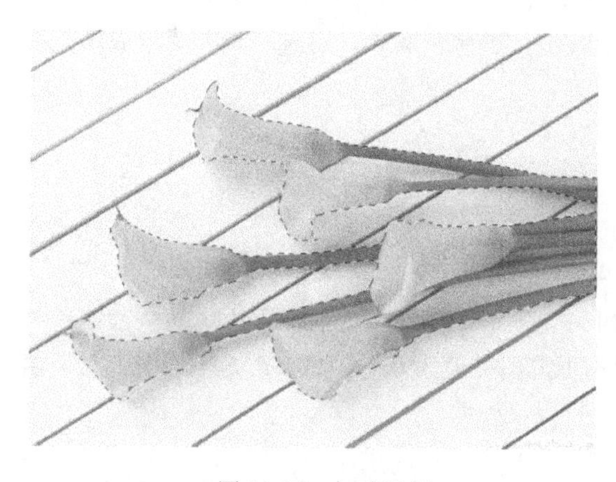

图 10-28　初建选区

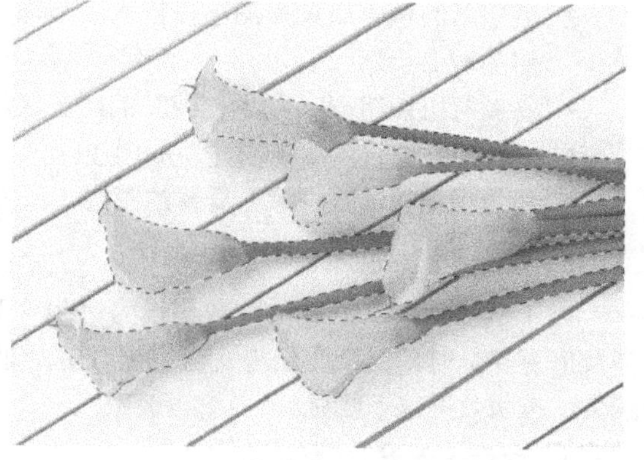

图 10-29　完成选区创建

6）按<Ctrl+C>组合键，再按<Ctrl+V>组合键，复制选区图像到新图层图层 1，图层面板如图 10-30 所示。

7）按<Ctrl+O>组合键，打开素材图片 ch10-bg.jpg。按<Ctrl+A>组合键，全选图像，然后复制并粘贴到编辑图像窗口中。此时，得到图像和图层关系，如图 10-31 所示。

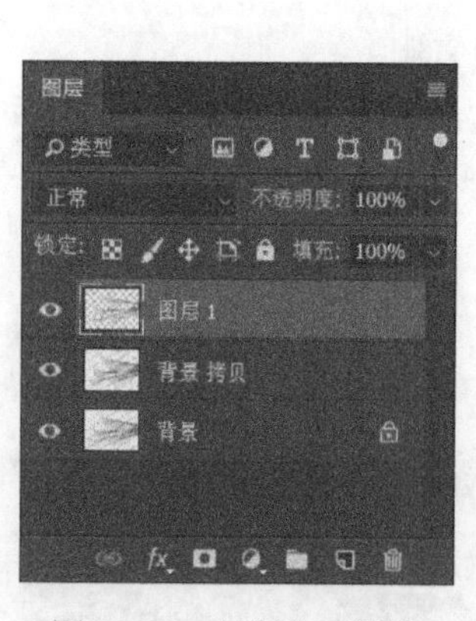

图 10-30　复制选区图像

图 10-31　载入素材图片

8）在图层面板中，通过直接拖拽图层调整图层的位置关系，如图 10-32 所示，得到图像最终处理效果。

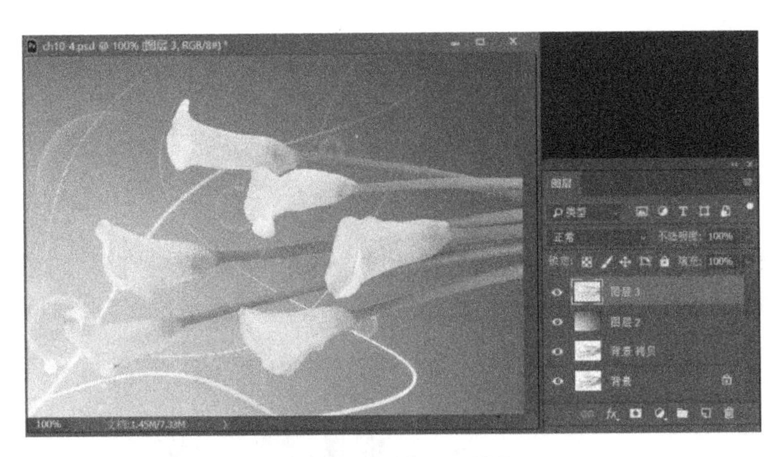

图 10-32　图像处理效果

10.5　绘画

10.5.1　绘画工具

Adobe Photoshop CC 提供多个可用于绘制和编辑图像颜色的工具。画笔工具和铅笔工具与传统绘图工具的相似之处在于，它们都使用画笔描边来应用颜色。绘画工具包括图 10-33 所示的几组。

图 10-33　绘画工具

将指针停放在画笔工具上时，会出现一个说明的动图效果，如图 10-34 所示。说明画笔可以实现绘制自定义画笔描边效果。

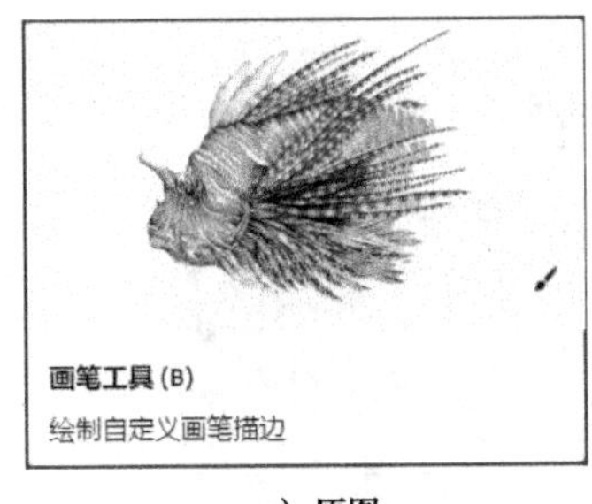

a）原图

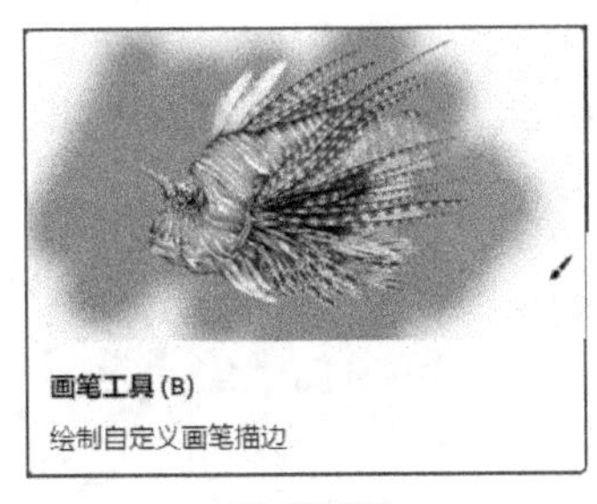

b）效果图

图 10-34　画笔动图说明

在使用绘画工具时，首先要在对应的选项栏中进行适当的设置，如图 10-35 所示为画笔工具选项栏。

图 10-35　画笔工具选项栏

10.5.2　画笔面板和画笔设置面板

画笔面板和画笔设置面板都用于设置和修改现有画笔，并设计新的自定义画笔。面板包含一些可用于确定如何向图像应用颜料的画笔笔尖选项。如图 10-36 所示为画笔面板和画笔设置面板。

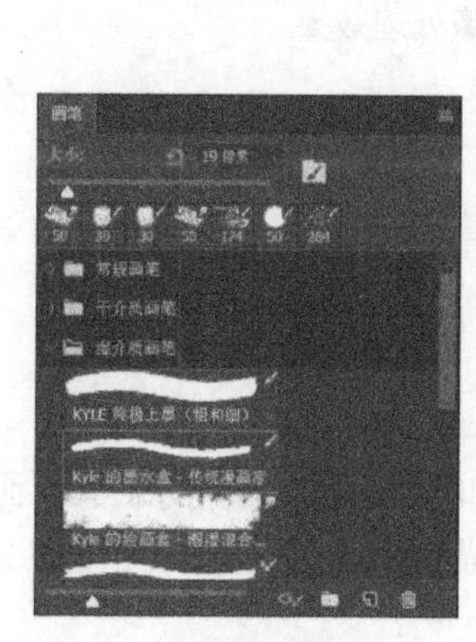

a）画笔面板

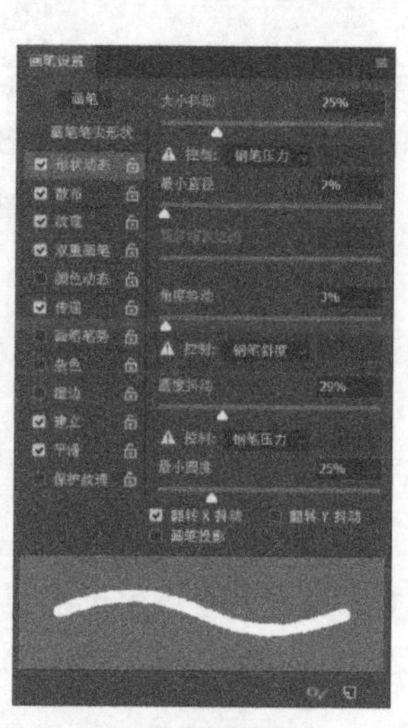

b）画笔设置面板

图 10-36　画笔面板和画笔设置面板

【提示】使用绘画工具、橡皮擦工具、色调工具或聚焦工具等，都可以对应在画笔面板中进行自定义。

10.5.3　绘画应用举例

【实例 10.5】为图画添加叶子效果。

操作步骤如下：

1）按<Ctrl+O>组合键，打开素材图片 ch10-5.jpg（见图 10-37），将文档另存为绘画.psd。

图 10-37　素材图片

2）打开另一素材文档芦苇.png，使用多边形选区工具在芦苇叶图片中创建一个选区，如图 10-38 所示。

3）选择【编辑】/【定义画笔预设】命令，弹出画笔名称对话框，在名称文本框输入叶子，如图 10-39 所示，单击确定按钮。

图 10-38　创建选区

图 10-39　定义画笔预设

4）选择绘画.psd 确定窗口，选择画笔工具，在选项栏的选取器中选择刚定义的叶子笔触，切换到图像窗口，将前景色取色为接近芦苇枝的颜色，然后在画笔设置面板中调整笔尖的大小、角度等，在画布上多次单击，形成枝上的叶子效果，如图 10-40 所示。

图 10-40　添加叶子效果

本章小结

本章介绍了 Photoshop CC 2018 入门知识，包括功能概述和工作环境，以及选区和图层、绘画工具等知识点，还介绍了对文档的基本操作。

通过本章实例介绍，读者应对使用选择工具创建一个或多个选区，以及对图层的使用和管理有了初步的了解和掌握。

本章是进行图像处理的基础，如果是初学者，本章内容值得仔细阅读，为后续学习打下基础。

思考与练习

1．在 Photoshop CC 工具箱中哪些是选择工具？它们的使用特点有何不同？

2．在创建好选区后，如何增加选区操作？如何减小选区操作？在如图 10-41 所示的图片中分别将不同颜色的花朵区域提取出来。

图 10-41　提取不同颜色花朵

第 11 章　图像校正和快速修复

照片是记录生活的最好方式，网页设计中也经常用丰富的照片配图，使页面布局更美观。Adobe Photoshop 提供了各种改善照片质量的工具和命令。本章通过完成具体任务来介绍修饰图像的工具和命令，使读者进一步掌握 Photoshop 的图像处理方法。

本章要点：

- 拉直和裁剪图像
- 使用修饰工具
- 滤镜修饰

11.1　图像校正

11.1.1　裁剪图像

1．拉直图像

使用剪裁工具中的拉直功能可以轻松将有倾斜度的照片或图像修正。

【实例 11.1】校正照片。

操作步骤如下：

1）按<Ctrl+O>组合键，在弹出的对话框中选择打开的素材文档 ch11-1.jpg。可以看到素材文档有倾斜度，如图 11-1 所示。

图 11-1　素材图像

2）选择裁剪工具，在其选项栏中单击拉直按钮，如图 11-2 所示。

图 11-2　裁剪工具选项栏

3）沿着图像中的水平方向拖拽绘制一条线，如图 11-3 所示的红色带箭头的直线标识。

图 11-3 绘制拉直直线

4）松开鼠标，即出现裁剪网格框，部分剪切网格外的区域将被裁剪掉，如图 11-4 所示。

图 11-4 裁剪网格框

5）按<Enter>键，即可看到拉直后的图像效果，如图 11-5 所示。

图 11-5 拉直后效果

【提示】要快速拉直照片并裁剪掉扫描得到的背景，选择【文件】/【自动】/【裁剪并修齐照片】命令，即可一步到位校正倾斜的照片。

如图 11-6 所示为一个扫描图片文档和在使用上述命令后的校正效果。

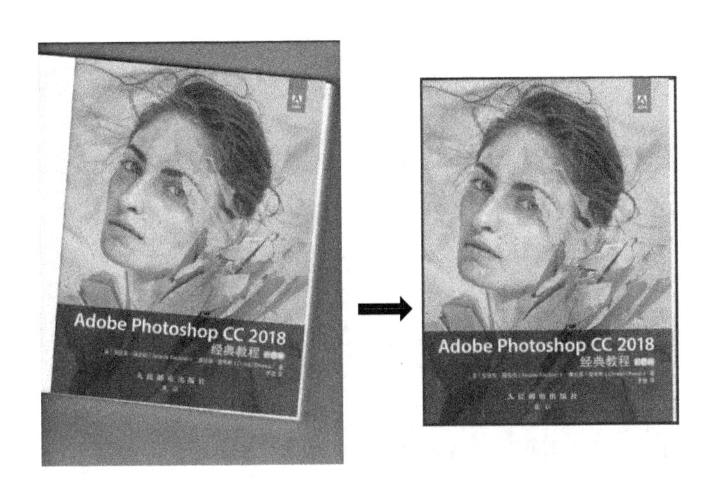

图 11-6 校正并剪切扫描图片文档

2．缩放图像

【实例 11.2】按尺寸裁剪照片。

操作步骤如下：

1）按<Ctrl+O>组合键，打开素材文档 ch11-2.jpg，在窗口底部选择显示文档尺寸选项，如图 11-7 所示。

图 11-7 素材图片

2）选择裁剪工具，在选项栏中选择比例下拉列表中的 16∶9 选项，则图像自动出现裁剪框，如图 11-8 所示。

3）将建筑主体图像移至裁剪框中间位置，按<Enter>键确认。裁剪后的图像效果如图 11-9 所示，图片符合 9∶6 的显示效果。

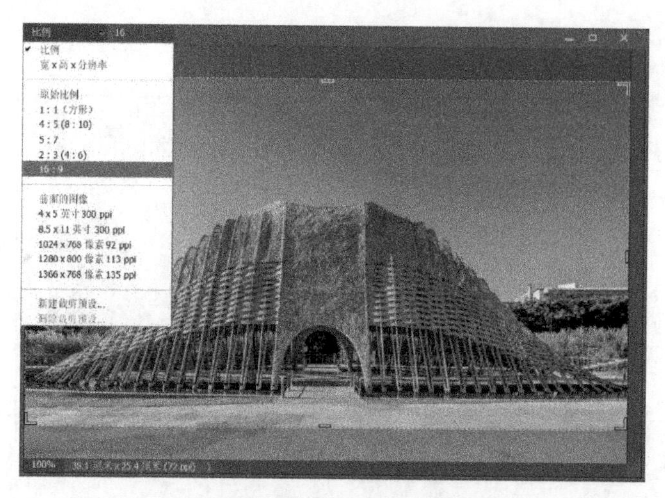

图 11-8　按比例裁剪图像

图 11-9　裁剪后的图像效果

3．扭曲图像

【实例 11.3】更换海报栏图片。

本例主要使用扭曲功能实现更换海报图片的效果，更换前后的对比效果如图 11-10 所示。

a）原图　　　　b）效果图

图 11-10　更换海报栏图片

操作步骤如下：

1）按<Ctrl+O>组合键，打开 ch11-3window.jpg 和 ch11-3beach.jpg 两个素材文档，将有广告

栏的图片另存为 Wind.psd。

2）将.psd 文档作为当前文档，将另一幅素材图片复制到当前文档。

3）应用自由变换命令将图片缩放到适当大小，并将图片的左上角移至目标位置（广告框内框边界）处，如图 11-11 所示。

4）按<Ctrl+T>组合键再次自由变换，按住<Ctrl>键，在图片右上角控制点处按下鼠标左键并拖拽至广告框的右上角位置，如图 11-12 所示。图像产生扭曲效果。

图 11-11　缩放图片

图 11-12　图像产生扭曲效果

【说明】按<Ctrl+T>组合键进行自由变换；按住<Ctrl>键，可以使控制点向各个方向伸展，从而达到扭曲效果。

5）继续将其他控制点进行定位，使图片贴合广告框的内框边界。至此，制作完成。

4. 透视裁剪图像

【实例 11.4】透视图变换。

使用透视裁剪工具可以实现透视图照片的变换，如图 11-13 所示。可以看到照片原图中的门框有透视倾斜变形，需要校正。

a）原图

b）透视裁剪

c）效果图

图 11-13　透视裁剪效果

操作步骤如下：

1）按<Ctrl+O>组合键，打开 ch11-4.jpg 素材文档。

2）按住裁剪工具，然后选择透视裁剪工具，围绕扭曲的对象绘制选框，将选框的边缘和对象的矩形边缘匹配。

3）按<Enter>键确认，完成透视裁剪。

11.1.2　变换图像

可以对所选图像应用各种变换操作，如缩放、旋转、斜切、扭曲、透视或变形，如图 11-14 所示为【编辑】/【变换】的子菜单命令。

【实例 11.5】设计艺术照片。

本例主要使用缩放功能设计艺术照片效果，如图 11-15 所示。

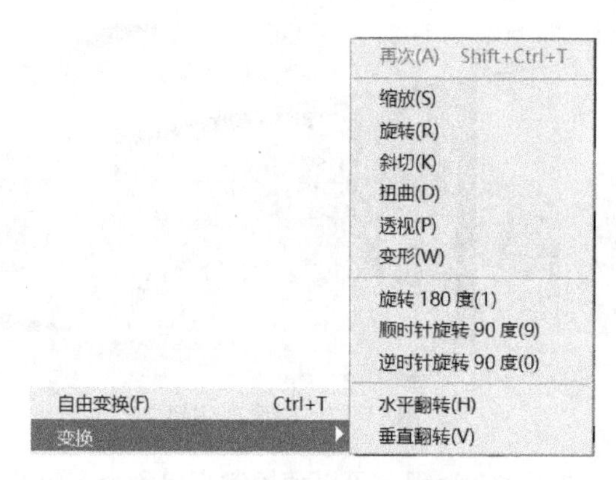

图 11-14　【变换】子菜单命令

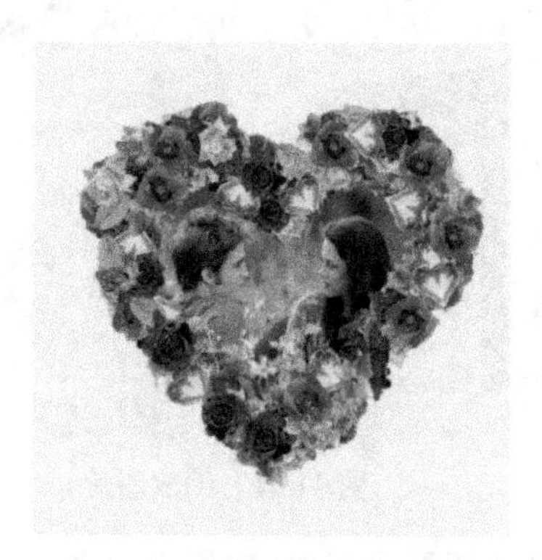

图 11-15　设计艺术照片效果

操作步骤如下：

1）按<Ctrl+O>组合键，打开素材文档 ch11-5garland.jpg 和 ch11-5cp.jpg，如图 11-16 所示。两个文档的尺寸可以通过状态栏查看，图 11-16a 为 100%显示，而图 11-16b 为 50%显示，显然图 11-16a 更大一些。

a）ch11-5garland.jpg

b）ch11-5cp.jpg

图 11-16　素材文档

2）选中 ch11-5garland.jpg 文档，按<Shift+Ctrl+S>组合键，将文档另存为 love.psd 文档。

3）在当前窗口，按<Ctrl+J>组合键，复制背景图层。

4）将 ch11-5cp.jpg 图像拖拽至 love.psd 文档窗口中（按住<Shift>键可以使图像居中）。

5）此时图像窗口和图层面板如图 11-17 所示。可以看到，最上层的图片完全遮住下面图层的图片，而且大大超出画布范围。

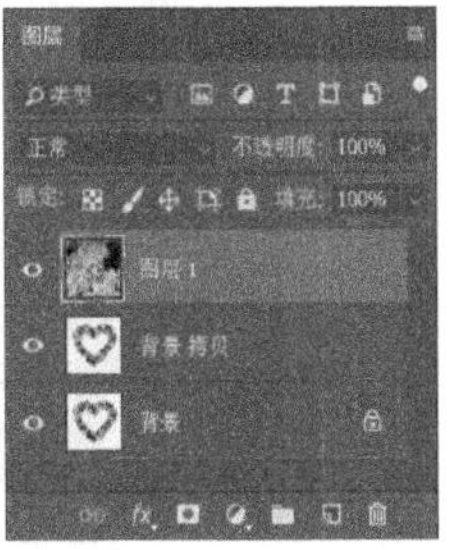

图 11-17　复制图片

6）在当前图层图层 1 按<Ctrl+T>组合键（也可选择【编辑】/【自由变换】命令），并在选项栏中设置参数，如图 11-18 所示。锁定宽和高（使用■工具），然后将其中一个值改为 50%，则窗口图像如图 11-19 所示。

图 11-18　自由变换图像

7）在图层面板中，通过拖拽将图层 1 和背景复制图层的位置互换。

8）在图层面板中选中最上面的图层，即背景复制图层。选择魔棒工具，在选项栏中设置容差为 50，随后在心形图像中间单击，创建心形选区。

9）选择【选择】/【修改】/【羽化】命令，在弹出的对话框中设置羽化值为 2，单击确定按钮。

10）按<Delete>键，删除选区，即显示如图 11-20 所示的图像效果。按<Ctrl+D>组合键，取消选区。

图 11-19　图像层叠效果

图 11-20　初步效果

11）针对初步效果，继续对图像进行缩放编辑，使得两个图层的图像嵌套进一步匹配，直到达到理想效果为止。

【实例 11.6】变换图片。

本例主要使用变换命令实现图像的对称变换效果，如图 11-21 所示。

图 11-21　对称变换效果

操作步骤如下：

1）按<Ctrl+O>组合键，打开 ch11-6model.png 素材文档，查看该文档为.png 类型，支持透明图层的保存。将图片另存为 show.psd。

2）在图层面板，按住<Ctrl>键，单击图层 1 的缩览图，创建图像选区，如图 11-22 所示。

图 11-22　创建图像选区

3）按<Ctrl+J>组合键，图层复制。选择【编辑】/【变换】/【水平翻转】命令，并使用移动工具将新图层的图像水平拖拽至原图的对称位置，此时出现水平和中心对齐辅助参考线，如图 11-23 所示。

图 11-23　设置对称

4）在两个图层的下面再设计一个背景图层，将 ch11-6stage.jpg 图片拖拽入该文档作为背景，完成最终设计效果。

【实例 11.7】拉伸背景，保持主体不变。

本例主要使用内容识别功能使整体图像拉伸时保持主体不变效果。

操作步骤如下：

1）按<Ctrl+O>组合键，打开 ch11-7.jpg 素材文档，如图 11-24 所示。

2）按<Ctrl+J>组合键，创建背景复制图层。

3）选择【图像】/【画布大小】命令，弹出画布大小对话框。在定位选项区中设置水平向左拉伸，宽度增加为 35（原来宽度 28），如图 11-25 所示。单击确定按钮。

图 11-24　素材图像

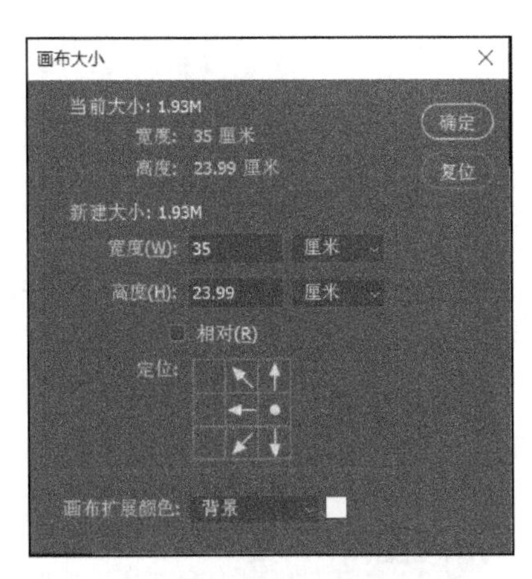

图 11-25　设置画布大小对话框

4）按<Ctrl+T>组合键，直接将图像向左拉伸，得到的图像会使主体人物也变宽，从而失真。如图 11-26 所示为拉伸前后图像对比效果。

a）拉伸前

b）拉伸后

图 11-26　直接拉伸效果

5）要做到背景拉伸而保持主体不变，则需要选择【编辑】/【内容识别缩放】命令（或按<Alt+Shift+Ctrl+C>组合键），然后在选项栏中设置保持肤色，如图 11-27 所示。

图 11-27　拉伸选项栏

6）然后水平向左拉伸图像，按<Enter>键确定。如图 11-28 所示，图像背景拉伸而很好地保持了人物主体不变的效果。

图 11-28　背景拉伸效果

11.2　图像修复

11.2.1　清理图片

【实例 11.8】应用内容识别填充功能去除图片水印。

操作步骤如下：

1）按<Ctrl+O>组合键，打开 ch11-8.jpg 素材文档。查看素材是一幅网页广告设计图片，如图 11-29 所示。

2）使用矩形选框工具，选中图片左下角的文字信息，如图 11-30 所示。

图 11-29　素材图片

图 11-30　创建选区

3）选择【编辑】/【填充】命令，弹出如图 11-31 所示的对话框。在该对话框中设置内容为内容识别，单击确定按钮。图像中的文字部分即被清理干净。

4）按照步骤 3）的方法继续将图片右下角的小字部分清除掉，得到的最终效果如图 11-32 所示。

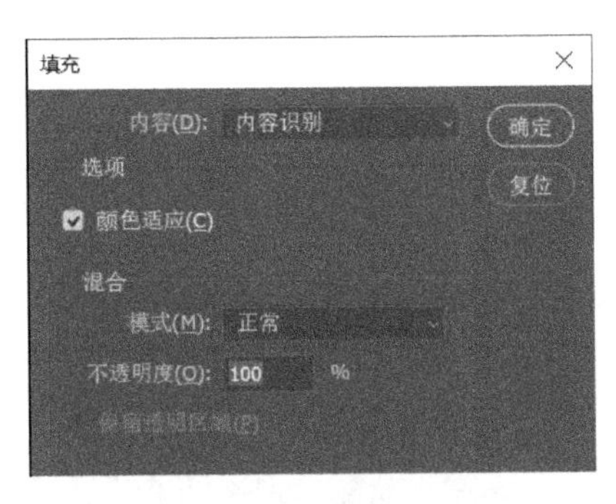

图 11-31　填充对话框

图 11-32　最终效果图

【提示】使用内容识别填充功能可以快速将照片中不需要的信息，如日期水印、背景杂质等去除，使画面达到干净、清晰的效果。

【实例 11.9】使用仿制图章工具去掉照片中掺杂的内容。

操作步骤如下：

1）按<Ctrl+O>组合键，打开 ch11-9.jpg 素材文档。查看照片，主体人物旁边有其他人像掺杂，如图 11-33 所示。这种情况应用实例 11.8 中介绍的方法并不能达到理想效果。

2）选择工具箱中的仿制图章工具，在选项栏中设置笔触大小为 40。然后，将指针移入图像，在如图 11-34 所示的标识位置，按住<Alt>键单击，进行采样，如图 11-35 所示，随后移动指针至需要去掉的图像区域，进行多次涂抹或单击，逐步清除多余的内容，如图 11-36 所示。

图 11-33　素材图片

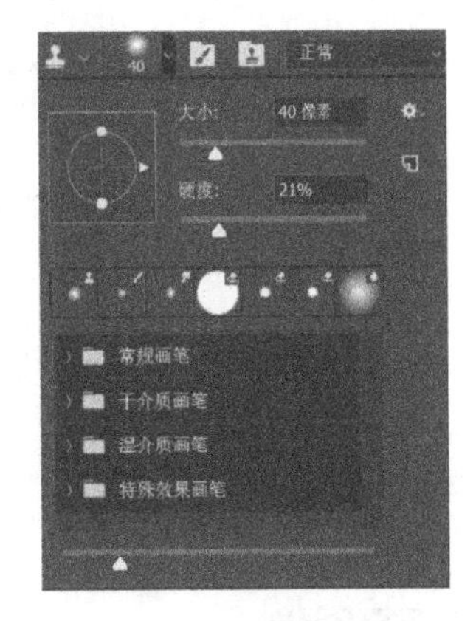

图 11-34　设置图章笔触

图 11-35　采样

图 11-36　清除多余的图像

3）根据实际位置可以进行多次采样，采样后继续去除，直到多余内容完全从图像中清除掉。在操作过程中，注意细节处理，可以随时对工具笔触大小进行缩小，以适合边界位置的图像处理。清除人像效果如图 11-37 所示。

4）使用套索工具将沙滩上的影子圈出选区，使用内容识别填充功能将影子清除，最终效果如图 11-38 所示。至此，成功地将图像中不需要的部分内容除掉。

图 11-37　清除人像效果

图 11-38　最终效果

【说明】使用仿制图章工具，可准确地将图像的一部分或全部复制到其他地方或另一个图像文件中，是修饰图像时常用的工具。

使用该工具还可以达到另一种修饰图像的效果，即增加图像内容。如图 11-39 所示为使用仿制图章工具完成的图像修饰效果。

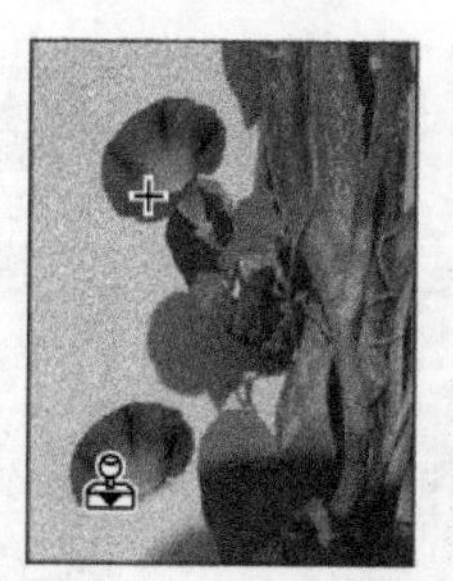

a）原图

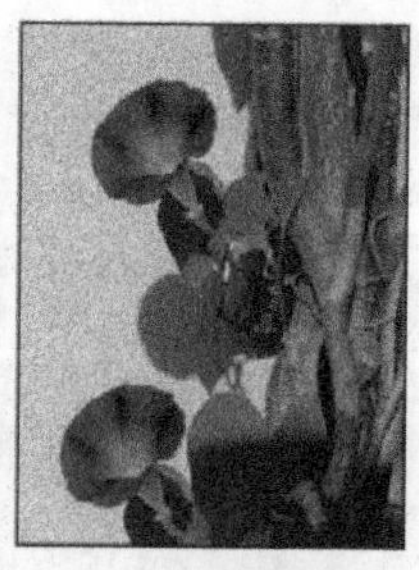

b）效果图

图 11-39　使用仿制图章工具完成的图像修饰效果

11.2.2　修复图像

在工具箱中有一组用于修复图像的工具，如图 11-40 所示。这些工具用来处理图像中的瑕疵，使图像更完美。

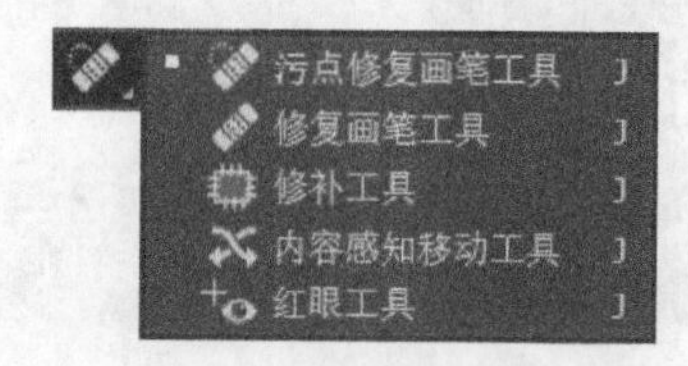

图 11-40　修复图像的工具

1．使用污点修复画笔工具

【实例 11.10】修补叶子。

操作步骤如下：

1）按<Ctrl+O>组合键，打开 ch11-10.jpg 素材文档。查看照片，最大的一片叶片上有残损，如图 11-41 所示。

图 11-41　素材图片

2）选择污点修复画笔工具，在如图 11-42 所示的选项栏中根据图片大小和需要修补的区域大小设置笔触大小（此处设为 50），类型为通过内容识别填充修复。

图 11-42　污点修复画笔工具选项栏

3）将指针移入图像中有破损的位置，直接单击一次（或多次），可以看到，破损的叶子被修补上，同时叶子较好地保持了色彩和纹理，如图 11-43 所示。

a）修复前

b）修复后

图 11-43　图片修复前后对比

2．使用修复画笔工具

【实例 11.11】去除眼袋。

本例图像中去除眼袋的修复前后对比效果如图 11-44 所示。

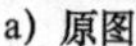

a）原图

b）效果图

图 11-44　修复前后对比效果

1）按<Ctrl+O>组合键，打开 ch11-11.jpg 素材文档。查看照片，女孩的眼袋比较明显。

2）选择修复画笔工具，并在选项栏设置笔触大小，并将“扩散”值设置为 4，如图 11-45 所示。

图 11-45　修复画笔工具选项栏

【提示】Photoshop 中的修复画笔、污点修复画笔和修补工具具有扩散滑块，它可以控制粘贴的区域能够以多快的速度适应周围的图像。一般而言，较低的滑块值适合具有颗粒或良好细节的图像，而较高的值适合平滑的图像。

3）将指针移入图像，在眼角平滑位置处按住<Alt>键并单击，进行采样，然后在眼袋位置单击或涂抹，以去除眼袋。

【提示】在去除过程中，根据需要对画笔进行调整，在选项栏的画笔选项中可以对各项参数进行设置，如图 11-46 所示。

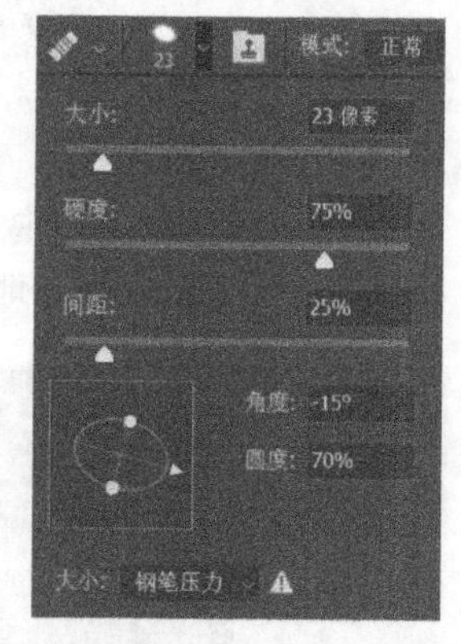

图 11-46　画笔选项设置

修复画笔工具可用于校正瑕疵，使其避免出现在周围的图像中。与仿制工具一样，使用修复画笔工具可以利用图像或图案中的样本像素来绘画。但是，修复画笔工具还可将样本像素的纹理、光照、透明度和阴影与所修复的像素进行匹配，从而使修复后的像素不留痕迹地融入图像的其余部分。

3．使用修补工具

【实例 11.12】去除消防栓。

本例图像中的消防栓移出前后对比效果如图 11-47 所示。

操作步骤如下：

1）按<Ctrl+O>组合键，打开 ch11-12.jpg 素材文档。

2）局部放大图片，使用套索工具沿消防栓图像轮廓创建选区，如图 11-48 所示。

3）在工具箱中选择修补工具，在选项栏设置修补类型为内容识别，结构为 6，颜色为 0。

a）原图

b）效果图

图 11-47 去除消防栓效果对比

4）将指针移入消防栓处，拖拽选区图像向右至背景墙壁处，松开鼠标，选区内图像置换为墙壁，效果如图 11-49 所示。

图 11-48 创建选区

图 11-49 修复图像

5）按<Ctrl+D>组合键，取消选区。

6）修复后的图像需要进一步进行细节处理，如地面的地砖效果，使用前面介绍的工具应用方法，将图像完善修复到位。

【提示】修复工具的选项栏设置需要注意两点：

结构：输入一个 1～7 之间的值，以指定修复在反映现有图案时应达到的近似程度。如果输入 7，则修复内容将严格遵循现有图像的图案；如果输入 1，则修复内容将不必严格遵循现有图像的图案。

颜色：输入 0～10 之间的值，以指定在多大程度上对修复内容应用算法颜色混合。如果输入 0，将禁用颜色混合；如果颜色的值为 10，则将应用最大颜色混合。

4．使用内容感知移动工具

【实例 11.13】位移小鸟。

本例实现小鸟位移效果的前后对比如图 11-50 所示。

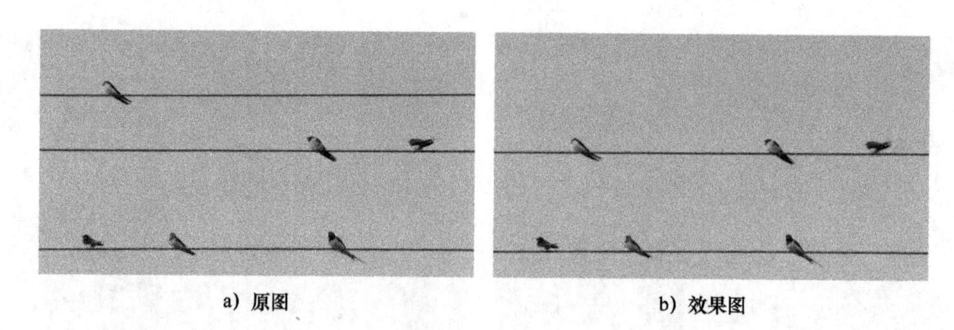

a）原图　　b）效果图

图 11-50　位移小鸟

操作步骤如下：

1）按<Ctrl+O>组合键，打开 ch11-13.jpg 素材文档。

2）使用套索工具，选中图像中左上角的小鸟（不必精确选取），如图 11-51 所示。

3）选择内容感知移动工具，在选项栏中设置模式为移动，结构为 4。

4）拖拽选区图像从上一根电线移至下一根电线位置，如图 11-52 所示。按<Enter>键确认。效果如图 11-53 所示。

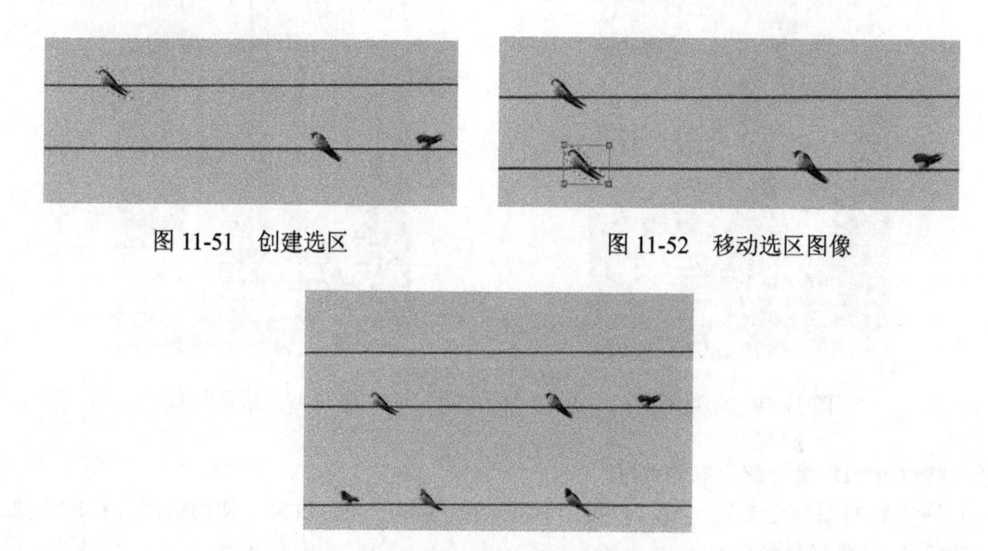

图 11-51　创建选区　　图 11-52　移动选区图像

图 11-53　位移确认后效果

5）应用前面所学的知识将上面一根电线擦除，得到最终图像效果。

【提示】应用内容感知移动工具进行图像处理时需要注意，当图像背景足够一致时，处理效果才会理想。通常当背景为草地、纯色墙壁、天空、木纹或水面时，移动可以获得最佳效果。

11.3　滤镜修饰图像

Photoshop 滤镜也被称为增效工具。它简单易用、功能强大、内容丰富且样式繁多。同时，它也最神奇的魔法师，使用滤镜命令，可以设计出许多超乎想象的图像效果。Photoshop CC 中的滤镜种类很多，本节通过两个简单实例介绍其中两种滤镜的使用方法和对图像处理所带来的特效，读者可以体会滤镜的强大功能。

11.3.1 模糊背景

【实例 11.14】使用模糊背景功能突出主体元素。

本例使用模糊画廊中的光圈模糊来模糊一幅图像的背景，让观察者的注意力放在主体元素上（这里是一匹马）。如图 11-54 所示为模糊处理图像前后的对比效果。

a）原图

b）效果图

图 11-54 背景模糊

操作步骤如下：

1）按<Ctrl+O>组合键，打开素材图片。

2）选择【滤镜】/【模糊画廊】/【光圈模糊】命令，将出现一个与图像居中对齐的模糊椭圆，通过移动中央的图钉✗、羽化手柄和椭圆手柄，可以调整椭圆的位置和范围。

3）拖拽中央的图钉，使其位于小马身体的腹部。

4）单击椭圆并向内拖拽，使得小马本身是清晰的，如图 11-55 所示。

5）适当拖拽椭圆的各个控制点，使得图像背景模糊，但不影响马本身的清晰。按<Enter>键确认。

注：A. 羽化手柄 B. 中心 C. 椭圆 D. 焦点

图 11-55 模糊椭圆

11.3.2 图像特效

滤镜功能中有一些命令使用非常简单，通过简单参数设置，甚至是一键确定，就可以使图像产生不同风格的特殊效果。下面给出三组图像的特效完成对比图。

如图 11-56 所示为使用拼贴滤镜的效果。

a）原图

b）效果图

图 11-56　使用拼贴滤镜的效果

如图 11-57 所示为使用查找边缘滤镜的效果。

a）原图

b）效果图

图 11-57　使用查找边缘滤镜的效果

如图 11-58 所示为使用铜板雕刻滤镜的效果。

a）原图

b）效果图

图 11-58　使用铜板雕刻滤镜的效果

11.4 边学边做（绘制网站摄影展页面）

【实例 11.15】设计网页的页面图片。使用 Photoshop 设计绘制一个网站页面，设计效果如图 11-59 所示。

图 11-59 设计页面效果

操作步骤如下：

1）按<Ctrl+N>组合键，弹出新建对话框，设置名称和画布尺寸，其他参数默认，如图 11-60 所示。单击确定按钮。

2）按<Ctrl+S>组合键，保存文档为 homepage.psd。

3）选择【编辑】/【填充】命令，弹出填充对话框，如图 11-61 所示。在该对话框中设置内容为图案，单击自定图案的下拉按钮，在默认列表框右侧有设置按钮，单击此按钮，在弹出的菜单中选择彩色纸图案库，弹出如图 11-62a 所示的对话框，单击追加按钮，即可看到如图 11-62b 所示的图案列表内容。

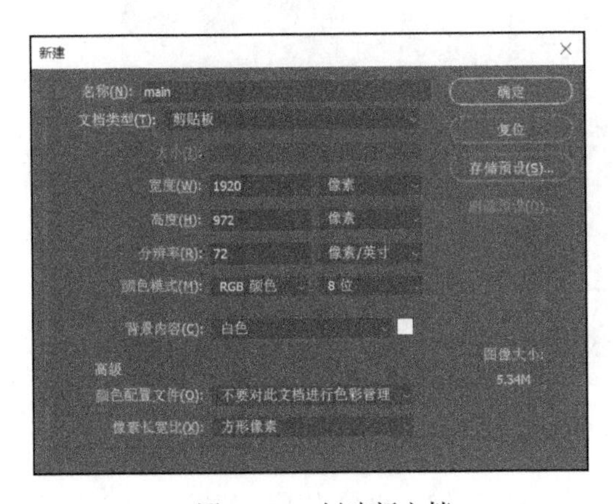

图 11-60 创建新文档

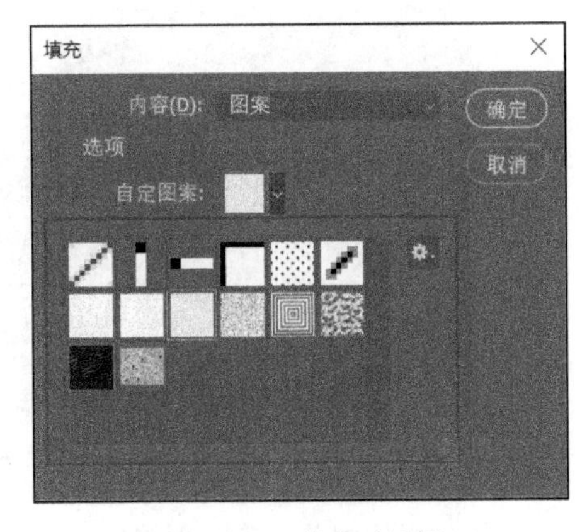

图 11-61 填充对话框

4）在图案列表中选择蓝色犊皮纸图案（或其他图案），单击确定按钮。则文档背景填充为图案拼贴效果，如图 11-63 所示。

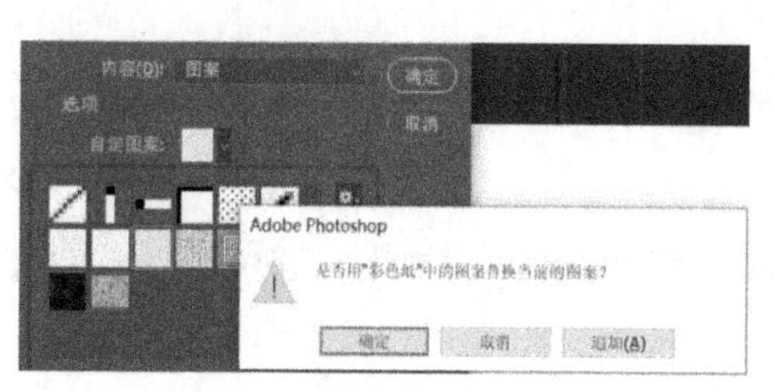

a）确认追加

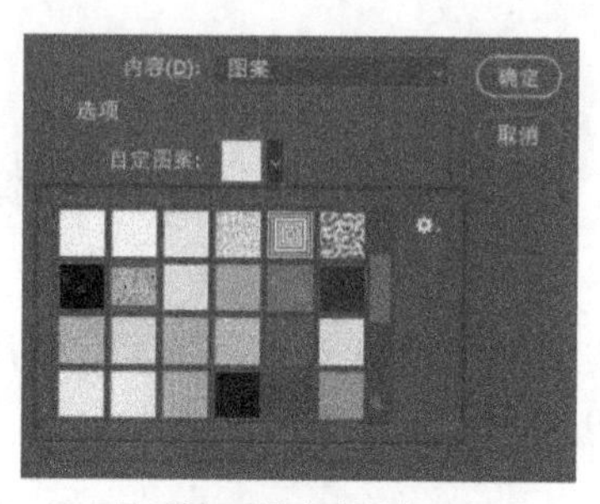

b）追加后的自定图案列表

图 11-62　追加彩色纸图案库

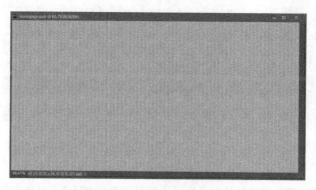

图 11-63　背景填充彩色纸

5）按<Ctrl+O>组合键，在对话框中同时选中提供的多个素材文档（按住<Ctrl>键），包括长城、故宫、西湖、避暑山庄、黄山和三峡这六幅图片。然后，单击打开按钮。

6）顺次将几幅图片拖拽至 homepage.psd 窗口中，此时图片按图层先后顺序叠加。在图层面板上按照片内容重命名，如图 11-64 所示。

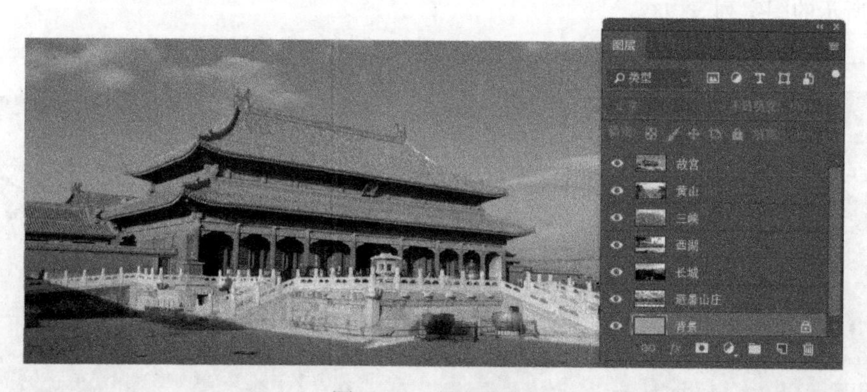

图 11-64　图层叠加

7）在图层面板中单击最上面的故宫图层，按住<Shift>键，再单击下面的避暑山庄图层，将六个图层全部选中。

8）按<Ctrl+T>组合键，同时改变六幅图像的大小，在选项栏中等比例缩小为原图的 30%，确认后可以看到叠加在画布上的多张照片效果，如图 11-65 所示。

图 11-65 缩小后的叠加图片

9）按照故宫图层图片大小，逐层修改图片大小（按<Ctrl+T>组合键），与其保持一致的尺寸。

10）在图层面板中分别选择不同图层的图片，使用移动工具直接将图片拖拽到窗口的不同位置，然后使用选项栏中的对齐按钮（见图 11-66），将图片布局为两行三列，如图 11-67 所示。

图 11-66 移动工具选项栏

图 11-67 图片布局对齐

11）在图层面板中选中第一行三张图片，然后选择【窗口】/【样式】命令，打开样式面板，单击面板右上角的控制菜单按钮，追加样式库摄影效果，并在列表中选择内斜面投影样式，如图 11-68 所示。

12）在图层面板选中第二行三张图片，然后在样式面板中选择金字塔样式，如图 11-69 所示。

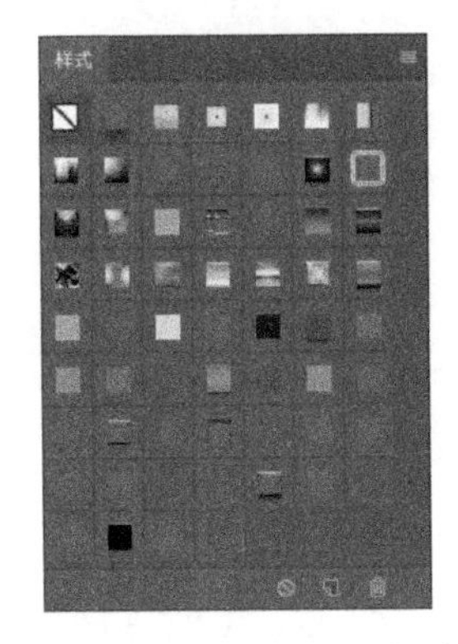

图 11-68 选用第一个样式

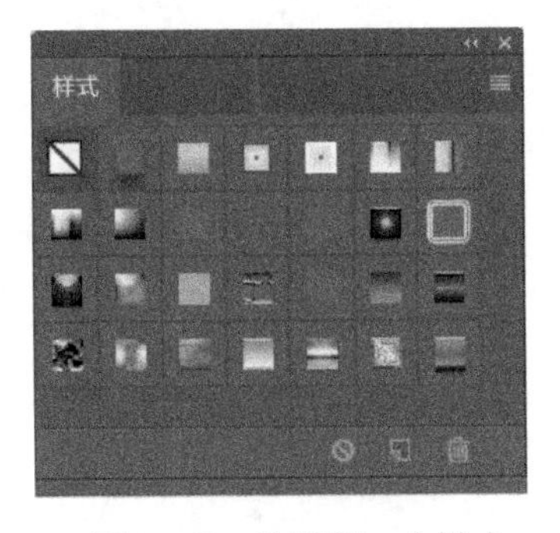

图 11-69 选用第二个样式

13）图片设计布局工作完成，最后使用文字工具在画布中添加标题文字。有关文字工具的具体使用方法将在后续章节中介绍。

14）至此，实例制作完成，保存文档。

【提示】如果希望设计的网页图片直接在浏览器中可以观看，则需要将文档另存为.jpg 格式或者.png 格式。

本章小结

本章主要介绍了应用 Photoshop CC 图像校正和修饰工具对照片进行基础修补工作，包括拉直和剪切图片，使用修复工具修复图像以及滤镜修饰图像功能等。

使用这些基础性图片校正和修复功能是为设计实现理想的网页图片积累技能和经验。

思考与练习

1．在 Photoshop CC 中，对图像的变换操作包括哪些？

2．对选区变换与对图像变换有什么不同？请举例说明。

第 12 章　图像色彩调整

精美的图像是网页元素的重要组成部分，而图像的色彩往往是网页凸显精彩画面的关键点之一，Photoshop 具有强大的色彩调整功能，通过细致的调整可以使图片完美地呈现到浏览者的眼前。

本章主要介绍 Photoshop CC 的色彩和色调调整方法，通过实例让读者掌握多种图像处理中调整色彩和色调的方法与技巧。

本章要点：

- 读懂直方图
- 自动调整命令
- 色阶和曲线调整

12.1　观察图像

由于自然条件或者拍摄工具的原因而导致照片色彩和色调的某些问题存在，需要使用 Photoshop 的功能进行调整。下面来观察几组照片。

12.1.1　直接观察图像

1．曝光问题照片

在如图 12-1 所示的照片中，可以明显看到照片的曝光程度不一样。图 12-1a 明显曝光过度，远景色彩过亮而缺乏层次感；图 12-1b 是在夜晚拍摄的，曝光不足导致色彩失真。

a）曝光过度

b）曝光不足

图 12-1　观察照片色彩

2．偏色问题照片

在如图 12-2 所示的照片中，可以明显看到两幅图片都因为偏色而使整体效果不理想。图 12-2a 整体色彩偏黄，图 12-2b 整体色调发灰。

a）偏黄

b）偏灰

图 12-2　偏色照片

3．逆光问题照片

在如图 12-3 所示的照片中，由于逆光拍摄，人物色彩被压黑，因而缺乏美观。

图 12-3　逆光照片

12.1.2　使用直方图观察图像

在 Photoshop 中，使用直方图来查看图像的品质和色调范围是校正图像的色调和颜色的有效方法。直方图是一种数码照片的数据分析方式，用图形表示图像的每个亮度级别的像素数量，展示像素在图像中的分布情况。它可以从更准确的角度来观察和判断照片成像的曝光程度。

选择【窗口】/【直方图】命令，打开直方图面板，如图 12-4 所示。

a）素材图片

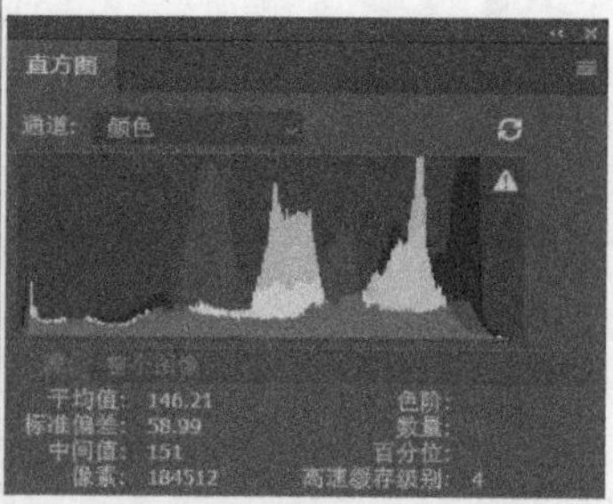

b）直方图面板

图 12-4　用直方图查看图像

直方图的示意图如图 12-5 所示，显示了图像颜色分布在暗调、中间调以及高光三个区间。直方图的水平方向表示亮度级别，垂直方向表示像素数量，波形越高就表示在该亮度的像素数越多。

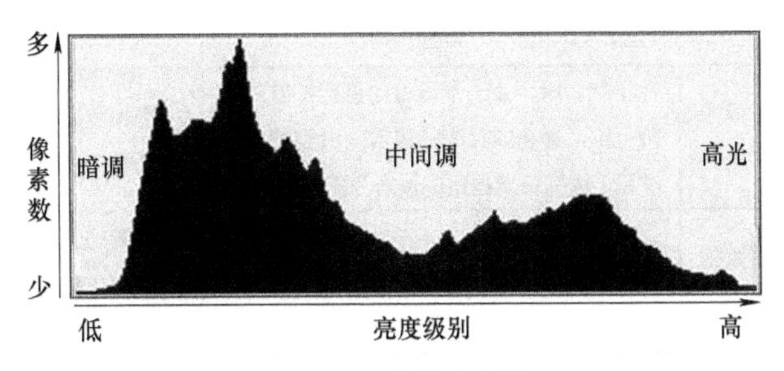

图 12-5　读懂直方图

如图 12-6 所示为亮调照片及其直方图，如图 12-7 所示为曝光过度照片及其直方图，可以看出，在两张照片的直方图中，其波形图近似，相对集中在高光位置，但不属一个性质。所以，评判照片是否曝光过度，也不能只从直方图机械地下结论，还需要综合场景和内容因素。

图 12-6　亮调照片

图 12-7　曝光过度照片

12.2　色彩调整命令

在 Photoshop 中有用于快速调整颜色和色调的命令，如图自动色调、自动颜色和自动对比度命令，这些命令不需要进行参数设置，一键即可完成。

这三个自动调整命令的作用、原理和操作结果说明见下表。

表　自动调整命令

命令	作用	原理	操作结果
自动色调	自动调整图像中的黑白场	将红、绿、蓝三个通道的色阶扩散到全阶范围，最亮或最暗的像素映射到纯白或纯黑，中间像素按比例重新分配分布	增加色彩对比度，提供较好的效果。但也可能会引起图像偏色
自动对比度	自动调整图像的对比度	以RGB综合通道作为依据来扩散色阶	在增加对比度的同时，原图像色调基本不会产生偏移。结果可能会不如自动色调产生的效果明显
自动颜色	调节图片的RGB数值，使颜色更为协调	能通过搜索图像来标识阴影、中间调、高光，从而校正图像的对比度和颜色，对齐灰色	增加颜色对比度，还对一部分高光和暗调区域进行亮度合并。结果既有可能修正偏色，也可能引起偏色

将一幅素材照片分别执行三个自动调整命令后，实现的结果如图 12-8 所示。对比结果可以看到，图像调整后的色彩有所差异。

a）原图

b）自动色调

c）自动对比度

d）自动颜色

图 12-8　自动调整色彩

除了自动调整命令外，Photoshop 还提供了很多手动图像调整命令，这些命令可以自行调整参数，从而达到更丰富的调整结果。如图 12-9 所示为【调整】菜单命令。

所有 Photoshop 颜色调整工具的工作方式本质上是相同的：它们都将现有范围的像素值映射到新范围的像素值。这些工具的差异表现在所提供的控制数量上。

在进行颜色调整和校正工作前，有必要复制图像文件，使用图像的复件进行工作，以便保留原件，以防万一需要使用原始状态的图像。

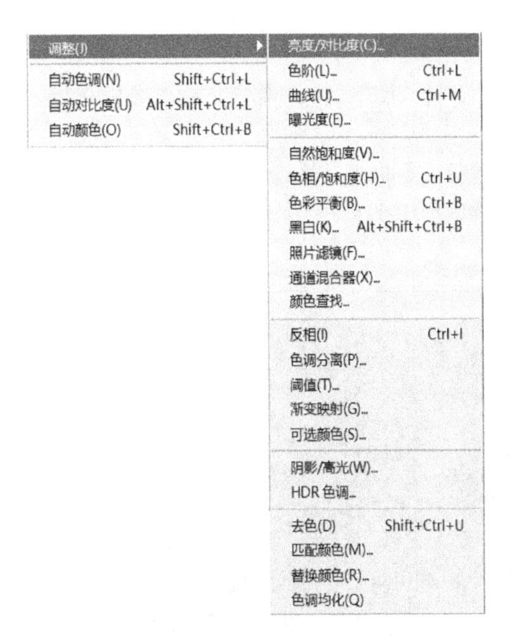

图 12-9 【调整】菜单命令

12.3 色彩调整应用举例

通常使用色阶或曲线来调整色调范围。在开始校正色调时，首先调整图像中高光像素和阴影像素的极限值，从而为图像设置总体色调范围。此过程称作设置高光和阴影或设置白场和黑场。设置高光和阴影将适当地重新分布中间调像素。要只调整阴影和高光区域中的色调，可使用阴影/高光命令。

12.3.1 曲线调整

【实例 12.1】使用曲线命令调整曝光过度照片。如图 12-10 所示为照片调整前后的对比效果。

a）调整前

b）调整后

图 12-10 图片曝光调整

操作步骤如下：

1）按<Ctrl+O>组合键，打开 ch12-1.jpg 素材文档。可以看出，照片曝光过度，色调有些发青，需要进行调整。

2）选择【图像】/【调整】/【曲线】命令，弹出曲线对话框。在该对话框中，直方图显示出照片的主色调偏高光区，如图 12-11a 所示。在基线处向右下角拖拽，使直线变为弧线效果，如图 12-11b 所示。

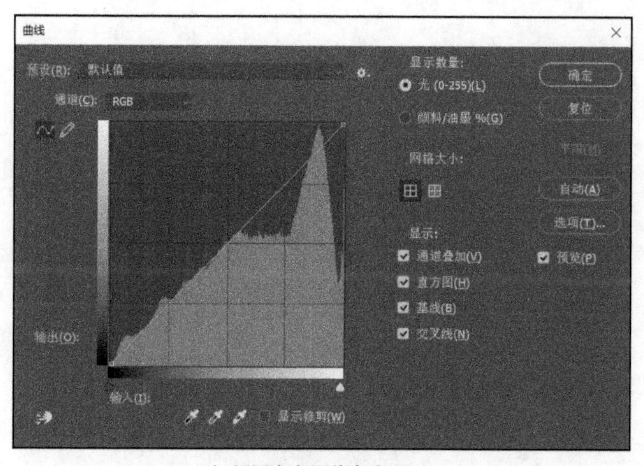

a）原图主色调偏高光区

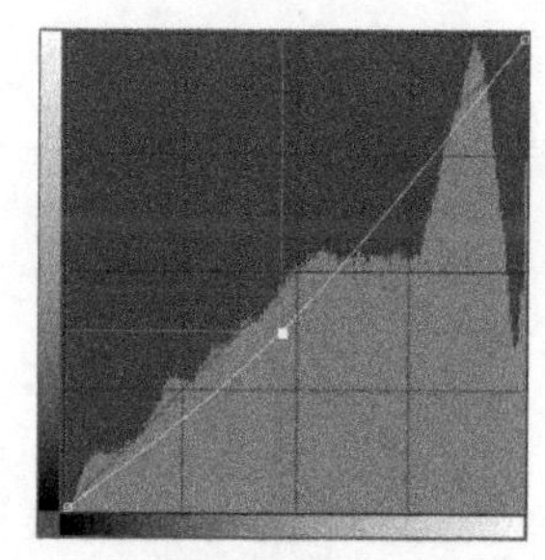

b）调整基线为向下弧线

图 12-11　曲线对话框

3）选中按钮，在水面上向下拖拽一点，使水波明度降低。也可以使用暗场吸管工具、灰场吸管工具和亮场吸管工具，直接在图像中单击来改变曲线，如图 12-12 所示。

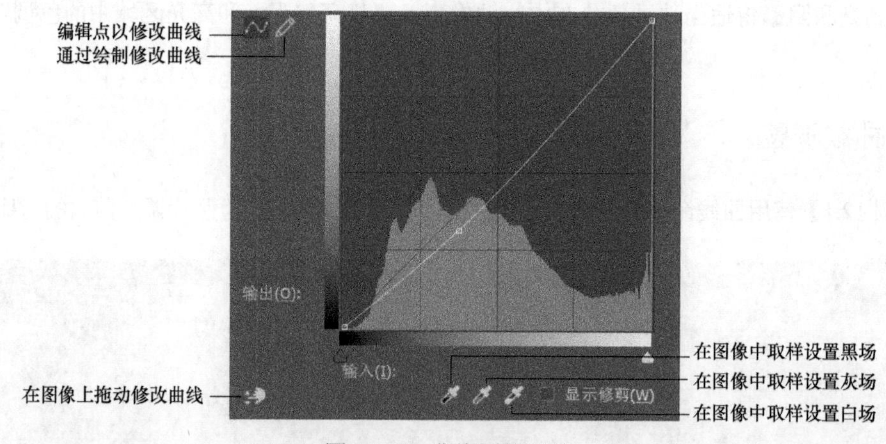

图 12-12　曲线调整工具

4）随时观察设置中图像色彩的变化，直到调整合适。单击确定按钮，照片曝光过度得到有效调整。

12.3.2　色阶调整

【实例 12.2】使用色阶命令调整照片发灰的效果，如图 12-13 所示为照片调整前后的对比效果。

a）调整前

b）调整后

图 12-13　色阶调整

操作步骤如下：

1）按<Ctrl+O>组合键，打开 ch12-2.jpg 素材文档。可以看出，照片由于光线不足，灰蒙蒙的，不清晰，需要进行调整。

2）选择【图像】/【调整】/【色阶】命令，弹出色阶对话框，如图 12-14 所示。

3）在输入色阶直方图中，将左侧的“暗调色阶”滑块向右移动，将右侧的亮调色阶滑块向左移动，或者直接在滑块对应的数值框里输入数值，调整内容如图 12-15 所示。调整的同时可以预览图像效果。

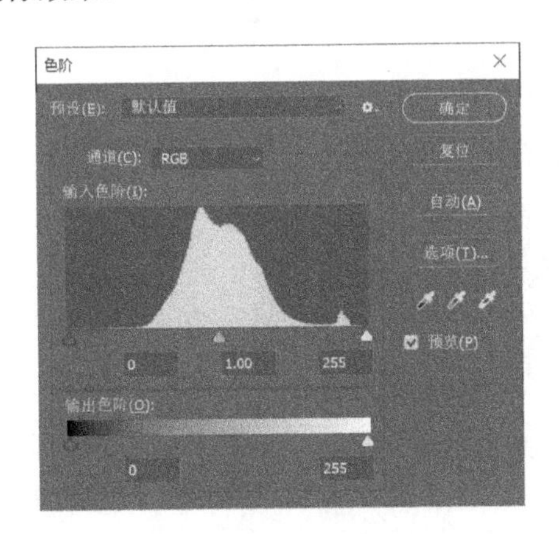

图 12-14　色阶对话框

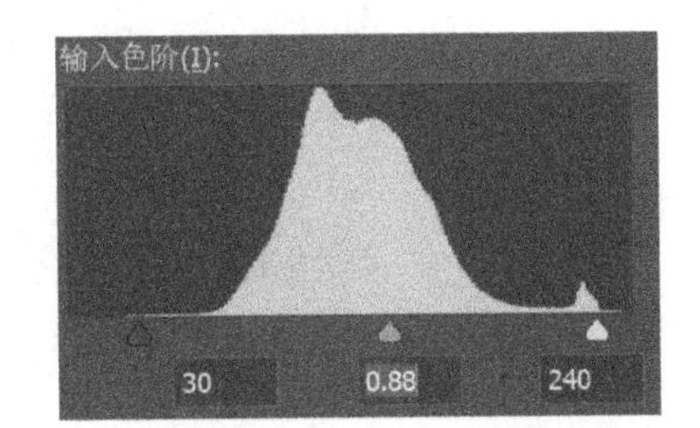

图 12-15　输入色阶的调整

也可以使用暗场吸管工具、灰场吸管工具和亮场吸管工具，在图像上单击确定色阶调整效果。

【提示】色阶调整是通过调整图像的阴影、中间调和高光的强度级别，从而校正图像的色调范围和色彩平衡。这种重新分布会增大图像的色调范围，实际上增强了图像的整体对比度。

12.3.3　阴影/高光调整

【实例 12.3】使用阴影/高光命令调整照片逆光效果。如图 12-16 所示为照片调整前后的对比效果。

a）调整前

b）调整后

图 12-16　照片逆光调整

操作步骤如下：

1）按<Ctrl+O>组合键，打开 ch12-3.jpg 素材文档。可以看出，照片由于是逆光拍摄的，人物主体发暗，需要进行调整。

2）选择【图像】/【调整】/【阴影/高光】命令，弹出阴影/高光对话框，调整参数，如图 12-17 所示。

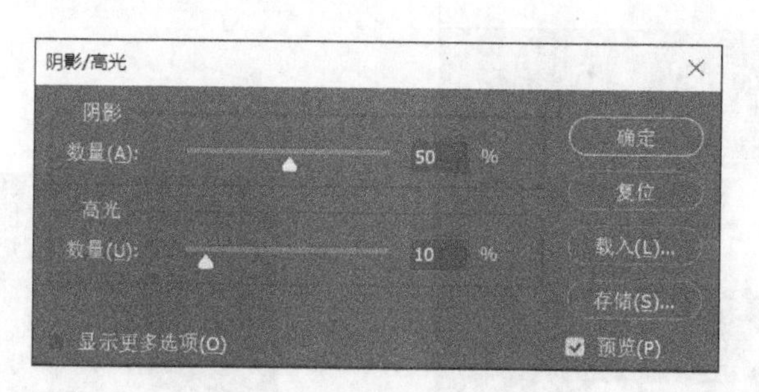

图 12-17　阴影/高光对话框

3）单击确定按钮，得到改善后的照片效果。

【提示】可以继续将其他功能混合使用，进行细节调整，进一步改善照片，每一个作品都需要根据自身特点来进行分析处理，进而得到更加理想的效果。

12.3.4　替换颜色调整

【实例 12.4】使用替换颜色命令调整衣服的颜色。应用该方法可以迅速改变某选定区域的颜色，如图 12-18 所示为变换 T 恤颜色的实例效果。

操作步骤如下：

1）按<Ctrl+O>组合键，打开素材文档 ch12-4.jpg。按<Ctrl+J>组合键，复制图层。

2）选择【选择】/【色彩范围】命令，弹出“色彩范围”对话框，如图 12-19 所示。

a）浅黄色　　b）浅蓝色　　c）粉色　　d）紫色

图 12-18　替换颜色效果

3）使用吸管工具单击缩览图的 T 恤，再使用吸管+工具，不断地在对话框缩览图的 T 恤上单击，扩大选区范围直到整个 T 恤区域都变白色（表示选中区域），如图 12-20 所示。细节上，也可以在窗口图像中采样颜色。单击确定按钮。

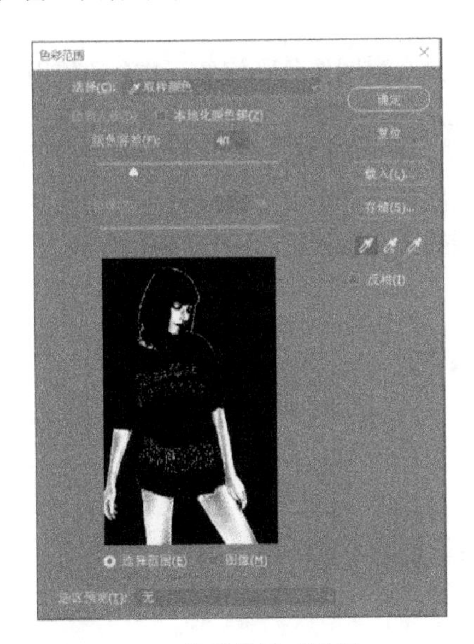

图 12-19　色彩范围对话框

图 12-20　确定选区范围

4）继续细化选区，使整个 T 恤选区创建完整。

5）选择【图像】/【调整】/【替换颜色】命令，弹出替换颜色对话框。在该对话框中调整色相、饱和度和明度，然后使用吸管工具等对图像进行选取，则选区中的颜色替换为新的颜色，如图 12-21 所示。

6）继续调整参数，可以调整成任何想要的颜色，然后单击确定按钮。可以将不同颜色确定后的图像分别放在不同图层。

7）完成三种颜色的替换后，取消选区，并将文档保存为 colorT-shirt.psd。

图 12-21　替换颜色

本章小结

本章主要介绍了使用 Photoshop CC 直方图等工具观察图像色彩信息，并介绍使用多种色彩调整命令对原始图像中曝光不足/过度、偏色等问题进行有效调整，实现色彩调整。

本章通过实例介绍，分析了色彩调整的简单技巧，在 Photoshop CC 平面设计中，处理好色彩是获取高质量图像的关键。现实生活中大量的数码照片处理，以及网络照片的处理，都离不开本章介绍的知识点内容，通过实际练习，读者会逐步提高对图片色彩处理的能力。

思考与练习

1．常见的色彩模式有哪些？
2．色彩的冷暖与心理感知的关系是什么？
3．在 Photoshop CC 中，自动色彩调整命令与色彩调整命令有何不同？

第 13 章　蒙版和通道

使用 Photoshop CC 进行图像处理时，经常会用到蒙版和通道功能。蒙版是通过隔离手段将图像按区域分开，将被蒙住的图像区域保护起来。通道主要用于存放图像颜色和选区信息。

本章介绍蒙版和通道的基本概念、功能、使用方法及应用技巧。通过实例使读者进一步掌握在 Photoshop 中处理图像的技能，将更多的方法灵活地运用到图像修饰和设计任务中，从而获得更好的体验。

本章要点：

- 蒙版和通道概念
- 创建和编辑蒙版
- 调整图层的应用
- 通道的应用

13.1　概述

13.1.1　蒙版

1．蒙版的概念

蒙版（Mask）一词本身就来自生活应用，即蒙在上面的板子。使用 Photoshop 对图像进行处理时，常常需要保护一部分图像，以使它们不受各种操作的影响。蒙版就是这样的一种工具，它可以遮盖住处理区域中的一部分，对图像的某一特定区域运用颜色变化、滤镜和其他特效时，被蒙版遮盖的区域就会受到保护和隔离而不被编辑。

2．蒙版的优点

1）修改方便，不会因为使用橡皮擦或剪切、删除而造成不可复原的遗憾。

2）可运用不同滤镜，以产生一些意想不到的特效。

3）任何一张灰度图都可用来作为蒙板。

3．蒙版的主要应用

1）抠图。

2）做图的边缘淡化效果。

3）图层间的融合。

4．蒙版的类型

Photoshop 中的蒙版通常有图层蒙版、剪贴蒙版、矢量蒙版等多种形式。在图 13-1 所示的“图层”面板中体现了蒙版类型。

Alpha 通道、通道蒙版、剪贴蒙版、图层蒙版和矢量蒙版，它们在某些情况下属于同义词。可将通道蒙版转换为图层蒙版，图层蒙版和矢量蒙版也可以相互转换。它们的共同点是都存储选区，能够使用户以非破坏方式编辑图像，可随时恢复到原始图像。

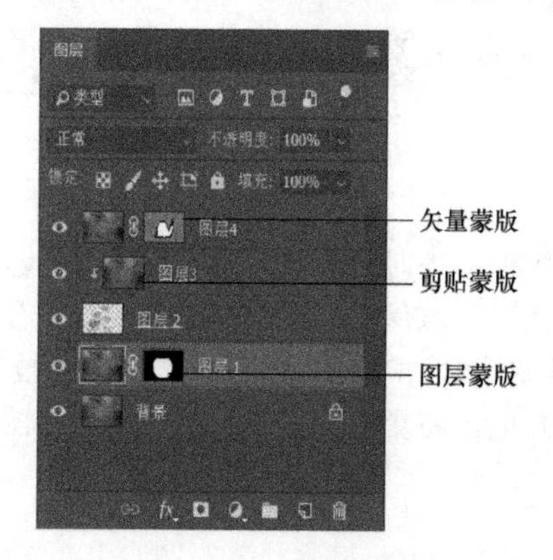

图 13-1　蒙版的类型

5．蒙版的原理

Photoshop 蒙版是将不同灰度色值转化为不同的透明度，并作用到它所在的图层，使图层不同部位透明度产生相应的变化。黑色为完全透明，白色为完全不透明，灰色为半透明。

如图 13-2 所示是对蒙版原理的解释。两幅图片使用蒙版后，产生效果如同上面图层部分区域被剪切掉了，实际上原图并没有被破坏，而是使用了蒙版的效果。此时，在图层面板中，蒙版缩览图的黑色区域表示作用于当前图层的图像被完全遮盖而透过下面图层的内容，也可以理解为该区域是完全透明的；而白色区域表示作用于当前图层的图像完全保留，也可以理解为该区域是完全不透明的。

a）图1

b）图2

c）两图应用蒙版后的效果

图 13-2　蒙版的原理

13.1.2 通道

1. 通道的概念

通道（Channel）是存储不同类型信息的灰度图像。它是基于色彩模式这一概念衍生出来的具有独特功能的工具，主要用于存储图像的颜色和选区数据。实际上，一个通道所保存的信息就是一幅图像中某一种原色（如红、绿、蓝三原色中的红色）的独立信息。

2. 通道的特点

通道具有以下一些特点：

- 每幅图像包括所有颜色通道和 Alpha 通道。通道所需的文件大小由通道中的像素信息决定。
- 所有的通道都是灰度图像，可显示 256 级灰阶。
- 可以对每个通道命名、编辑，以及指定蒙版的不透明度。不透明度影响通道的预览，而不影响原图像。
- 可随时增加或删除 Alpha 通道。
- 可以使用绘画和编辑工具编辑 Alpha 通道中的蒙版。
- 所有的新通道都具有与原图像相同的尺寸和像素数目。
- 可将选区永久地保存在 Alpha 通道中，以后可随时调出使用。

3. 通道的类型

通道类型包括颜色通道、Alpha 通道和专色通道。常用的前两种在通道面板信息中显示如图 13-3 所示。

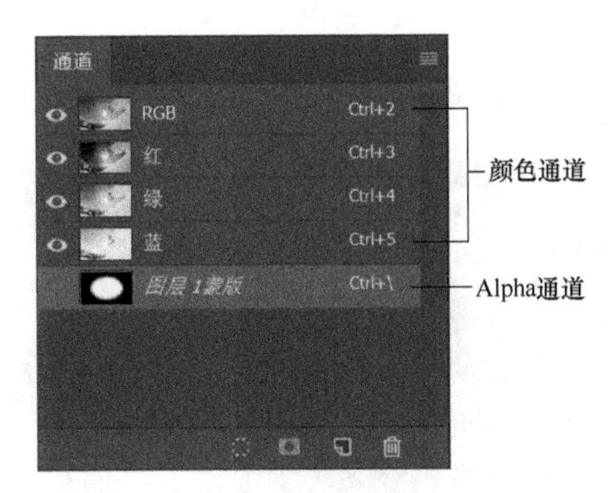

图 13-3 通道面板

（1）颜色通道

通道存储信息的形式是根据图像的色彩模式而定的，颜色通道是在打开新图像时自动创建的。图像的颜色模式决定了所创建的颜色通道的数目。例如，RGB 图像的每种颜色（红色、绿色和蓝色）都有一个通道，并且还有一个用于编辑图像的复合通道。

（2）Alpha 通道

将选区存储为灰度图像。可以添加 Alpha 通道来创建和存储蒙版，这些蒙版用于处理或保护图像的某些部分。

Alpha 通道是和蒙版的应用相结合的，可以从通道的角度来理解蒙版，比如，白色代表被选中的区域，含有灰度的区域则是部分选取，或者说是该区域的不透明度介于 0～100 之间。

一个图像最多可有 56 个通道。所有的新通道都具有与原图像相同的尺寸和像素数目。

13.2　应用蒙版

13.2.1　图层蒙版的应用

【实例 13.1】制作如图 13-4 所示效果的合成图。

图 13-4　合成效果图

操作步骤如下：

1）按<Ctrl+O>组合键，打开素材文档 ch13-1cloud.jpg 和 ch13-1angel.jpg，如图 13-5 所示。

a）cloud 图片

b）angel 图片

图 13-5　素材图片

2）将 angel 图片移入 cloud 图片中，缩放并合理布局相互的位置。

3）单击图层面板底部的添加蒙版按钮，则图层 2 的右侧增加一个图层蒙版的缩览图，如图 13-6 所示。此时的缩览图是纯白色的，表示完全显示当前图层。

4）使用椭圆工具，并在选项栏中设置羽化为 30。将指针移入窗口，按住<Shift+Alt>组合键，同时拖拽出一个以落点为中心的正圆形选区，如图 13-7 所示。

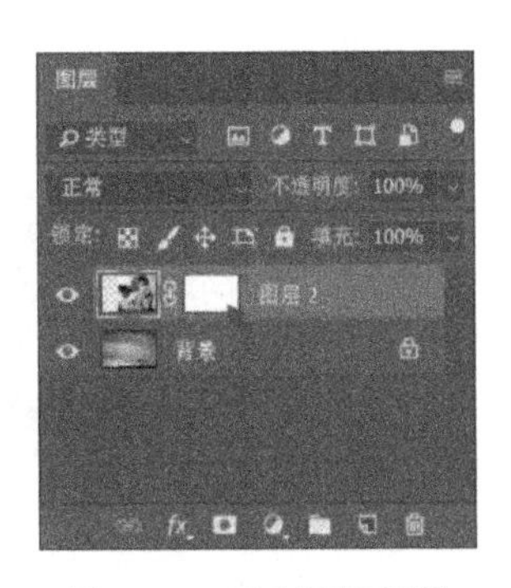

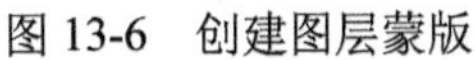
图 13-6　创建图层蒙版

图 13-7　两个图层效果

5）按<Shirt+Ctrl+I>组合键，反选选区。

6）单击工具箱中取色器复位按钮，即前景黑色，背景白色，如图 13-8 所示。按<Alt+Del>组合键，以前景色填充选区，即选区内为黑色，如图 13-9 所示。

7）按<Ctrl+D>组合键，取消选区，完成设计效果。

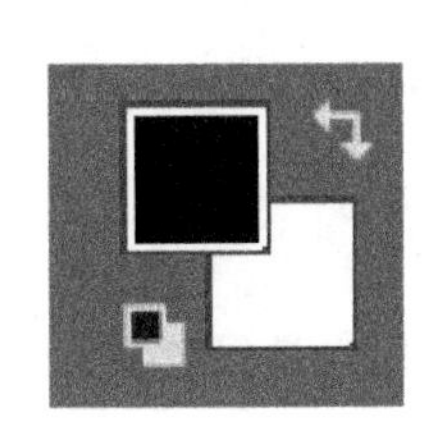

图 13-8　颜色选取框

图 13-9　创建选区蒙版效果

【实例 13.2】制作手心里的苹果，设计效果如图 13-10 所示。

图 13-10　效果图

操作步骤如下：

1）打开三幅素材图片 ch13-2garden.jpg、ch13-2apple.jpg 和 ch13-2hand.jpg，如图 13-11 所示。

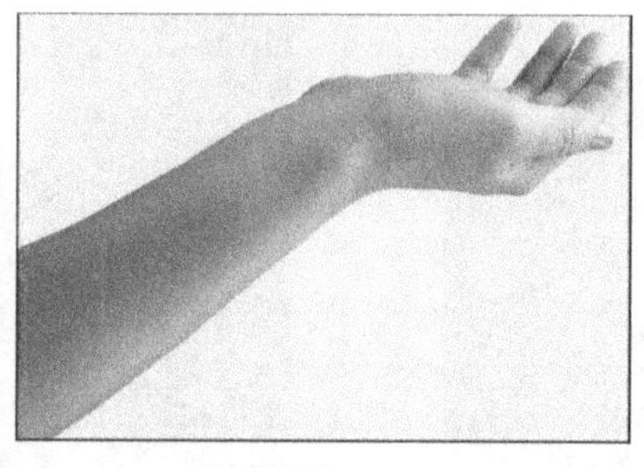

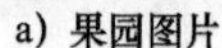

a）果园图片　　b）手图片　　c）苹果图片

图 13-11　素材图片

2）使用魔棒等选区工具分别将手和苹果从原图中提取到果园图片中，形成如图 13-12 所示的图层关系。这里根据三幅图片的大小，利用前面所学的知识，合理缩放和布局三者的位置。

图 13-12　图层关系

【提示】下面的工作要进一步修图，使手和苹果的位置关系变得更准确，也就是根据手形，部分苹果被手遮挡，使苹果卧到手心里。

3）单击苹果图层左侧的眼睛按钮，使苹果不可见。选中手的图层，按住<Ctrl>键并单击缩览图，即选中手形区域，如图 13-13 所示。再使用套索工具将选区减去苹果挡住的手指区域，如图 13-14 所示。

图 13-13　创建选区

图 13-14　进一步创建选区

4）在“图层”面板选中恢复苹果图层可见。选中苹果图层为当前图层，按<Shirt+Ctrl+I>组合键反选选区。

5）将工具箱中的颜色框置为默认（前景色为黑色、背景色为白色）。单击面板底部的添加蒙版按钮，创建蒙版，如图 13-15 所示。可以看到，图像中的苹果部分被手遮挡，在蒙版缩览图中白色为选区部分。

图 13-15 选区创建蒙版

【提示】对创建的蒙版进行细化调整，可进行以下操作：

- 若要从蒙版中减去并显示图层，将蒙版设成白色。
- 若要使图层部分可见，将蒙版设成灰色。灰色越深，色阶越透明；灰色越浅，色阶越不透明。
- 若要向蒙版中添加并隐藏图层或组，将蒙版绘成黑色，使下方图层变为可见的。

6）修图达到理想效果后，保存文档为丰收.psd。

13.2.2 剪贴蒙版的应用

【实例 13.3】制作迷彩喷涂，效果如图 13-16 所示。

图 13-16 效果图

操作步骤如下：

1）打开素材文档 ch13-3copter.jpg 和 ch13-3pattern.png，如图 13-17 所示。

a）copter 图片

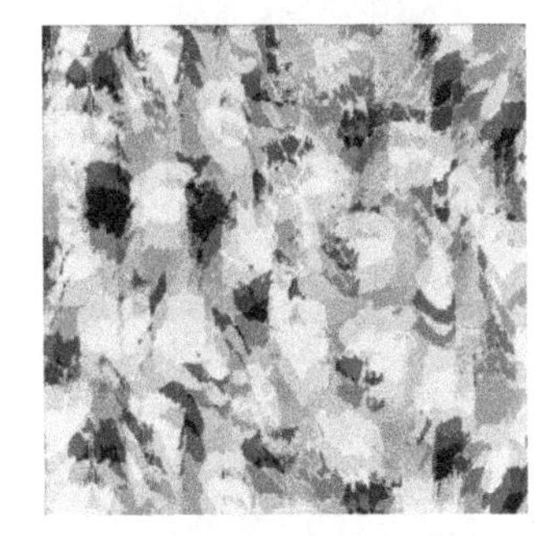

b）pattern 图片

图 13-17 素材图片

2）在 copter 图像窗口，选择选区工具，在选项栏中单击选择并遮住按钮，进入到选择并遮住工作区，如图 13-18 所示。主要使用左侧的工具创建选区，右侧属性调整参数。

图 13-18　选择并遮住工作区

【提示】Photoshop CC 提供的选择并遮住工作区是一个非常好用的创建选区功能，使用工具可以精确选区。

快速选择工具：单击或单击并拖动要选择的区域时，会根据颜色和纹理相似性进行快速选择。创建的蒙版不需要很精确，因为快速选择工具会自动且直观地创建边框。

调整边缘画笔工具：可以精确地调整发生边缘调整的边框区域。例如，轻刷柔化区域（如头发或毛皮）以向选区中加入精妙的细节。

3）使用快速选择工具和调整边缘画笔工具等，右侧属性参数设置如图 13-19 所示，单击下面的“确定”按钮。形成选区如图 13-20 所示，整个机身被选中，轮子和上面的支架除外。

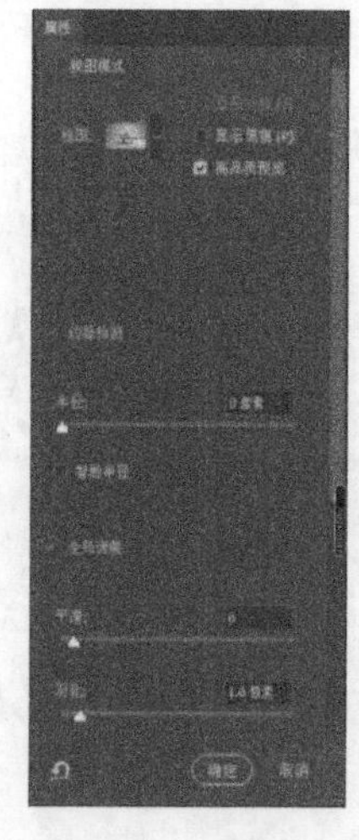

图 13-19　属性设置

图 13-20　形成选区

4）按<Ctrl+C>组合键，再按<Ctrl+V>组合键，复制选区图像到图层 1。将 pattern 图像复制到图层 2。将指针移至两个图层的中间，如图 13-21 所示。按<Alt>键，指针变成带箭头的形状，单击，即可形成剪贴蒙版，并将图层 2 设置为叠加效果，如图 13-22 所示。

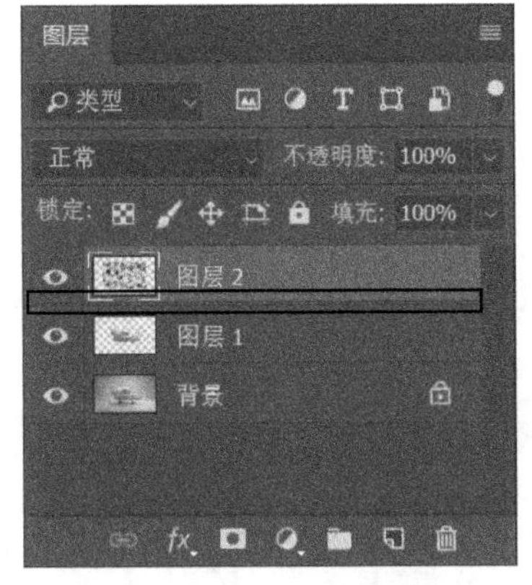

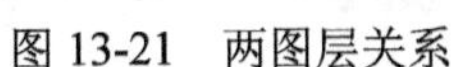
图 13-21 两图层关系

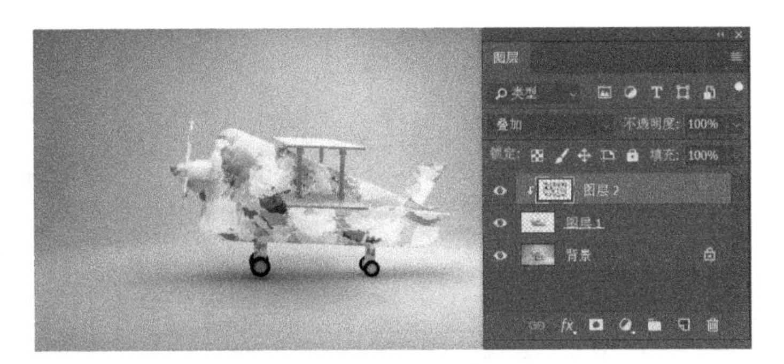

图 13-22 剪贴蒙版效果

5）再次选择背景图层，按照步骤 2）～4）的方法，将直升机支架部分创建选区，并为其增加剪贴蒙版。

6）制作完成，保存文档。

13.3 使用调整图层

本节知识点实际上结合了第 12 章色彩调整的内容。之所以在本章再介绍调整图层，是因为实例中涉及的知识点不仅有调整色彩，还要有调整蒙版，综合应用到实例创作中。

13.3.1 概述

在色彩调整中，要善于应用调整图层完成图像色彩的改善，从而完整地保持原图的色彩不变。

Photoshop CC 提供调整图层功能，调整图层可将颜色和色调调整应用于图像，而且不会永久地改变或损坏原始图像信息，原始图像的完整性得以保存下来。这种非破坏性的编辑方式可以灵活地进行进一步的更改，或使用其他的编辑方法重新开始编辑，甚至在保存编辑内容后还原所做调整。

调整图层具有以下一些优点：

1）编辑不会造成破坏。不同的设置，随时重新编辑调整图层。也可以通过降低该图层的不透明度来减轻调整的效果。

2）编辑具有选择性。在调整图层的图像蒙版上绘画，可将调整应用于图像的一部分。稍后，通过重新编辑图层蒙版，可以控制调整图像的那些部分。通过使用不同的灰度色调在蒙版上绘画，可以改变调整。

3）能够将调整应用于多个图像。在图像之间复制和粘贴调整图层，以便应用相同的颜色和色调调整。

13.3.2　应用举例

【实例 13.4】使用调整图层调整图像色彩。图像调整前后的对比效果如图 13-23 所示。

a）调整前

b）调整后

图 13-23　调整色彩

操作步骤如下：

1）按<Ctrl+O>组合键，打开素材文档 ch13-4.jpg。

2）按<Ctrl+J>组合键，复制图层。单击在图层面板底部的添加调整图层按钮，在弹出的菜单中选择曲线命令，如图 13-24 所示。此时，图层面板的背景图层上面多出一个调整图层，该图层有两个缩览图，左侧的调整图层缩览图代替了普通图像缩览图，右侧是蒙版缩览图，如图 13-25 所示。

3）在属性面板中，单击曲线按钮，调整曲线参数，提高色彩明度，如图 13-26 所示。此时，图像整体明度大大提升，曝光增强，色彩明亮。但天空的云彩过于明亮而失真，需要进一步调整。

【提示】在属性面板中，也可以根据需要单击蒙版按钮，设置蒙版参数，如图 13-27 所示。

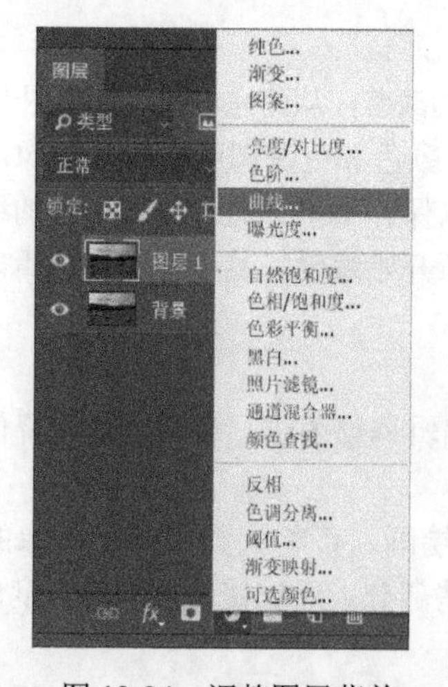

图 13-24　调整图层菜单

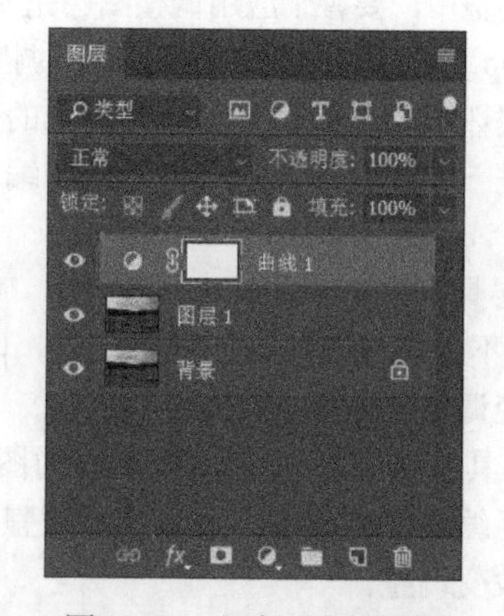

图 13-25　添加了调整图层

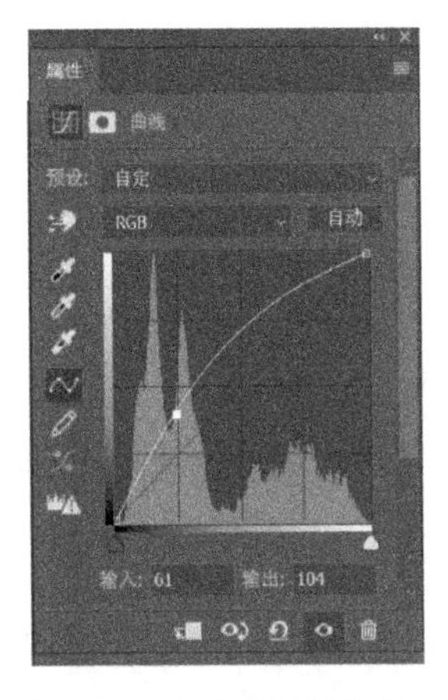

图 13-26　曲线属性设置

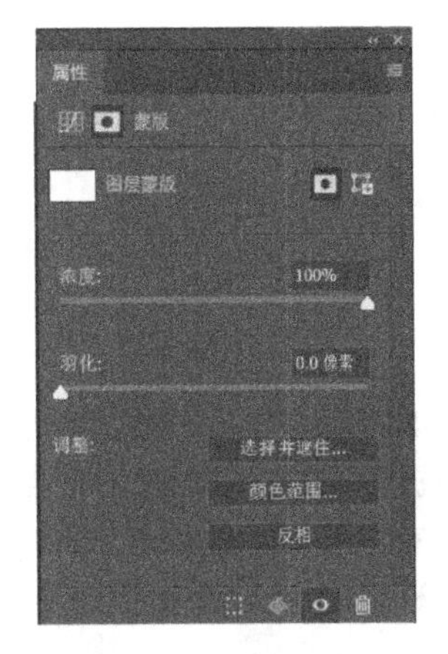

图 13-27　蒙版属性设置

4）在工具箱中选择渐变工具，在选项栏中设置渐变类型为从黑到白。然后在图像中，从上至下拖出一条线段，松开鼠标左键，可以看到蒙版缩览图的变换和图像中的变换，从而改善图像质量，如图 13-28 所示。

图 13-28　调整图层蒙版

本章小结

本章介绍了蒙版和通道的概念、功能、基本使用方法及其在应用中的技巧。通过实例读者可以感受到蒙版和通道在选区创建和编辑中使用很方便，也可以通过 Alpha 通道随时存储选区，方便随时再提取编辑。蒙版是保护原始图像的有利工具，可以在不改变原图的情况下调整和修饰图像。Photoshop 的这些功能为高效设计网页图片提供了更好的方法和途径。

在本章的介绍中，制作蒙板的方法可以总结为以下几种：

方法 1：先制作选区，选择【选择】/【存储选区】命令，或直接单击通道面板中的将选区存储为通道按钮。

方法 2：利用通道控制面板，首先创建一个 Alpha 通道，然后用绘图工具或其他编辑工具在该通道上进行编辑，以产生一个蒙版。

方法 3：制作图层蒙版。

方法 4：利用工具箱中的快速蒙版显示模式工具产生一个快速蒙版。

不断地了解和掌握 Photoshop CC 功能，并灵活运用到设计和实现创作中，就会越来越感受到 Photoshop CC 的强大魅力。

思考与练习

1．图像的通道类型有几种？可以通过自定义创建的通道有哪些？如何创建它们？
2．在通道面板中通道存储信息的特点是什么？
3．图层蒙版的作用体现在哪些方面？
4．使用蒙版和通道，试着完成下面的一些有趣的实例创作，如图 13-29 所示。

图 13-29　实例创作系列

第 14 章　文字设计和矢量绘制

Photoshop CC 提供了功能强大而灵活的文字工具，能更轻松地在图像上添加文字，图文搭配使网页图片独具创意。

Photoshop CC 中的绘图包括创建矢量形状和路径。用户可以使用任何形状工具、钢笔工具或自由钢笔工具进行绘制，还可以添加矢量蒙版以控制哪些内容在图像中可见。

本章将介绍文字和矢量工具，并通过实例带领读者体验 Photoshop CC 这些功能的高效性。

本章要点：

- 文字工具
- 矢量绘图工具
- 形状
- 路径

14.1　工具概述

14.1.1　文字工具

Adobe Photoshop CC 中的文字由基于矢量的文字轮廓组成，这些形状可以通过如字母、数字和符号等形式表达出来。用于创建文字的工具如图 14-1 所示，可以输入横排或直排文字，也可以创建横排或直排文字蒙版。

当创建文字时，图层面板中会添加一个新的文字图层。创建文字图层后，可以编辑文字并对其应用图层命令。

图 14-2 所示为使用横排和直排文字工具输入的文字效果，以及文字变形效果。从图层面板中可以看到，每组输入的文字独立存放于文字图层中，可以单独编辑该图层，包括变换文字大小、形状以及效果和样式等。

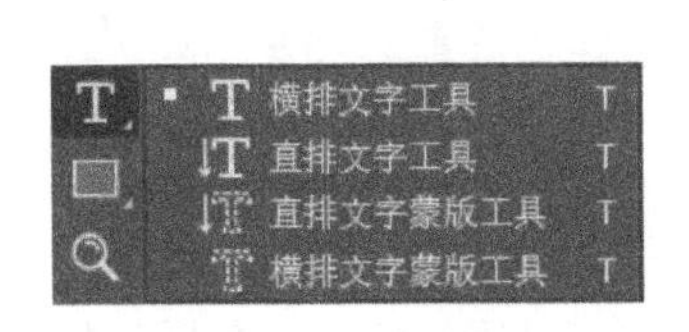

图 14-1　文字工具

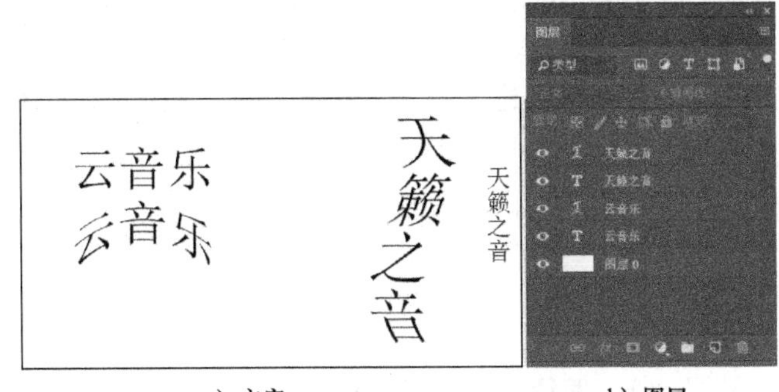

a）文字　　b）图层

图 14-2　横排和直排文字

使用文字工具可以输入点文字或段落文字。图 14-3 所示为创建段落文字效果。

段落文字的创建，鼠标拖曳出一个矩形框，则输入的文字在矩形框中显示，并自动换行。

图 14-3　创建段落文字

文字工具的使用常常要结合字符面板（见图 14-4a）和段落面板（见图 14-4b）进行参数设置，以达到字符或段落文本的属性要求。

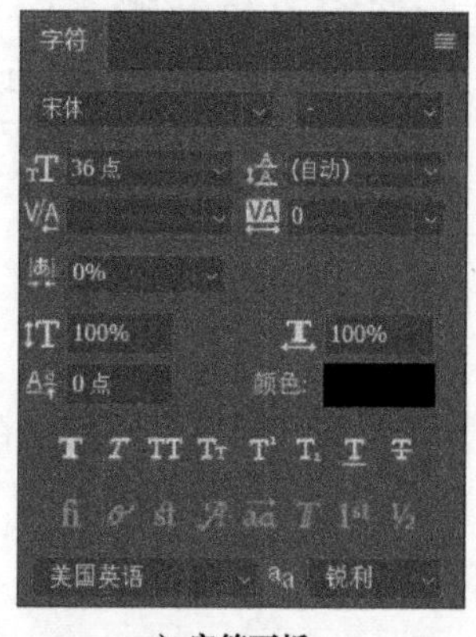

a）字符面板

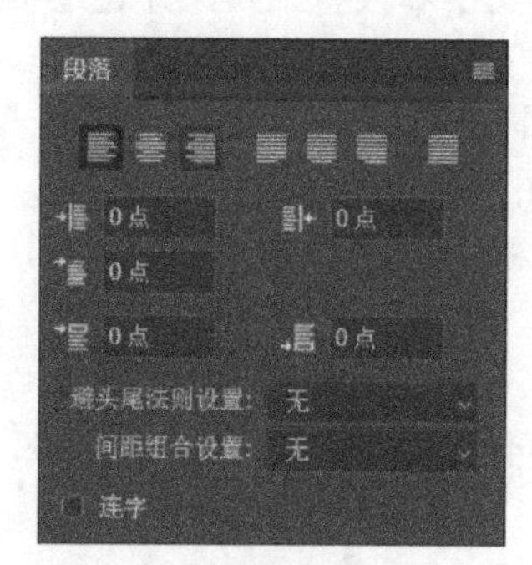

b）段落面板

图 14-4　字符面板和段落面板

14.1.2　钢笔工具

Photoshop CC 提供多种钢笔工具以满足图像绘制需求。绘图工具是矢量工具，可以绘制边缘清晰、放大不失真的图形效果。在 Photoshop CC 中，可以绘制矢量形状和路径。

图 14-5 所示为钢笔工具组。标准钢笔工具可用于精确绘制直线段和曲线。弯度钢笔工具可以直观地绘制曲线和直线段。自由钢笔工具可用于绘制路径，就像用铅笔在纸上绘图一样。自由钢笔工具中的磁性钢笔选项，可用于绘制与图像中定义的区域边缘对齐的路径。

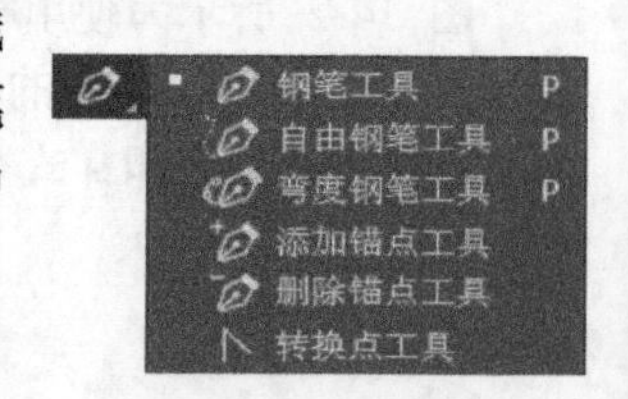

图 14-5　钢笔工具组

钢笔工具组中的工具是 Photoshop CC 中比较难掌握的工具。使用标准钢笔工具，可以创建直线段、曲线，可以是闭合或不闭合的路径和形状。

14.1.3　路径和形状

1. 路径

与图层一样，路径也是 Photoshop CC 中的一种重要工具。它可以用于绘制矢量图形轮廓，此外，还具有辅助建立选区功能。矢量绘图往往和路径信息分不开，在创建一个矢量图形时，观察路径面板会发现添加的路径信息，如图 14-6 所示。可以使用如图 14-7 所示的路径选择工具对已经创建的路径进行编辑。

图 14-6　路径面板

图 14-7　路径选择工具

路径是由锚点（也称节点）组成的，锚点是定义路径中每条线段开始和结束的点，通过锚点来固定路径。路径可以形成复杂或精度要求较高的矢量图形，可以是一个点、一条直线段、一段平滑曲线或是封闭的几何图形。图 14-8 所示为使用钢笔工具绘制的路径信息。

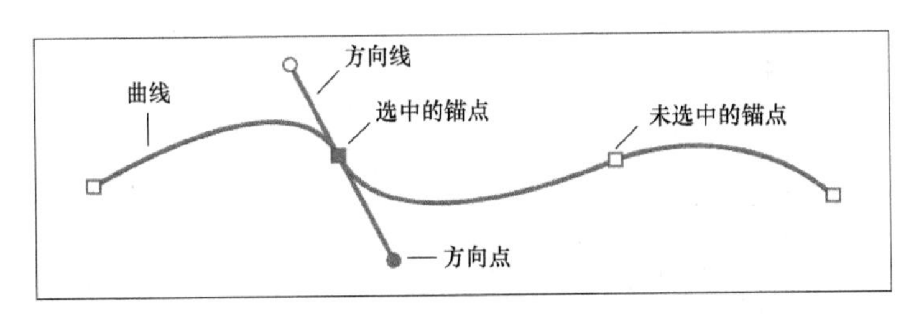

图 14-8　路径信息

2．形状

用 Adobe Photoshop CC 形状工具可以绘制所有类型的简单或复杂的形状，还能够轻松地创建网页按钮和其他导航图形。图 14-9 所示为形状工具组。

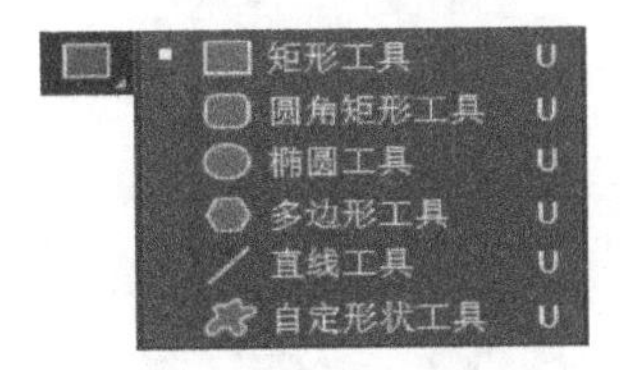

图 14-9　形状工具组

3．形状、路径和像素

在 Photoshop CC 中，可以使用任何形状工具、钢笔工具进行绘图。在选项栏中可以先设置每个工具的选项。图 14-10 所示为钢笔工具的选项栏。

图 14-10　钢笔工具的选项栏

使用形状或钢笔工具时，可以使用三种不同的模式进行绘图。选取的绘图模式将决定是在自身图层上创建矢量形状，还是在现有图层上创建工作路径，或是在现有图层上创建栅格化形状。

（1）形状图层

形状图层是在单独的图层中创建形状。可以使用形状工具或钢笔工具来创建形状图层。可以选择在一个图层上绘制多个形状。因为可以方便地移动、对齐、分布形状图层以及调整其大小，所以形状图层非常适于为 Web 页创建图形。形状图层包含定义形状颜色的填充图层以及定义形状轮廓的链接矢量蒙版。形状轮廓是路径，它出现在路径面板中。

（2）路径

在当前图层中绘制一个工作路径后，可使用它来创建选区和矢量蒙版，或者使用颜色填充和描边以创建栅格图形（与使用绘画工具非常类似）。除非存储工作路径，否则它是一个临时路径。路径出现在路径面板中。

（3）填充像素

直接在图层上绘制，与绘画工具的功能非常类似。在此模式中工作时，创建的是栅格图像而不是矢量图形。可以像处理任何栅格图像一样来处理绘制的形状。在此模式中只能使用形状工具。

14.2　文字设计实例

14.2.1　网页文字设计

【实例 14.1】古诗页面设计。

本例通过创建点文字和段落文字，实现页面中图文并茂的效果，如图 14-11 所示。

图 14-11　实例 14.1 的效果图

操作步骤如下：

1）按<Ctrl+O>组合键，打开素材文档 ch14-1.jpg。

2）选择直排文字工具↓T，在选项栏设置字体为华文行楷，字号为 48 点，消除锯齿为浑厚，如图 14-12 所示。

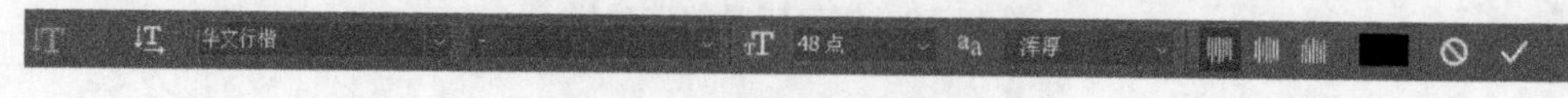

图 14-12　直排文字选项栏设置

3）在图片右上角位置单击，为文字设置插入点。I 型指针中的小线条标记的是文字基线位置。对于直排文字，基线标记的是文字字符的中心轴。输入文本念奴娇 • 赤壁怀古，如图 14-13 所示。

4）单击选项栏中的提交按钮✓。

5）双击图层面板中的文字图层（在文字旁边的空白处双击），会弹出图层样式对话框。在该对话框左侧选中投影样式，在对应的右侧选项中设置参数，如图 14-14 所示。设置完成后单击确定按钮。

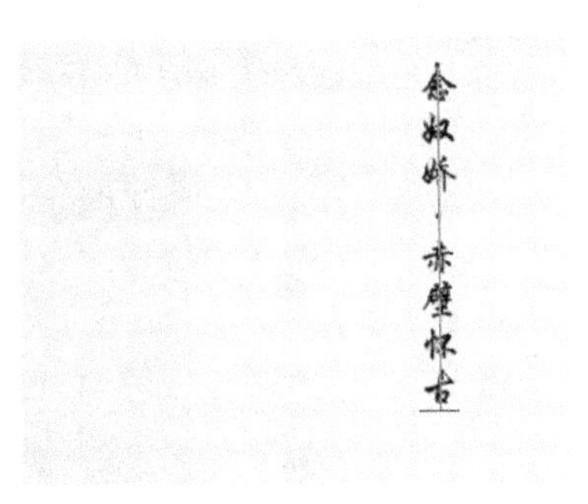

图 14-13　输入直排文字

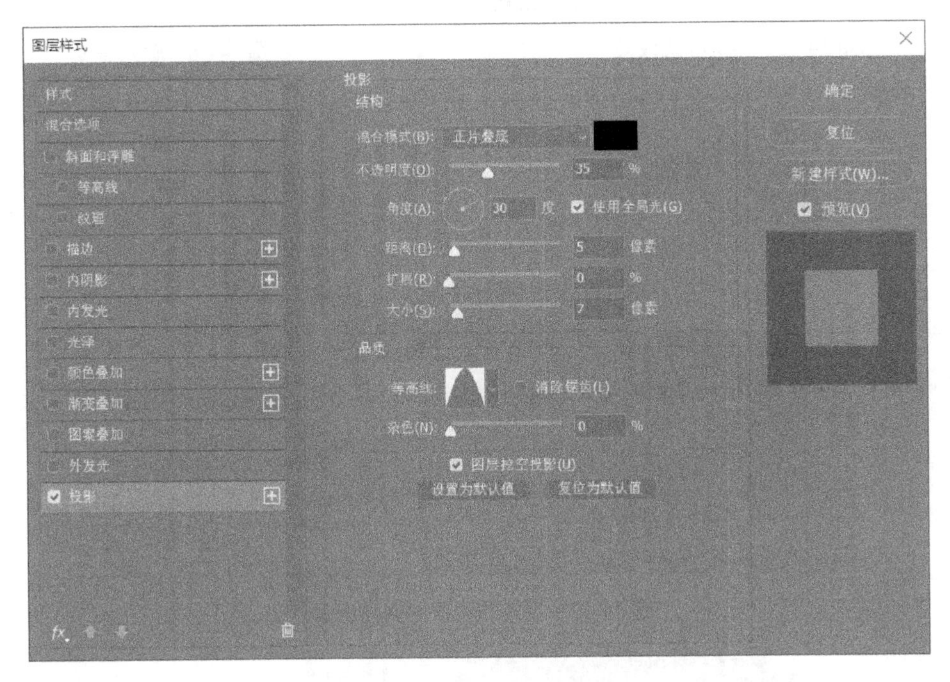

图 14-14　图层样式对话框

6）通过图层样式设置的画面效果和图层面板内容如图 14-15 所示。文字图层名称的右侧会出现一个图层效果图标 fx，可以在图层面板中展开（折叠）样式，以便查看或编辑合成样式的效果。

7）使用直排文字工具，在标题左侧单击，输入文本【宋】苏轼，并在其选项栏中设置属性。单击提交按钮确认。使用移动工具调整该文字的位置。

8）继续使用直排文字工具，在副标题左侧拖拽出一个矩形框，创建段落文字编辑区，并输入诗词正文内容（可以通过素材文本复制）。

9）调整段落文字区域大小，以适合文字排版，如图 14-16 所示。

10）单击选项栏的切换字符与段落面板按钮（再次单击关闭面板），同时弹出字符和段落两个面板，继续对文本进行字符和段落的属性设置，如图 14-17 所示。

11）使用直排文字工具，在图片左下角位置单击，输入 2020 设计。选中 2020 文字（反白效果），然后单击字符面板右上角的菜单按钮，在弹出的菜单中选择直排内横排命令，如图 14-18 所示。

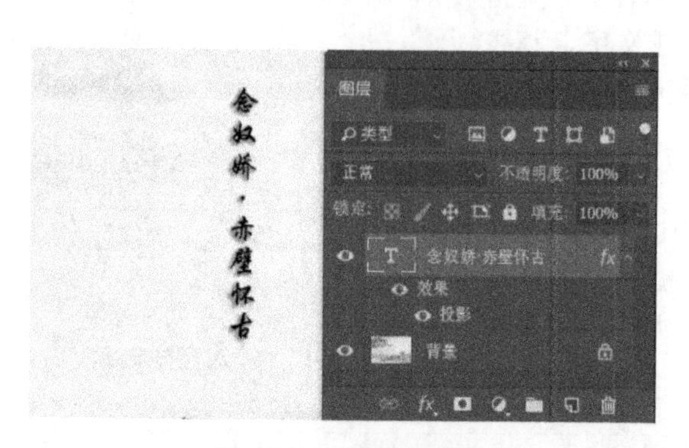

图 14-15　图层样式效果

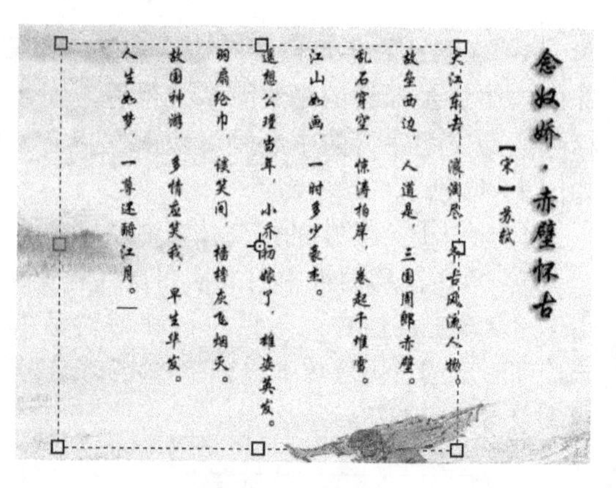

图 14-16　输入正文

图 14-17　字符和段落的属性设置

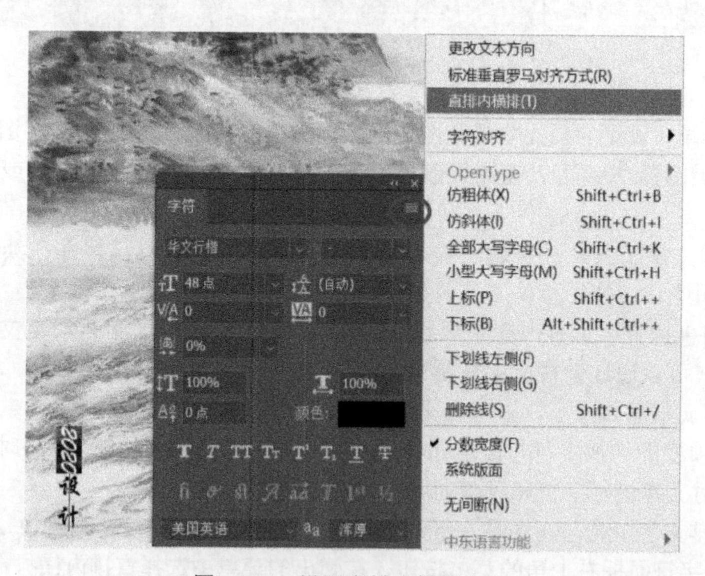

图 14-18　设置直排内横排命令

12）对该图层进行图层样式设置，实际效果体现色彩和轮廓等变化，如渐变叠加和投影。最终完成整幅图的设计效果。

13）保存文档为 poem.psd。

14.2.2　路径文字设计

【实例 14.2】创意图文设计。

本例通过创建路径文字，实现在页面中绘制一个异形文字的设计，效果如图 14-19 所示。

图 14-19　实例 14.2 的效果图

操作步骤如下：

1）按<Ctrl+O>组合键，打开素材文档 ch14-2.jpg，并另存为 miss.psd。

2）选择钢笔工具，并在选项栏中选择工具模式为路径。将指针移入画面中小桥的一端，按下鼠标左键拖拽出一个方向线，如图 14-20 所示的①标号。松开鼠标左键，将指针移至小桥的另一端，按下鼠标左键，拖拽出方向线，即产生一端弧线，如图 14-20 所示的②标号。

3）打开路径面板，可以看到对应的一个工作路径，如图 14-21 所示。

图 14-20　使用钢笔创建弧线

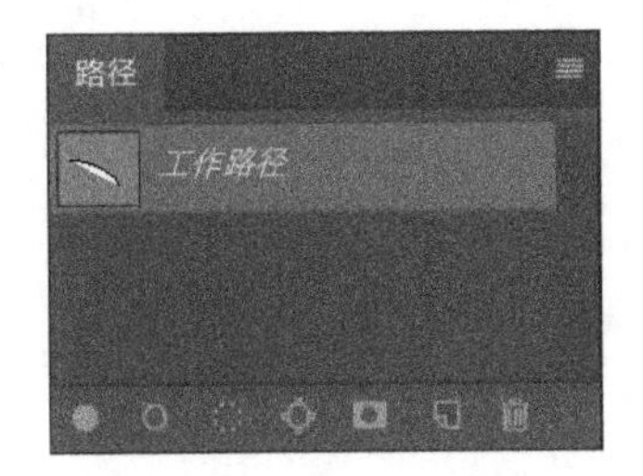

图 14-21　创建工作路径

4）选择文字工具，将指针移至路径上方，使文字工具的基线指示符位于路径上，然后单击。在编辑状态下，输入乡愁是一枚小小的邮票，如图 14-22 所示。

5）在选项栏中设置字体、字号、颜色以及字符间距等属性参数。单击选项栏中的切换文字方向按钮，使文字逆时针转 90°，如图 14-23 所示。单击选项栏中的按钮。

图 14-22　创建路径文字

图 14-23　切换文字方向

【提示】这里的路径只是一个路径信息，没有像素信息，当取消选择路径面板的工作路径（在工作路径以外的地方单击），路径弧线将在画面中消失。

6）按<Ctrl+O>组合键，打开另一个素材文档 heart.png，是一个镂空的心形图案。将该图片拖拽至当前文档中，适当缩放。

7）使用魔棒工具，在心形中单击，选中镂空区域，如图 14-24a 所示。

8）在路径面板底部，单击路径按钮，如图 14-24b 所示，将选区转换为路径，如图 14-24c 所示。

a）选中镂空区域

b）单击路径按钮

c）将选区转换为路径

图 14-24　从选区生成工作路径

9）使用文字工具在该路径上创建文字妈妈在那边。选择路径选择工具，指针变为带箭头的 I 形光标，沿着路径移动文字到合适的位置，如图 14-25 所示。

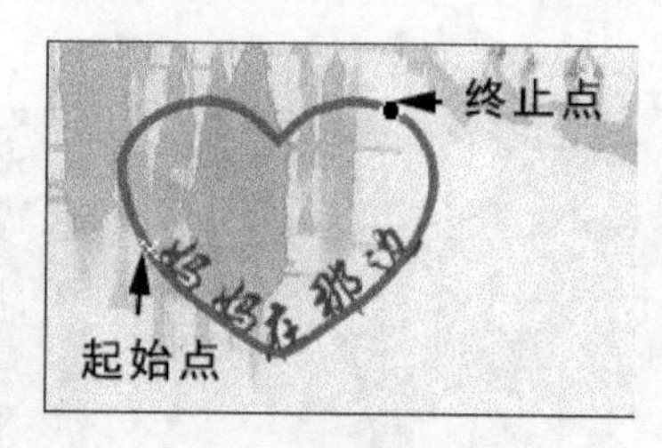

图 14-25　移动路径文字

【提示】通过移动文字可以达到不同的路径文字效果，如翻转文字。要将文本翻转到路径的另一边，单击并横跨路径拖动文字即可。

10）按照步骤 7）～9），再创建一个心形图案和路径文字效果。

11）使用蒙版工具在两个心形图案上的交叠处进行擦除，获得相互连环的效果。

12）使用魔棒工具，在一个心形中单击，创建心形选区，在图层面板底部单击创建填充图层按钮，在弹出的列表中选择纯色选项，为选区创建一个纯色填充图层，如图 14-26 所示。

13）使心形内填充一个透明度为 80%的粉色填充。图 14-27 所示为图像效果和对应的图层面板内容。

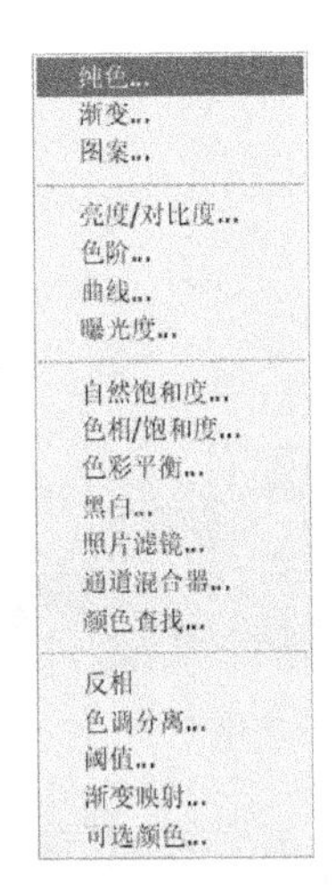

图 14-26　创建新的填充或调整图层命令菜单

图 14-27　心形环设计

14）在设计过程中，根据自己的喜好编辑图像和修改创意会产生各种不同的效果。设计完成，保存文档。

【提示】填充图层可以用纯色、渐变或图案填充图层。与调整图层不同，填充图层不影响它们下面的图层。

限制填充图层应用于特定区域，通过使用图层蒙版实现。默认情况下，调整图层和填充图层都自动具有图层蒙版，由图层缩览图左边的蒙版图标表示。

14.2.3　文字蒙版设计

【实例 14.3】SUNSHINE 标题设计。

实例 14.3 的效果如图 14-28 所示。

图 14-28　实例 14.3 的效果图

操作步骤如下：

1）按<Ctrl+O>组合键，打开素材文档 ch14-3.jpg，并另存为 banner.psd。

2）选择文字工具，输入文字 SUNSHINE，并确认。单击选项栏中的切换字符和段落面板按钮，在弹出的字符面板中设置参数，如图 14-29 所示。

3）在图层面板右上角设置图层的不透明度为 80%，得到如图 14-30 所示的文字效果。

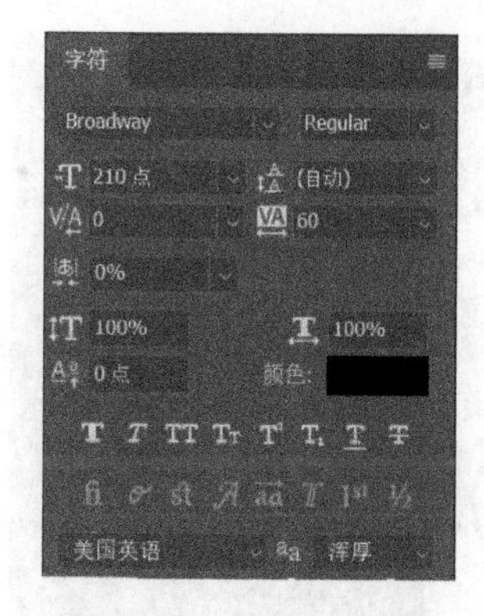

图 14-29　设置字符属性

图 14-30　设置文字的不透明度

4）将素材图片 ch14-cartoon.jpg 和 ch14-girl.jpg 拖拽到当前窗口中。形成如图 14-31 所示的位置关系，此时图片遮挡了文字内容。

图 14-31　添加图片

5）在图层面板中，将指针移至文字图层和图层 1 直接的边界处，按下<Alt>键并单击，形成文字剪贴蒙版效果。用相同的办法，将图层 2 也设置为文字剪贴蒙版效果，如图 14-32 所示为设置前后的对比，缩览图左侧出现一个向下的箭头。

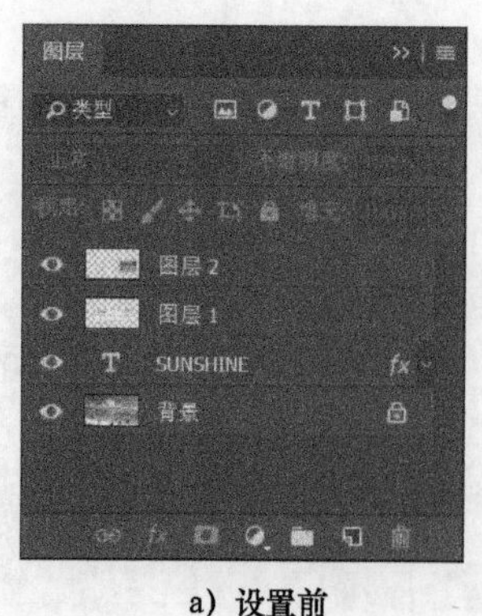

a）设置前　　b）设置后

图 14-32　创建文字剪贴蒙版

6）此时画面呈现如图 14-33 所示的效果。

图 14-33 文字剪贴蒙版效果

7）在图层面板中双击文字图层，在弹出的对话框中设置图层样式，如图 14-34 所示。

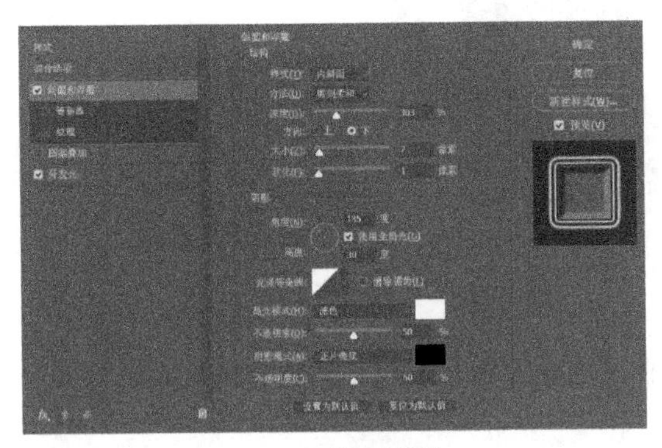

a）斜面和浮雕

b）外发光

图 14-34 设置文字图层样式

8）设计完成，保存文档。

14.3 形状设计实例

【实例 14.4】创意 CUP 徽标设计。

本例通过使用形状工具设计实现一个 CUP 徽标，设计效果如图 14-35 所示。

图 14-35 实例 14.4 的效果图

操作步骤如下：

1）打开素材文档 ch14-4CUP.jpg。

2）使用选区工具在图像上创建杯子轮廓的选区，如图 14-36 所示。

3）打开路径面板，单击面板底部的从选区生成工作路径按钮，形成如图 14-37 所示的工作路径。

图 14-36　创建选区

图 14-37　生成路径

下面将杯子轮廓路径定义为自定义形状，以便将其用作徽标。这个形状将出现在自定义形状选择器中。

4）选中形状 1，选择菜单中【编辑】/【定义自定义形状】命令，弹出形状名称对话框。在该对话框中输入 CUP，单击确定按钮，如图 14-38 所示。

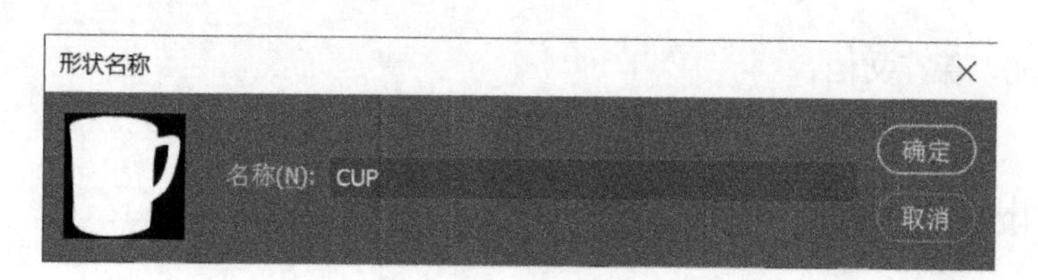

图 14-38　定义形状

5）打开另一素材文档 ch14-4.jpg，并另存为 shape.psd。

6）在工具箱中选择自定形状工具，在选项栏中打开自定形状选择器，滚动到底部，显示刚定义的形状，如图 14-39 所示。

图 14-39　自定形状

7）将指针移入画笔，单击后弹出创建自定形状对话框，如图 14-40 所示，单击确定按钮，创建 80×80 像素形状。画面中出现如图 14-41 所示的形状。

下面从杯子形状中剔除一个字母 i 形状，让背景显示出来。

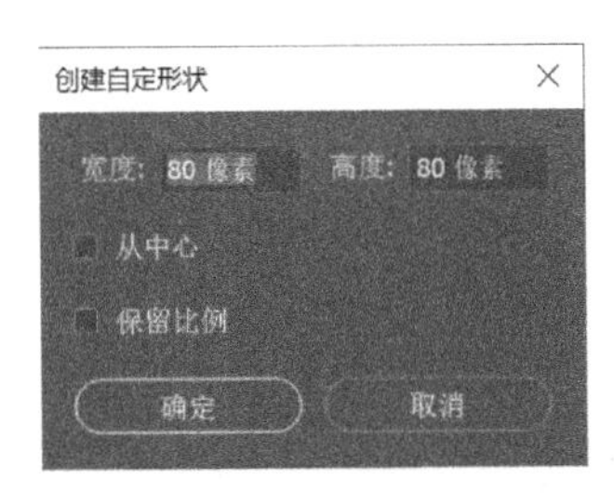

图 14-40 创建自定形状对话框

图 14-41 画面形状

8）选择自定形状工具，在选项栏中从路径操作下拉列表中选择减去顶层形状选项，如图 14-42 所示。

9）将指针移至杯子处，指针形状变成带减号的十字形+-，单击，弹出创建自定形状对话框，如图 14-43 所示，设置参数后单击确定按钮。镂空图案效果如图 14-44 所示。

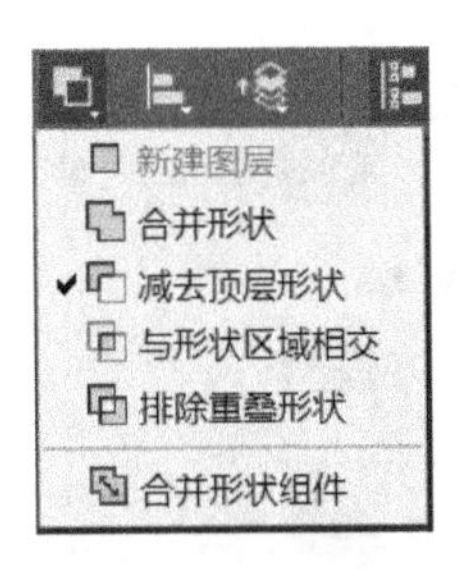

图 14-42 路径操作选项

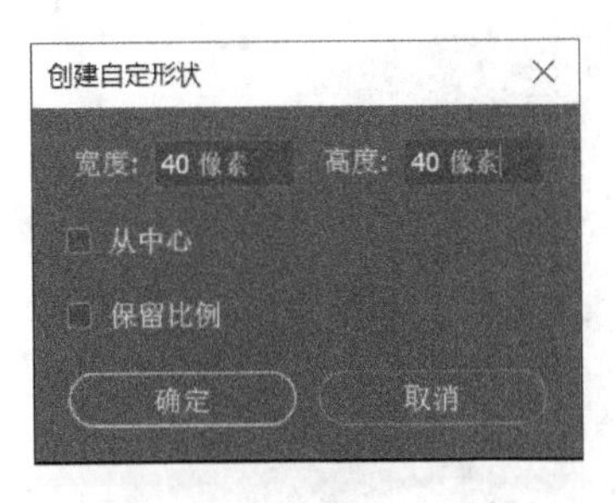

图 14-43 设置自定形状大小

图 14-44 镂空图案效果

10）使用路径选择工具选中 CUP 徽标，在选项栏中设置填充色为浅黄色，描边为 1 像素白色，如图 14-45 所示。则 CUP 徽标的颜色改变。

图 14-45 CUP 徽标颜色设置

11）在徽标右侧添加文字 Welcome，并设置图层样式。

12）将 ch14-4CUP.jpg 中的杯子移入当前图像中，修改大小，并进行复制图层、翻转等操作，使杯子与场景有效融合。

13）制作完成，保存文档。

本章小结

本章主要介绍了 Photoshop CC 矢量绘制工具和文字工具的使用方法和应用技巧。通过实例使读者了解并掌握设计矢量图形和文字字形的方法，以及对已创建的矢量图形和文字进行修改与编辑的方法。结合前面章节介绍的内容，可实现更加丰富的设计效果，如设计文字样式、文字蒙版、剪贴蒙版等多种设计方法。

思考与练习

1．文字工具有几种？各适用于什么场合？
2．文字编辑包括哪两种类型？如何在文本框中输入文字？
3．形状工具的选项栏有何特点？它与路径选择工具怎样结合使用？
4．练习使用 Photoshop CC 形状工具创建矢量蒙版效果，如图 14-46 所示。

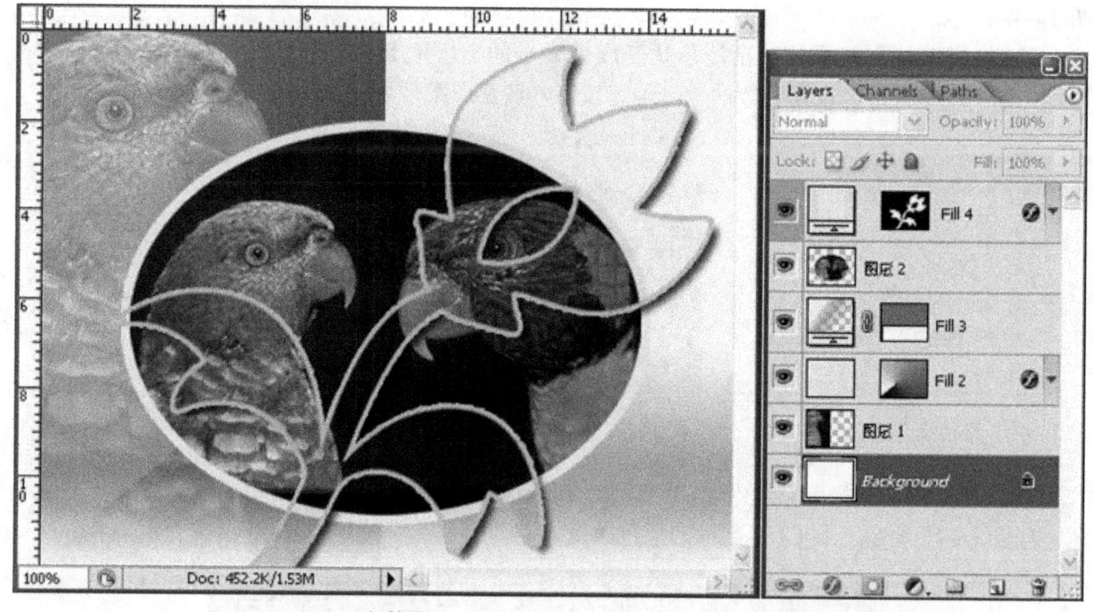

a）效果图　　b）图层面板

图 14-46　创意绘画

第 15 章　制作网页主要元素

图像是网页设计中不可或缺的组成部分，恰当使用图像可以使网站页面充满活力，吸引更多的浏览者访问页面，并留下深刻印象，提高访问率。本章通过实例，介绍网页主要元素的创作方法和技巧。

本章要点：

- 网页 GIF 动画
- 网站导航条
- 网站 Logo
- 网站图标及按钮
- 图像切片

15.1　制作标题动画

GIF 动画是网页中经常出现的一种动画形式。将标题设计成动画形式，往往能增添页面的动感和吸引力。

【实例 15.1】制作一个 GIF 标题动画，由背景图片和文字结合生成主题动画效果。图 15-1 所示为动画逐帧呈现的五幅图片效果。

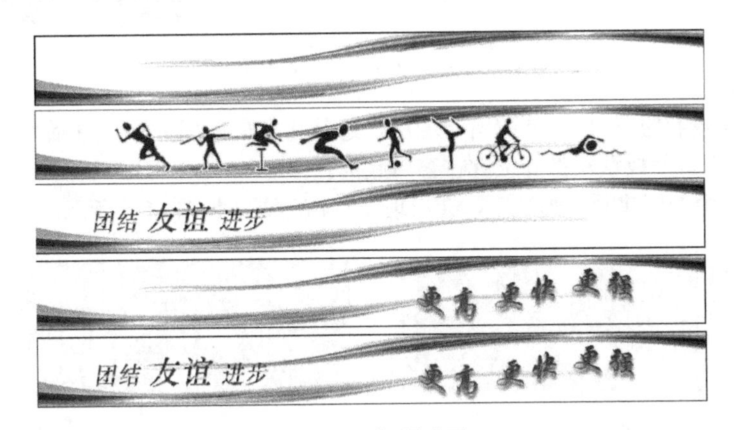

图 15-1　标题动画

操作步骤如下：

1）按<Ctrl+N>组合键，创建新文档，并保存为 sports.psd。

2）按<Ctrl+O>组合键，打开 ch15-bg.png 和 ch15-sports.png，并将素材图像先后拖入设计文档，得到图层 1 和图层 2。图 15-2 所示为图层面板的状态。

3）使用横排文字工具，创建团结友谊进步，并确认。再创建更高更快更强，并确认。图15-3所示为添加文字后的图层面板状态。

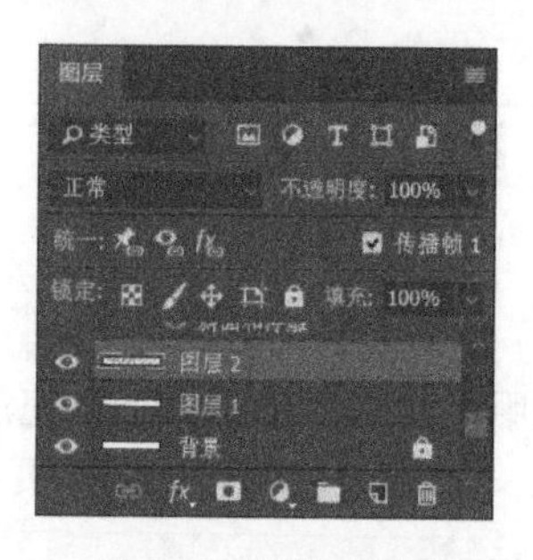

图15-2　添加背景图层

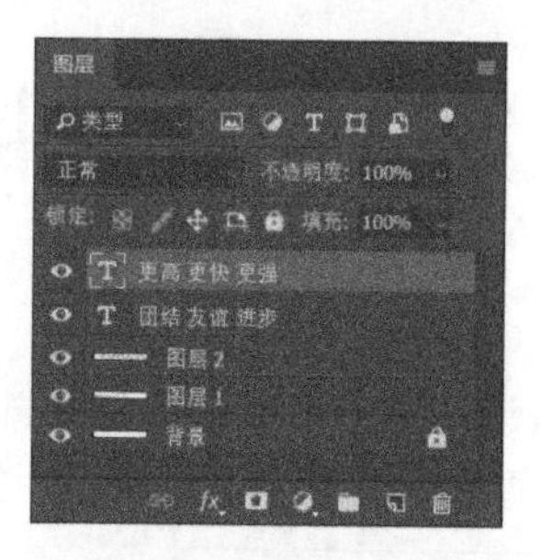

图15-3　添加文字

4）选中图层 2，单击图层面板底部的图层样式按钮，选择描边命令，在弹出的对话框中设置大小为2px、位置为外部、颜色为黄色。

5）选中文字图层，并设置图层样式，效果如图15-4所示。

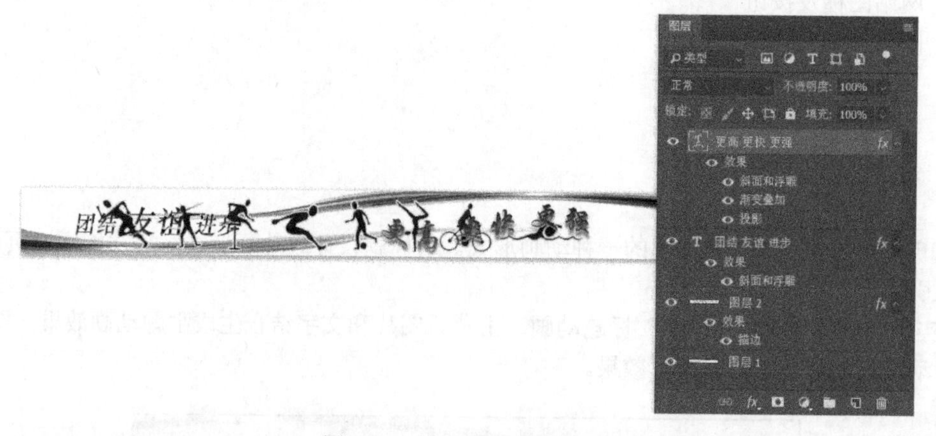

图15-4　设置文字图层样式

6）隐藏除背景和图层 1 以外的所有图层，选择【窗口】/【时间轴】命令，打开时间轴面板，如图15-5所示。面板默认打开位置在窗口底部。

7）单击面板中的创建帧动画按钮，会出现第1帧动画，如图15-6所示。

图15-5　时间轴面板

图15-6　插入第1帧画面

8）修改0秒延迟为1秒。

9）单击面板底部的“复制所选帧”按钮，复制5帧，如图15-7所示。

10）选中第 2 帧，在图层面板中单击图层 2 左侧的眼睛图标，在当前帧显示出人物剪影画面，如图15-8所示。

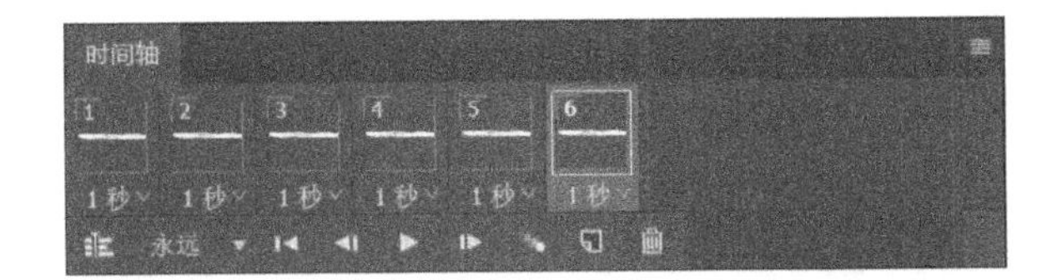

图 15-7　复制帧

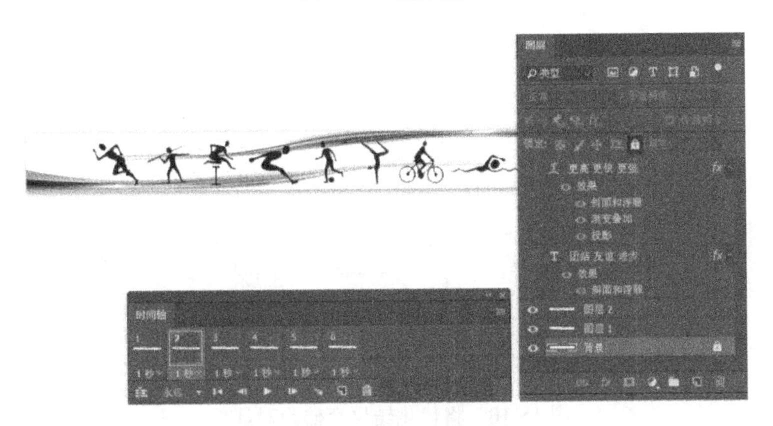

图 15-8　设置第 2 帧画面

11）使用相同的方法，继续设置第 3～6 帧画面。在图层面板中，切换显示相应的图层内容，并隐藏其他不需要显示的图层。

12）完成各帧画面的效果设置后，单击时间轴面板底部的播放按钮，可以在窗口中预览动画效果，进一步修改各帧动画。

13）完成制作，保存为 ch15-1.psd 文档。

14）选择【文件】/【导出】/【存储为 Web 所用格式】命令，弹出存储为 Web 所用格式（100%）对话框，如图 15-9 所示。

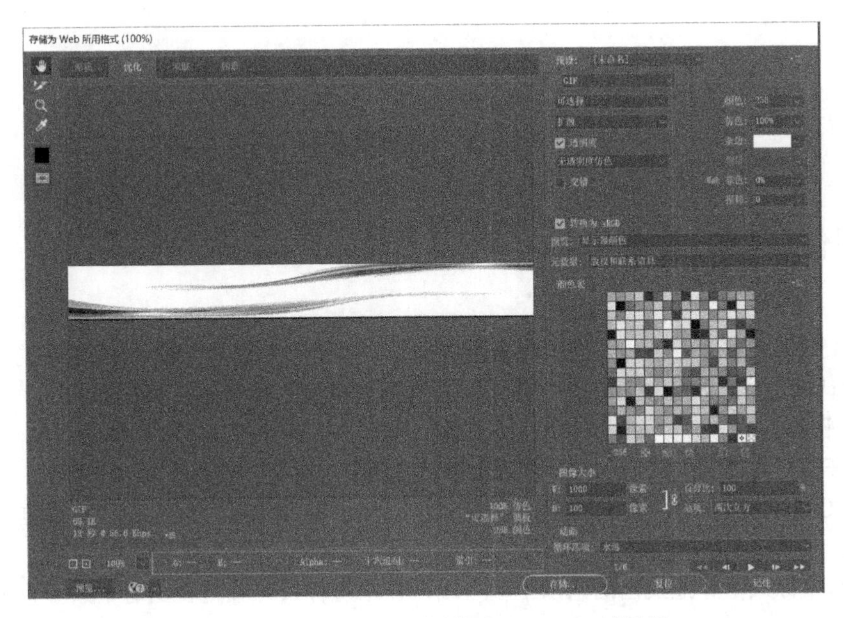

图 15-9　存储为 Web 所用格式（100%）对话框

15）单击存储按钮，弹出将优化结果存储为对话框。在该对话框中选择格式为 HTML 和图像类型，如图 15-10 所示，单击保存按钮。

图 15-10　将优化结果存储为对话框

16）在相应的位置找到保存的 HTML 类型文件，双击文件，打开浏览器窗口，并显示制作的标题动画效果，如图 15-11 所示。

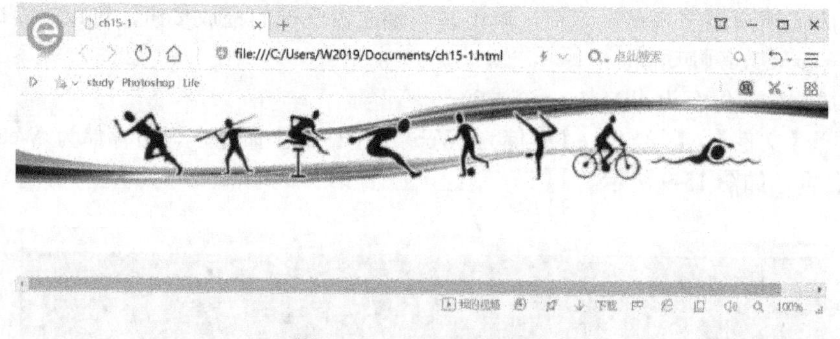

图 15-11　网页浏览效果

15.2　制作网站导航条

【实例 15.2】网站导航条是页面的重要组成部分，本例介绍使用 Photoshop CC 的一些综合应用技巧，设计创建导航按钮及导航条。图 15-12 所示为在浏览器中的打开效果。

操作步骤如下：

1）打开素材文档 ch15-2.jpg，并保存为 ch15-2.psd。

2）按<Ctrl+R>组合键，打开标尺，双击标尺，弹出首选项对话框。在该对话框中设置标尺单位为像素，如图 15-13 所示。

3）在水平标尺位置拖拽出两条水平参考线，在垂直标尺位置拖拽出若干条垂直参考线，如图 15-14 所示。

图 15-12　实例 15.2 的效果图

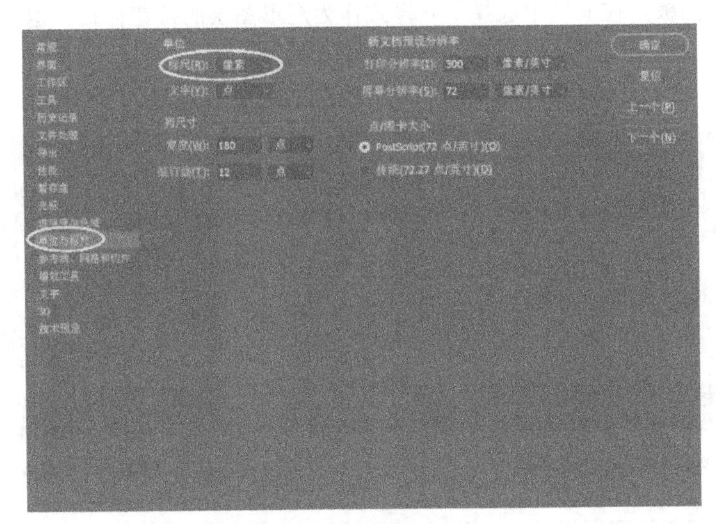

图 15-13　设置标尺单位

图 15-14　设置参考线

4）在工具箱中选择矩形工具，绘制一个矩形形状，并在弹出的属性面板中设置参数：W 为 150 像素，H 为 50 像素，填充白蓝渐变，边框为无，上圆角为 10 像素，如图 15-15 所示。

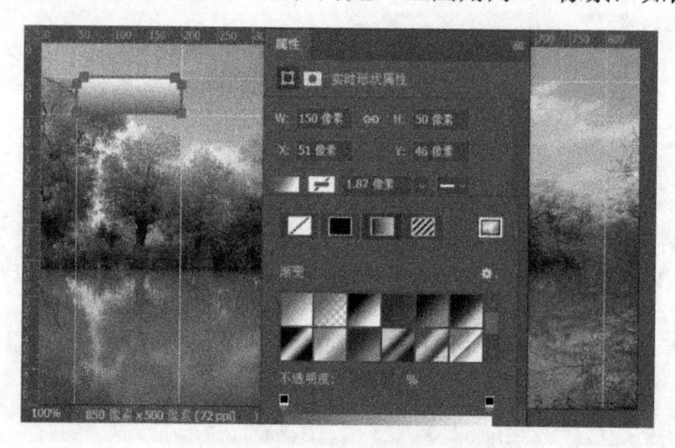

图 15-15　绘制圆角矩形

5）打开样式面板，在面板中选择星光样式作为矩形图层的按钮样式。也可以使用图层面板底部的添加图层样式按钮设置按钮样式，如图 15-16 所示。

6）选择文字工具，在按钮上添加文字，并在字符面板中设置文字属性，如图 15-17 所示。

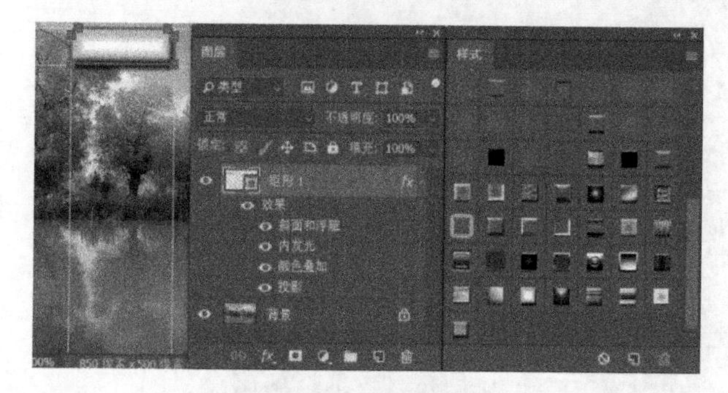

图 15-16　应用按钮样式

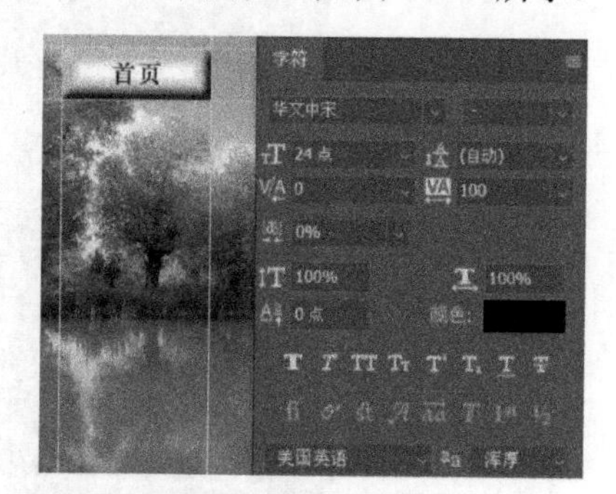

图 15-17　为按钮添加文字

7）为文字图层添加图层样式，在图层样式对话框中设置描边，如图 15-18 所示。

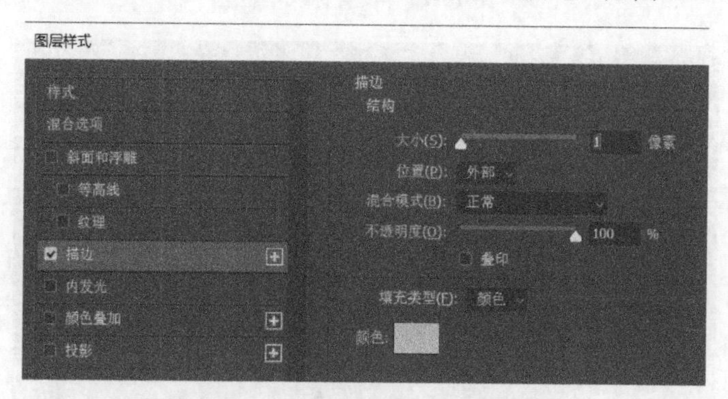

图 15-18　文字描边样式

8）在图层面板中，单击面板底部的创建新组按钮，并将组 1 重命名为 Button1。选择形状图层和文字图层，按<Ctrl+]>组合键，将图层移入 Button1 图层组中，如图 15-19 所示。

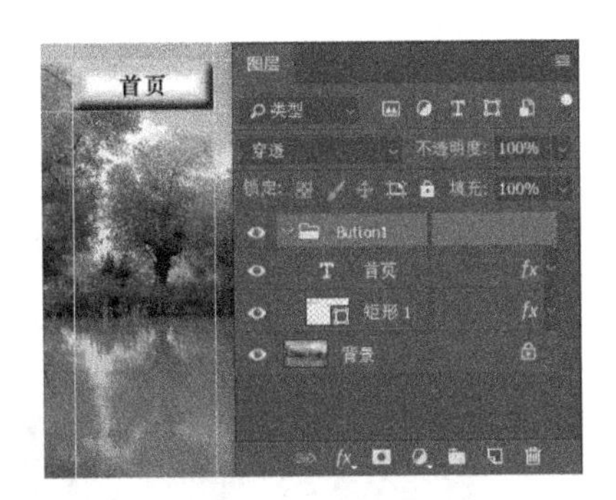

图 15-19　图层组

【提示】移入图层组的快捷键是<Ctrl+]>，移出图层组的快捷键是<Ctrl+[>。单击并向图层组外侧（或内侧）拖动图层也可以将图层移出（或移入）。

9）将 Button1 复制出多个图层组，分别重命名为 Button2、Button3……然后分别修改对应的文字内容为春、夏、秋和冬，如图 15-20 所示。

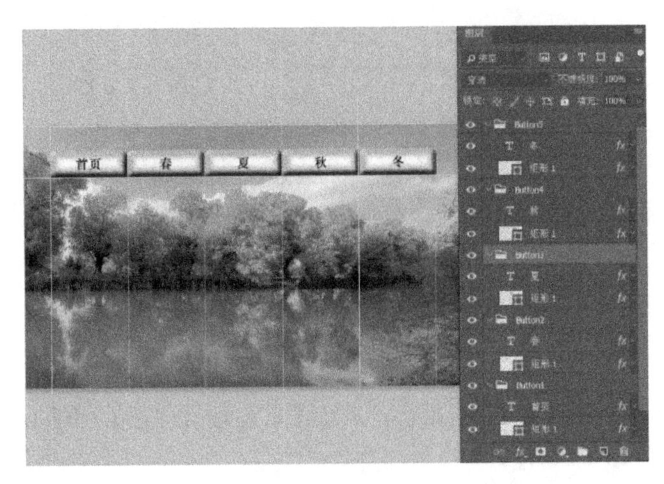

图 15-20　按钮效果

10）在图层面板中选中 Button4 组的矩形图层，双击图层弹出图层样式对话框，重新设置图层样式，增加纹理，如图 15-21 所示。

11）选择【视图】/【清除参考线】命令，此时图像效果如图 15-22 所示。

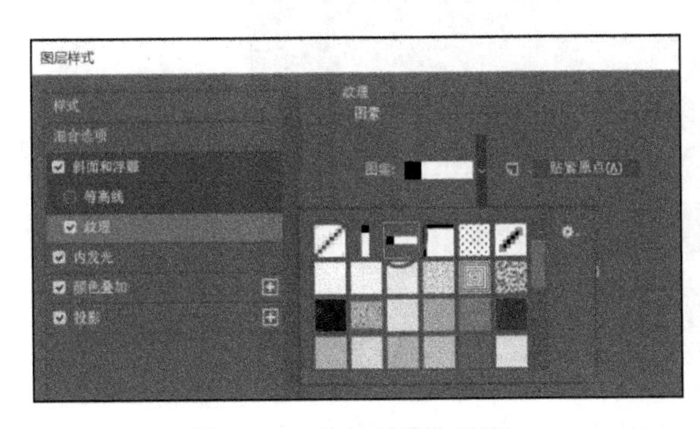

图 15-21　给按钮增加纹理

图 15-22　页面导航条效果

12）在工具箱中选择裁剪工具组中的切片工具，如图 15-23 所示。在图像的第一个按钮处划出矩形切片，如图 15-24 所示。

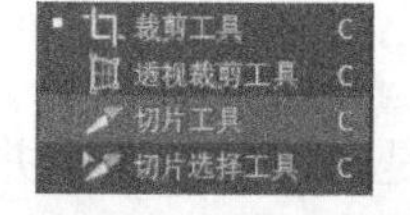

图 15-23　切片工具

图 15-24　创建切片

13）依次创建其他按钮图像的切片，如图 15-25 所示为完整切片效果。

图 15-25　完整切片效果

14）按<Ctrl+S>组合键保存文档。然后，选择【文件】/【导出】/【存储为 Web 所用格式】命令，打开如图 15-26 所示的对话框。

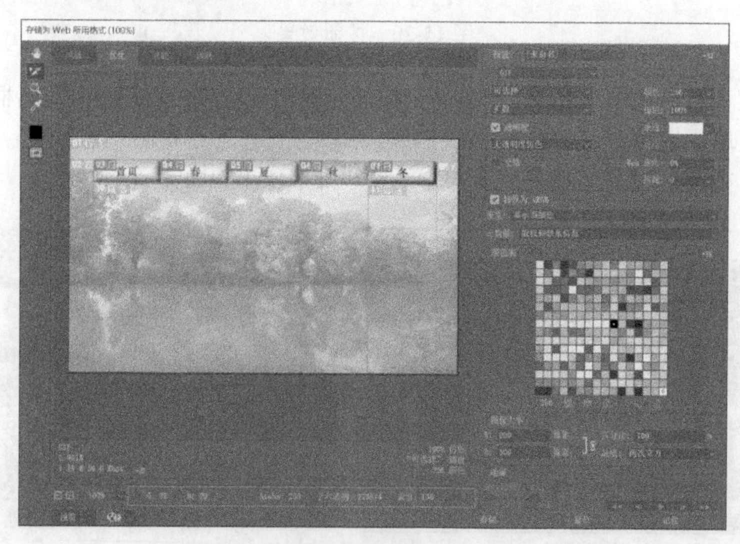

图 15-26　存储为 Web 所用格式（100%）对话框

15）单击存储按钮，在随后弹出的将优化结果存储为对话框中，确定文件格式为 HTML 和图像，单击保存按钮，如图 15-27 所示。

图 15-27 将优化结果存储为对话框

16）在资源管理器的对应位置找到 ch15-2.html 文件，双击后在浏览器窗口浏览最终效果。

15.3 设计网站 Logo

15.3.1 设计思路

一个网站的标识（Logo）如同商标一样，需要集中体现站点特色和内涵，看见 Logo 就让浏览者联想起站点，因此，Logo 是网站的重要组成部分。一般来说，好的 Logo 应该具备以下几个条件。

1．符合规范

为了便于网站的宣传和推广，长期以来网站 Logo 形成了一些国内外设计者都共同遵守的国际标准。例如，对于 Logo 的规格，可以分为 88×31 像素、120×60 像素和 120×90 像素三种规格。当然，Logo 的变化形式非常丰富，不限于此，但总的规范设计应该是 Logo 的尺寸不易过大，更不应该与其他图片混为一谈。

2．构思独特

网站 Logo 的设计不但要体现精美，符合绝大部分人的审美观念，还必须具有独特的构思和创意，达到使浏览者清晰辨别、印象深刻、过目不忘的效果。图 15-28 所示为一些著名网站的 Logo 设计作品。

Logo 可以是中文、英文字母，可以是符号、图案，可以是动物或者人物，等等。例如，新浪用“字母 sina+眼睛”作为标志，人们一看到大眼睛就会想到新浪网。NBA 官网 Logo 的篮球图案中融入一名侧身控球的篮球队员剪影，形象生动流畅、活力四射，堪称视觉享受。

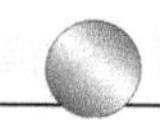

图 15-28　著名网站 Logo

3．与网站的风格、内容保持一致

网站 Logo 的设计创意来自网站的名称和内容，一定要与网站的风格和内容保持高度一致，与网站的颜色、字体相协调。

可以用代表性的人物、动物、花草作为设计的蓝本，加以卡通化和艺术化。例如，携程网的 Logo 设计中，在标识的左边新添了一只蓝色的海豚，它的身形与携程“Ctrip”英文首字母“C”相似，海豚向来被认为是最聪明的动物也是人类的好伙伴，他们总是愿意帮助人类，与人类亲近，通过标识表现优良的客户服务，这些都体现了与网站的风格、内容保持一致的特点。

4．表现形式

网站 Logo 的主要表现形式有如下几种。

（1）文字

最常用和最简单的方式是用自己网站的英文名称作为 Logo，含义明确、直接。采用不同的字体、字母的变形以及字母的组合可以很容易制作自己的 Logo。例如，谷歌网站的 Logo 由纯粹的中、英文文字组合设计而成，搭配了色彩来丰富表现形式。

（2）图案

以本行业有代表的物品作为 Logo。如图 15-29 所示，中国银行的铜板标志，奔驰汽车的方向盘标志。

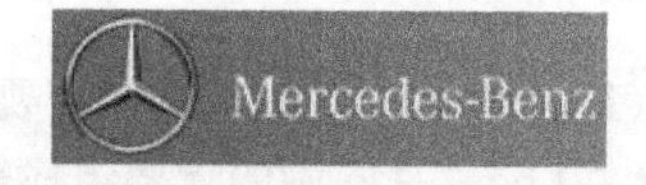

图 15-29　Logo 中的图案

（3）动画

有些网站在 Logo 设计中，将一小部分内容动态化，以增添气氛。如图 15-30 所示的 58 同城网站的 Logo，在左侧部分采用了非常有亲和力的卡通笑脸的动画造型。

图 15-30　Logo 中的动画

15.3.2　制作实例

【实例 15.3】制作国家免检产品标识标志。

本例 Logo 的制作，综合应用文本、图形等功能，结合常用的操作技巧，以及与路径的混合应用等知识点。如图 15-31 所示为 Logo 制作效果。

操作步骤如下：

1）按<Ctrl+N>组合键，弹出新建文档对话框，设定画布为 500×500 像素大小、白色背景、默认 72 像素/英寸分辨率，保存文档为 logo.psd。

2）按<Ctrl+R>组合键，显示标尺，然后从水平标尺和垂直标尺处分别拖拽出参考线，放置在画布中心点位置上，如图 15-32 所示，在拖动参考线至中心点时会有坐标数据提示，以便准确定位。

图 15-31　Logo 效果图

图 15-32　参考线

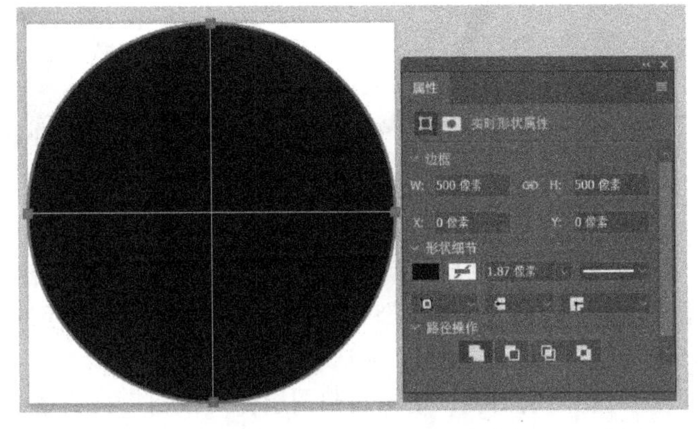

图 15-33　绘制正圆形

3）在工具箱中选中椭圆工具，前景色为蓝色#0180c3，指针移至中心点，按<Shift+Alt>组合键，并按下鼠标拖拽出以中心点为圆点的一个正圆形图形。并在弹出的属性面板中设置参数，如图 15-33 所示。

4）按<Ctrl+J>组合键，复制图层创建第二个正圆形，按<Ctrl+T>组合键，按住<Shift+Alt>组合键，指针在角点处向内拖动变形，使圆缩小，如图 15-34 所示，确认变形。

5）此时小圆在上，大圆在下。在图层面板中选中两个图层，如图 15-35 所示。

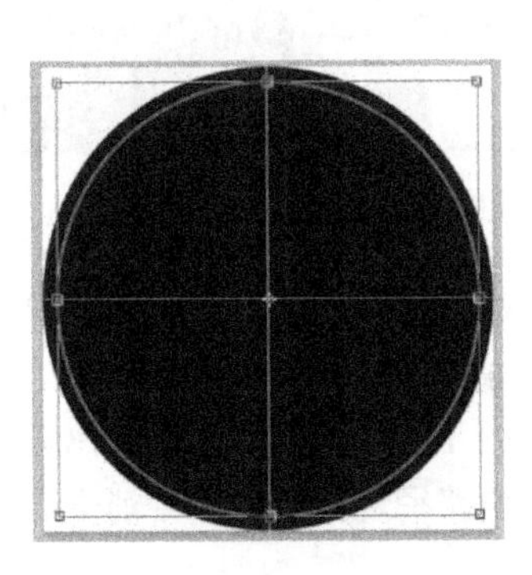
图 15-34　绘制第二个正圆形

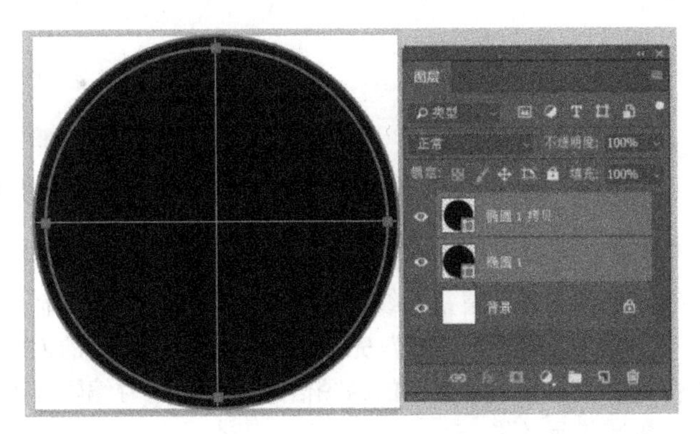

图 15-35　选中两个圆

6）执行【图层】/【合并形状】/【减去顶层形状】命令，如图 15-36 所示，形成环形图案。

7）选择椭圆工具，在选项栏中设置模式为路径，创建路径，并使用文字工具沿路径创建文字国家免检产品，进行属性设置，字体为黑体，字号为 45，颜色为黑色，字间距为 300。

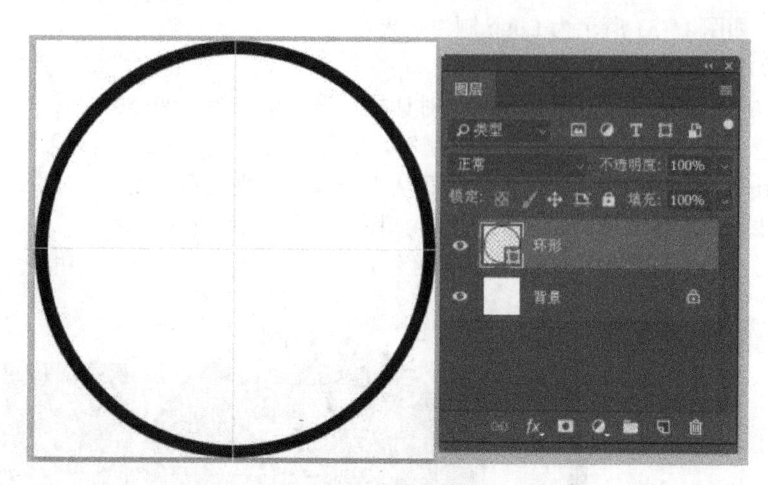

图 15-36　合并形状

8）调整路径文字的位置。使用文字工具激活当前路径文字，按<Ctrl>键同时指针放到文字上，当指针变成文字加一个三角箭头的时候，沿着路径外边缘拖动，移动路径的环绕位置，如图15-37所示。调好位置后，在选项栏单击确定按钮。

9）在图层面板，单击底部图层样式按钮，为文字添加描边样式，1像素，黑色，位置外部，如图15-38所示。

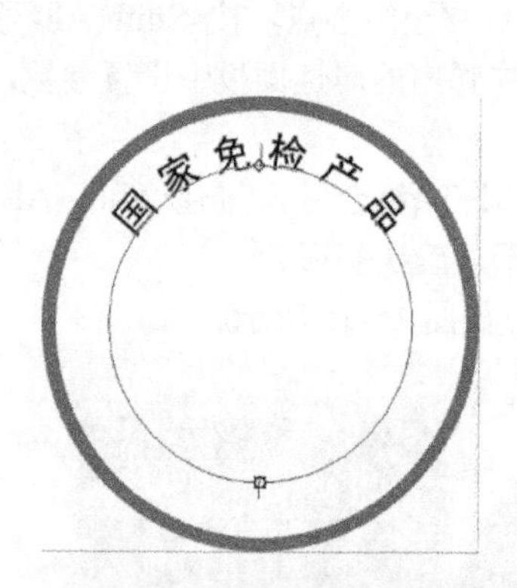

图 15-37　制作路径文字

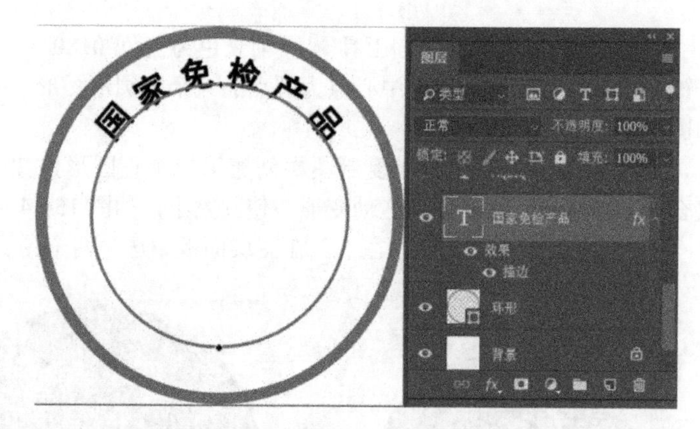

图 15-38　文字描边

【提示】关于参考线的显示或清除，可以通过选择【视图】菜单命令中的锁定参考线、清除参考线、通过形状新建参考线等命令，进行相应操作，辅助完成制作工作。

10）按照步骤7）～8），完成下面两组路径文字的创建，如图15-39所示，可以看出路径面板中保留每个用于附和文字的路径信息，可以随时编辑修改，取消路径选择，路径会消失在画布中，不影响显示效果。

【提示】文字的方向和偏移量等属性可以随时修改，当指针变成文字加一个三角箭头的时候往圆形路径内侧拖动，可以改变文字的方向。

11）重复步骤5）～7），再分别制作下方文字国家质量监督检验检疫总局和AQSIQ的附加到路径效果。

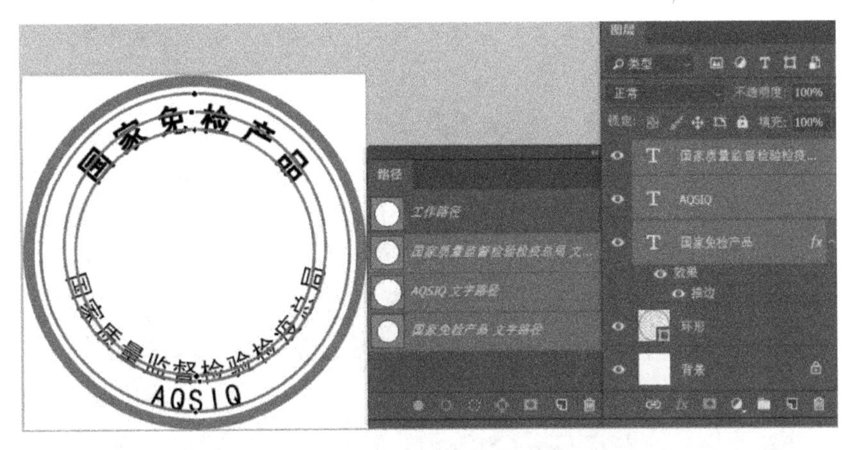

图 15-39　路径文字效果

12）下面制作类似 M 的图形。选择T工具，在画布中输入字母 M，设置属性为：字体为 Berlin Sans FB Demi，加粗，颜色与外环图形颜色一致。

13）使用路径选择工具选中文本，执行【文字】/【转换为形状】命令，如图 15-40a 所示。使用直接选择工具，对单个锚点进行编辑修改，使文字轮廓更符合图形效果，如图 15-40b 所示。

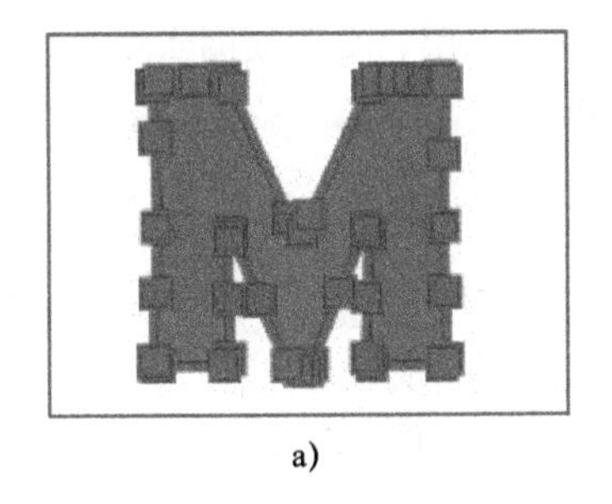

a)

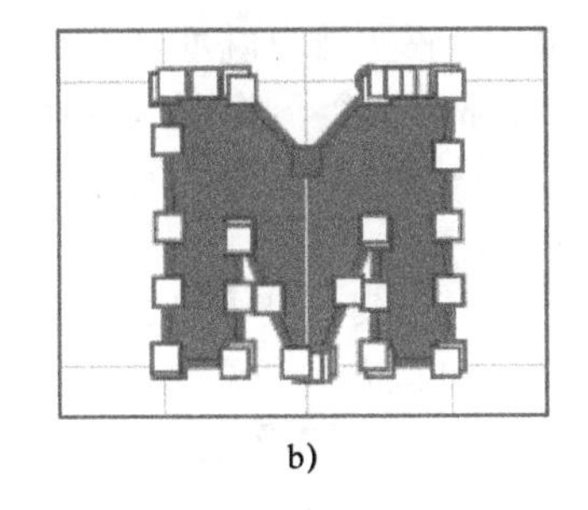

b)

图 15-40　编辑文字路径

14）按<Ctrl+J>组合键复制文字图层，选中 M 复制图层，执行【编辑】/【变换路径】/【垂直翻转】命令，并将翻转图像向下移至与 M 图层对称的位置，如图 15-41b 所示。

15）在图层面板对 M 复制图层设置图案叠加，如图 15-42 所示。如图 15-41c 为文字图形的图案叠加效果。

16）撤销所有参考线，保存图片最终效果，完成 Logo 制作。

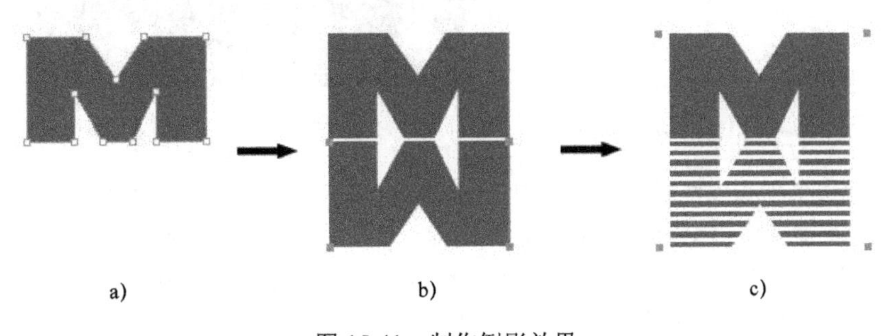

a)　　b)　　c)

图 15-41　制作倒影效果

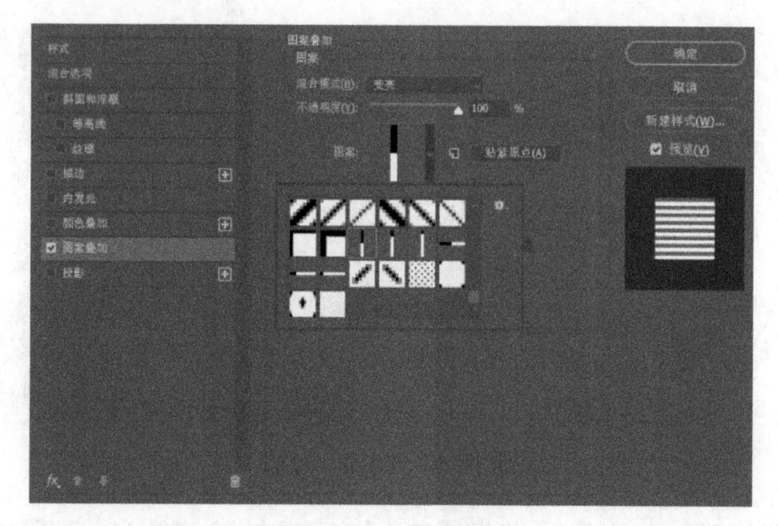

图 15-42　添加图案叠加

15.4　制作网页背景图像

在一个网页中，网页背景既可以是纯色填充，也可以用一个背景图像填充。背景图像一般尺寸不宜过大，通常是一个小块底纹，然后平铺页面。

【实例 15.4】设计制作一个网页背景图像。

操作步骤如下：

1）按<Ctrl+N>组合键，在弹出的新建文档对话框中设置画布大小为 100×100 像素大小。

2）打开标尺，在画布中心位置设置参考线，如图 15-43 所示。

3）在图层面板中，新建图层 1。选择自定形状工具，并在选项栏中选择装饰 6 图案，如图 15-44 所示。

图 15-43　创建中心参考线

图 15-44　选择自定形状工具

4）将指针移至中心点位置并单击，弹出创建自定形状对话框，设置宽为 40 像素，高为 40 像素，如图 15-45 所示。单击确定按钮后，画面显示图案，如图 15-46 所示。

5）按<Ctrl+J>组合键，创建图层 1 副本。然后，选择【滤镜】/【其他】/【位移】命令，在弹出的位移对话框中设置位移参数，如图 15-47 所示。

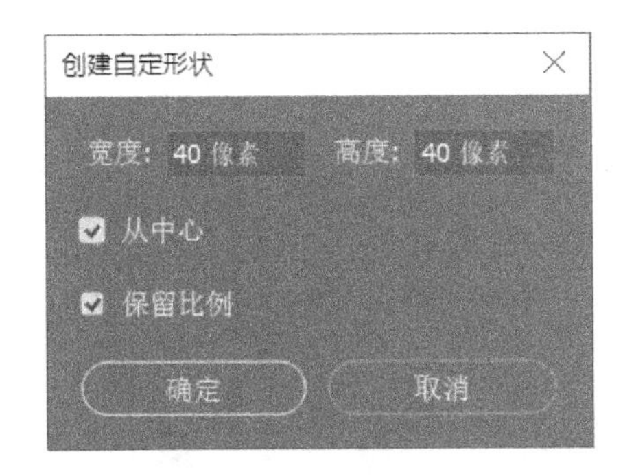

图 15-45　设置图案大小

图 15-46　插入图案

【提示】制作背景图像，应该考虑背景图像无缝拼接问题，使用位移滤镜可以达到这一效果。

6）隐藏背景图层，然后选择【编辑】/【定义图案】命令，在弹出的“图案名称”对话框中输入名称为 pattern，如图 15-48 所示，单击确定按钮，完成自定图案。

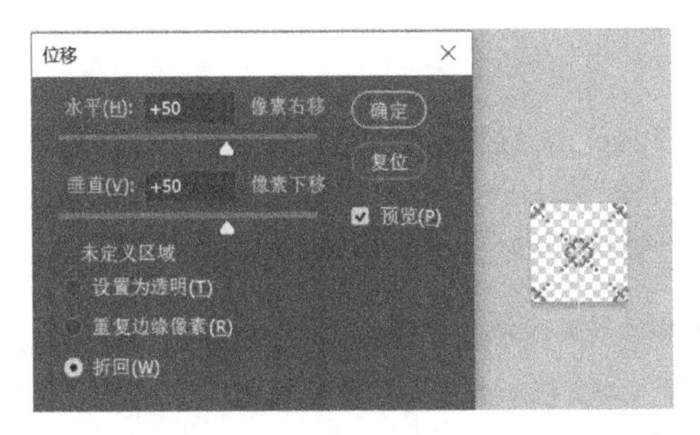

图 15-47　设置位移滤镜

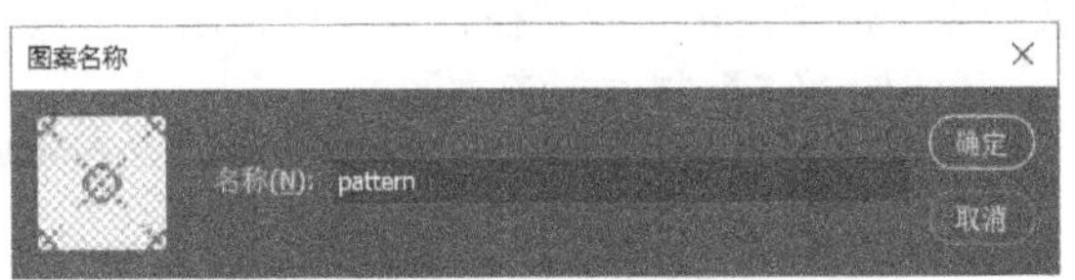

图 15-48　自定图案

7）新建一个网页页面尺寸的文档，选择【编辑】/【填充】命令，在弹出的填充对话框中，设置内容为“图案”，选择自定图案为 pattern，如图 15-49 所示。

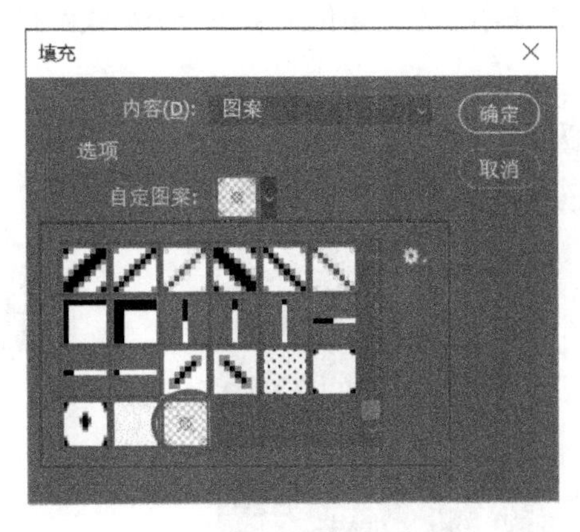

图 15-49　填充自定图案

8）单击确定按钮，则看到如图 15-50 所示的图案平铺画布的效果。

9）选择【文件】/【导出】/【存储为 Web 所用格式】命令，存储为 bg.html 网页文件，用浏览器预览页面背景效果。

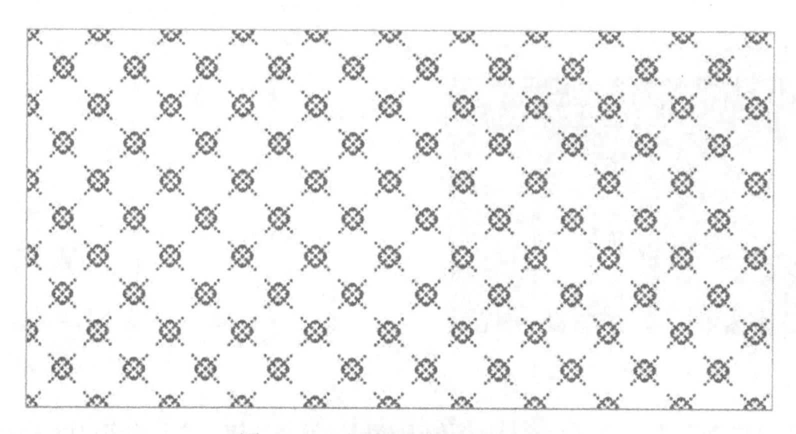

图 15-50　图案平铺画布的效果

15.5　制作实用图标

在网页中，除了主页面、背景图像、导航条、Logo、标题等主要元素外，通常还包括其他一些元素，如项目符号、分割线、代表性图标、按钮等。项目符号可以在 Dreamweaver CC 中直接设置，但个性化的内容往往要根据需求自行设计，Photoshop CC 可以实现这些元素的制作。

【实例 15.5】制作创意小图标。

操作步骤如下：

1）按<Ctrl+N>组合键，新建大小为 300×300 像素的文档，并保存为图标.psd。

2）单击图层面板底部的创建新组按钮，并重命名为图标。

3）单击图层面板底部的创建新图层按钮，生成图层 1。

4）选择自定形状工具，在选项栏中选中红心形卡形状，颜色为深蓝色，并在画布中拖拽生成一个心形图案，如图 15-51 所示。

5）选择钢笔工具，在心形图案的左上角位置绘制一个弧线路径，如图 15-52 所示。

图 15-51　绘制心形

图 15-52　绘制弧线路径

6）创建新图层图层 2。选择画笔工具，颜色为白色，并在选项栏设置参数，如图 15-53 所示。

图 15-53　画笔选项栏设置

7）选择【窗口】/【路径】命令，在路径面板中选中工作路径，并单击面板底部的描边路径按钮，绘制出心形的光影效果，如图 15-54 所示。在路径面板中单击工作路径以外的位置，取消选中，则画布中的路径信息不可见。

8）创建新图层图层 3，使用椭圆工具，绘制一个浅蓝色圆，如图 15-55 所示。

图 15-54　画笔描边路径

图 15-55　绘制圆

9）单击图层面板底部的添加图层样式按钮，选择描边命令，在弹出的图层样式对话框中设置参数，为蓝色圆形添加白色 5 像素的描边效果，如图 15-56 所示。单击确定按钮后，获得如图 15-57 所示的效果。

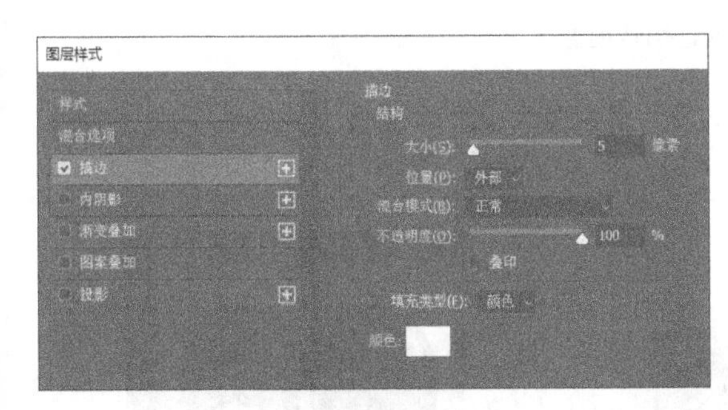

图 15-56　添加描边样式

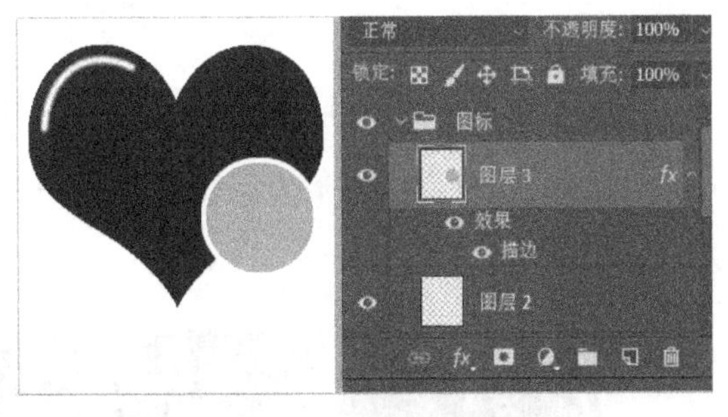

图 15-57　图层描边样式

10）新建图层图层 4，继续在圆形区域中绘制一个白色十字图案。至此，图标组中的图层内容及画布效果如图 15-58 所示。

11）在图层面板中选中图标图层组，按<Ctrl+J>组合键复制该组，并重命名为倒影。

12）选中图标组中的 4 个图层，右击，在弹出的快捷菜单中选择合并图层命令，如图 15-59 所示。

13）选择【编辑】/【变换】/【垂直翻转】命令，翻转效果如图 15-60 所示。

14）使用移动工具将倒置的图形向下移动至画布底部。单击图层面板底部的添加图层蒙版按钮。

15）选择渐变工具，颜色框的前景为黑色，指针在画布底部自下至上滑动出从黑到白的渐变效果，如图 15-61 所示。

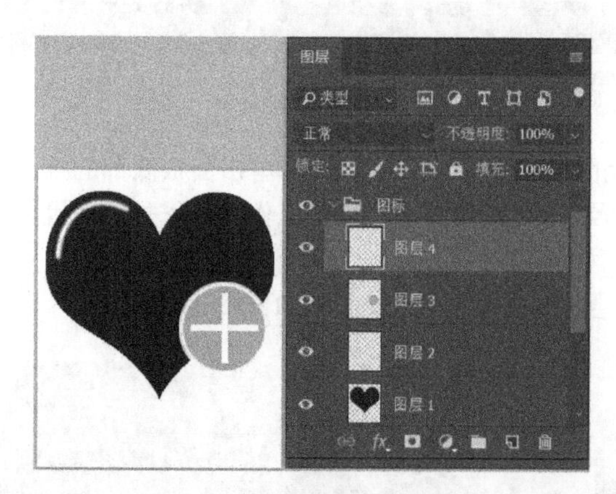

图 15-58　图标及图层效果

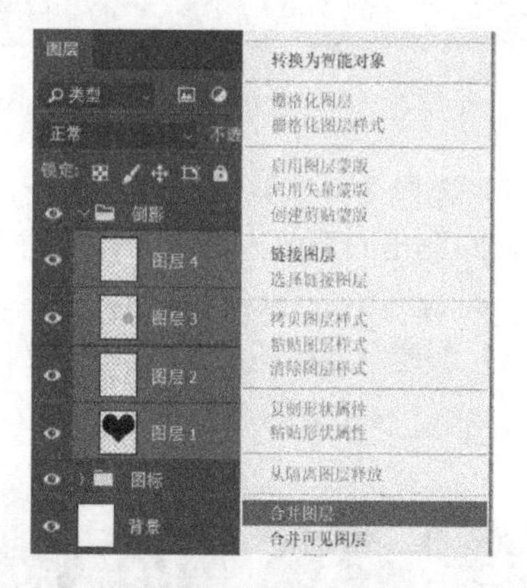

图 15-59　合并图层

图 15-60　垂直翻转图像

16）单击蒙版图层左侧的图像缩览图，然后设置不透明度为 33%。查看设计效果，如图 15-62 所示。

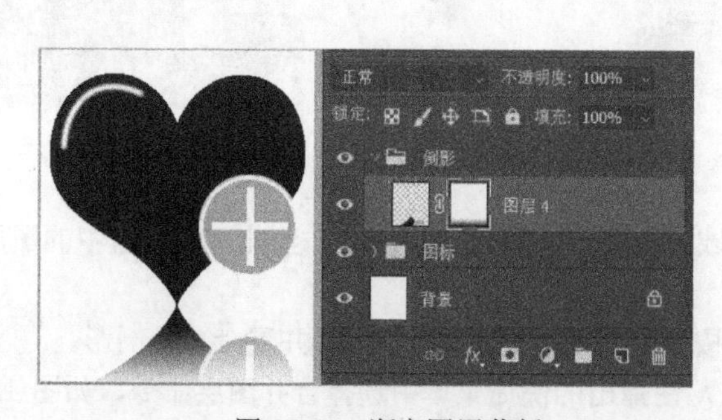

图 15-61　渐变图层蒙版

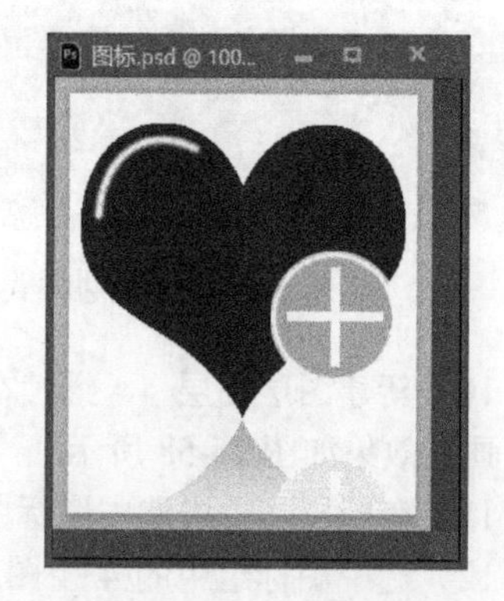

图 15-62　效果图

17）在图层面板中，将背景图层隐藏，变成透明图层效果。选择【文件】/【导出】/【导出为】命令，弹出导出为对话框，如图 15-63 所示。选择格式为 PNG，可以保存透明度效果。单击全部导出按钮，保存为图标.png。

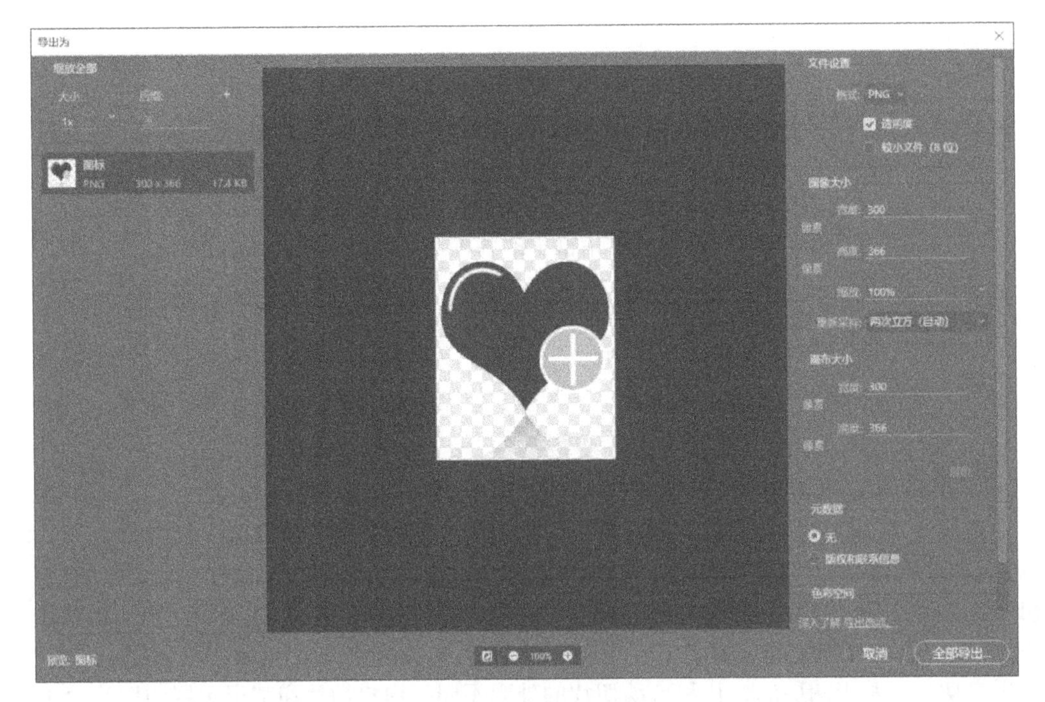

图 15-63 导出设置

15.6 图像切片

15.6.1 切片概述

切片将图像划分为若干较小的图像，这些图像可在 Web 页上重新组合。通过划分图像，可以指定不同的 URL 链接以创建页面导航，或使用其自身的优化设置对图像的每个部分进行优化。图 15-64 所示为将一个 Web 页划分为若干切片的效果。实例 15.2 具体介绍了切片生成的操作方法，可以作为参考。

可以使用“存储为 Web 所用格式”命令来导出和优化切片图像。Photoshop CC 将每个切片存储为单独的文件并生成显示切片图像所需的 HTML 或 CSS 代码。

图 15-64 生成切片

在处理切片时，请谨记以下基本要点：

- 可以通过使用切片工具或创建基于图层的切片来创建切片。
- 创建切片后，可以使用切片选择工具选择该切片，然后对它进行移动和大小调整，或将它与其他切片对齐。
- 可以在切片选项对话框中为每个切片进行设置，如设置切片类型、名称和 URL。
- 可以使用存储为 Web 所用格式对话框中的各种优化设置对每个切片进行优化。

15.6.2　切片类型和创建方式

切片按照其内容类型（表格、图像、无图像）以及创建方式（用户、基于图层、自动）进行分类。

1．切片的内容类型

使用切片工具创建的切片称作用户切片，通过图层创建的切片称作基于图层的切片。当创建新的用户切片或基于图层的切片时，将会生成自动切片来占据图像的其余区域。换句话说，自动切片填充图像中用户切片或基于图层的切片未定义的空间。每次添加或编辑用户切片或基于图层的切片时，都会重新生成自动切片。可以将自动切片转换为用户切片。

用户切片、基于图层的切片和自动切片的外观不同：用户切片和基于图层的切片由实线定义，而自动切片由虚线定义。此外，用户切片和基于图层的切片显示不同的图标。可以选择显示或隐藏自动切片，这样可以更容易地查看和使用用户切片和基于图层的切片的作品。

子切片是创建重叠切片时生成的一种自动切片类型。子切片指示存储优化的文件时如何划分图像。尽管子切片有编号并显示切片标记，但无法独立于底层切片选择或编辑子切片。每次排列切片的堆叠顺序时都重新生成子切片。

2．切片的创建方式

可以使用不同的方法创建切片：自动切片是自动生成的。用户切片是用切片工具创建的。基于图层的切片是用图层面板创建的。

本章小结

本章主要介绍了如何使用 Photoshop CC 设计制作网页中的主要元素，包括网页标题动画、导航条、网站 Logo、网页背景图像等多种元素内容。通过实例具体步骤的体现，使读者能够将前面所学的知识综合运用到网页设计的实例操作中，实现内容丰富的、具有个性化的页面元素。

本章内容具有很强的实用性，为提高实战技能提供有力支持。

思考与练习

1．为个人网站构思并设计一个 Logo 图案。

2．如何通过切片选项设置网页切片属性？

3．参考图 15-65 和图 15-66 所示的创意小图标和按钮，各选做其中的一个。

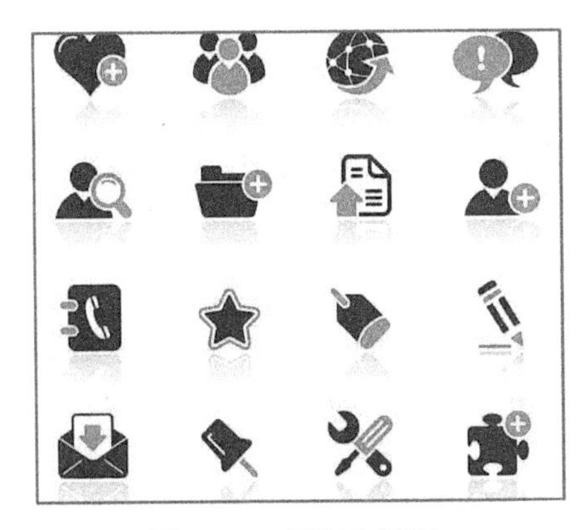

图 15-65 网页小图标

图 15-66 网页按钮

第 16 章　使用 Photoshop CC 设计网站页面

用户在制作一个网站页面之前，首先应该使用 Photoshop CC 将网站页面的效果设计出来，这样才能看到网页的整体效果，如果有不合适或不满意的地方，还可以随时进行调整和修改，最终得到满意的页面效果。

本章通过使用 Photoshop CC 设计网站主页面实例，综合介绍相应知识点的运用方法和技巧，使读者能够较全面地掌握主页面的设计流程和方法。

本章要点：

- 网页结构设计
- 主页面设计
- 网页图输出

16.1　网页结构设计

网站的首页设计是体现站点设计的重要环节。在创建主页面前，往往要对页面主题、风格、布局、配色等进行设计，即主页的结构设计。

【实例 16.1】校园网站的网页结构设计。

本例使用 Photoshop CC 设计实现一个校园网主题风格的页面，结构、内容要求简洁、清晰。整个页面包括 Logo、标题、导航条、主题区、版权信息、标语等版块内容，如图 16-1 所示。

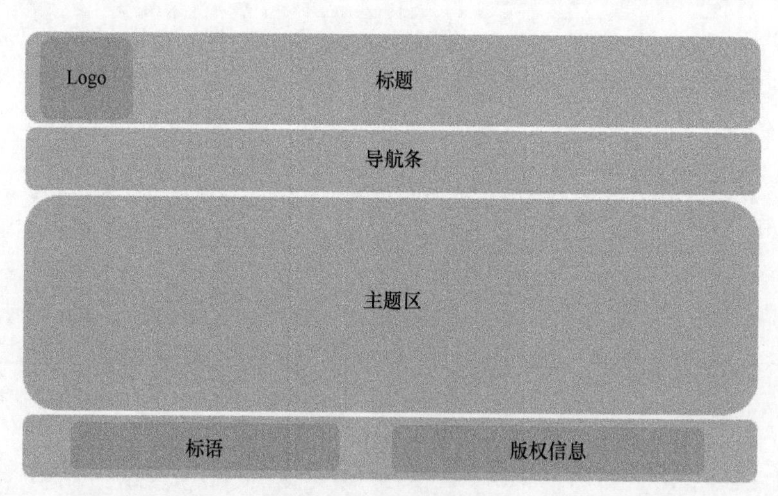

图 16-1　页面结构设计

16.2 主页面设计

【实例 16.2】校园网站的主页面设计。

根据主页面结构设计的布局，可以将具体实现步骤分为几个部分，包括：背景制作、页顶区与页底区的制作、导航条制作，主题区制作等。下面就依次设计制作各个部分内容。效果如图 16-2 所示。

图 16-2 主页面效果图

操作步骤如下：

1）按<Ctrl+N>组合键，新建文档，设置大小为 1100×600 像素的文档，并保存文档为 index.psd。

2）按<Ctrl+R>组合键，打开标尺，从标尺处拖拽产生参考线，设计出页面的基本轮廓，如图 16-3 所示。拖拽参考线的同时按<Shift>键，可以将辅助线精确到标尺数值。

3）在图层面板中创建几个图层组，并重命名为背景、页顶、导航、图组和页底，如图 16-4 所示。

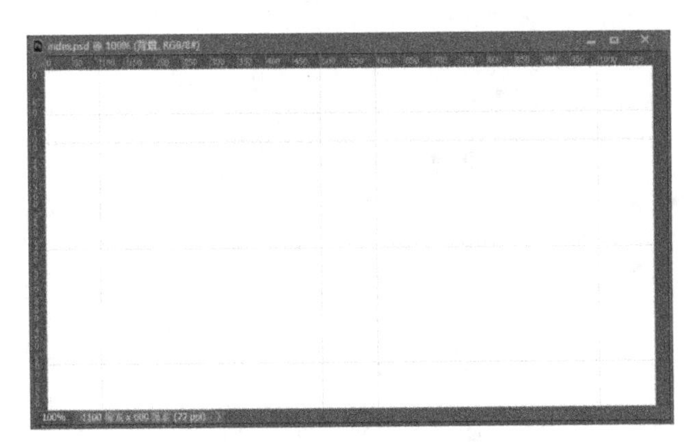

图 16-3 生成参考线

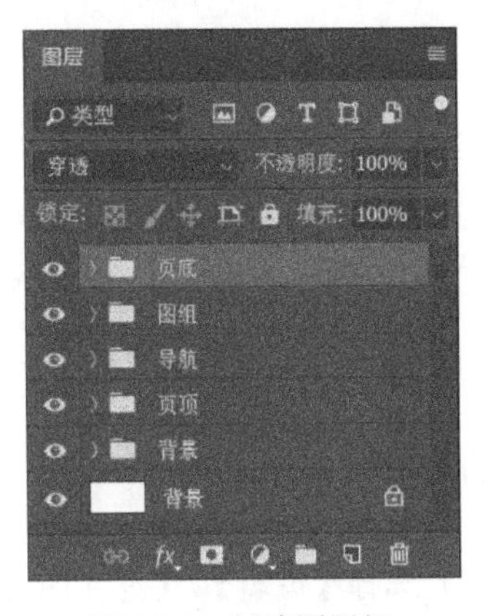

图 16-4 创建图层组

4）选中背景图层组，新建图层 1。选择矩形选框工具[ ]，在页面顶部绘制矩形区域。设置前景色为墨绿色#07291f，按<Alt+Delete>组合键为选区填充前景色。使用同样的方法在页面底部创建选区并填充前景色，如图 16-5 所示。背景中间区颜色设置，如图 16-6 所示。

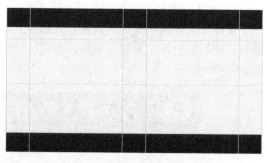

图 16-5　背景页眉/页底颜色设置

图 16-6　背景中间区颜色设置

5）按<Ctrl+N>组合键，在新建对话框中设置参数，如图 16-7 所示。连续按<Ctrl++>组合键，放大视图比例到最大，如图 16-8a 所示。设置前景色为#f9eddc，使用矩形选框工具在画布中进行绘制，并为选区填充前景色，如图 16-8b 所示。使用相同的方法完成其他部分的绘制，如图 16-8c 所示。

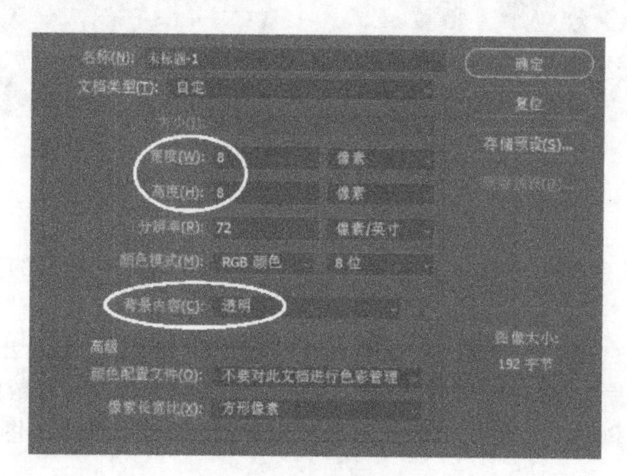

图 16-7　新建对话框

a）调整视图比例

b）绘制一个矩形

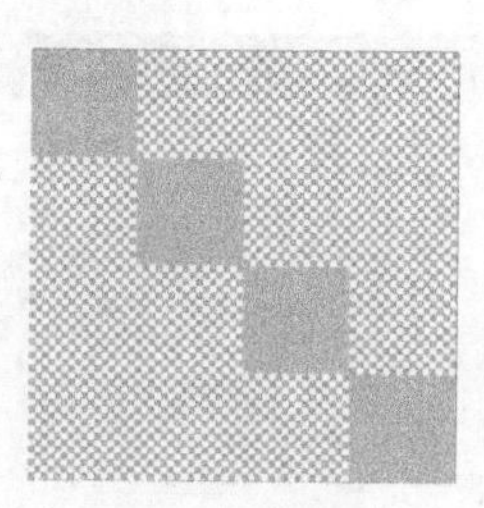

c）最终效果

图 16-8　图像效果

6）选择【编辑】/【定义图案】命令，在弹出的图案名称对话框中设置名称为图案 1。单击确定按钮，返回到设计文档中，为图层 2 添加图层样式，按图 16-9 所示设置参数。

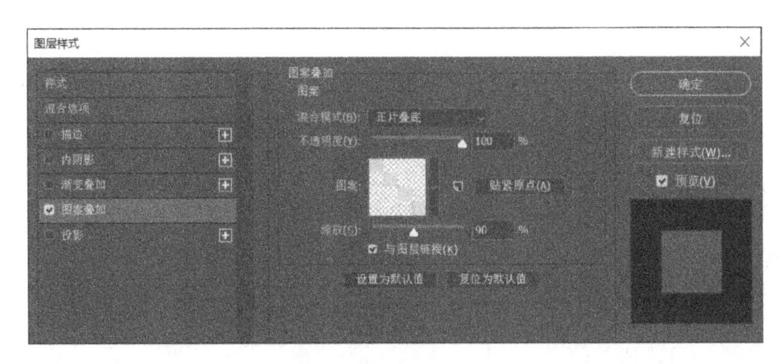

图 16-9 图层样式设置

7）背景纹理效果及其“图层”面板如图 16-10 所示。

图 16-10 背景纹理效果

8）打开素材文档 ch16-tu1.png～ch16-tu4.png，选中图层面板的图组，并将 4 幅图片拖入当前文档，按参考线位置布局画布中的图片，如图 16-11 所示。

图 16-11 插入图片

9）在图层面板中选中导航图层组，新建图层 7。选择矩形选框工具，在画布中导航条处绘制一个矩形选区。

10）选择渐变填充工具，在选项栏设置填充色，如图 16-12 所示。在选区内由上至下拖出线段，线段渐变填充颜色。按<Ctrl+D>组合键取消选区。再设置图层样式，添加斜面和浮雕效果，参数设置如图 16-13 所示。单击确定按钮。

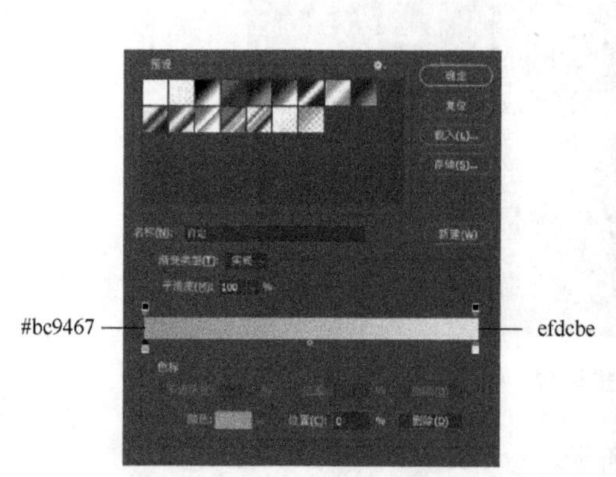

图 16-12　渐变色设置

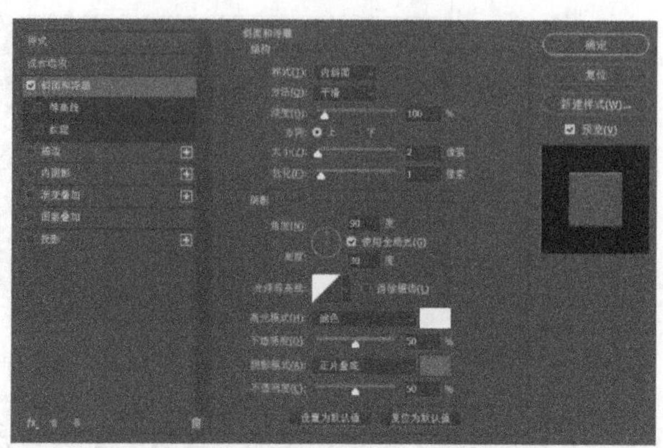

图 16-13　图层样式设置

11）选择文字工具在导航条中添加文字，并使用选项栏中的对齐按钮，将文字设置顶端对齐和分散对齐，效果如图 16-14 所示。

图 16-14　设置文字对齐

12）新建图层 8。使用相应工具在画布中绘制出一个超链接菜单渐变效果，如图 16-15 所示。

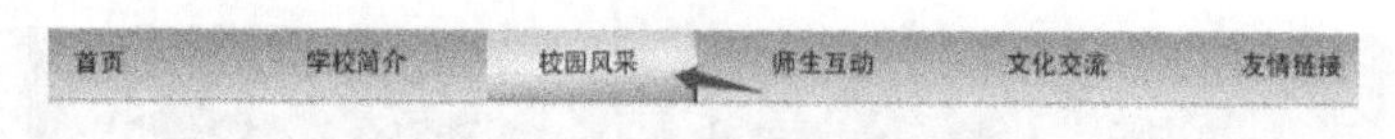

图 16-15　超链接菜单渐变效果

13）打开素材文档 ch16-logo.png。在图层面板中选中页顶图层，新建图层 9，提取图片中的 Logo，将其拖入当前文档，调整大小并放置画布左上角位置，如图 16-16 所示。

14）使用文字工具，创建标题，并设置图层样式为斜面和浮雕和描边，效果如图 16-17 所示。

图 16-16　置入 Logo

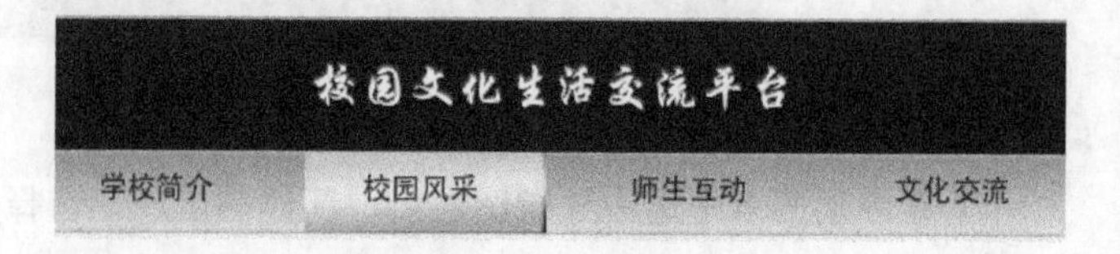

图 16-17　设置标题文字

15）在图层面板中选中页底组，使用文字工具创建标语信息和版权信息等内容，如图 16-18 所示。

图 16-18　创建页底信息

16）选择【视图】/【清楚参考线】命令，观察整体效果并保存文档。

【提示】图层组的作用是将不同图层分类放置，这样既方便管理，又不会对其他图层产生影响。可以将已经设置好的图层组随时锁定🔒或取消锁定。

16.3　网页图输出

【实例 16.3】将实例 16.2 设计完成的主页面继续进行图像输出操作。

1）在图层面板中选中背景图层组，选择【视图】/【通过形状新建参考线】命令，则画布呈现如图 16-19 所示的参考线。

图 16-19　通过背景创建参考线

2）选择切片工具，在选项栏中单击基于参考线的切片按钮，即在画布中创建出三个切片区域，如图 16-20 所示。

图 16-20　创建切片

3）选择【视图】/【清除参考线】命令。

4）在图层面板中选中“图组”图层组，使用切片工具，沿第一幅图片的参考线区域划过，创建切片。使用切片选择工具，双击该切片，则弹出“切片选项”对话框。在该对话框中重命名切片为ch16-tu1，如图16-21所示。

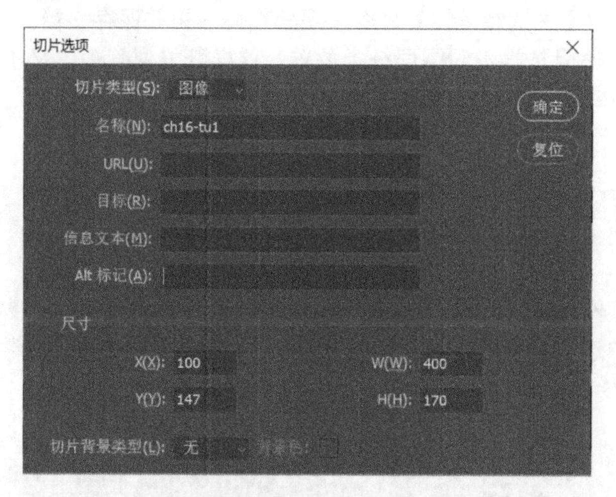

图16-21　命名切片

5）使用相同的方法，为另外三幅图片创建切片，并重命名切片。

6）然后继续为Logo、标题、导航条等创建切片，如图16-22所示。

图16-22　所有切片

7）选择【文件】/【导出】/【存储为Web所用格式（100%）】命令，弹出如图16-23所示的对话框。在该对话框中可以在优化、双联和四联选项卡之间切换选择，也可以单击左下角的预览按钮，在浏览器中预览导出页面的效果。

8）单击存储按钮，弹出如图16-24所示的对话框，保存文档格式为HTML和图像。单击保存按钮，即可将文档以切片形式导出。

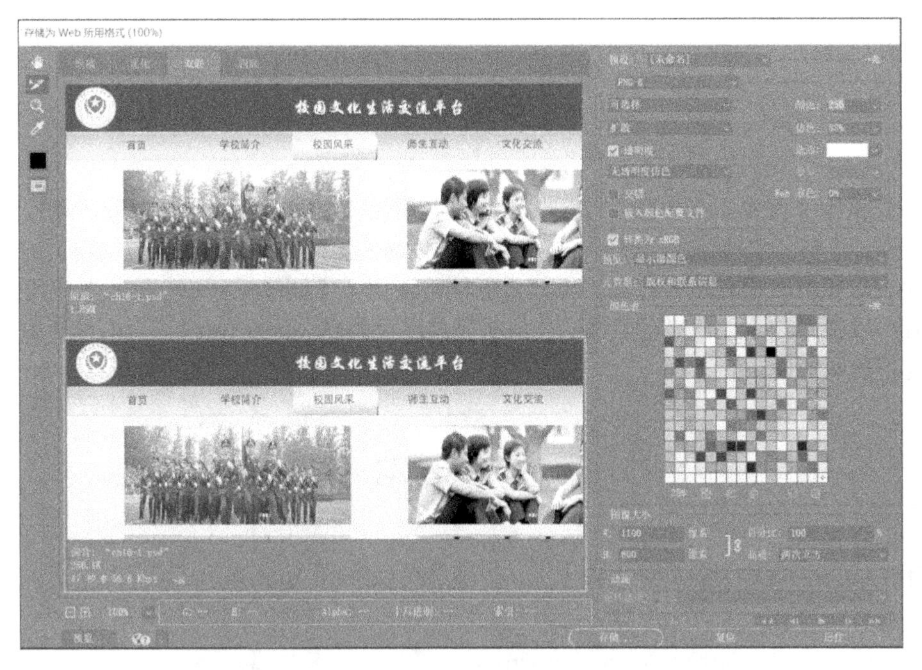

图 16-23　存储为 Web 所用格式（100%）对话框

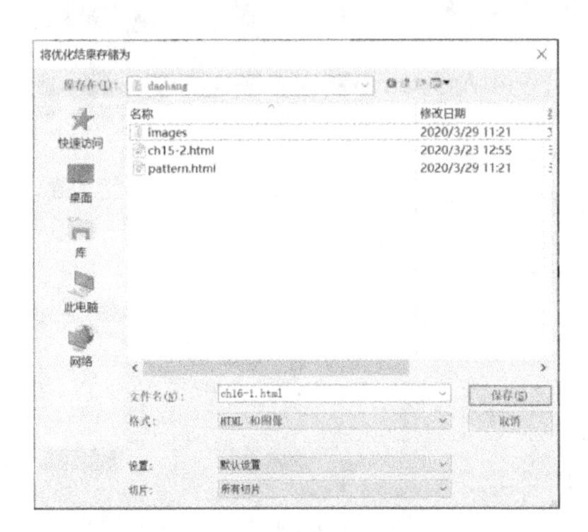

图 16-24　将优化结果存储为对话框

9）打开资源管理器，在保存 HTML 文档位置的 images 文件夹中，可以看到导出的所有切片图像文件，如图 16-25 所示。

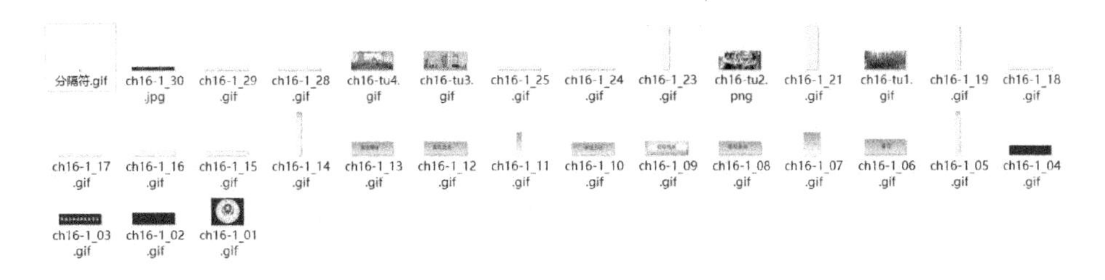

图 16-25　切片图像文件

本章小结

本章详细地介绍了一个校园文化生活交流平台网站主页的设计与制作过程。通过实例，读者可以完整地了解并掌握使用 Photoshop CC 设计页面的工作流程与方法，包括网页结构设计、主页面设计以及网页图输出等内容。本章实例综合运用了 Photoshop CC 的基本应用方法和技巧，而且可以将 Photoshop CC 的页面制作成果直接应用到 Dreamweaver CC 页面设计中去，以辅助完成完整的网页设计工作。

思考与练习

使用 Photoshop CC 设计一个个人主页，页面效果如图 16-26 所示。

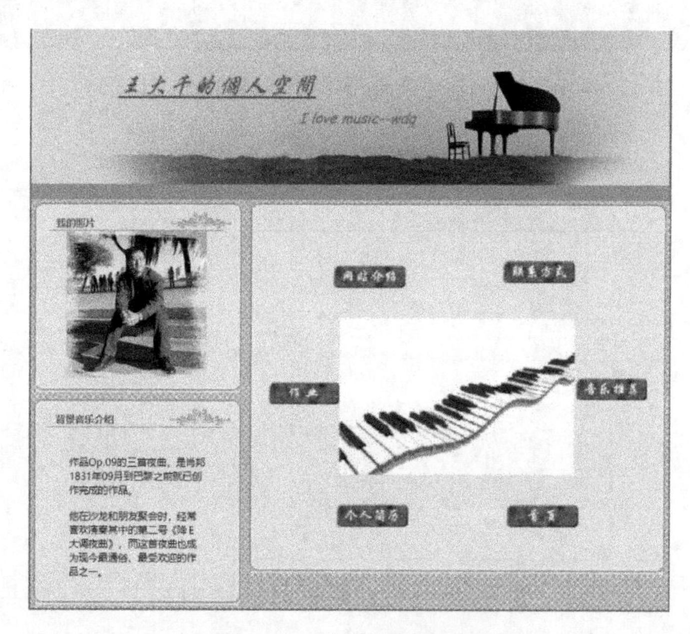

图 16-26　个人主页效果图

第 4 部分
Adobe Animate CC 应用篇

第 17 章 Adobe Animate CC 2018 入门知识

人们在浏览网页时，常被页面中的动画所吸引，增添了浏览网页的乐趣。Adobe Animate CC 2018 动画制作软件正是一款能够创作从简单的动画到复杂的交互式 Web 应用程序的完美缔造工具。Adobe Animate CC 2018 动画设计知识也就成为了学习网页设计的一个不可或缺的重要部分。

本章主要介绍 Adobe Animate CC 2018 的特点、工作界面、基本操作等内容。读者通过学习本章，应了解并掌握 Animate 动画制作软件的特点和 Animate 文档的基础操作，为以后的学习打下良好的基础。

本章要点：

- Adobe Animate CC 2018 工作环境
- Animate“时间轴”窗口的组成
- Animate 文档的基础操作

17.1 Adobe Animate CC 2018 概述

Animate CC 的前身是 Flash。Flash 是美国 Macromedia 公司于 1999 年 6 月推出的一款优秀的矢量动画编辑软件。2005 年，美国 Adobe 公司耗资 34 亿美元并购了 Macromedia 公司，Flash 从而成为 Adobe 的系列产品之一。Flash 是一种创作工具，它可以用于创建包含简单的动画、视频、演示文稿、应用程序和其他允许用户交互的内容。通常，无论是很简单的动画，还是复杂的交互动画，使用 Flash 创作的各个内容单元都被称为“应用程序”。2015 年 12 月 2 日，Adobe 宣布 Flash Professional 更名为 Animate CC，在支持 Flash SWF 文件的基础上，加入了对 HTML5 的支持。并在 2016 年 1 月份发布新版本的时候，正式更名为 Adobe Animate CC，缩写为 An。Animate CC 拥有大量的新特性，特别是在继续支持 Flash SWF、AIR 格式的同时，还会支持 HTML5 Canvas、WebGL，并能通过可扩展架构去支持包括 SVG 在内的几乎任何动画格式。

Adobe Animate CC 2018 于 2017 年 10 月由 Adobe 公司推出。相较之前的版本，2018 版增加了一些新的功能供各类用户选择使用。这些新增功能包括：时间轴增强功能、创建自定义缓动预设功能、图层深度和摄像头增强功能、文档类型转换功能、动作码向导功能、纹理贴图集增强功能以及组件参数面板。

1. 时间轴增强功能

“时间轴”面板的外观和样式进行了改进。经过改进的时间轴，可以显示帧编号及时间、延长或缩短已选定帧间距的时间、使用每秒帧数（fps）扩展帧间距、将空白间距转换为 1s/2s/3s、在舞台上平移动画。

2．创建自定义缓动预设功能

可以在传统补间和形状补间动画中，进行自定义缓动预设，并将设置保存下来应用在其他项目中，以便减少手动工作量并缩短时间。借助增强的自定义缓动预设，可以轻松管理动画的速度和大小。预设和自定义缓动预设现已延伸到属性缓动。

3．图层深度和摄像头增强功能

Animate CC 引入了图层深度以及增强的摄像头工具。需要将高级图层打开，才能使用图层深度。通过在不同的平面中放置对象，可以在动画中创建深度感。还可以修改图层深度、补间深度，并在图层深度中引入摄像头以创建视差效果，还可以使用摄像头放大某一特定平面上的内容。

在默认情况下，摄像头可应用于 Animate CC 中的所有图层。如果想排除某一图层，则可以通过将该图层附加到摄像头来锁定它。例如，当为平视显示器创建动画时，可以使用此功能。

Animate CC 还允许在运行时管理摄像头和图层深度。例如，游戏中的交互式摄像头。

4．文档类型转换功能

如果需要将设计的动画用于多个设备和平台，可以根据需求，将一种文档类型转换转换为其他文档类型。

通过使用主菜单【文件】/【转换为】子菜单中的命令，将 Animate CC 项目从一种文档类型转换为其他文档类型。

5．动作码向导功能

在创建 HTML5 Canvas 动画时，可以使用动作向导添加代码，而无须编写任何代码。要打开该向导，选择主菜单中【窗口】/【动作】命令，然后单击动作对话框中的使用向导添加按钮，即可使用向导添加代码。

6．纹理贴图集增强功能

可以将用 Animate CC 创作的动画作为纹理贴图集导出到 Unity 游戏引擎或者任何其他常用游戏引擎。还可以使用 Unity 示例插件，或为其他游戏引擎自定义该插件。

7．组件参数面板

可以将外部组件导入 Animate CC 并使用这些组件生成动画。为使此工作流程变得更简单，Animate CC 2018 在独有面板中提供组件参数属性。在组件属性检查器对话框中添加了显示参数按钮，可以使用此显示参数按钮打开组件参数面板。

17.2　Adobe Animate CC 2018 的界面组成

17.2.1　工作区

1．欢迎界面

首次启动 Adobe Animate CC 2018 应用程序时，首先显示的是 Animate CC 欢迎界面，如图 17-1 所示。只要在不打开文档的情况下运行 Animate CC，便会显示该界面。

若不希望在下次启动 Animate CC 时显示此欢迎界面，可选中左下角的不再显示复选框。

图 17-1　Adobe Animate CC 2018 欢迎界面

2．工作区界面

打开或新建一个 Animate CC 文档即可进入 Animate CC 的工作界面，该工作界面主要由标题栏、菜单栏、时间轴、舞台、工具面板、属性面板、编辑栏及其他面板等元素组成，这些元素的某种排列方式称为工作区。如图 17-2 所示为 Adobe Animate CC 2018 基本功能工作区布局。

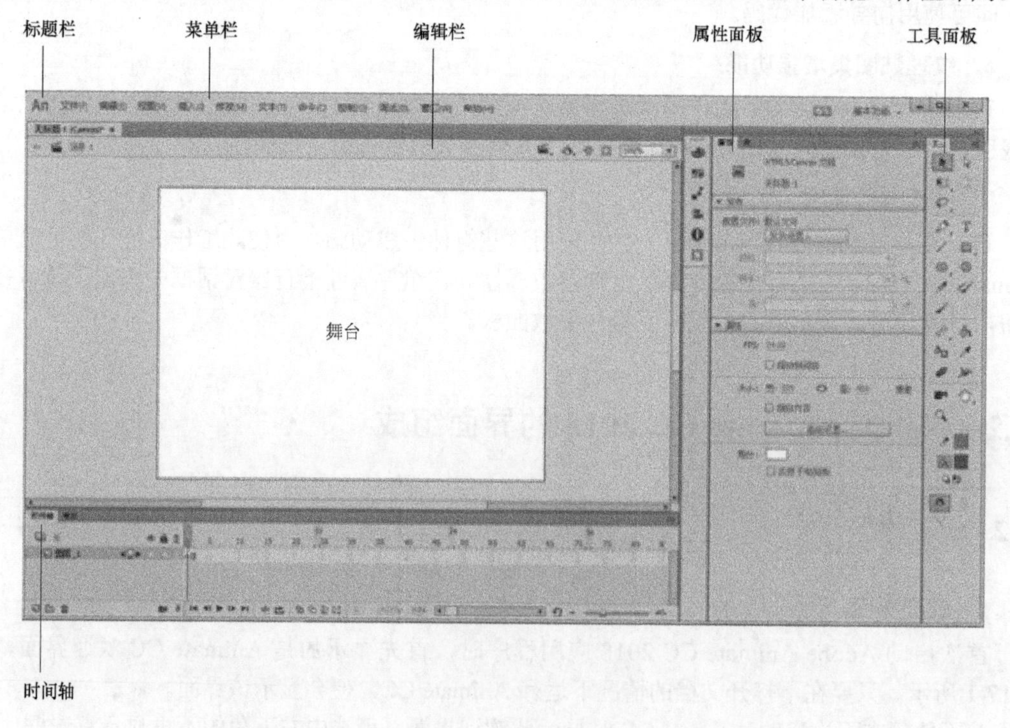

图 17-2　Adobe Animate CC 2018 基本功能工作区布局

Animate CC 工作区与前面介绍的 Dreamweaver CC 软件和 Fireworks 软件的工作区属同一风格，其工作区布局中包括的各组成部分可以根据需要进行调整。在窗口右上角有一基本功能按钮，单击此按钮即弹出如图 17-3 所示的下拉菜单，选择其他方式可以对工作区布局形式进行切换。

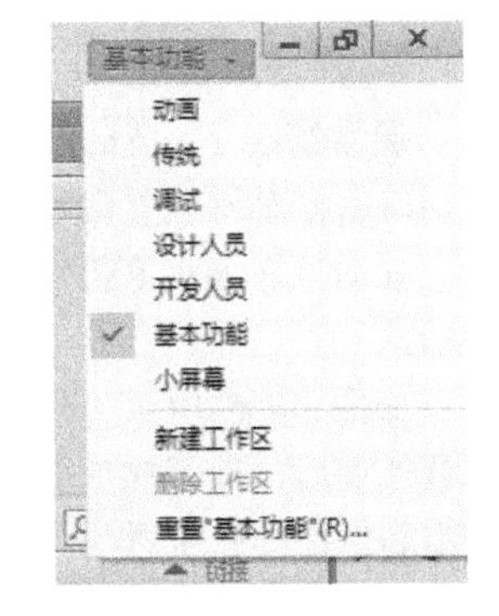

图 17-3 Animate CC 工作区布局形式切换

3．显示或隐藏所有面板

为了方便编辑图像或动画，往往需要隐藏或显示所有面板，按 <F4>键，即可隐藏或显示 Animate CC 窗口中的所有面板，包括工具面板和控制面板。这种方法在 Dreamweaver、Fireworks 软件中也同样适用。或者通过单击窗口菜单最底部的隐藏面板/显示面板命令，实现隐藏或显示所有面板的目的。

17.2.2 时间轴

1．时间轴面板

时间轴用于组织和控制文档内容在一定时间内播放的图层数和帧数。图 17-4 所示为时间轴面板的结构说明。时间轴的主要组件是图层、帧和播放头。与胶片一样，Animate CC 文档也将时长分为帧。图层就像堆叠在一起的多张幻灯片胶片一样，每个图层都包含一个显示在舞台中的不同图像。

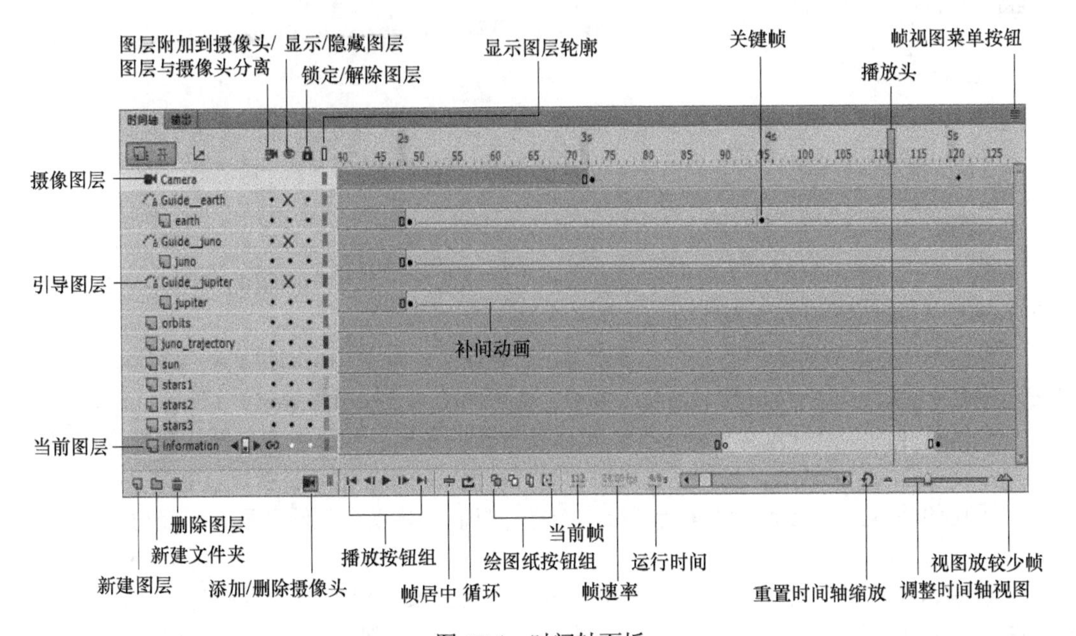

图 17-4 时间轴面板

文档中的图层列在时间轴左侧的列表中。每个图层中包含的帧显示在该图层名右侧的一行中。时间轴顶部的时间轴标题指示帧编号。播放头指示当前在舞台中显示的帧。播放 Animate CC 文档时，播放头从左向右通过时间轴。

时间轴状态显示在时间轴的底部，它指示所选的帧编号、当前帧频以及到当前帧为止的运行时间。

2．洋葱皮技术

通常情况下，Animate CC 在舞台中一次只显示动画序列的一帧效果。为了更方便地定位和编辑前后帧动画或整幅动画，要同时在舞台上查看多帧，可以启用洋葱皮技术。

在时间轴面板底部有一排绘图纸工具组，用于控制洋葱皮技术的显示和关闭状态，如图 17-5 所示。

如图 17-6 所示为启用洋葱皮技术，并设置修改绘图纸标记后的舞台动画显示效果。启用绘图纸外观后，处于播放头下的帧显示所有的颜色，而其他周围的帧都以半透明显示，就好像每一帧都制作在一张半透明的洋葱皮（或绘图纸）上，且这些洋葱皮是一张一张堆叠起来的。

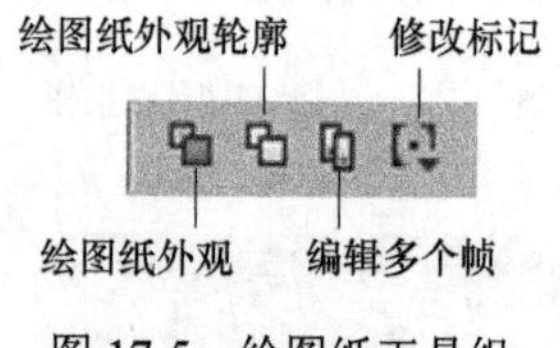

图 17-5　绘图纸工具组

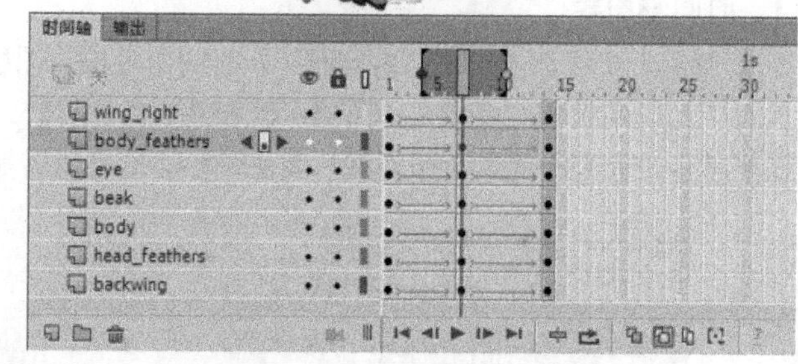

图 17-6　洋葱皮动画效果

3．图层

Animate CC 中的图层作为时间轴面板的一个组成部分，显示在面板的左侧。一个动画可以具有多个图层，图层的使用简化了动画的制作过程。

在 Animate CC 中的图层可分为普通图层、引导图层、遮罩图层和摄像图层等类型。通过引导图层和遮罩图层可以制作出复杂的动画效果，在后面的章节中会做详细介绍。

一个新创建的文档只包含一个图层。可以建立新的图层，软件本身并不限制建立图层的数目。只要计算机内存足够大，在创建电影动画时可以使用的图层的数目就可以非常多。

对图层的基本操作包括：创建新图层，选择、复制、移动、删除图层，以及修改图层的属性等。

要绘制、涂色或者对图层或文件夹进行修改，首先要在时间轴面板中选中该图层或文件夹。在时间轴面板中活动图层的旁边会出现快捷播放头移动按钮，单击向左或向右按钮可以控制播放头在关键帧之间移动。尽管一次可以选中多个图层，但一次只能有一个图层处于活动状态。

17.2.3　帧

Animate CC 动画和传统的电影一样，是由一系列的影像（即图形）连续快速地播放而形成的，给人的视觉造成连续变化的效果。它是以时间轴为基础的动画，由先后排列的一系列帧组成。每一个影像所处的位置称为帧，帧是组成动画的最基本元素，任何复杂的动画都是由帧构成的。通过更改连续帧的内容，可以产生动画效果。

1. 帧的类型

在 Animate 中存在三种帧，即关键帧、空白关键帧、普通帧，如图 17-7 所示。这三种帧都是通过时间轴来创建的。

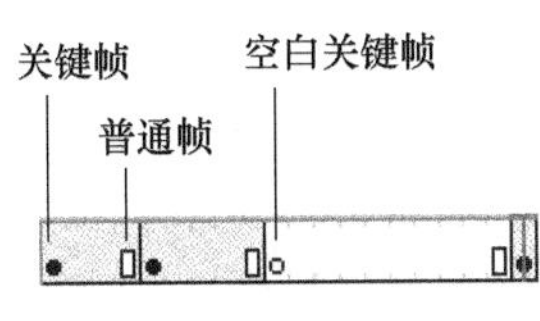

图 17-7 帧的类型

（1）关键帧

关键帧显示为一个黑色实心圆点形状。它表示在这一帧的舞台上真实存在有动画对象，这个动画对象可以是自己制作的图形、外部导入的图形或者是声音文件等。

新建关键帧的操作如下：

方法 1：在需要创建关键帧的位置上右击，在弹出的菜单中选择插入关键帧命令，即可创建关键帧。

方法 2：在选中帧的位置上按<F6>键来新建关键帧。

方法 3：通过选择主菜单中【插入】/【时间轴】/【关键帧】命令，在指定位置插入关键帧。

如果需要清除关键帧，应该先选中待删除的关键帧，然后选择【修改】/【时间轴】/【清除关键帧】命令。注意：不要按<Delete>或<Backspace>键，因为这样做只能删除关键帧中的内容，从而留下一个空的关键帧。

（2）空白关键帧

空白关键帧显示为一个白色空心圆点形状。它表示这一帧的舞台上没有任何动画对象。创建空白关键帧的操作如下：

方法 1：在需要创建空白关键帧的位置上右击，在弹出的菜单中选择插入空白关键帧命令，即可插入空白关键帧。

方法 2：在选中帧的位置上按<F7>键新建空白关键帧。

方法 3：通过选择主菜单中【插入】/【时间轴】/【空白关键帧】命令，在指定位置插入空白关键帧。

（3）普通帧

普通帧显示为一个白色空心矩形形状。普通帧表示延续它上一个关键帧或者空白关键帧的内容一直到这一帧。创建普通帧的操作如下：

方法 1：在需要创建普通帧的位置上右击，在弹出菜单中选择插入帧命令，即可创建普通帧。

方法 2：通过按<F5>键插入一个普通帧。

方法 3：通过选择主菜单中【插入】/【时间轴】/【帧】命令，在指定位置插入普通帧。

2. 帧标签、注释和锚记

在对应每一帧的属性面板中，可以设定帧标签、帧注释或命名帧锚记。在默认状态下，帧是通过帧编号来对应的，若要对选中的帧命名，可以单击属性面板中的名称文本框，输入信息，并在标签选项区域的类型下拉列表中选择名称、注释或锚记，如图 17-8 所示。

（1）帧标签

帧标签就是给帧起一个名称。将某一帧用标签指定是为了便于帧管理。尤其对于复杂的交互帧动画，若只是采用帧编号，一旦删除或插入帧，帧编号自动进行调整，从而改变了原来对应帧的内容，若设定帧标签就不会产生这种问题。帧标签随动画一起输出，因此应尽量使用简单标签来减小文件的大小。

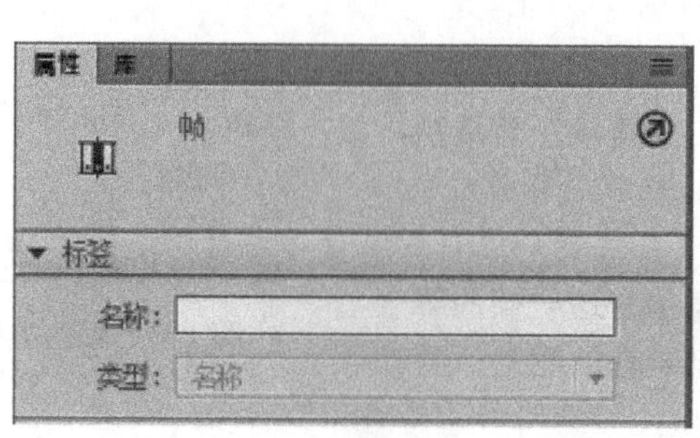

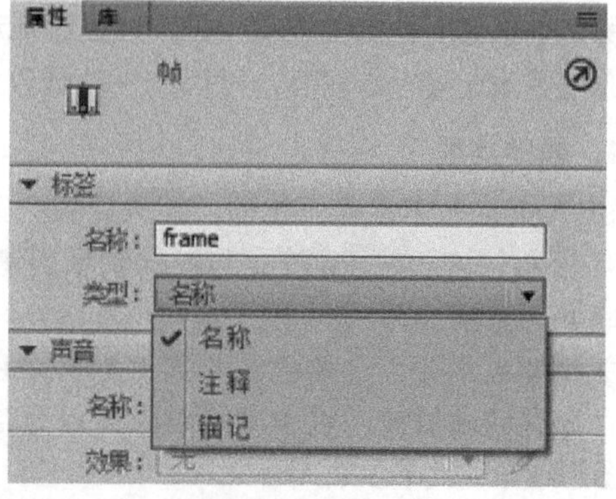

a）设定前　　　　　　　　b）设定名称和类型

图 17-8　设定帧标签

（2）帧注释

为帧设定注释有助于理解其在动画中的作用。帧注释不会随动画一起输出，因此注释内容不影响文件的大小。帧注释的书写形式是以//开始，如“//逐帧动画”。

（3）帧锚记

命名锚记可以开发实用的用户界面和应用程序。在添加锚记之后，Animate CC 内容可以被标记，这意味着用户可以使用浏览器中的前进和后退等指示信息或按钮在 Animate CC 中进行浏览。

3. 帧频

帧频是动画播放的速度，以每秒播放的帧数（fps）为度量单位。帧频太慢会使动画看起来一顿一顿的，帧频太快会使动画的细节变得模糊。在 Web 上，帧频为 12 fps 时通常会得到最佳的效果。QuickTime 和 AVI 影片的帧频通常就是 12 fps，但是标准的运动图像速率是 24 fps。

动画的复杂程度和播放动画的计算机的速度会影响回放的流畅程度。若要确定最佳帧频，应在各种不同的计算机上进行测试。

Animate CC 只给整个文档指定一个帧频，因此需要在开始创建动画之前先设置帧频。

17.2.4　舞台与场景

1. 舞台

舞台是屏幕中间放置图形内容的白色矩形区域，Animate 动画创作都在这里进行。舞台相当于播放电影时，观众用来看电影的区域。在工作时可以放大或缩小以更改舞台的视图比例。图 17-9 和图 17-10 所示分别为舞台 100%和 50%的视图比例效果。

从图 17-10 可以看出，舞台的右上角显示了视图的百分比。缩放视图时，可以单击该下拉按钮，从下拉列表中选择视图显示的比例。也可以使用工具面板中的放大镜工具放大或缩小舞台中的局部图像。还可以使用快捷键方法实现缩放功能：按<Ctrl++>组合键实现放大功能，按<Ctrl+–>组合键实现缩小功能。

手形工具也是控制视图显示的必备工具。在工作区被放大以后，舞台上常常只能看到工作区的一部分，而看不到全貌。选择手形工具，将指针放在工作区上，按住鼠标左键拖动就可以浏览到其他区域的内容了。双击手形工具，舞台将以占满工作区模式显示。另外，在选中其他工具时，按<Space>键，指针即变为手形工具，这时可以将视图移动到其他区域。

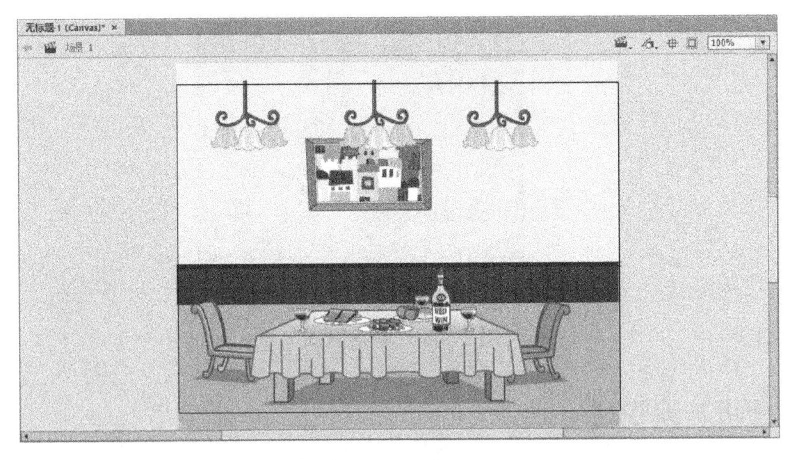

图 17-9　舞台 100%视图比例效果

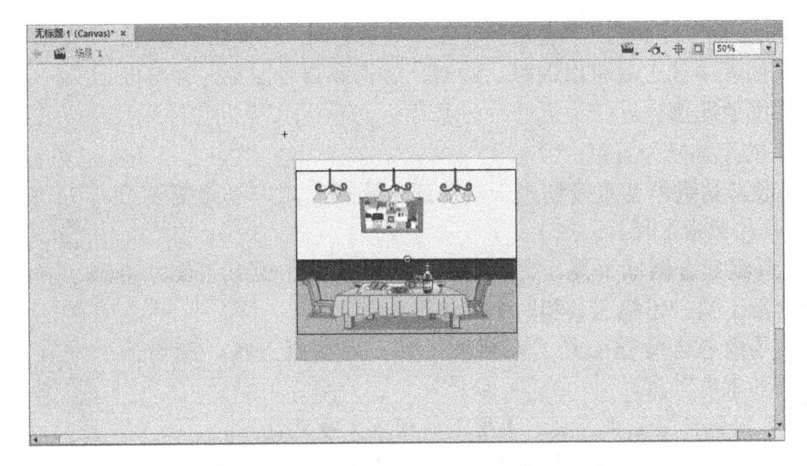

图 17-10　舞台 50%视图比例效果

2．场景

场景包含了制作动画所需的基本设置，如动画的背景设置就相当于舞台剧中的场地、背景与道具等的设置。可以使用场景，按主题组织文档。例如，可以使用单独的场景用于简介、出现的消息以及片头/片尾字幕，创作长篇幅动画时，可以使用多个场景。当使用场景时，场景通常会导致 SWF 文件很大，应避免管理大量的 FLA 文件。

使用场景类似于使用几个 SWF 文件一起创建一个较大的演示文稿。每个场景都有一个时间轴。当播放头到达一个场景的最后一帧时，播放头将前进到下一个场景。发布 SWF 文件时，每个场景的时间轴会合并为 SWF 文件中的一个时间轴。将该 SWF 文件编译后，其行为方式与使用一个场景创建的 FLA 文件相同。

3．场景的基本操作

一个复杂的动画中可能包括多个场景，就像舞台剧是由多幕场景构成的一样。下面介绍设置场景的主要操作。

选择主菜单【窗口】/【场景】命令，将出现如图 17-11 所示的场景面板。

在场景面板中可以进行添加、删除、重命名、复制场景以及更改文档中场景的顺序等操作。要更改文档中场景的顺序，可以直接在场景面板中将场景名称拖到不同的位置。

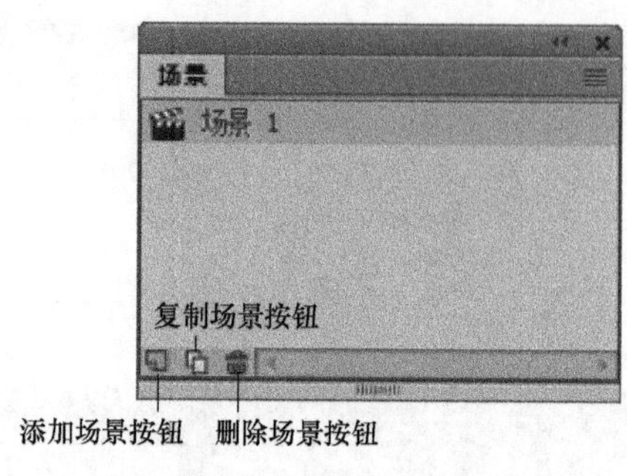

图 17-11 场景面板

17.2.5 工具面板与编辑栏

1. 工具面板

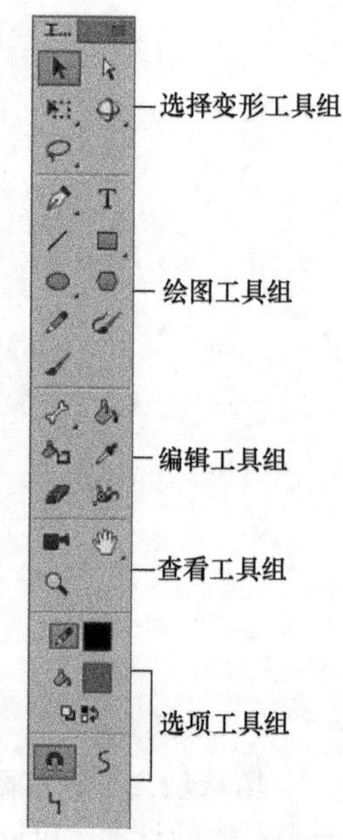

图 17-12 工具面板

Adobe Animate CC 2018 的工具面板位于工作区最右侧，样式如图 17-12 所示。使用工具面板中的工具可以选择、绘制、编辑和查看图片，并可以更改舞台的视图缩放比例。

工具面板中的工具分为五组：

1）选择变形工具组包含直接选择工具、部分选择工具、任意变形工具、3D 旋转工具和套索工具。

2）绘图工具组包含钢笔工具、文本工具、线条工具、矩形工具、椭圆工具、多角星形工具、铅笔工具和两个画笔工具。

3）编辑工具组包含骨骼工具、颜料桶工具、墨水瓶工具、滴管工具、橡皮擦工具和宽度工具。

4）查看工具组包含摄像头工具、手形工具和放大镜工具。

5）选项工具组包含用于当前所选工具的功能按钮。功能按钮影响工具的上色或编辑操作。

2. 编辑栏

通过选择【窗口】/【编辑栏】子菜单中的命令可以打开或关闭编辑栏。Animate CC 的编辑栏如图 17-13 所示。编辑栏包含用于编辑场景和元件以及用于更改舞台视图的缩放比率级别的控件和信息。

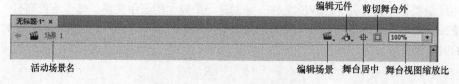

图 17-13 Animate CC 的编辑栏

17.3 Animate CC 中文档的基本操作与动画制作流程

在了解了 Animate CC 的工作环境之后，下面来学习 Animate 文档的基本操作方法，包括创建新文档、打开文档、关闭文档、保存文档等。此外，本节还将对采用 Animate CC 软件创作动画的流程做一个概述。流程相当于一条主线，不论是简单的动画，还是复杂的交互式动画，它贯穿于任何动画制作过程的始终。

17.3.1 文档操作

1．新建和保存文档

1）选择主菜单中【文件】/【新建】命令（快捷键<Ctrl+N>），弹出新建文档对话框。在该对话框中有常规和模板两个选项卡，如图 17-14 和图 17-15 所示。

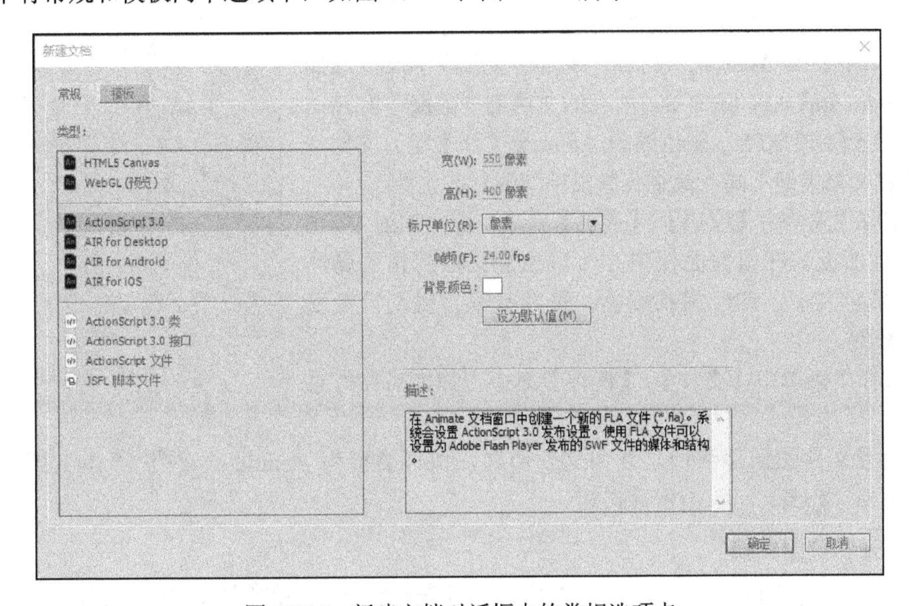

图 17-14 新建文档对话框中的常规选项卡

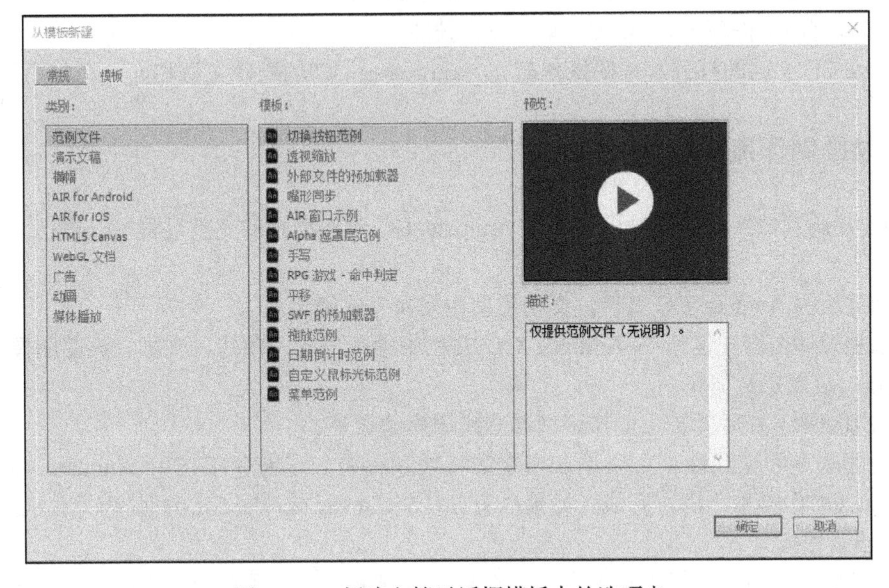

图 17-15 新建文档对话框模板中的选项卡

2）选择文档“类型”，在对话框右侧上半部分可以设置舞台的大小、背景颜色和帧频，在下半部分的描述文本内可以看到文档类型的说明。然后，单击确定按钮。

创建 Animate CC 文档时对于类型的选择，可以根据最终动画播放或运行时的环境来确定。如果创建在使用 HTML5 和 JavaScript 的浏览器中播放的动画素材，选择 HTML5 Canvas；如果要为纯动画素材提供硬件 3D 加速渲染，选择 WebGL；如果要创建在桌面浏览器 Flash Player 中播放的动画素材，选择 ActionScript 3.0；如果要创建在 Windows 或 Mac 桌面上以应用程序方式播放的动画素材，选择 AIR for Desktop；如果要为 Android 或 iOS 移动设备创建 App，选择 AIR for Android 或 AIR for iOS。所有的文档类型都保存为 FLA（Animate 文档）或 XFL（未压缩的 Animate CC 文档）文件，区别是创建文档类型不同，最终会导出不同的发布文件。

3）选择主菜单中【窗口】/【属性】命令，弹出如图 17-16 所示的属性面板。在属性面板中，可以设置文档的相关属性信息，如舞台大小、舞台背景颜色、帧频数等，以及设置发布相关参数等。

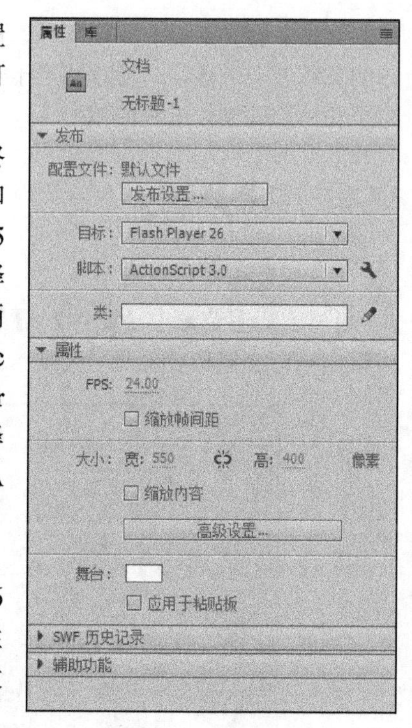

图 17-16　属性面板

4）选择主菜单中【文件】/【保存】命令，弹出另存为对话框。

5）设置文件的保存路径，并为文件命名，保存类型为 Animate 文档（*.fla）或者未压缩 Animate 文档（*.xfl），单击保存按钮。

2．打开和关闭文档

打开一个已存在的 Animate CC 文档，可以查看到该文档的制作是如何设计完成他的作品的。通过查看舞台、时间轴、属性面板、库面板及其他面板中的内容，可以了解工作区中的完整信息，这些都有助于提高 Animate CC 动画制作技能。

Animate CC 文档的打开和关闭操作与 Dreamweaver CC 的操作方法相同，在此不再赘述。

17.3.2　动画制作流程

从创建动画到最终的动画输出，使用 Animate CC 制作动画的完整过程可以概括为以下几个步骤：

1）创建新的 Animate CC 文档，文档类型由发布方式确定。

2）添加媒体内容。包括在 Animate CC 文档中绘图，导入图片、文本、位图图像、视频、声音、按钮，以及影片剪辑。

3）添加动画。在时间轴上创作逐帧动画或插帧动画等。

4）创建基本的交互性。可以添加内置的特效和行为，这部分工作由 Animate CC 特有的 ActionScript（动作脚本）语言完成（如果是 HTML5 Canvas 或 WebGL 类型的文档，交互性则由 JavaScript 语言完成）。

5）在动画完成后，选择主菜单中【控制】/【测试】命令，预览应用程序，以确认应用程序在发布之前能够正确工作。

6）发布和查看应用程序。发布成 Web 可浏览文件（.swf），也可以输出成嵌有播放器可以直接播放的 EXE 文件。

17.4 边学边做（闪动文字）

本节通过实例介绍完整的动画制作过程，目的是使读者掌握使用 Animate 制作动画的工作流程，同时，对 Animate 软件的基本操作方法有一个清晰的认识。

【实例】制作闪动文字动画。

操作步骤如下：

1）启动 Adobe Animate CC 2018，在欢迎界面单击新建选项区域中的 ActionScript 3.0 选项，即打开一个新的 Animate CC 文件（*.fla），将会按 ActionScript 3.0 的发布设置。

2）选择主菜单中【修改】/【文档】命令，弹出文档设置对话框（见图 17-17），或者单击“属性”面板中的“高级设置”文字链接打开文档设置对话框。在该对话框中修改舞台大小为 500×200 像素，设置背景颜色为蓝色（#000066）。

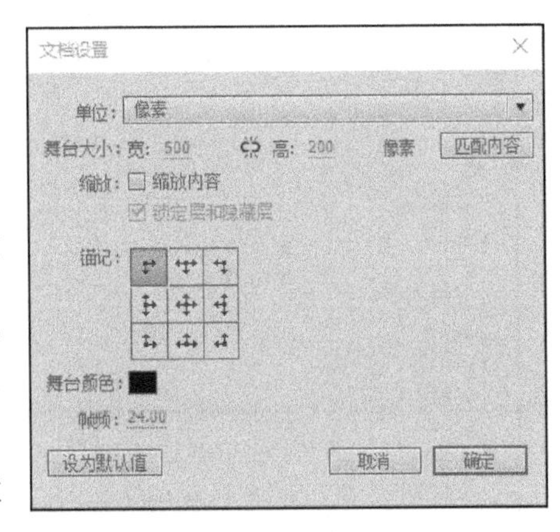

图 17-17 文档设置对话框

3）单击工具面板中的文本工具，在属性面板中设置字体为隶书，字号为 66，文本颜色为白色（#FFFFFF）。

4）将指针移入舞台并单击，在文本框中输入快乐学习文本，在文本框外单击，确认所输入的文本内容。

5）单击工具面板中的选择工具，将文本移至舞台中间位置，时间轴的第 1 帧为当前的默认帧，状态如图 17-18 所示。

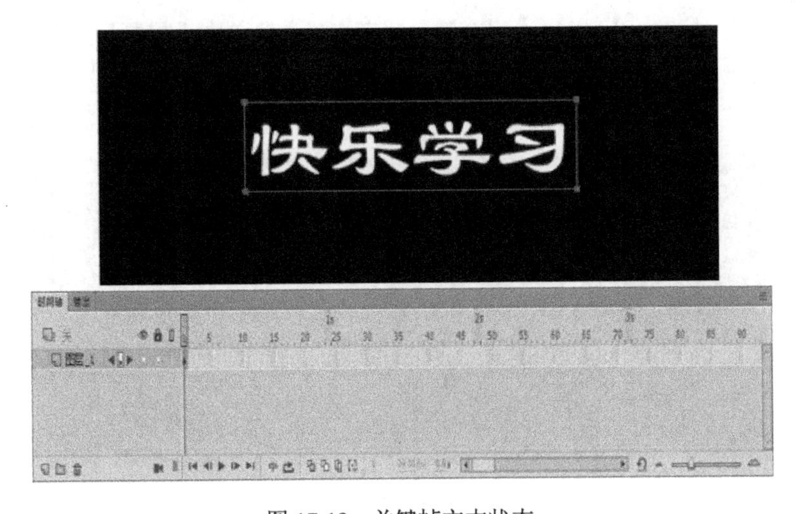

图 17-18 关键帧文本状态

6）单击时间轴上的第 5 帧，并按<F6>键，在第 5 帧处创建一个关键帧。单击舞台上的文本对象，并在属性面板中将文本颜色修改为红色（#FF0000）。

7）按照步骤 6）分别在第 10、15、20、25、30 帧处创建关键帧，并重新设置各关键帧中文本的颜色。由于舞台背景色为深色，因而在文本颜色的处理上，应尽量选择浅色。

8）将时间轴面板中的播放头拖动到第 1 帧处，然后按<Enter>键，播放一次动画效果。

9）选择【文件】/【保存】命令，在弹出的另存为对话框中，指定文档的保存位置及文件名。文件默认为“Animate CC 文档（*.fla）”类型，如图 17-19 所示，将文件命名为闪烁文字.fla。

10）快速查看动画，选择主菜单中【控制】/【播放】命令，或者直接按<Enter>键，再或者利用“时间轴”面板底部的播放控制按钮组（见图 17-20）中的播放按钮，直接在工作区中查看动画的播放效果。

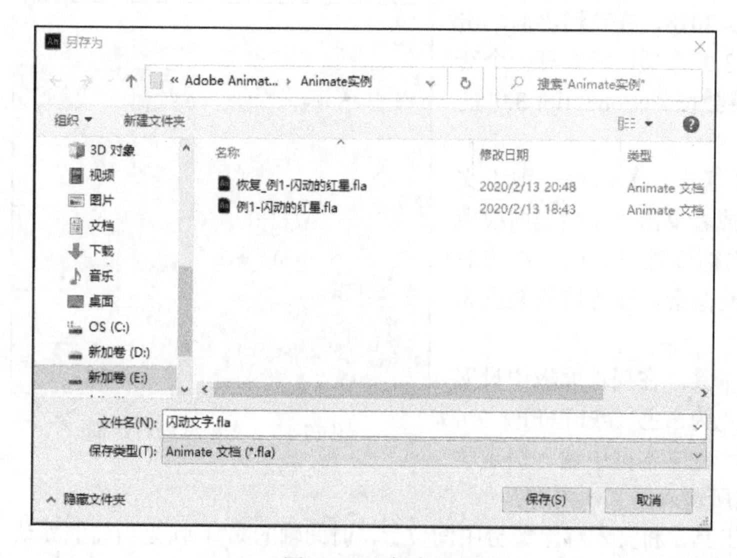

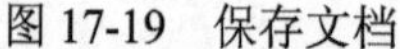
图 17-19　保存文档

图 17-20　播放控制工具组

11）测试文档，按键<Ctrl+Enter>组合键，或者选择主菜单中【控制】/【测试】命令，导出动画，如图 17-21 所示，直接生成动画播放格式（*.swf）文件。

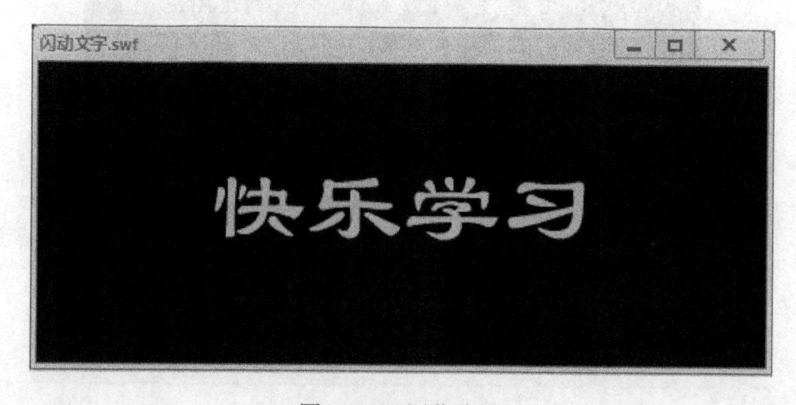

图 17-21　浏览动画

本章小结

本章主要介绍了 Adobe Animate CC 2018 的特点、功能、工作界面和基本操作方法等，通过简单的实例让读者对使用 Animate CC 制作动画的工作流程有一个初步的认识。本章的重点是掌握 Animate CC 文档的基本操作，包括舞台与场景的属性设置；难点在于能够正确理解各种类型的帧在动画中起到的作用，这对顺利完成动画制作至关重要。

思考与练习

1. Adobe Animate CC 2018 可以创建的文档类型有哪些？
2. 练习创建、打开和保存 Animate CC 文档。
3. 什么是舞台和场景？
4. 帧的类型及创建方法有哪些？如何修改帧的类型？

第 18 章　Animate CC 动画素材准备

使用 Animate CC 可以创建各种各样的矢量图形和文字对象，也可以导入位图，并将它们制作为动画。

本章将主要介绍如何用 Animate CC 绘画工具进行绘制图形，如何使用颜色、笔触和填充，如何处理图形对象，以及如何导入位图并处理位图等相关知识。另外还将介绍如何使用文本工具和 3D 图形工具。掌握使用工具绘图和编辑图形的方法是使用 Animate 制作动画的必备技能，为下一步创建 Animate CC 动画做素材准备。

本章要点：

- 使用绘画工具绘制图形
- 编辑图形
- 导入位图
- 使用文本工具和 3D 图形工具

18.1　绘制基础

计算机以矢量或位图格式显示图形。使用 Animate CC 可以创建压缩矢量图形并将它们制作为动画。Animate CC 还可以导入和处理在其他应用程序中创建的矢量图形和位图图形。在第三部分 Adobe Photoshop CC 应用篇的第 9 章网页图像基础知识中已经介绍了矢量图与位图的区别，读者可以参考相关的内容，以巩固绘制的基础知识，这里就不再赘述。Animate CC 中的图形都始于一种形状。形状由两部分组成：填充和笔触。填充是形状的内部，笔触是形状的轮廓。填充和笔触彼此独立，可以分别进行编辑。

18.1.1　绘制模式

Animate 有两种绘制模式，为绘制图形提供了极大的灵活性。

1．合并绘制模式

采用合并绘制模式绘制重叠图形时，会自动进行合并。若选择的图形已与另一个图形合并，移动它则会永久改变其下方的图形。例如，如果绘制一个圆形并在其上方叠加一个较小的圆形，然后选择第二个圆形并进行移动，则会删除第一个圆形中与第二个圆形重叠的部分，如图 18-1 所示。使用合并绘制模式创建的图形会在叠加时合并在一起，选择图形并进行移动会改变所覆盖的图形。默认情况下，Animate CC 使用合并绘制模式。

2．对象绘制模式

采用对象绘制模式是将图形绘制成独立的对象，这些对象在叠加时不会自动合并。这样，在分离或重新排列图形的外观时，会使图形重叠而不会改变它们的外观。Animate CC 将每个图形创建为独立的对象，可以分别进行处理，如图 18-2 所示。可以使用指针工具移动该对象，只需单击对象内部然后拖动图形将其置于舞台上即可。

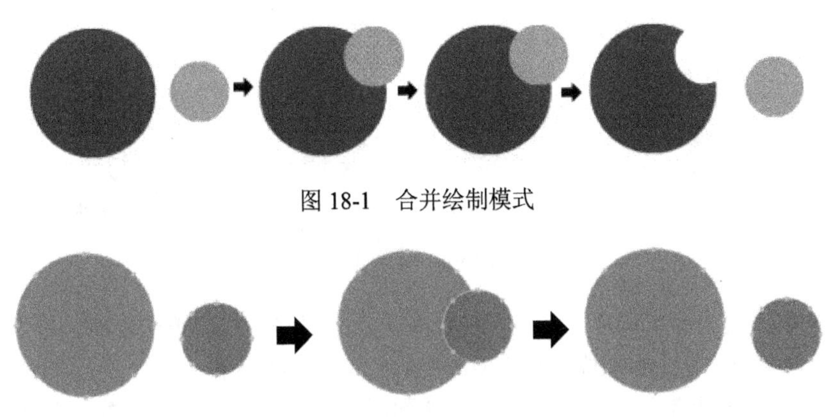

图 18-1　合并绘制模式

图 18-2　对象绘制模式

启用对象绘制模式的操作方法如下：

1）选择一个支持对象绘制模式的绘画工具，如铅笔、线条、钢笔、刷子、椭圆、矩形和多边形工具。

2）从工具面板的选项工具组中选择对象绘制按钮，或按<J>键在合并绘制与对象绘制模式间切换。对象绘制按钮允许在合并绘制与对象绘制模式之间切换。

要把对象转换为形状（合并绘制模式），先选取转换对象，然后选择主菜单中的【修改】/【分离】命令；要把形状（合并绘制模式）转换为对象（对象绘制模式），先选取转换形状，然后选择主菜单中的【修改】/【合并对象】/【联合】命令。

18.1.2　选择对象

在工作区中的内容称为对象，要对各种图形对象进行各种操作，首先要选择对象。在 Adobe Animate CC 2018 中提供了三种选择对象的工具。

1．使用选项工具组

工具面板中的选项工具可以用来进行对象的选择、移动、复制、修改、旋转、推拉、缩放矢量线和矢量图形。

选择选项工具后，在工具面板下方的选项工具组中出现如图 18-3 所示的功能按钮，利用这些功能按钮可以完成以下的操作：

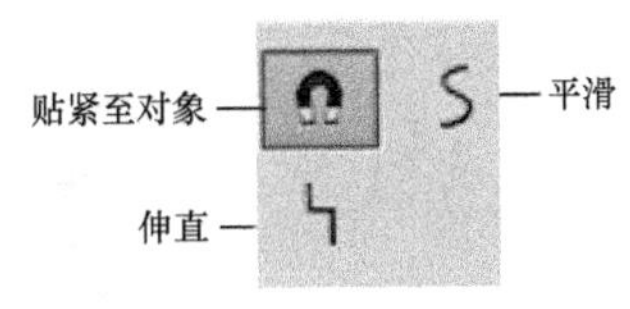

图 18-3　选项工具组

1）贴紧至对象：自动将两个元素定位，还可以使其定位于网格上。

2）平滑：平滑操作使曲线变柔和，并减少曲线整体方向上的突起或其他变化。根据每条线段的原始曲直程度，重复应用平滑和伸直操作可以使每条线段更平滑、更直。

3）伸直：可以对每条选定的填充轮廓或曲线进行微小的伸直调整。

选择选项工具后，单击工作区中的对象即可选中对象，也可以通过拖拽出矩形框选择对象，按住<Shift>键，然后单击可以同时选择多个对象。图 18-4 显示了不同的选取内容。用选项工具拖拽的方法可以选取笔触和填充对象，单击填充区域只选中填充对象，单击笔触则只选中图形的边界。

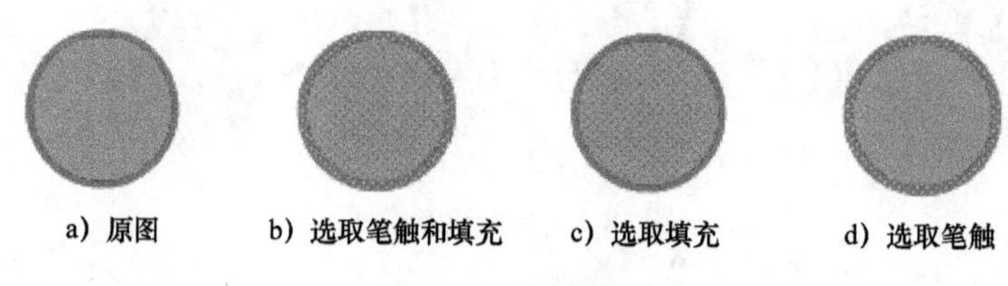

a）原图　b）选取笔触和填充　c）选取填充　d）选取笔触

图 18-4　选择图形

另外，使用选项工具可以拖动线条上的任意一点来对线条或图形的轮廓进行变形。指针的变化表明了在线条或填充上将完成何种类型的变形。操作方法如下：

在工具面板中选择选项工具，当指针移动到图形的边缘处时，会发生形状的改变，若指针形状变为右下角带直角箭头时，表示该处是一个端点；若指针形状变为右下角带弧线箭头时，表示该处是一条线段。按下鼠标左键进行拖动，如果重新定位的点是一个端点，则会拉伸线段；如果该点是一个角点，形成角点的几条线段在变长或缩短的过程中保持直线段状态，如图 18-5a 所示。通过拖动带弧线箭头的指针，可以使图形的直线边缘变为曲线（见图 18-5b），或者任意改变曲线边缘的曲线效果（见图 18-5c）。如图 18-5 所示为使用选项工具编辑图形效果。

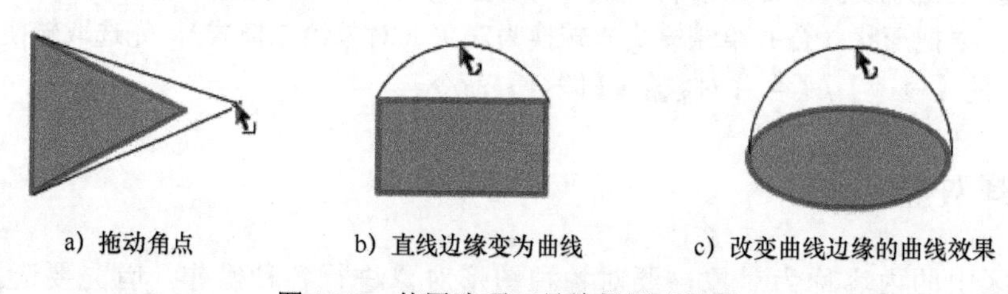

a）拖动角点　b）直线边缘变为曲线　c）改变曲线边缘的曲线效果

图 18-5　使用选项工具编辑图形效果

2．使用部分选取工具

使用部分选取工具可以对路径上的锚点进行调整，从而部分改变图形的形状。如图 18-6 所示为使用部分选取工具调整路径的效果。

a）移动锚点　b）曲线上锚点　c）转换锚点

图 18-6　使用部分选取工具编辑图形

1）移动锚点：使用部分选取工具直接拖动锚点，以移动锚点。使用部分选取工具选择点，使空心锚点变为实心点，并用<↑><↓><←>和<→>键来移动锚点，可以微调锚点的位置。

在单击路径时，将显示锚记点。使用部分选取工具调整线段可能会给路径添加一些点。

2）转换锚点：要将转角点转换为曲线点，请使用部分选取工具来选择该点，然后按住<Alt>键拖动该点来放置切线手柄。要将曲线点转换为转角点，可用钢笔工具单击该点。

3）调整曲线上的点或切线手柄：选择部分选取工具，然后在曲线段上选择一个锚点。在选定的点上就会出现一个切线手柄。要调整锚点两边的曲线形状，可拖动该锚点，或者拖动切线手柄。按<Shift>键拖动会将曲线限制为倾斜 45°。在拖动的同时按<Alt>键可单独拖动每个切线手柄。

3. 使用套索工具

使用套索工具可以选择不规则的区域。单击工具面板中的套索工具，可以看到工具面板的选项工具组中显示了三个功能按钮，即套索工具、多边形工具和魔术棒。

默认选择的是套索工具，随意拖动鼠标既可以是封闭区域，又可以是不封闭的区域，套索工具都可以创建一个完整的选择区域。在套索工具模式下，按住<Shift>键可以连续选择多个区域。

18.2 使用绘画工具

Animate CC 提供了各种工具来绘制自由形状、精准的线条和路径，还可以对填充对象涂色。这些绘图工具都放在工具面板中，如图 18-7 所示。

绘画工具可以创建和修改文档中插图的形状。在前面 Photoshop 的介绍中，已经介绍了计算机总是以矢量或位图格式显示图形，而使用 Animate CC 可以创建压缩矢量图形并将它们制作为动画。

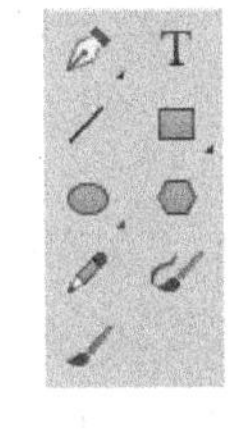

图 18-7 绘画工具组

18.2.1 使用钢笔绘制路径

在 Animate CC 中绘制线条或形状时，将创建一个名为路径的线条。路径由一个或多个直线段或曲线段组成。每段的起点和终点由锚点（类似于固定导线的销钉）表示。路径可以是闭合的（如圆），也可以是开放的，有明显的终点（如波浪线）。

1. 绘制直线段

绘制直线段时，先要创建锚点，也就是线条上确定每条线段长度的点。将指针定位在舞台上，单击以定义第一个锚点。在另一位置再次单击，确定一条直线段的终点。按住<Shift>键的同时单击，可以使线条以 45°倾斜。继续单击以创建其他直线段。双击最后一个锚点，或按住<Ctrl>键的同时单击路径外的任意地方，即可完成一条开放路径的绘制。当钢笔工具的笔尖与第一个锚点重合时，笔尖出现一个小圆圈，单击即可创建一个闭合路径。图 18-8 所示为使用钢笔绘制直线段的过程。

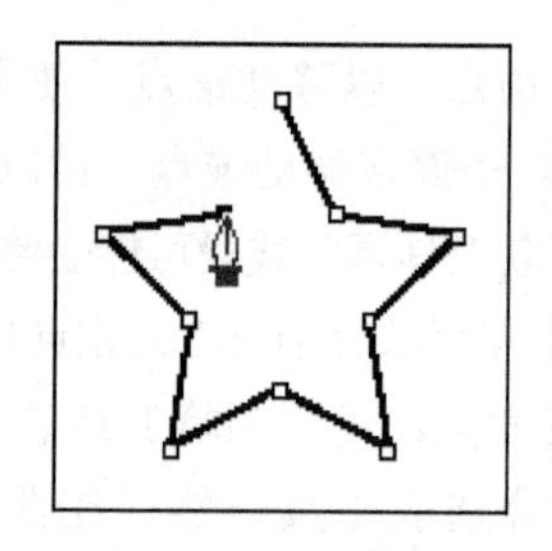

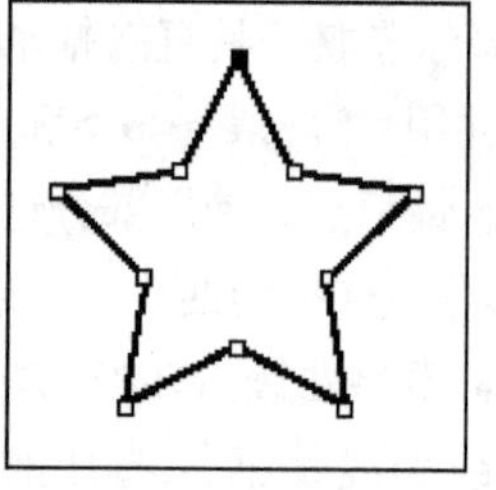

a）绘制直线段　　b）创建闭合路径

图 18-8　使用钢笔绘制直线段

2．绘制曲线段

选择钢笔工具，将其移至舞台上，然后按下鼠标左键，此时出现第一个锚点，并且钢笔尖变为箭头。向要绘制曲线段的方向拖拽，会出现曲线的切线手柄。释放鼠标左键，切线手柄的长度和斜率决定了曲线段的形状。将指针放在想要结束曲线段的地方，按下鼠标左键，然后朝相反的方向拖拽来完成曲线段的绘制。图 18-9 所示为使用钢笔绘制不同形状曲线段的效果。

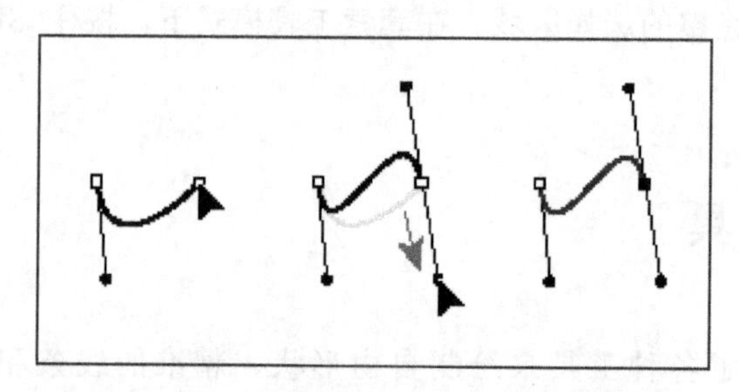

图 18-9　使用钢笔绘制不同形状曲线段

3．编辑路径上的锚点

通过拖动路径上的锚点、显示在锚点方向线末端的方向点或路径线段本身，可以改变路径的形状，如图 18-10 所示。

从图 18-11 所示的路径可以看到，路径具有两种锚点：角点和平滑点。在角点，路径突然改变方向。在平滑点，路径段连接为连续曲线。可以使用角点和平滑点的任意组合绘制路径，也可随时更改。

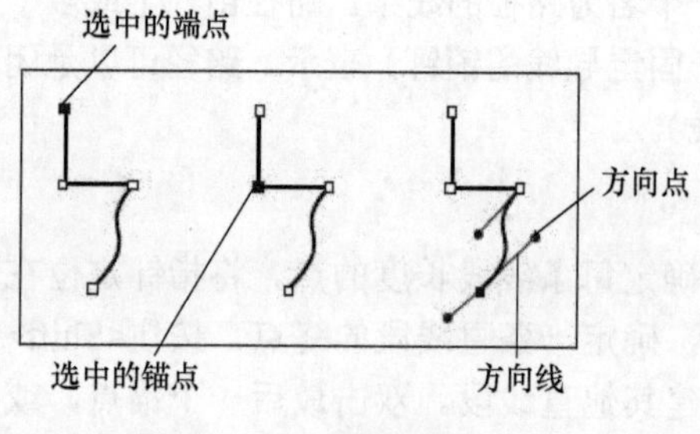

图 18-10　绘制路径

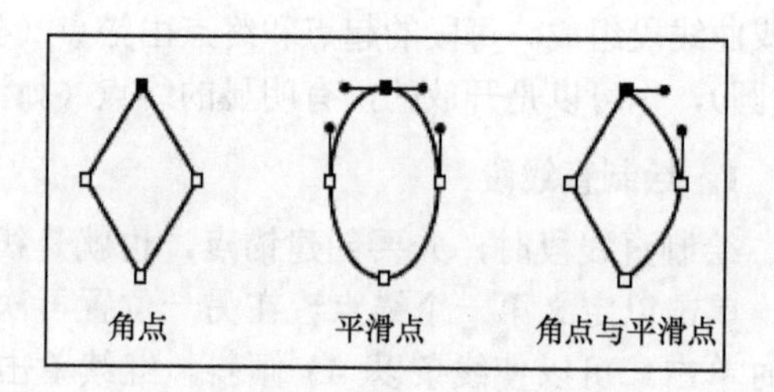

图 18-11　角点和平滑点

使用钢笔工具可以在已创建好的路径上添加锚点或者将路径上的锚点删除，还可以将平滑点转换成角点。操作方法如下：

将钢笔笔尖移至路径上，当指针由一个钢笔形状变为钢笔右下角带+号的形状时，单击，即可添加一个新的锚点。

将钢笔笔尖放在路径的一个曲线点上时，钢笔形状变为钢笔右下角带尖角的形状时，单击，即可将平滑点转换成角点。在角点处钢笔形状变为钢笔右下角带-号的形状时，再次单击，即可删除该锚点。图 18-12 所示为路径上角点与平滑点的转换操作。

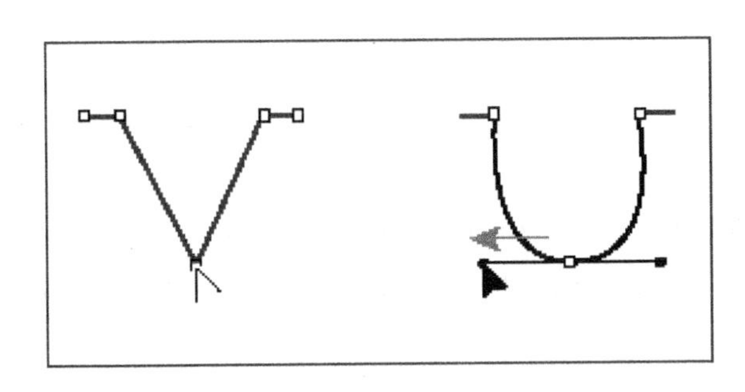

图 18-12　角点与平滑点的转换

4．方向线和方向点

选择连接曲线段的锚点时，在锚点处会显示方向手柄，方向手柄由方向线和方向点组成，方向线在方向点处结束。方向线不显示在最终输出上。方向线的角度和长度决定曲线段的形状和大小。移动方向点将改变曲线形状。平滑点始终具有两条方向线，它们一起作为单个直线单元移动。在平滑点上移动方向线时，点两侧的曲线段同步调整，保持该锚点处的曲线连续。

相比之下，角点可以有两条、一条或者没有方向线，具体取决于它分别连接两条、一条还是没有连接曲线段。角点的方向线通过使用不同角度来保持拐角。当在角点上移动方向线时，只调整与方向线同侧的曲线段。图 18-13 所示为通过编辑方向线改变曲线形状的效果。

方向线始终与锚点处的曲线相切。每条方向线的角度决定曲线的斜率，而每条方向线的长度决定曲线的高度或深度，如图 18-14 所示。

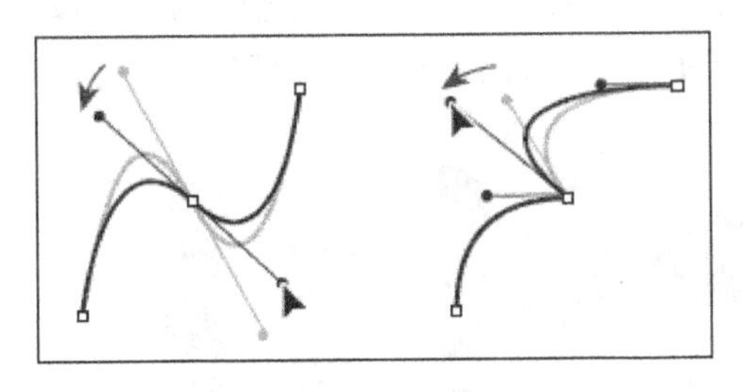

图 18-13　编辑方向线

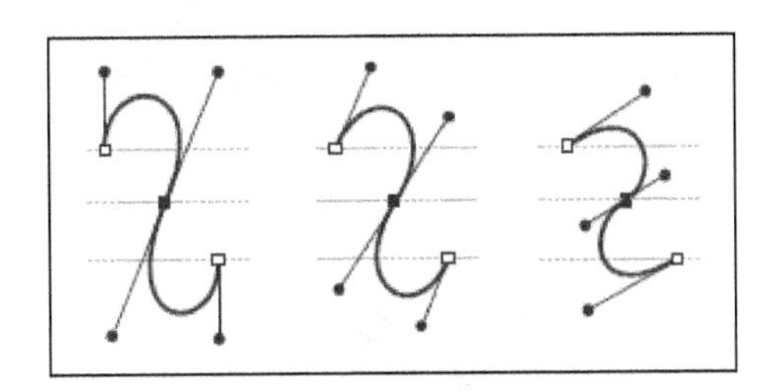

图 18-14　调整曲线的斜率和高度

18.2.2　绘制线条

1．铅笔工具

使用铅笔工具就像使用真的铅笔一样，可以绘制任意的线条和形状。并且，在画完之后，Animate CC 能够把不是很直的手画线变直，或者把尖角变得柔和、钝化。这一点是 Animate CC 铅笔工具的一大特色，熟练使用有助于在 Animate CC 中进行丰富的创作。

选择铅笔工具后，在属性面板中可以设置笔触颜色、线条粗细和样式。其中，路径终点的样式由端点选项设定，如图 18-15 所示。

- 无：对齐路径终点。
- 方形：添加一个超出路径半个笔触宽度的方头端点。
- 圆角：添加一个超出路径端点半个笔触宽度的圆头端点。

在工具面板下面的选项工具组中可以选择铅笔的三种绘图模式：伸直、平滑和墨水。图 18-16 所示分别为在伸直、平滑和墨水模式下绘制的线条效果。

- 伸直：可以绘制笔直的线条，并且可以将三角形、椭圆、圆、矩形和方形的近似图形转换为这些基本几何图形。
- 平滑：绘制光滑弯曲的线条。使用该模式可以较好地除去手绘的痕迹。
- 墨水：该模式将尽可能保持原来所绘制的曲线的形状。使用这种模式能够产生手绘的效果。

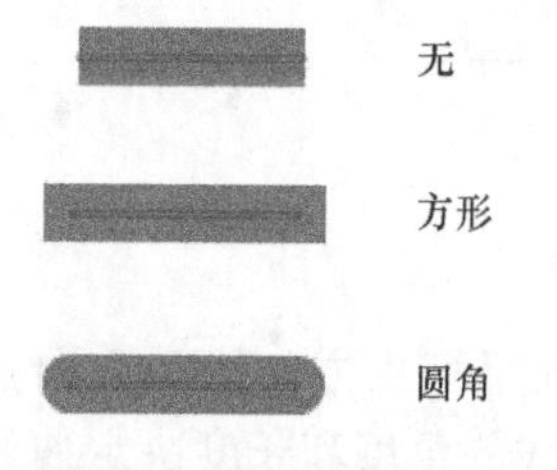

图 18-15　路径终点样式

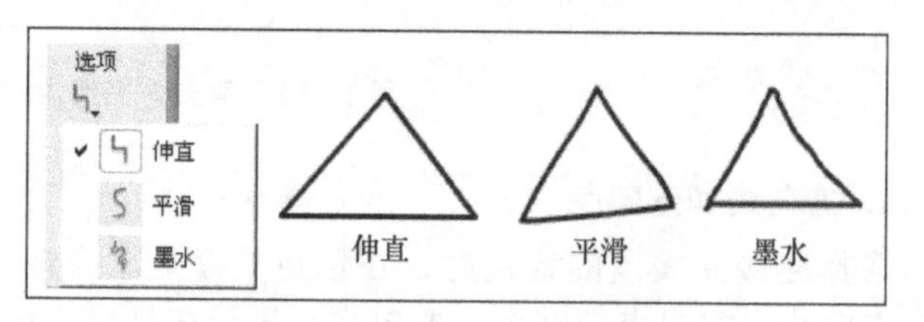

图 18-16　铅笔工具的绘图模式

2．画笔工具

使用画笔工具能绘制出画笔般的笔触，就像涂色一样。它可以创建特殊效果，包括书法效果。使用画笔工具的功能按钮可以选择画笔的大小和形状。

使用画笔工具涂色的方法如下：

1）在工具面板中选择画笔工具，在工具面板的颜色区域中选中一种填充颜色。

2）在工具面板下面的选项工具组可以看到如图 18-17 所示的画笔工具的功能按钮，单击其中的画笔模式功能按钮，弹出 5 种模式，分别为标准绘画、颜料填充、后面绘画、颜料选择和内部绘画，分别采用每种涂色模式进行绘制，便会生成如图 18-18 所示的不同涂色效果。

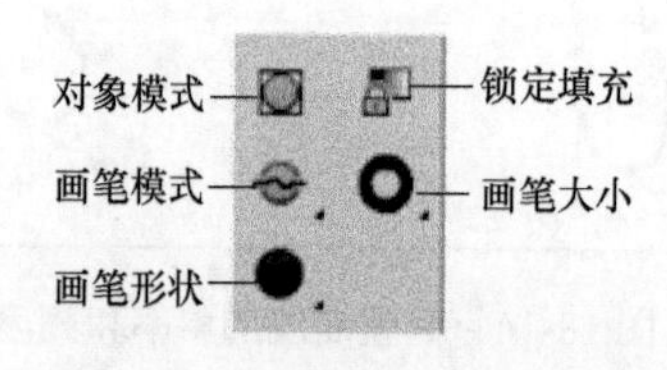

图 18-17　画笔工具的功能按钮

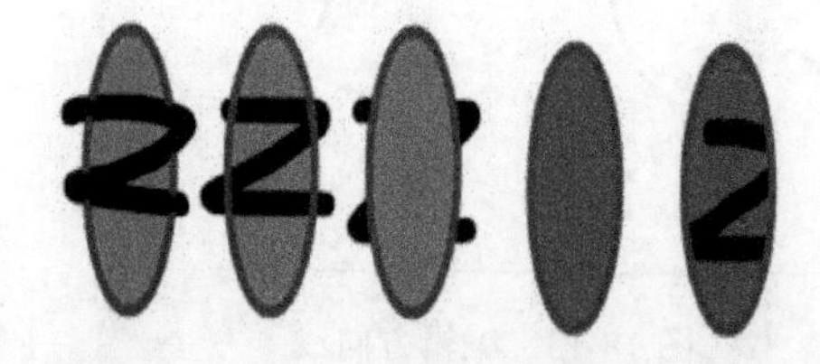

图 18-18　不同画笔模式的绘制的效果

- 标准绘画：会在同一层的线条和填充上绘画。
- 颜料填充：对填充区域和空白区域绘画，不影响线条。
- 后面绘画：在舞台上同一层的空白区域绘画，不影响线条和填充。
- 颜料选择：在属性面板中选择填充时，颜料选择会将新的填充应用到选区中。此选项就跟简单地选择一个填充区域并应用新填充一样。

- 内部绘画：对画笔笔触开始所在的填充区域进行绘画，但不影响线条。这种做法很像一本智能色彩书，不允许在线条外面绘画。如果在空白区域中开始绘画，该填充不会影响任何现有填充区域。

3）从画笔工具对应的功能按钮中选择一种画笔大小和画笔形状，然后在舞台上拖动绘制图案。

18.2.3　绘制简单图形

使用线条工具、椭圆工具和矩形工具可以绘制基本的几何形状，其用法和其他一些绘图软件中的工具用法相似。

1．绘制直线

在工具面板中选择线条工具后，在属性面板中可以选择适合的笔触和填充属性。单击属性面板中的编辑笔触样式按钮，弹出如图 18-19 所示的笔触样式对话框，在该对话框中可以设置更多的线条样式。

2．绘制矩形和椭圆

在矩形工具和椭圆工具上单击并按住鼠标左键，然后在弹出的菜单中选择工具。图 18-20 所示为一组绘制规则图形的工具。

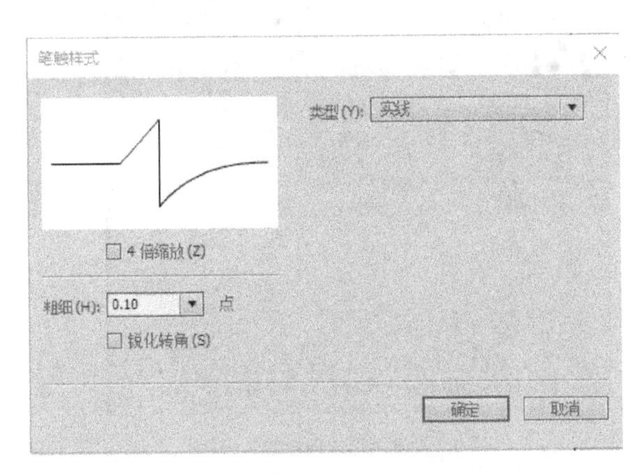

图 18-19　自定义笔触样式

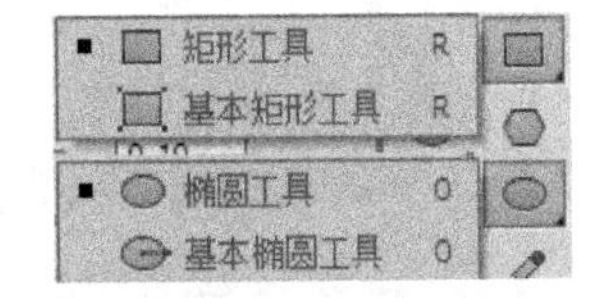

图 18-20　绘制规则图形的工具

使用椭圆和矩形工具可以创建基本几何形状。使用图元矩形工具或图元椭圆工具创建矩形或椭圆时，不同于使用对象绘制模式创建的形状，Animate CC 将形状绘制为独立的对象。图元形状工具可使用属性面板中的控件，指定矩形的角半径以及椭圆的开始角度、结束角度和内径。椭圆工具与矩形工具的使用方法相似，下面就以矩形工具为例，介绍其创建和编辑方法。

【提示】使用矩形工具时，在拖动的同时，按住<↑>或<↓>箭头键可以调整圆角半径。对于椭圆工具和矩形工具，按住<Shift>键的同时拖动，可以将形状限制为圆形和正方形。对于线条工具，按住<Shift>键的同时拖动，可以将线条限制为倾斜 45°的倍数。

3．创建和编辑图元对象

要创建图元矩形，首选选择基本矩形工具，在舞台上拖动创建图元矩形，此时观察属性面板，显示出三类属性参数（见图 18-21），分别是位置和大小、填充和笔触及矩形选项。可以分别展开各类属性，对矩形图元进行编辑和修改。

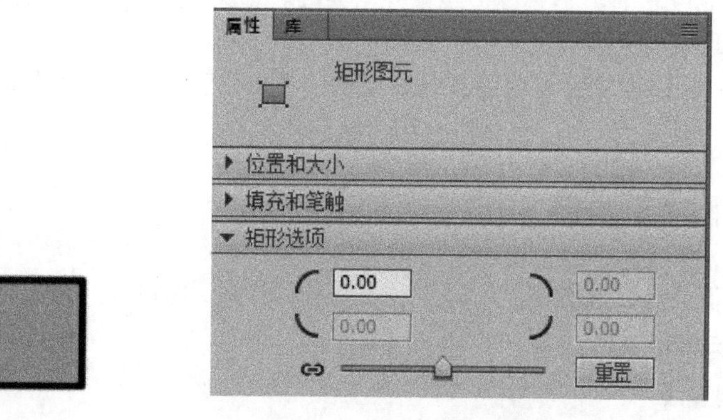

a）图元矩形　　　b）三类属性参数

图 18-21　创建图元矩形

如图 18-22 所示，在属性面板的矩形选项选项区域中，单击底部将边角半径锁定为一个控件按钮，将锁定状态打开后，可以单独修改每个边角半径值，获得理想的效果。

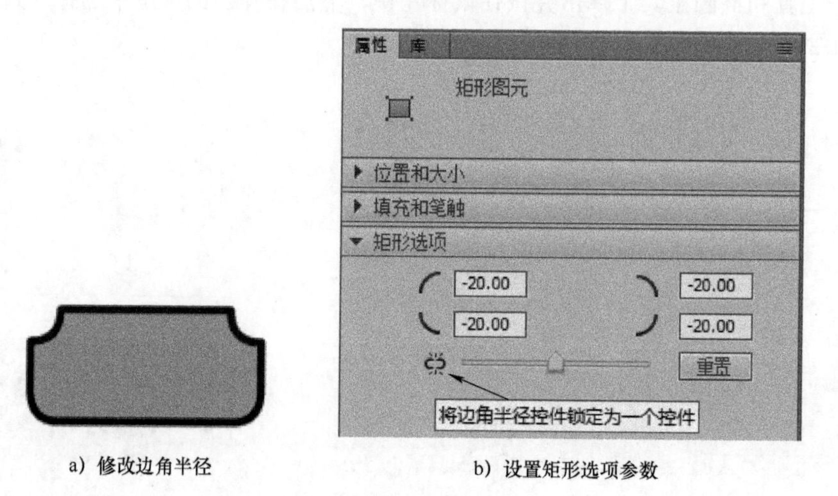

a）修改边角半径　　　b）设置矩形选项参数

图 18-22　编辑图元矩形

4．绘制多边形和星形

绘制多边形或星形的操作方法：

1）在工具面板中选择多角星形工具。

2）在属性面板中单击选项按钮，弹出工具设置对话框，如图 18-23 所示。

3）在工具设置对话框中可以指定样式、边数和星形顶点大小等参数。

- 样式：可以选择多边形或星形。
- 边数：输入一个介于 3～32 之间的数值。
- 星形顶点大小：输入一个介于 0～1 之间的数值以指定星形顶点的深度。此数值越接近 0，创建的顶点就越深（如针）。如果是绘制多边形，应保持此设置不变，它不会影响多边形的形状。

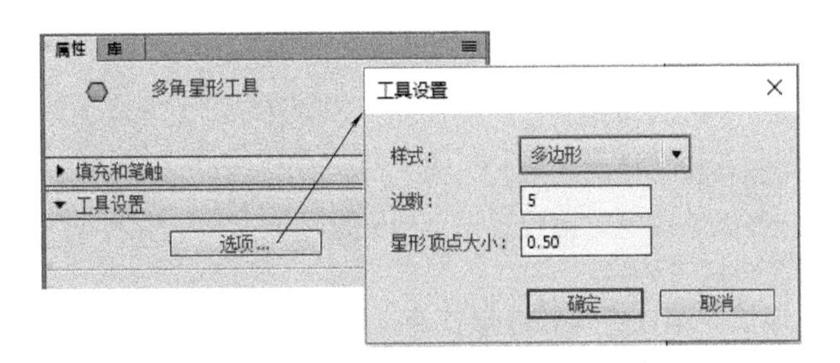

图 18-23　设置多角星形样式

4）设置端点和接合参数可以改变线条或多边形的绘制样式。

18.2.4　图案画笔和艺术画笔

在 Animate CC 中可以使用画笔库中提供的画笔样式进行绘画。选择主菜单【窗口】/【画笔库】命令，打开画笔库面板，如图 18-24 所示。或选择画笔工具，然后单击其属性面板中样式后的画笔库按钮，打开画笔库面板。画笔库提供了六大类不同主题的画笔：Arrows（箭头）、Artistic（艺术）、Decorative（装饰）、Line art（艺术线条）、Pattern Brushes（图案画笔）和 Vector Pack（矢量包）。每个主题下还分设不同的小类，每个类别里对应一到多个不等的画笔样式。选中画笔样式双击可添加到文档，或者通过单击左下角的箭头按钮，同样可以将画笔样式添加到文档。添加到文档后，它会列在属性面板的填充和笔触选项区域中的样式下拉列表中，如图 18-25 所示。可以在使用画笔、钢笔、矩形、椭圆等绘图工具时选用。

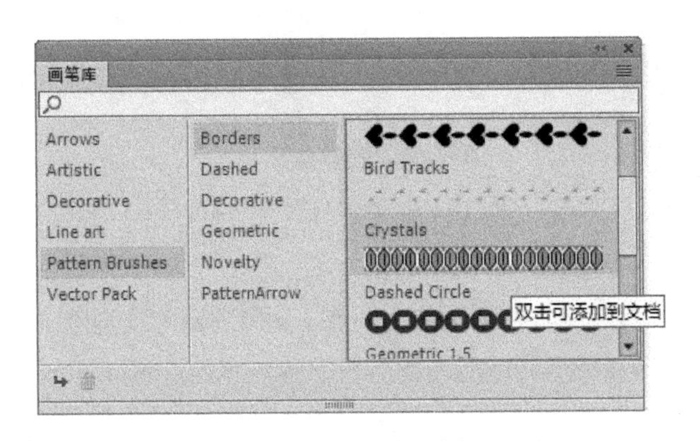

图 18-24　画笔库面板

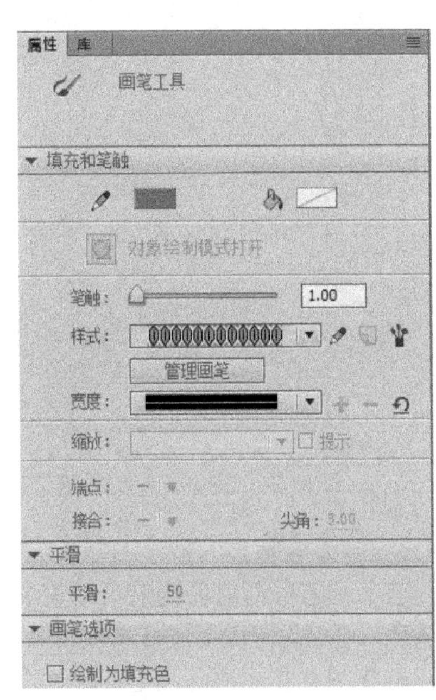

图 18-25　从画笔库添加画笔样式

新添加的画笔样式可以在画笔选项对话框中进行编辑。单击属性面板中样式旁边的编辑笔触样式按钮，可以打开画笔选项对话框，在其中编辑画笔属性，如图 18-26 所示。画笔类型分图案画笔和艺术画笔。

1．图案画笔

图案画笔可沿同一路径重复绘制图案。

如果将画笔类型选为图案画笔，请设置以下属性选项：

- 名称：指定所选画笔的名称。
- 伸展以适合、增加间距以适合和近似路径：这些选项指定如何沿笔触应用图案拼块。三种应用图案拼块的效果对比如图 18-27 所示。
- “翻转图稿”：翻转所选图案，包括两种翻转方式，即水平或垂直。
- 间距：在不同片段的图案之间设置间距。默认值为 0%。
- 角部：根据所选设置自动生成角部拼块，包括中间、侧面、切片和重叠。默认是转为图稿侧面。
- 应用至现有笔触并更新画笔复选框：允许使用指定设置创建一个新的画笔（更改将只适用于以后绘制的新笔触），或将这些设置应用于以前绘制的所有笔触。

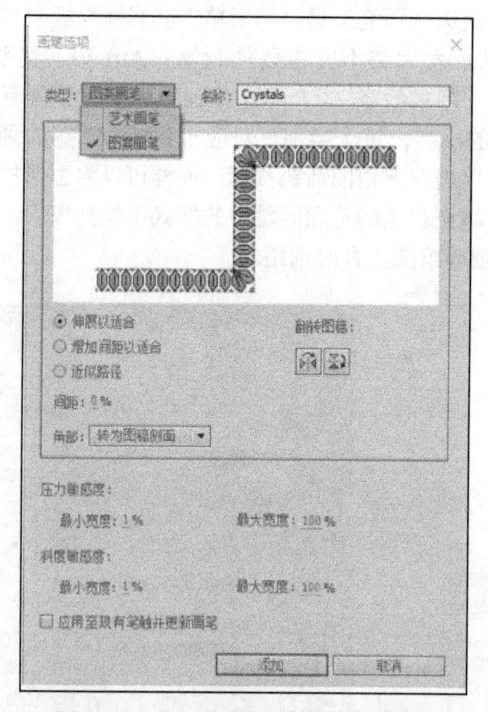

图 18-26　图案画笔的画笔选项对话框

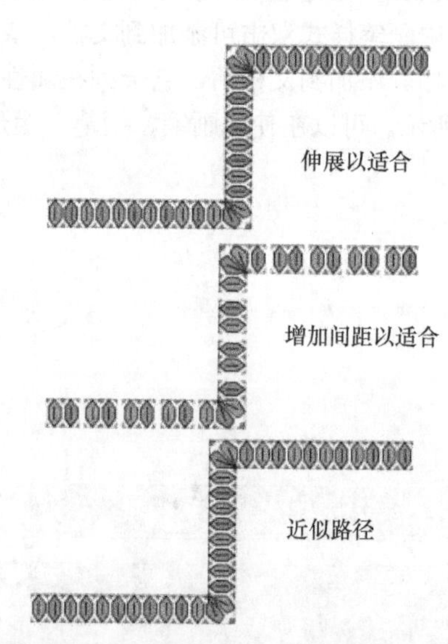

图 18-27　图案画笔三种图案拼块效果对比

2．艺术画笔

艺术画笔可沿路径绘制一个矢量图案，然后将其拉伸至整个长度。如果将画笔类型选为艺术画笔，可以设置以下属性选项（见图 18-28）：

- 名称：指定所选画笔的名称。
- 按比例缩放：将艺术画笔按笔触长度的一定比例缩放。
- 拉伸以适合笔触长度：拉伸艺术画笔以适合笔触长度。
- 在辅助线之间拉伸：只拉伸位于辅助线之间的艺术画笔区域。艺术画笔的头尾部分适用于所有笔触，不会被拉伸。

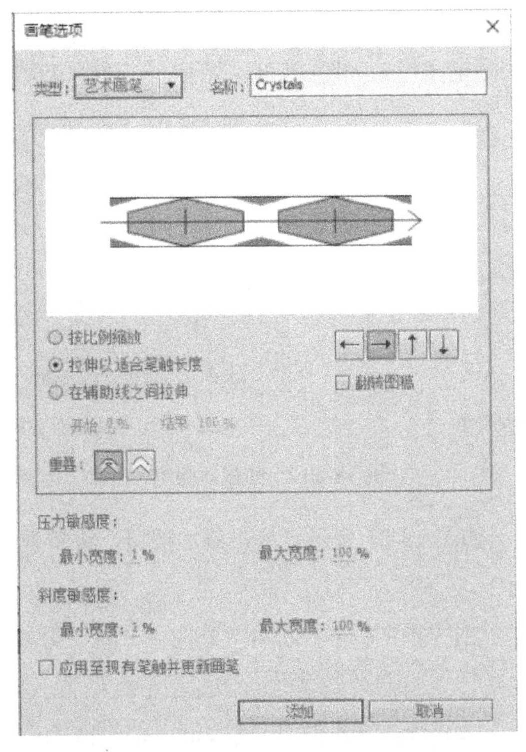

图 18-28　艺术画笔的画笔选项对话框

3．自定义艺术画笔或图案画笔

如果画笔库提供的画笔样式不满足需求，可以自定义艺术画笔和图案画笔。首先在舞台上创建用于组成画笔图案的基本图形，然后选中图形，单击属性面板中画笔库旁边的根据所选内容创建新的画笔按钮，打开画笔选项对话框，编辑自定义画笔的属性，最后将其添加到样式列表。也可以将自定义的画笔添加到画笔库。

【实例 18.1】创建各种颜色的五角星序列样式的图案画笔。

操作步骤如下：

1）在工具面板中选择多角星形工具。在属性面板中单击选项按钮，在弹出的工具设置对话框中，设置样式为星形，边数为 5。如图 18-29 所示。

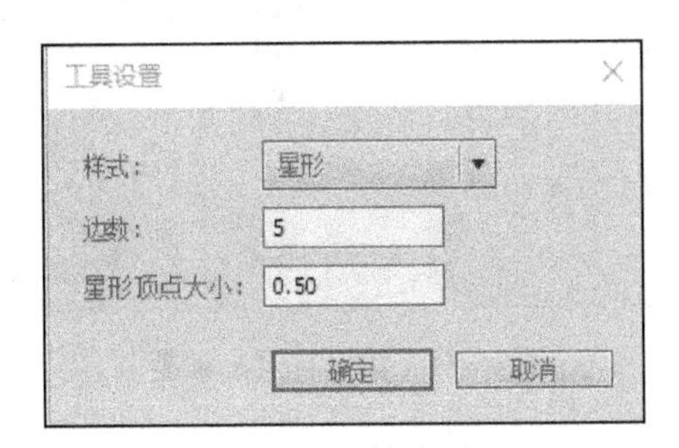

图 18-29　工具设置对话框

2）在属性面板中设置五角星形笔触和填充颜色，在舞台上绘制一系列颜色各异的五角星形。

3）选中所绘图形，选择主菜单【修改】/【分离】命令，将图形分离为形状。

4）右击，在弹出的快捷菜单中选择创建画笔命令，如图 18-30a 所示；或者在属性面板中，单击根据所选内容创建新的画笔按钮，如图 18-30b 所示。打开画笔选项对话框。

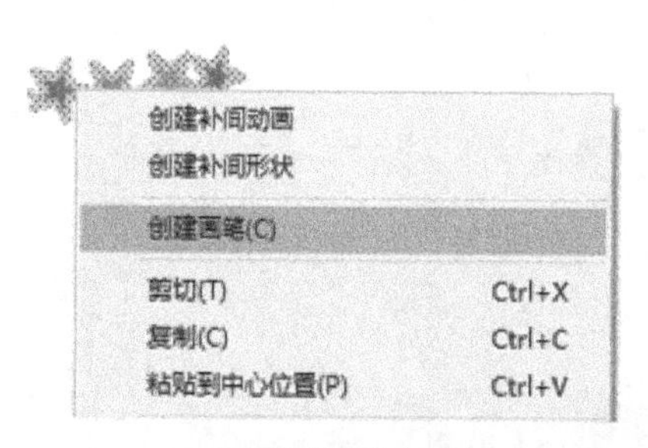

a）通过菜单命令创建

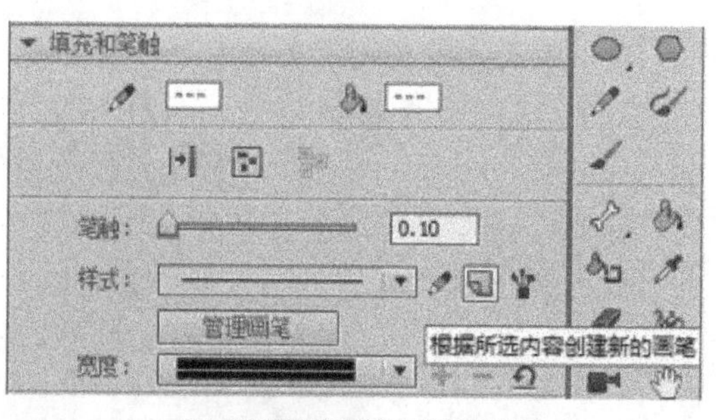

b）通过属性面板中的按钮创建

图 18-30　创建新画笔

5）类型选择图案画笔，如图 18-31 所示。单击添加按钮，将新画笔 Paint brush 添加到样式列表。

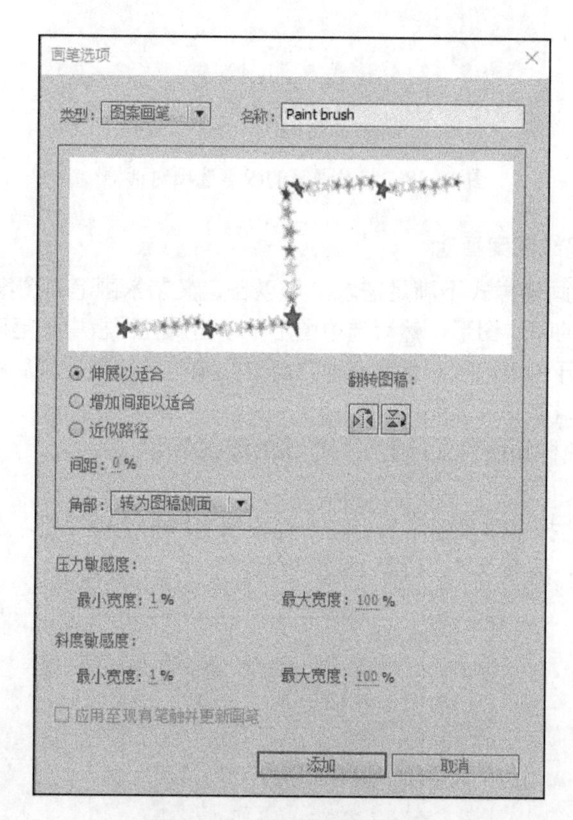

图 18-31　编辑自定义画笔

6）在工具面板选择矩形、椭圆和画笔工具，在舞台上绘制图形，如图 18-32 所示。

7）可以将自定义的画笔添加到画笔库。在属性面板中单击样式下的管理画笔按钮打开管理文档画笔对话框，如图 18-33 所示。选中需要添加的画笔对应的复选框，单击保存至画笔库按钮。

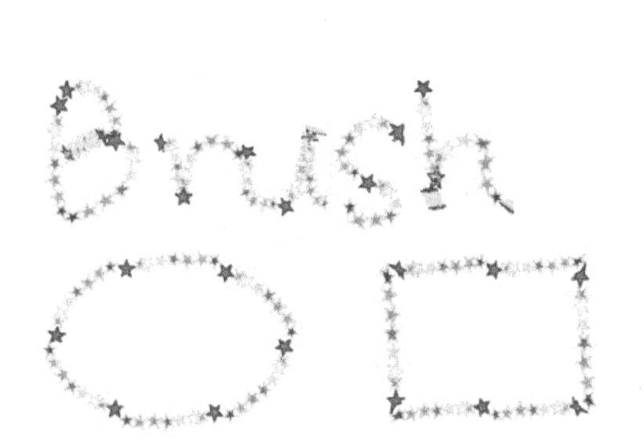

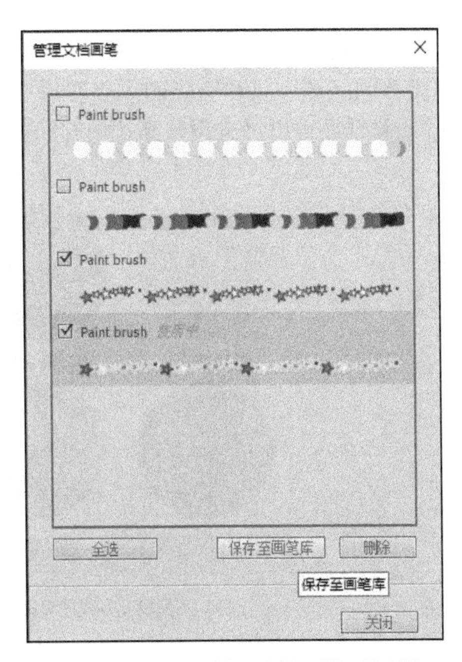

图 18-32　用自定义图案画笔绘图　　　　图 18-33　管理文档画笔对话框

8）打开画笔库可以看到，在 My Brushes 类下有刚添加进来的新画笔，如图 18-34 所示。

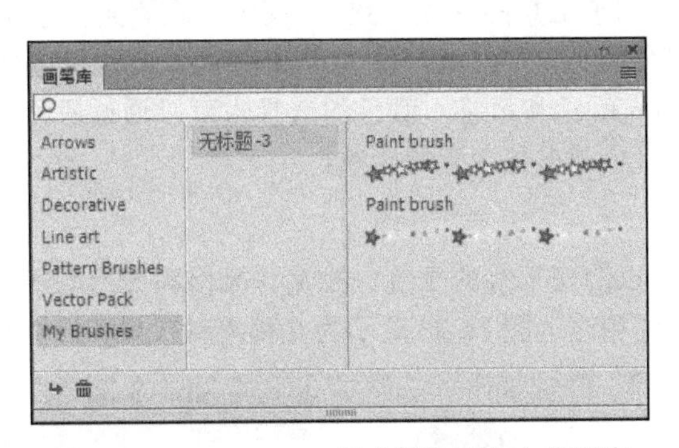

图 18-34　My Brushes 类中添加了自定义画笔

9）通过删除按钮，可以将新添加的画笔从画笔库中删除。

18.3　使用编辑和修饰工具

在 Animate CC 的工具面板中，有多种编辑和修饰工具，包括颜料桶工具、墨水瓶工具、滴管工具、任意变形工具、橡皮擦工具等。

18.3.1　填充工具

1．颜料桶工具

使用颜料桶工具可以给闭合区域填充颜色，它可以用基本色、渐进填充和位图填充三种方式进行填充。图 18-35 所示为几种方式的填充效果对比及颜色面板状态。使用颜料桶也可以填充不闭合的区域，只要空隙的大小在规定范围之内（可以指定 Animate CC 封闭图形的空隙范围）。颜料桶还可以用来调整渐进填充和位图填充的大小、方向和中心。

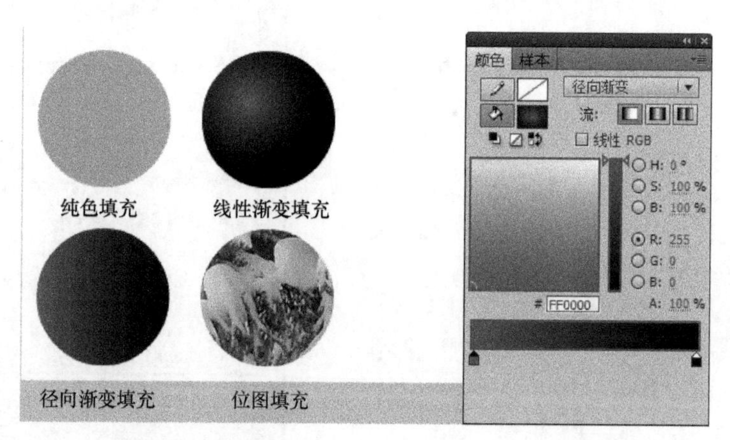

a）不同填充方式的对比　　b）颜色面板

图 18-35　使用颜料桶填充

使用颜料桶的操作方法为：选择颜料桶工具后，单击工具面板下选项工具组中的缺口尺寸按钮，选择尺寸选项（与刷子工具的选项一致）。其中，在不封闭空隙填充时不忽略空隙的存在。根据空隙的大小程度分为小、中和大，使 Animate CC 填充时忽略有空隙的图形。

在属性面板中选择填充颜色和风格。颜色的选择也可以通过颜色面板设置，该面板提供了更改笔触和填充颜色，以及创建多色渐变的选项。

2．墨水瓶工具

使用墨水瓶工具可以改变笔触的颜色、线宽、风格和图形轮廓，它仅可以使用基本色填充，而不能使用渐进或位图填充。图 18-36 所示为几种笔触效果和属性面板状态。

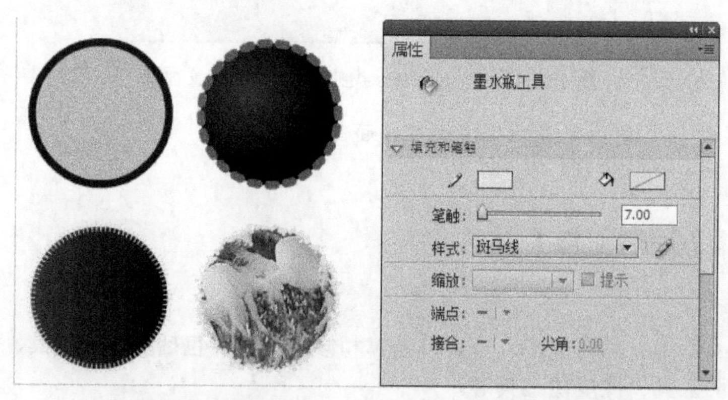

a）几种笔触的效果对比　　b）墨水瓶工具的属性面板

图 18-36　使用墨水瓶填充

墨水瓶工具的使用方法很简单，选择该工具后，在属性面板中选择合适的笔触颜色、高度及样式即可，若需要进一步编辑该样式，则可以单击样式右侧的编辑笔触样式按钮，弹出笔触样式对话框，在该对话框中可以设置所需参数。如图 18-37 所示的对话框显示了斑马线类型样式的参数选项信息。墨水瓶工具属性设置完成后，将指针移到图形或线段的边界处，单击即可将新的笔触样式添加到图形上。

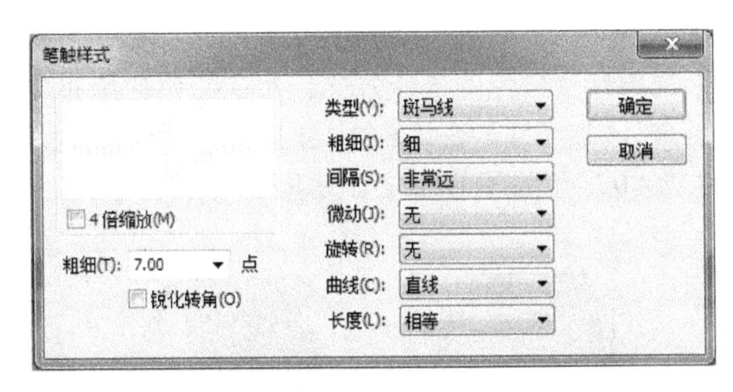

图 18-37 笔触样式对话框

3. 滴管工具

使用滴管工具可以对填充或笔触使用的颜色进行采样，以达到精确匹配颜色的目的。在工具面板中选择滴管工具，单击舞台上的对象，则应用于对象的颜色及相关属性会加载到颜料桶工具或墨水瓶工具，以便应用于其他需要设置同样颜色属性的对象。

18.3.2 变形工具

1. 任意变形工具

使用任意变形工具可以使选中的对象产生变形效果。使用任意变形工具选中要变形的对象后，可以在“工具”面板下面的选项工具组中进一步选择变形类型，如图 18-38 所示。可以单独执行某个变形操作，也可以将诸如移动、旋转、缩放、倾斜和扭曲等多个变形操作组合在一起执行。

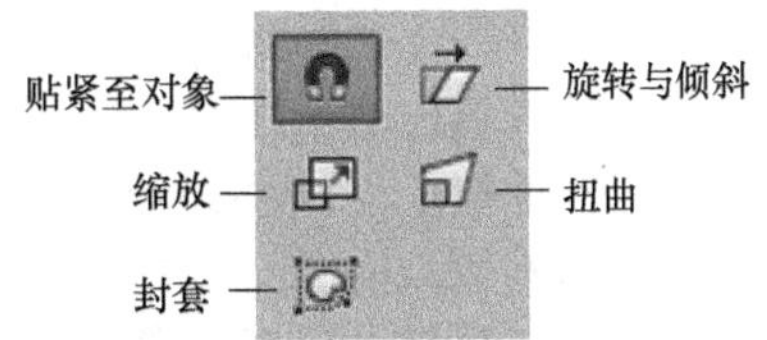

图 18-38 任意变形工具的选项工具组

单击旋转与倾斜功能按钮，则选中对象的边框上出现 8 个调节点，将指针移动到 4 个角点之一的外侧位置，指针变成旋转符号，按下鼠标左键并拖动，可以使图形发生旋转。若调整中心控制点，则可以使图形以中心点为轴旋转。图 18-39 为图形的缩放、旋转与倾斜效果。

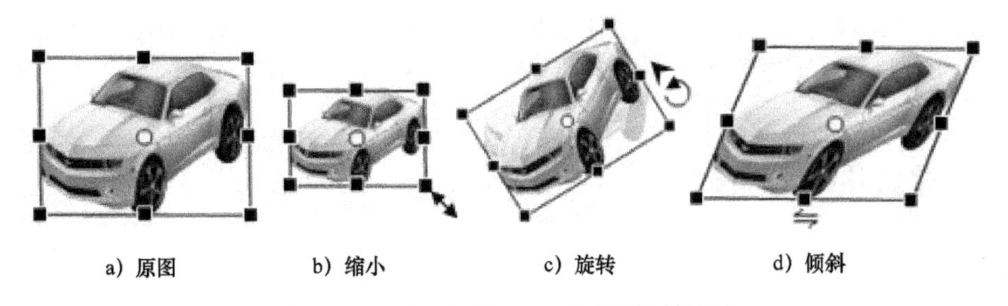

a）原图 b）缩小 c）旋转 d）倾斜

图 18-39 图形的缩放、旋转与倾斜效果

任意变形工具对应的选项工具组中的其他功能按钮的作用如下：

- 缩放：可以对矩形进行等比例缩放。

- 扭曲：将指针移动到矩形调节点上，指针会变成一个三角形，按下鼠标左键并拖动，可以使图形产生扭曲效果。
- 封套：图形外边框控制点增加，将指针移动到任意调节点上拖动可以进行扭曲变形。

2．渐变变形工具

渐变变形工具用来调整渐变颜色的渐变方向、对应颜色的填充位置和缩放渐变色区域的长度。使用渐变变形工具可以调整线性渐变填充样式，也可以调整径向渐变填充样式，还可以调整位图图形填充样式。图 18-40 所示为调整线性渐变填充样式的效果。

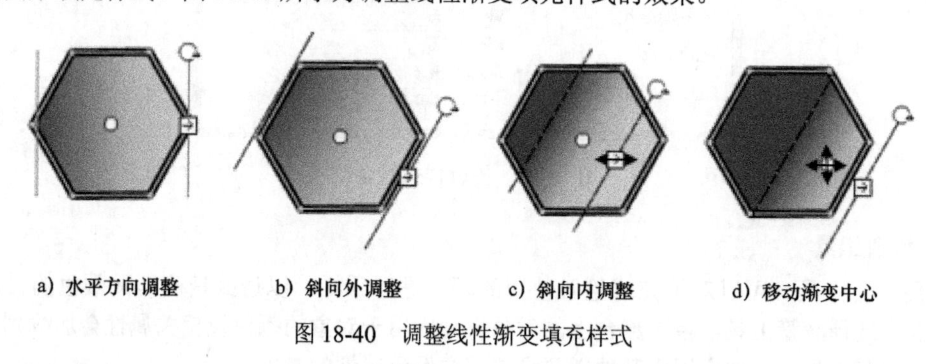

a）水平方向调整　　b）斜向外调整　　c）斜向内调整　　d）移动渐变中心

图 18-40　调整线性渐变填充样式

18.3.3　橡皮擦工具

使用橡皮擦工具进行擦除可以删除笔触和填充，可以快速擦除舞台上的所有对象。

选择橡皮擦工具后，可以在工具面板的选项工具组中选择不同形状和大小的橡皮擦类型，然后进行对象的擦除。单击橡皮擦模式功能按钮并选择一种擦除模式：

- 标准擦除：擦除同一层上的笔触和填充。
- 擦除填色：只擦除填充，不影响笔触。
- 擦除线条：只擦除笔触，不影响填充。
- 擦除所选填充：只擦除当前选定的填充，不影响笔触（不论笔触是否被选中）。
- 内部擦除：只擦除橡皮擦笔触开始处的填充。如果从空白点开始擦除，则不会擦除任何内容。以这种模式使用橡皮擦并不影响笔触。

可以自定义橡皮擦工具以便只擦除笔触、只擦除数个填充区域或单个填充区域。橡皮擦工具可以是圆的或方的，它可以有五种尺寸。选择设置确定后，在舞台上拖动，即可擦除区域图形。

【提示】若要快速删除舞台上的所有内容，则双击橡皮擦工具即可。若希望快速擦除填充或笔触，则可以选择水龙头，单击想擦除的填充区域或边界，这时，橡皮擦就把所有连接的相同属性的笔触或区域全部擦除。

18.4　处理位图和图形

18.4.1　位图的导入

1．导入位图到舞台

Animate CC 可以导入矢量图形、位图和图像序列。将位图导入 Animate CC 时，该位图可以修改，并可用各种方式在 Animate CC 文档中使用它。

选择主菜单【文件】/【导入】/【导入到舞台】命令，导入位图到舞台，效果如图 18-41 所示。在舞台上选择位图后，“属性”面板会显示该位图的名称、像素尺寸以及在舞台上的位置。

图 18-41　导入位图到舞台

2．导入位图到库

也可以先将位图作为素材导入到库中，需要时再从库中拖拽到舞台。选择主菜单【文件】/【导入】/【导入到库】命令，则将选中的位图导入库中。

可以对导入的位图应用消除锯齿功能，平滑图像的边缘，也可以选择压缩选项以减小位图文件的大小，以及格式化文件以便在 Web 上显示。

设置位图属性的操作为：在库面板中选中一个位图，然后单击库面板底部的属性按钮，则弹出位图属性对话框，在该对话框中设置位图的属性参数。

18.4.2　将位图转换为矢量图形

转换位图为矢量图命令将位图转换为具有可编辑的、离散颜色区域的矢量图形。将图像作为矢量图形处理，可以减小文件的大小。

【提示】如果导入的位图包含复杂的形状和许多颜色，则转换后的矢量图形的文件比原始的位图文件大。若要找到文件大小和图像品质之间的平衡点，可以在转换位图为矢量图对话框中进行各种设置。

将位图转换为矢量图形的操作如下：

1）选中当前场景中的位图。

2）选择【修改】/【位图】/【转换位图为矢量图】命令。

3）弹出转换位图为矢量图对话框，按图 18-42 所示设置各项参数，创建最接近原始位图的矢量图形。图 18-43 所示为将位图转换为矢量图。

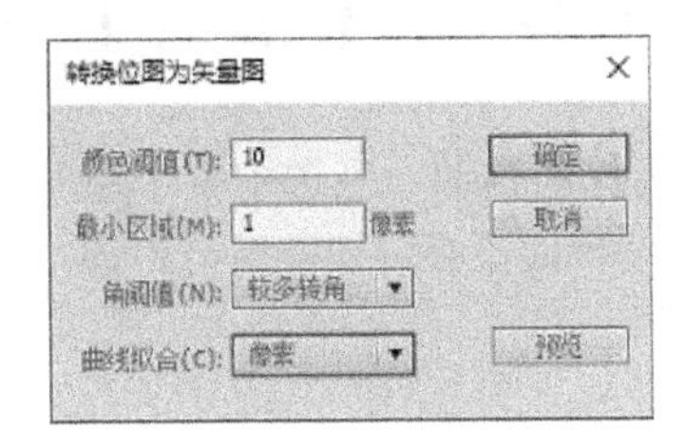

图 18-42　转换位图为矢量图对话框

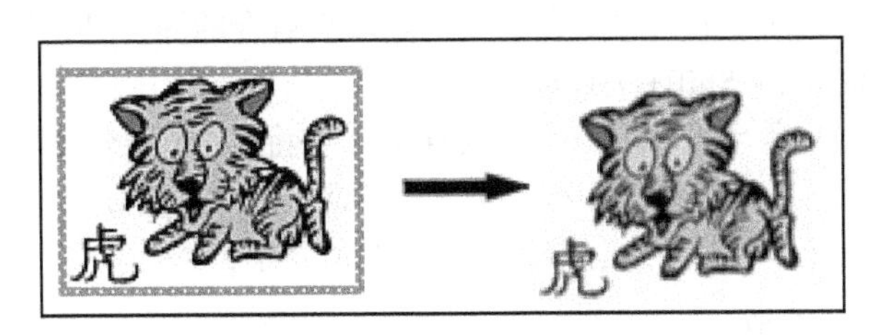

图 18-43　位图转换为矢量图

转换位图为矢量图对话框中的参数功能如下：

- 颜色阈值：当两个像素进行比较后，如果它们在 RGB 颜色值上的差异低于该颜色阈值，则认为这两个像素颜色相同。如果增大了该阈值，则意味着降低了颜色的数量。
- 最小区域：表示为某个像素指定颜色时需要考虑的周围像素的数量。
- 角阈值：该选项用来确定保留锐边还是进行平滑处理。
- 曲线拟合：绘制轮廓所用的平滑程度。

18.4.3　处理图形对象

1．合并对象

可以通过合并来改变现有对象以创建新形状。选择【修改】/【合并对象】子菜单中的命令，从而改变操作对象的形状。合并对象子菜单中有以下四种命令：

1）联合：将两个或多个形状合成单个形状。生成一个对象绘制形状由联合前形状上所有可见部分组成，将删除形状上不可见的重叠部分。

2）交集：创建是两个或多个对象的交集的对象。生成的对象绘制形状由合并的形状的重叠部分组成，将删除形状上任何不重叠的部分。生成的形状使用堆叠中最上面的形状的填充和笔触。

3）打孔：删除所选对象的某些部分，这些部分由所选对象与排在所选对象前面的另一个所选对象的重叠部分定义。将删除由最上面形状覆盖的形状的任何部分，并完全删除最上面的形状。

4）裁切：使用一个对象的形状裁切另一个对象。前面或最上面的对象定义裁切区域的形状。将保留与最上面的形状重叠的任何下层形状部分，而删除下层形状的所有其他部分，并完全删除最上面的形状。

如图 18-44 所示为合并对象四种命令的执行结果。

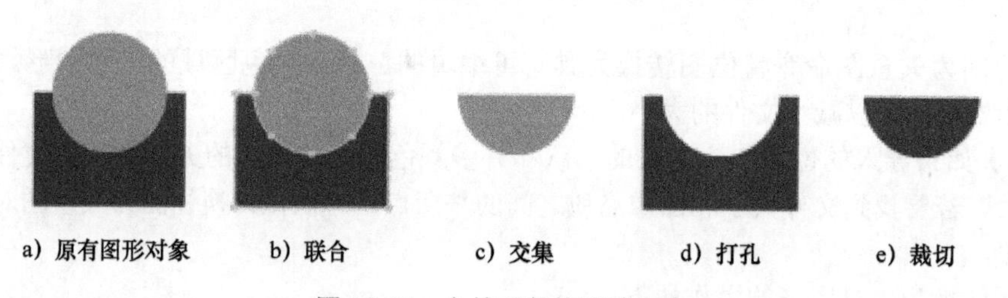

图 18-44　合并对象的四种命令

2．组合

要将多个元素作为一个对象来处理，需要将它们组合。

选择菜单【修改】/【组合】命令，或者按<Ctrl+G>组合键，即可将所选对象组合图 18-45 所示为将画面中的对象组合的效果。取消组合的操作是：选择菜单【修改】/【取消组合】命令，或者按<Ctrl+Shift+G>组合键。

将对象元素合成一组，这样就可以将其当成一个整体来选择和移动。当选中某个组时，属性面板会显示该组的 x 和 y 坐标及其像素尺寸。可以对组进行编辑而不必取消其组合，还可以在组中选择单个对象进行编辑，不必取消其组合。

3．叠放

在图层内，Animate CC 会根据对象的创建顺序层叠对象，将最新创建的对象放在最上面。

对象的层叠顺序决定了它们在层叠时出现的顺序。可以在任何时候更改对象的层叠顺序。

a）组合前

b）组合后

图 18-45 组合对象

改变图层内对象层叠顺序的操作是：选择【修改】/【排列】中的【移至顶层】、【上移一层】、【下移一层】或【移至底层】命令。可以将对象或组移动到层叠顺序的最前或最后，或者在层叠顺序之间前移或后移。另外，【排列】子菜单下部还包含【锁定】或【解除全部锁定】命令，如果选中对象被锁定则不允许进行编辑和移动，可以选择【解除全部锁定】命令，解除对象的锁定状态。

画出的线条和形状总是在堆的组和元件的下面，要将它们移动到堆的上面，必须组合它们或者将它们变成元件。

图层也会影响层叠顺序。第二层上的任何内容都在第一层的任何内容的上面，依此类推。要更改层的顺序，可以在时间轴中拖动层名到新位置。

4. 对齐

在舞台上，除了使用网格和辅助线进行对象的对齐外，还可以使用对齐功能实现各个元素彼此自动对齐。Animate CC 提供了三种对齐对象的方法：对象对齐，可以将对象沿着其他对象的边缘直接与它们对齐；像素对齐，可以在舞台上将对象直接与单独的像素或像素的线条对齐；贴紧对齐，可以按照指定的贴紧对齐容差、对象与其他对象之间或对象与舞台边缘之间的预设边界对齐对象。

单击工具栏中的对齐按钮，会打开如图 18-46 所示的对齐面板。该面板中有四个选项区域，分别为对齐、发布、匹配大小和间隔，它们都是用来进行对象对齐操作的。

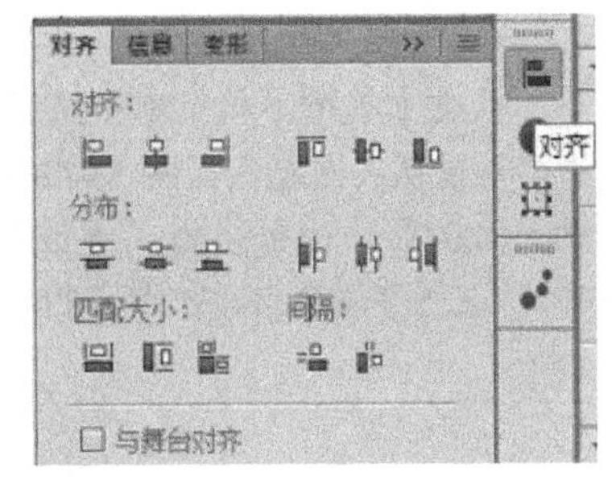

图 18-46 对齐面板

- 对齐：该选项区域中的六个按钮用来规定对象边界的对齐基准，按钮从左到右依次为左边对齐、水平中间对齐、右边对齐、顶部对齐、垂直中间对齐和底部对齐。
- 分布：该选项区域中的六个按钮用来使所选对象按照中心间距或边缘间距相等的方式进行分布，按钮从左到右依次为顶部分布、水平居中分布、底部分布、左侧分布、垂直居中分布和右侧分布。
- 匹配大小：在该选项区域中有匹配宽度、匹配高度和匹配宽和高三个按钮。
- 间隔：在该选项区域中有水平间隔和垂直间隔两个按钮。

5. 分离

使用分离命令能够将组、实例和位图分离为单独的可编辑元素。分离可以极大地减小导入图形的文件大小。在上一小节中，已经介绍了文本分离的方法，这里就不赘述。

尽管可以在分离组或对象后立即撤销此操作，但分离操作不是完全可逆的。它会对对象产生不良影响，例如，切断元件实例到其主元件的链接；放弃动画元件中除当前帧之外的所有帧；将位图转换成填充；对文本块应用时，它会将每个字符放入单独的文本块中；对单个文本字符应用时，它会将字符转换成轮廓。

【提示】不要将分离命令和取消组合命令混淆。取消组合命令可以将组合的对象分开，并将组合的元素返回到组合之前的状态。它不会分离位图、实例和文字，或将文字转换成轮廓。

18.5　使用文本工具

Adobe Animate CC 2018 使用文本工具（T）可以创建静态文本、动态文本和输入文本三种文本类型。早期版本的 TLF 文本功能已经停止使用。如果打开包含 TLF 文本的 FLA 文件时，其中的 TLF 文本会被转换为适应其格式的已有文本类型。TLF 只读和可选类型文本转换为静态文本，TLF 可编辑类型文本转换为输入文本。

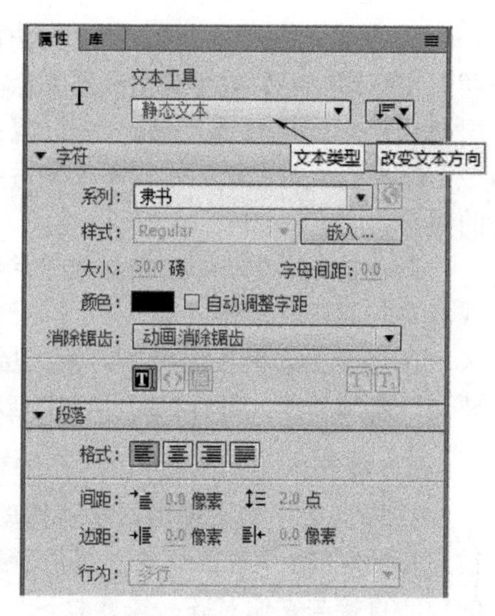

图 18-47　文本工具属性面板

静态文本字段显示不会动态更改字符的文本，使用计算机上的字体来进行简单的文本显示。动态文本字段显示动态更新的文本，如时间或计算结果等变化的信息。输入文本字段使用户可以在表单或调查表中输入文本。

单击工具面板中的文本工具按钮，打开文本工具的属性面板，可以对文本的基本属性进行设置，如图 18-47 所示。从文本类型下拉菜单中选择所需文本类型；在字符组中设置文本的字体、大小、颜色等相关值；在段落组中设置段落对齐格式、间距、边距等相关值。

1. 创建文本

从文本类型下拉菜单中选择需要创建的文本类型。静态文本的输入方向有三种，水平、垂直、垂直从右向左。如图 18-48 所示。创建文本时，可以将文本放在单独的一行中，该行会随着键入而扩展，也可以将文本放在定宽字段（适用于水平文本）或定高字段（适用于垂直文本中），这些字段会自动扩展和折行。

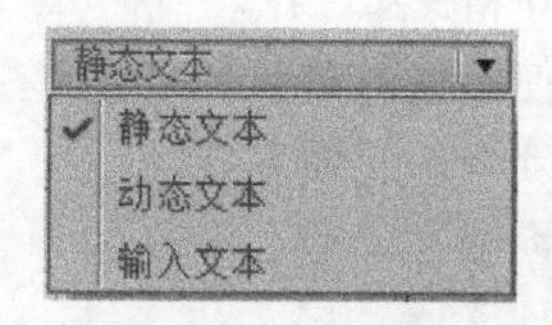

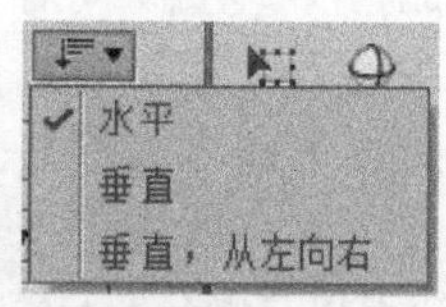

图 18-48　文本类型和文本输入方向菜单

Animate CC 在文本字段的一角显示一个手柄，用以标识该文本字段的类型。扩展的静态水平文本，在该文本字段的右上角出现一个圆形手柄。具有固定宽度的静态水平文本，在该文本字段的右上角会出现一个方形手柄。如图 18-49 所示。扩展的静态垂直文本，在该文本字段的左下角会出现一个圆形手柄。固定高度的静态垂直文本，在该字段的左下角会出现一个方形手柄。扩展的静态垂直文本从左向右，在该文本字段的右下角会出现一个圆形手柄。固定高度的静态垂直文本从左向右，在该字段的右下角会出现一个方形手柄。如图 18-50 所示。扩展的动态文本和输入文本，在该文本字段的右下角会出现一个圆形手柄。固定宽度和高度的动态文本和输入文本，在该文本字段的右下角会出现一个方形手柄，如图 18-51 所示。

图 18-49　静态水平文本输入状态

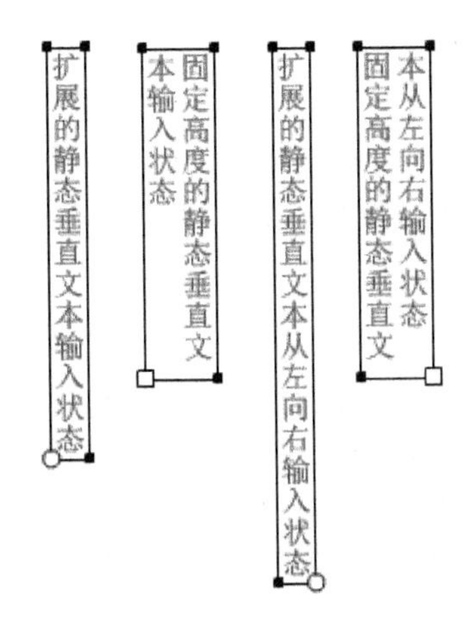

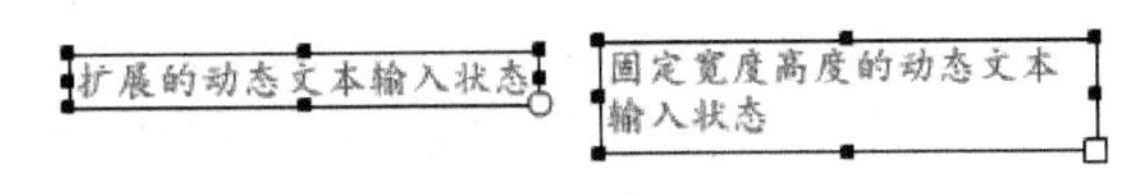

图 18-50　静态垂直文本输入状态　　　图 18-51　动态和输入文本输入状态

选定文本输入方向后，默认为可扩展的输入，可以通过改变输入宽度值（垂直改变高度值）、或者拖拽输入框的方式改为固定方式输入。双击固定输入方式的手柄可以转换为扩展输入方式。

2．分离文本

对静态文本和动态文本可以进行分离，即将每个字符放在单独的文本字段中。然后可以快速地将文本字段分布到不同的图层并使每个字段具有动画效果。

还可以将文本转换为组成它的线条和填充，以便对它执行改变形状、擦除等操作。如同其他任何形状一样，可以单独将这些转换后的字符分组，或者将它们更改为元件并制作动画效果。将文本转换为线条和填充之后，就不能再编辑文本了。

【实例 18.2】分离文本串。

分离文本的操作如下：

新建一个文档，并保存为 18-2 彩色文字.fla。

使用选取工具单击一个文本字段。

选择【修改】/【分离】命令，则选定文本中的每个字符都会放入一个单独的文本字段中。文本在舞台上的位置保持不变，如图 18-52 所示为将文本执行分离命令前后的变化。

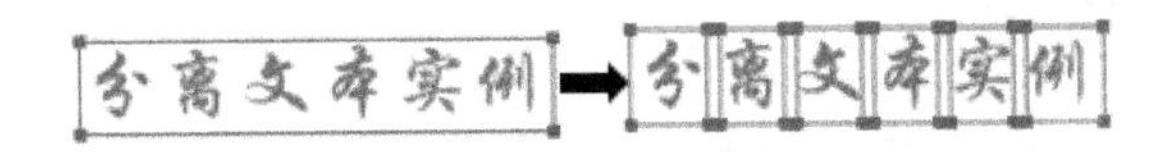

图 18-52　将文本执行分离命令前后的变化

再次选择【修改】/【分离】命令，将舞台上的字符转换为形状，将选中文本再次分离，形成独立的字符形状。

使用填充工具，设置线性填充属性，更改其填充效果，如图 18-53 所示。还可以进行变形文字等操作。

图 18-53　再次分离文本

3．使文本可选

静态文本和动态文本字段属性面板上的可选（ ）按钮，用来设置文本内容的可选性。动画运行时，如果允许用户复制文本内容，可以将文本设置为可选。单击可选按钮变为深色。静态文本和动态文本一样可以进行可选设置。输入文本默认可选。

4．创建带超链接文本

可以为静态文本和动态文本中的文字设置超链接。选取文本字段中需要带超链接的内容，在属性面板选项栏下的链接框中填写正确完整的 URL。并可以在目标下拉框中选取网页打开的位置。_blank，在新窗口显示目标网页；_parent，框架网页中当前整个窗口位置显示目标网页；_self，在当前窗口显示目标网页；_top，框架网页中在上部窗口中显示目标网页。如图 18-54 所示。创建成功的文本会自动加上下画线。

5．设置可滚动文本

动态文本和输入文本可以设置为滚动方式。按住<Shift>键同时将鼠标指针放置在文本框右下角的空心方框手柄，并双击鼠标，即可完成设置。或者通过文本菜单进行设置，如图 18-55 所示。

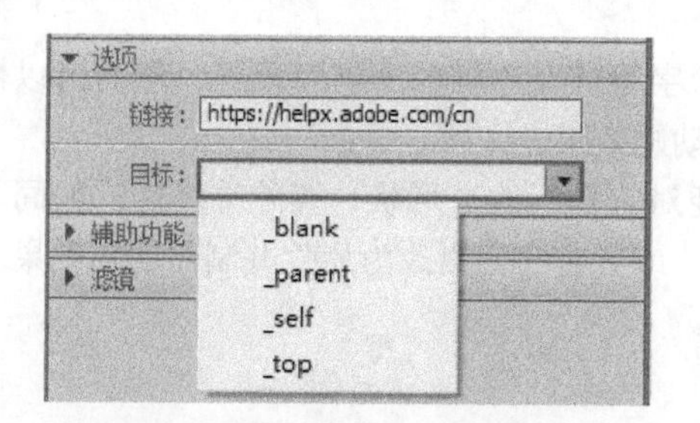

图 18-54　创建带超链接文本

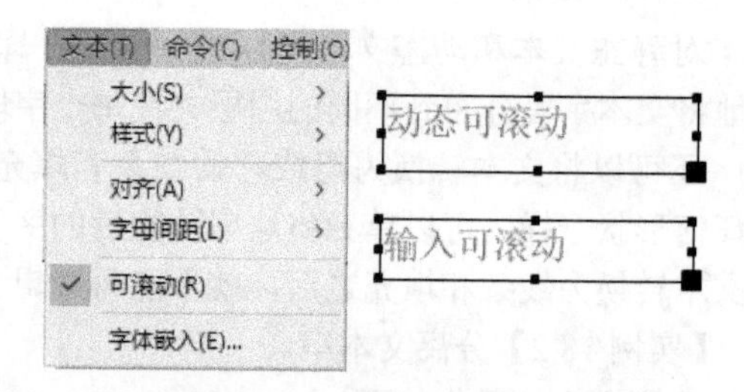

图 18-55　设置可滚动文本

18.6　使用 3D 图形工具

18.6.1　创建和编辑 3D 图形

在 Animate CC 舞台中利用 3D 空间移动和旋转影片剪辑来创建 3D 效果是最常见的技术。Animate CC 通过在每个影片剪辑实例的属性中的 Z 轴来表示 3D 空间。可以向实例添加 3D 透视效果。

在 3D 空间中移动对象可以使用 3D 平移工具在 3D 空间中移动影片剪辑实例。在使用该工具选择影片剪辑后，影片剪辑的 X、Y 和 Z 三个轴将显示在舞台上对象的顶部。X 轴为红色、Y 轴为绿色，而 Z 轴为蓝色。

3D 平移工具和旋转工具在工具面板中占用相同的位置。单击并按住工具面板中的活动 3D 工具图标，可以选择当前处于非活动状态的 3D 工具。

【实例 18.3】创建和编辑如图 18-56 所示的 3D 实例图形。

操作步骤如下：

1）新建一个文档，并保存为 18-3D 效果.fla。使用绘画工具创建树形的影片剪辑元件，并在舞台上产生三个实例。注意，只有影片剪辑元件的实例图形才可以用 3D 效果。

2）选中舞台上的实例图形，然后在工具箱中选择 3D 平移工具 。

3）将该工具设置为局部或全局模式。通过选中工具面板选项工具组中的全局切换按钮，确保该工具处于所需模式。单击该按钮或按<D>键可切换模式。

4）用 3D 平移工具选择一个影片剪辑。将指针移动到 X、Y 或 Z 轴控件上。指针在经过任一控件时将发生变化。X 和 Y 轴控件是每个轴上的箭头。按控件箭头的方向拖动其中一个控件可沿所选轴移动对象。Z 轴控件是影片剪辑中间的黑点。上下拖动 Z 轴控件可在 Z 轴上移动对象。在 Z 轴上移动对象时，对象的外观尺寸将发生变化。外观尺寸在属性面板中显示为 3D 位置和视图部分中的宽度和高度值，这些值是只读的。

5）在工具面板中选择 3D 旋转工具 。在舞台上选择一个影片剪辑。3D 旋转控件将显示为叠加在所选对象上。如果这些控件出现在其他位置，双击控件的中心点以将其移动到选定的对象。将指针放在四个旋转轴控件之一上，指针在经过四个控件中的一个控件时将发生变化。拖动一个轴控件绕该轴旋转，或拖动自由旋转控件（外侧橙色圈）同时绕 X 和 Y 轴旋转。左右拖动 X 轴控件可绕 X 轴旋转。上下拖动 Y 轴控件可绕 Y 轴旋转。拖动 Z 轴控件进行圆周运动可绕 Z 轴旋转。

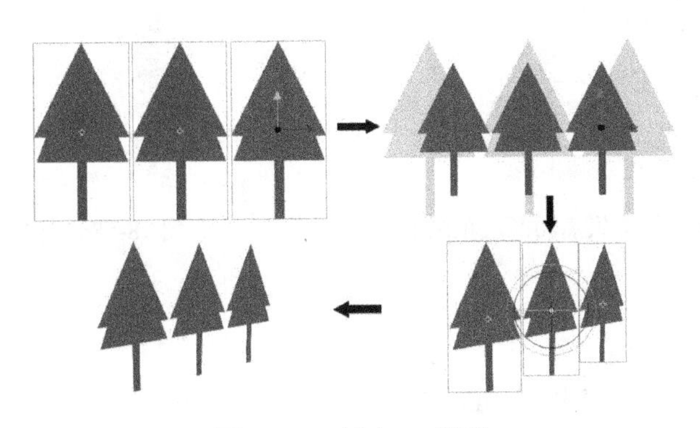

图 18-56 创建 3D 图形

18.6.2 调整透视角度和消失点

FLA 文件的透视角度属性控制着 3D 影片剪辑视图在舞台上的外观视角，增大或减小透视角度将影响 3D 影片剪辑的外观尺寸及其相对于舞台边缘的位置。增大透视角度可使 3D 对象看起来更接近用户，减小透视角度属性可使 3D 对象看起来更远。此效果与通过镜头更改视角的照相机镜头缩放类似。

FLA 文件的消失点属性控制着舞台上 3D 影片剪辑的 Z 轴方向。通过重新定位消失点，可以更改沿 Z 轴平移对象时对象的移动方向；通过调整消失点的位置，可以精确控制舞台上 3D 对象的外观和动画。

在图 18-57 所示的属性面板中，显示了透视角度和消失点功能选项区域。

1．调整透视角度

设置透视角度的操作步骤如下：

1）在舞台上，选择一个应用了 3D 旋转或平移的影片剪辑实例。

2）在属性面板的透视角度字段中输入一个新值，或拖动热文本以更改该值。

图 18-58 所示为透视角度值为 55°的舞台效果。透视角度属性会影响应用了 3D 平移或旋转的所有影片剪辑，但不会影响其他影片剪辑。默认透视角度为 55° 视角，类似于普通照相机的镜头，值的范围为 1°～180°。

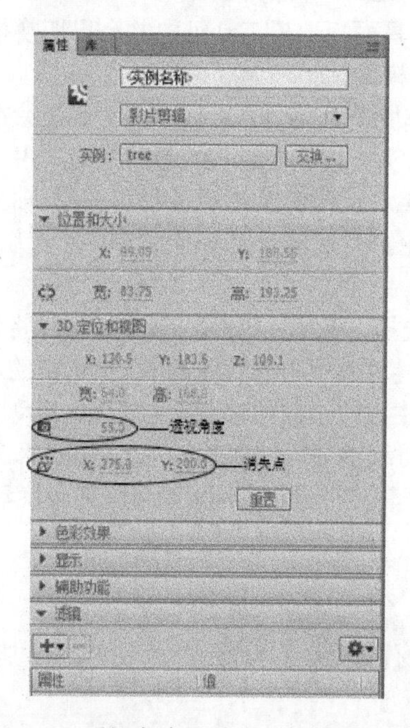

图 18-57　透视角度和消失点功能选项区域

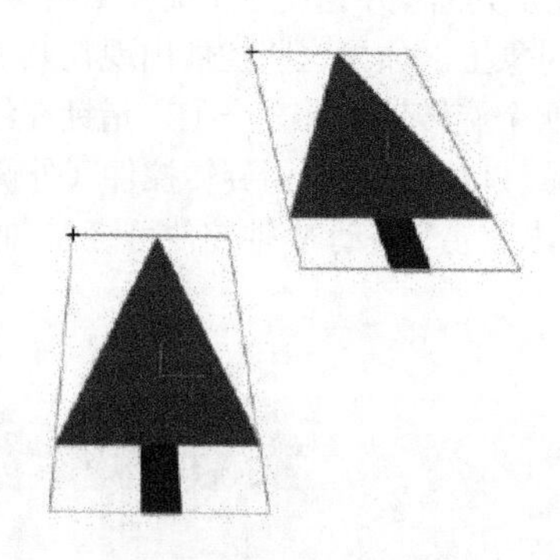

图 18-58　调整透视角度

2．调整消失点

设置消失点的操作如下：

1）在舞台上，选择一个应用了 3D 旋转或平移的影片剪辑。

2）在属性面板中的消失点字段中输入新值，或拖动热文本以更改该值。拖动热文本时，指示消失点位置的辅助线显示在舞台上。

3）若要将消失点移回舞台中心，单击属性面板中的重置按钮即可。

18.7　边学边做（绘制花伞图形）

本节通过实例介绍利用绘图工具绘制一把花伞的图形效果，目的是使读者为创作 Animate

动画做好准备工作，对绘画工具的操作方法有一个清晰的认识。

【实例 18.4】利用绘图工具绘制一把花伞。

制作花伞图形的具体操作步骤：

1）新建一个 ActionScript3.0 类型的 Animate CC 文档，并保存文件为 18-4 花伞.fla。

2）首先绘制伞面。在工具面板中选择椭圆工具，并将颜色设置栏中的笔触置空、填充设置为线性彩色渐变，将指针移入舞台拖动绘制出一个椭圆。

3）在工具面板中选择矩形工具，将填充色设置为黑色，拖动指针绘制一个矩形，使其与椭圆形相交，效果如图 18-59a 所示。

4）用选择工具单击黑色矩形区域，按<Delete>键删除所选区域，效果如图 18-59b 所示。

a）绘制矩形与椭圆形相交

b）删除黑色矩形区域

图 18-59　绘制伞面

5）将指针移动到椭圆的下边界处，按下鼠标左键并向下拖动，松开鼠标左键使水平边产生一个弧度，效果如图 18-60 所示。

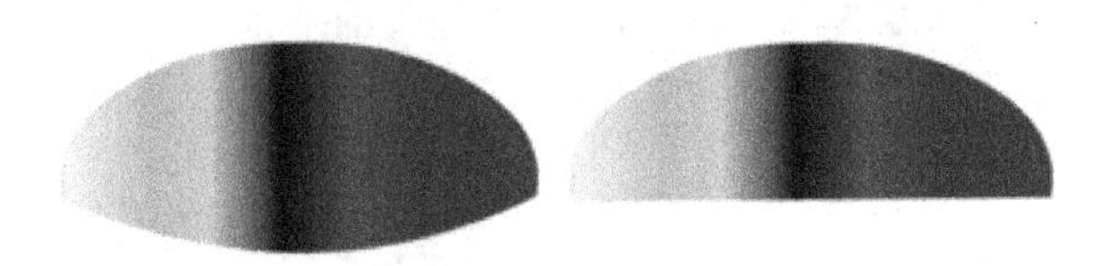

图 18-60　修改伞面轮廓

6）绘制伞面的支架效果。选择工具面板中的直线工具，将笔触颜色设置为灰色，高度为 1 像素，从图形顶部分别向两侧引出直线，效果如图 18-61a 图所示。

7）用选择工具将直线拖动形成曲线，效果如图 18-61b 图所示。

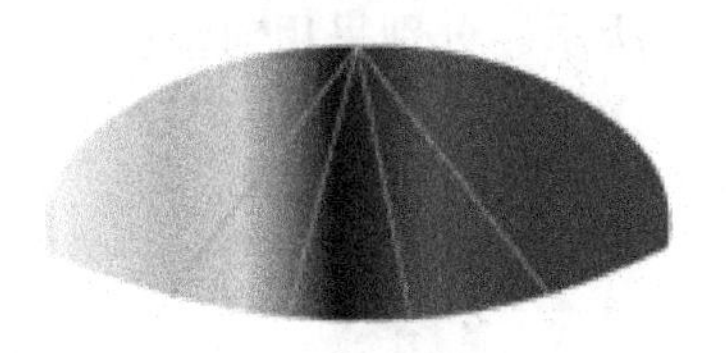

a）绘制直线

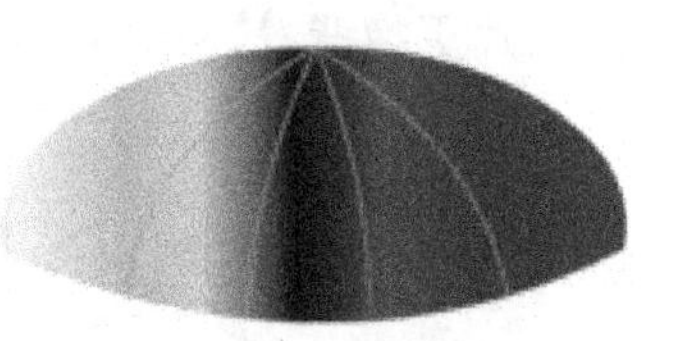

b）修改直线为曲线

图 18-61　绘制伞面支架

8）继续在伞面下边缘处拖动指针，使局部边缘有凹入效果，如图 18-62 所示。

9）绘制其他部分图形。用椭圆工具绘制伞顶的头部，用矩形工具绘制伞把，最终效果如图 18-63 所示。

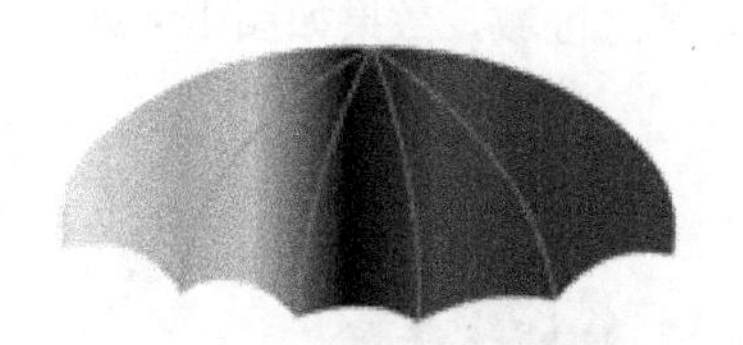

图 18-62 修改伞面边缘效果

图 18-63 花伞的最终效果

本章小结

本章主要介绍了 Adobe Animate CC 2018 工具面板中各种工具的使用方法，包括绘画工具、选择工具和修饰工具，并介绍了向 Animate CC 中导入位图的方法。通过上述基本功能的介绍和实例引导操作，读者能够掌握 Animate CC 绘画的基本方法，从而为制作动画做好相应的准备工作。

思考与练习

1．选择工具不仅具有移动图形的功能，还具有什么功能？

2．如何使用钢笔工具为图形添加或删除锚点？

3．尝试使用各种绘画工具绘制如图 18-64 所示的卡通图画。

4．给一个位图图片更换背景，如图 18-65 所示。分别采用对象分离和位图矢量化的方法实现。

图 18-64 卡通图画

图 18-65 图片更换背景

第 19 章 Animate CC 基本动画的制作

通过前面两章对 Animate CC 基础知识的学习，读者已经能够掌握制作动画素材的关键方法，制作 Animate CC 动画的前期工作基本就绪，接下来将介绍基本动画制作的实现方法与操作技巧。

本章将主要介绍逐帧动画、补间动画、传统补间动画、补间形状动画、遮罩动画，以及反向运动动画的基本创作方法。通过本章的学习，能够使读者对 Animate CC 基本动画制作有一个完整而清晰的认识。本章内容是 Animate CC 动画制作的核心内容，应重点学习和掌握。

本章要点：

- 应用元件、实例和库
- 逐帧动画制作
- 补间动画制作
- 遮罩动画制作
- 制作时间轴特效动画

19.1 元件和实例

元件又称符号，是指创建一次即可多次重复使用的图形、按钮、影片剪辑或文本。根据元件所属的不同类型，任何一个创建的元件都将自动成为库的一部分。合理使用元件可以缩短动画制作时间，减少文件的数据量，使制作出来的动画能够在网络上传输更加迅速，从而大大提高工作效率。

19.1.1 创建和编辑元件

1．元件的类型

创建元件时要选择元件类型，Animate CC 提供了三种元件类型：图形元件、按钮元件及影片剪辑元件。它们分别适用于不同的环境。

- 图形元件：可用于静态图像，并可用来创建连接到主时间轴的可重用动画片段。图形元件与主时间轴同步运行。交互式控件和声音在图形元件的动画序列中不起作用。
- 按钮元件：可以创建响应单击、滑过或其他鼠标动作的交互式按钮。可以定义与各种按钮状态关联的图形，然后将动作指定给按钮实例。
- 影片剪辑元件：可以创建可重用的动画片段。影片剪辑拥有它们自己的独立于主时间轴的多帧时间轴。可以将影片剪辑看作是主时间轴内的嵌套时间轴，它们可以包含交互式控件、声音甚至其他影片剪辑实例。也可以将影片剪辑实例放在按钮元件的时间轴内，以创建动画按钮。

2．创建新元件

元件可以拥有 Animate CC 能够创建的所有功能，包括动画。创建图形元件，可以采用两种方法实现：一种是直接创建空元件，另一种是将舞台上已有的对象转换为图形元件。

创建一个新元件的操作步骤如下：

1）单击库面板左下角的新建元件按钮（或按<Ctrl+F8>组合键），或者选择【插入】/【新建元件】命令，弹出创建新元件对话框，如图 19-1 所示。

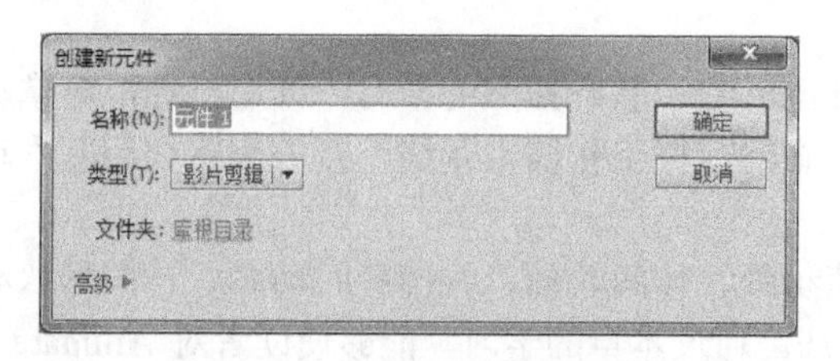

图 19-1　创建新元件对话框

2）在创建新元件对话框中，输入元件名称，并选择行为类型是图像、按钮或影片剪辑，以及确定元件的保存位置。

3）展开高级选项，可以进一步设置链接、共享和源等属性。

4）单击确定按钮。Animate CC 会将该元件添加到库中，并切换到元件编辑模式。在元件编辑模式下，元件的名称将出现在舞台左上角，并由一个十字注册点表明该元件的定位点，如图 19-2 所示。

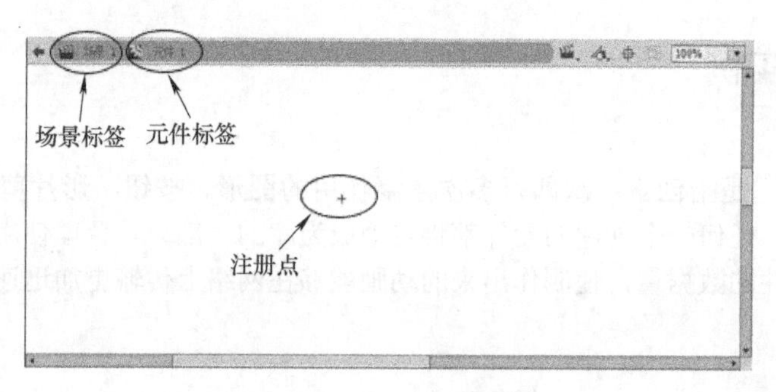

图 19-2　元件编辑模式

【提示】在创建新元件时，注册点放置在元件编辑模式下工作区的中心。可以将元件内容放置在与注册点相关的窗口中。当编辑元件时，也可以相对于注册点移动元件内容以便更改注册点。

3．将选定元素转换为元件

将舞台上已有的对象元素转换为元件的操作步骤如下：

1）在舞台上选择一个或多个元素。然后选择【修改】/【转换为元件】命令（或者将选中元素拖到库面板上；还可以通过右击，从弹出的快捷菜单中选择转换为元件命令）。随后会弹出如图 19-3 所示的转换为元件对话框。

2）在该对话框中，输入元件名称，并选择行为类型为图像、按钮或影片剪辑。

3）在注册网格中单击，以便放置元件的注册点。

4）单击确定按钮。

图 19-3 转换为元件对话框

Animate CC 会将该元件添加到库中。图 19-4 所示为将舞台上一个对象转换为元件后，库面板和舞台中的对象效果。舞台上选定的元素此时就变成了该元件的一个实例。不能在舞台上直接编辑实例，而必须在元件编辑模式下打开它。

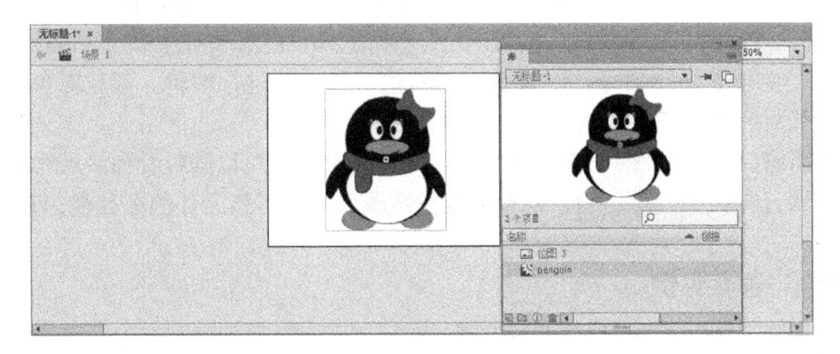

图 19-4 将对象转换为元件

要创建元件内容，可使用时间轴、使用绘画工具绘制、导入介质或创建其他元件的实例。创建完元件内容之后，单击舞台上方的场景名称，返回到文档编辑模式。

4．创建按钮元件

按钮实际上是四帧的交互影片剪辑。当为元件选择按钮行为时，Animate CC 会切换到元件编辑模式。窗口内显示一个四帧的时间轴，时间轴的标题为四个标签，即弹起、指针经过、按下和点击的连续帧，如图 19-5 所示。

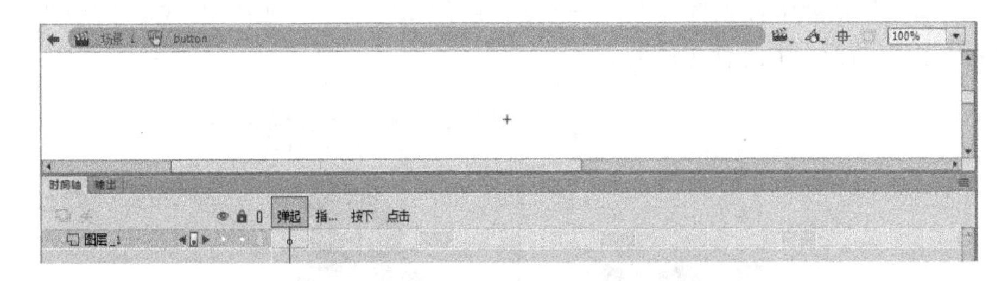

图 19-5 创建按钮元件的时间轴面板

前三帧显示按钮的三种可能状态，第四帧定义按钮的活动区域。时间轴实际上并不播放，它只是对指针运动和动作做出反应，跳到相应的帧。

按钮元件的时间轴上的每一帧都有一个特定的功能：

- 第一帧：是弹起状态，代表指针没有经过按钮时该按钮的状态。
- 第二帧：是指针经过状态，代表当指针滑过按钮时，该按钮的外观。

- 第三帧：是按下状态，代表单击按钮时，该按钮的外观。
- 第四帧：是点击状态，定义响应单击的区域。

在创建按钮的不同状态图形时，可以使用绘画工具、导入一幅图形或者在舞台上放置另一个元件的实例。可以在按钮中使用图形元件或影片剪辑元件，但不能在按钮元件中使用另一个按钮元件。如果要把按钮制作成动画按钮，可使用影片剪辑元件。

其中，点击帧在舞台上不可见，但它定义了单击按钮时该按钮的响应区域，以确保点击帧的图形是一个实心区域，它的大小足以包含弹起、按下和指针经过帧的所有图形元素。如果没有指定点击帧，一般状态的图像会被用作点击帧。

5．编辑元件

编辑元件时，Animate CC 会更新文档中该元件的所有实例。

编辑元件的操作为：选择需要编辑的元件，右击，在弹出的快捷菜单中有一组命令，分别为编辑元件、在当前位置编辑和在新窗口中编辑，这三种方式都可以实现对选中元件进行编辑操作。

- 选择在当前位置编辑命令，在舞台上与其他对象一起进行编辑。其他对象以灰显方式出现，从而将它们和正在编辑的元件区别开来。
- 选择在新窗口中编辑命令，在单独的窗口中编辑元件。可以同时看到该元件和主时间轴。
- 选择编辑元件命令，可将窗口从舞台视图更改为只显示该元件的单独视图来编辑。

19.1.2　创建和编辑实例

1．创建实例

实例是指位于舞台上或嵌套在另一个元件内的元件副本。实例可以与它的元件在颜色、大小和功能上有差别，编辑元件会更新它的所有实例，但对元件的一个实例应用效果则只更新该实例。

创建元件之后，可以在文档中任何需要的地方（包括在其他元件内）创建该元件的实例。当修改元件时，Animate CC 会更新元件的所有实例。

创建元件的新实例的方法如下：

1）在时间轴上选择一层。Animate CC 只能把实例放在关键帧中，并且总在当前层上。

2）选择属性面板标题右侧的库面板标题，将库面板前置。

3）将所需元件从库中拖到舞台上，一个实例就创建完成了。如在图 19-6 所示的场景中创建的实例都是由库面板中的元件生成的。

图 19-6　创建实例

2．编辑实例

每个实例都各有独立于该元件的属性，可以更改实例的色调、透明度和亮度，重新定义实例的行为（例如，把图形更改为影片剪辑），还可以设置动画在图形实例内的播放形式，也可以倾斜、旋转或缩放实例，这并不会影响元件。

编辑实例的操作为：选择场景中需要编辑的实例，打开属性面板，可以针对该实例的位置和大小、色彩效果、循环等属性进行编辑，如图 19-7 所示。还可以将该实例与另外的实例进行交换。

如图 19-8 所示，从场景的图片中可以明显看出，由库中的 graph1 生成的四个实例，分别修改了元件的轮廓外观、颜色和透明度，以及将一个实例交换为另一个实例。效果不一样的实例是由一个元件生成的。这个实例充分说明了在动画制作中，创建元件和实例的必要性和有效性。

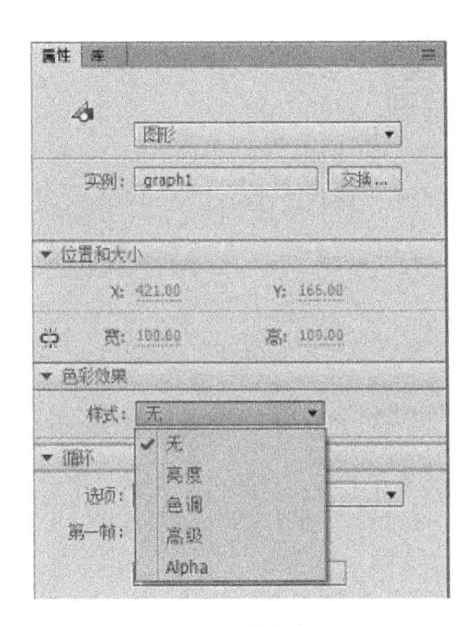

图 19-7　编辑实例属性

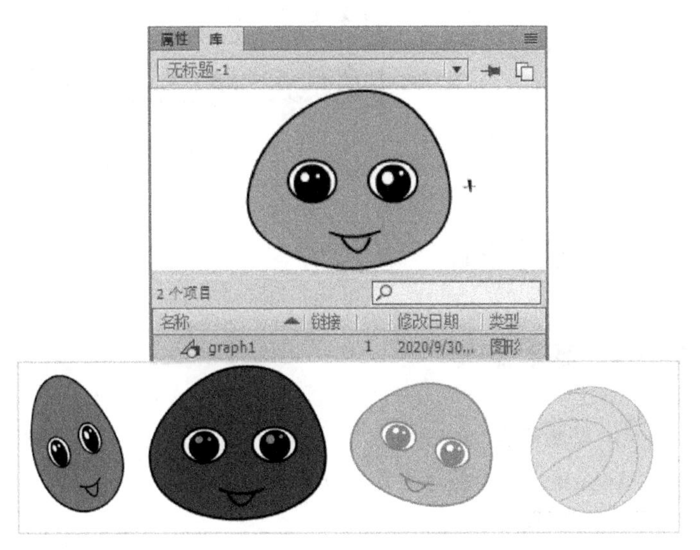

图 19-8　编辑实例效果

19.2　使用库面板

Animate CC 文档中的库可存储为了在 Animate CC 文档中使用而创建或导入的媒体资源。库可存储导入的视频剪辑、声音剪辑、位图、矢量插图和元件。Animate CC 使用库面板组织和管理库中的各种元件和导入的文件。通过选择菜单【窗口】/【库】，或者使用<Ctrl+L>组合键，可以打开库面板。

通过库面板可以将所有打开文档的库统一组织管理，如图 19-9 所示的库面板状态中，单击文档列表栏的下拉按钮，就可以从列表中选择一个已打开的 Animate CC 文档，查看并使用其中的元件。

库面板的各列列出了项目名称、项目类型、项目在文件中使用的次数、项目的链接状态和标识符，以及上次修改项目的日期。

【提示】可以在库面板中根据任何列按字母数字顺序对项目进行排序。项目是在文件夹内排序的。单击列标题可以根据该列进行排序。单击列标题右侧的三角形按钮可以倒转排序顺序。

图 19-9　库面板

19.3　动画基础

19.3.1　基本知识

1．动画类型

Animate CC 支持以下几种动画类型：

（1）逐帧动画

逐帧动画可以为时间轴中的每个帧指定不同的艺术作品，具有与快速连续播放的影片帧类似的效果。不仅对于简单的基础动画，对每个帧的图形元素必须不同的复杂动画而言，此技术非常有用。

（2）补间动画

使用补间动画可设置对象的属性，如一个帧中以及另一个帧中的位置和 Alpha 透明度。然后，Animate CC 在中间内插帧的属性值。对于由对象的连续运动或变形构成的动画，补间动画很有用。补间动画功能强大，易于创建。

（3）传统补间

传统补间与补间动画类似，但是创建起来更复杂。传统补间允许一些特定的动画效果，使用基于范围的补间不能实现这些效果。

（4）补间形状

在形状补间中，可在时间轴中的特定帧绘制一个形状，然后更改该形状或在另一个特定帧绘制另一个形状。然后，Animate CC 将在中间内插帧的中间形状，创建一个形状变形为另一个形状的动画。

（5）反向运动姿势

反向运动姿势用于伸展和弯曲形状对象以及链接元件实例组，使它们以自然方式一起移动。可以在不同帧中以不同方式放置形状对象或链接的实例，Animate CC 将在中间内插帧的位置。

2．帧频

帧频是动画播放的速度，以每秒播放的帧数（fps）为度量单位。帧频太慢会使动画看起来一顿一顿的，帧频太快会使动画的细节变得模糊。24 fps 的帧频是新 Animate CC 文档的默认值，通常能在 Web 上提供最佳效果。标准的动画速率也是 24 fps。

动画的复杂程度和播放动画的计算机的速度会影响动画播放的流畅程度。若要确定最佳帧频，则可以在各种不同的计算机上测试动画。

3．在时间轴中标识动画

Animate CC 通过在包含内容的每个帧中显示不同的指示符来区分时间轴中的逐帧动画和补间动画。

如图 19-10 所示，不同帧的内容指示符显示在时间轴中。帧内容标识符的含义如下：

- 一个黑色圆点表示一个关键帧。单个关键帧后面的浅灰色帧包含无变化的相同内容。这些帧带有垂直的黑色线条，而在整个范围的最后一帧还有一个空心矩形。
- 层补间 1 是一段具有蓝色背景的补间动画。范围的第一帧中的黑点表示补间范围有目标对象。
- 层补间 2 第一帧中的空心点表示补间动画的目标对象已删除。补间范围仍包含其属性关键帧，并可应用于新的目标对象。
- 层骨架_1 是一段具有绿色背景的帧表示反向运动（IK）姿势图层。姿势图层包含 IK 骨架和姿势。每个姿势在时间轴中显示为黑色菱形。
- 层传统补间带有黑色箭头和蓝色背景。
- 层补间 3 中的省略点表示传统补间是断开或不完整的，例如，在最后的关键帧已丢失时。
- 层补间形状带有黑色箭头和淡绿色背景。

另外，帧内容标识符中含有一些如图 19-11 所示的帧标签类型。绿色的双斜杠表示该帧包含注释，金色的锚表明该帧是一个命名锚记，红色的小旗表示该帧包含一个标签，帧中的小 a 表示已使用动作面板为该帧分配了一个帧动作。

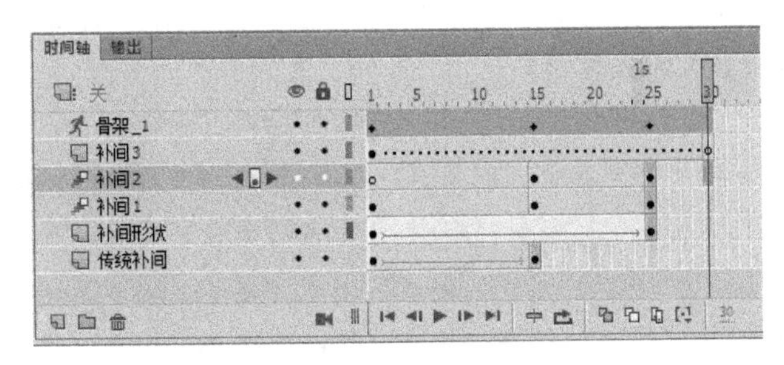

图 19-10　帧内容标识符

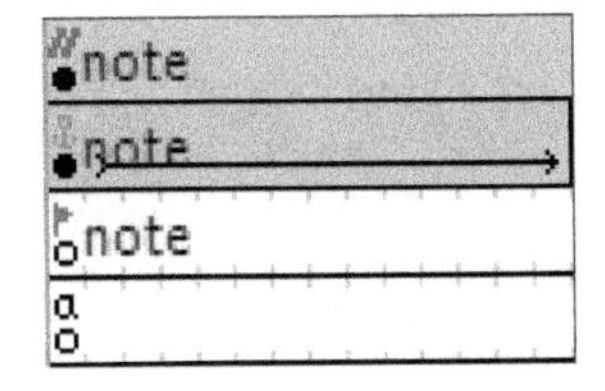

图 19-11　帧标签类型

19.3.2　逐帧动画

创建逐帧动画需要将每个帧都定义为关键帧，然后为每个帧创建不同的图像。每个新关键帧最初包含的内容和它前面的关键帧是一样的，因此可以递增地修改动画中的帧。逐帧动画适合于图像在每一帧中都在变化而不仅是在舞台上移动的复杂动画。

下面就以图 19-12 所示的倒计时动画为例，具体介绍创建逐帧动画的基本方法。

【实例 19.1】制作倒计时动画。

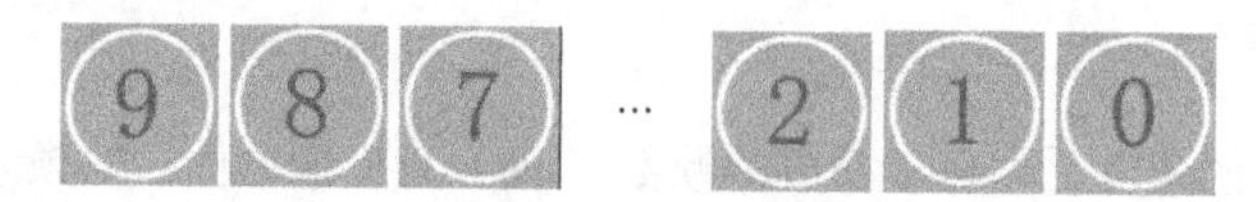

图 19-12　倒计时逐帧动画

操作步骤如下：

1）新建一个 Animate CC 文档并保存为 19-1 计时.fla，在属性面板中将舞台大小设置为 200×200 像素，背景颜色设置为淡蓝色（#66CCCC），设置帧频为 1.00 fps，如图 19-13 所示。

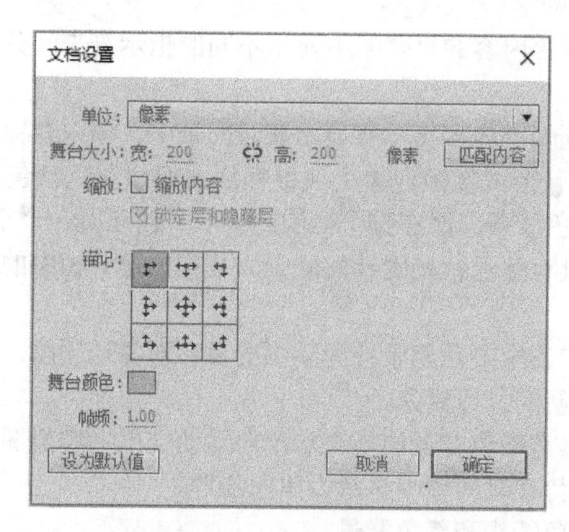

图 19-13　文档设置对话框

2）在当前时间轴面板中，播放头位于图层 1 的第一帧上，选择工具面板中的椭圆工具，在舞台中间绘制一个白色环形作为动画背景。

3）使用文本工具在当前帧上创建文本。在舞台中的圆圈内单击，输入数字 9，并确认。

4）单击下一帧，然后右击，从弹出的快捷菜单中选择插入关键帧命令，添加一个新的关键帧，并且内容和第一个关键帧内容一样。

5）使用文本工具在舞台中改变该帧的内容为数字 8。

6）按照步骤 4）～5），继续完成第 3～10 帧的动画序列，分别对应数字 7～0。

7）按<Enter>键测试动画序列，会看到窗口中显示出按照读秒的速度变化着的倒计时数字效果。

19.3.3　补间动画

补间动画是通过为一个帧中的对象属性指定一个值并为另一个帧中的相同属性指定另一个值而创建的动画，Animate CC 计算这两个帧之间该属性的值。从 Flash CS4 开始引入补间动画，其功能强大且易于创建。

补间动画是一种能够提高动画制作效率的有效方法，同时还能尽量减小文件的大小，因为在渐变动画中，Animate CC 只保存帧间不同值的部分，而在逐帧动画中，Animate CC 需要保存每一帧所有的参数值。

1．补间动画和传统补间动画的差异

Animate CC 支持两种不同类型的补间以创建动画，即补间动画和传统补间（早期版本的

Flash 补间）动画。通过补间动画可对补间的动画进行最大程度的控制，而传统补间动画的创建过程更为复杂。补间动画提供了更多的补间控制，而传统补间动画提供了一些用户可能希望使用的某些特定功能。

补间动画和传统补间动画之间的差异具体包括以下一些方面：

- 传统补间动画使用关键帧。关键帧是其中显示对象的新实例的帧。补间动画只能具有一个与之关联的对象实例，并使用属性关键帧而不是关键帧。
- 补间动画在整个补间范围上由一个目标对象组成。
- 补间动画和传统补间动画都只允许对特定类型的对象进行补间。若应用补间动画，则在创建补间时会将所有不允许的对象类型转换为影片剪辑。而应用传统补间动画会将这些对象类型转换为图形元件。
- 补间动画会将文本视为可补间的类型，而不会将文本对象转换为影片剪辑。传统补间动画会将文本对象转换为图形元件。
- 在补间动画范围内不允许帧脚本。传统补间允许帧脚本。
- 补间目标上的任何对象脚本都无法在补间动画范围的过程中更改。
- 可以在时间轴中对补间动画范围进行拉伸和调整大小，并将它们视为单个对象。传统补间动画包括时间轴中可分别选择的帧的组。
- 若要在补间动画范围中选择单个帧，必须按住<Ctrl>键的同时单击帧。
- 对于传统补间动画，缓动可应用于补间内关键帧之间的帧组。对于补间动画，缓动可应用于补间动画范围的整个长度。若要仅对补间动画的特定帧应用缓动，则需要创建自定义缓动曲线。
- 利用传统补间，可以在两种不同的色彩效果（如色调和 Alpha 透明度）之间创建动画。补间动画可以对每个补间应用一种色彩效果。
- 只可以使用补间动画来为 3D 对象创建动画效果。无法使用传统补间为 3D 对象创建动画效果。
- 只有补间动画才能保存为动画预设。
- 对于补间动画，无法交换元件或设置属性关键帧中显示的图形元件的帧数。应用了这些技术的动画要求使用传统补间。

2．应用动画预设创建补间动画

动画预设是预配置的补间动画，可以将它们应用于舞台上的对象。

【实例 19.2】应用动画预设创建三个小球运动的动画。

具体实现这样一个动画：在舞台上，先后分别出现三个小球，其中一个从左到右在舞台上进行波形往返运动，第二个稍后会由虚渐实出现在舞台的右下角，第三个再从右向左移入舞台上方位置，最终三个小球在舞台左侧垂直对齐。

本实例是通过 Animate CC 提供的动画预设功能实现的，目的是为了使读者快速了解在 Animate CC 中添加动画的基础知识。

操作步骤如下：

1）创建一个新的 Animate CC 文档，并保存文件为“19-2 小球.fla”。

2）按<Ctrl+F8>组合键，弹出创建新元件对话框，将影片剪辑命名为 ball，单击确定按钮。

3）在元件 ball 的舞台上中心点创建一个具有绿色渐变填充的小球。小球的外观及属性如图 19-14 所示。

4）切换回场景 1，打开库面板，将元件 ball 拖拽到舞台中左侧位置。此时，时间轴第 1 帧产生一个关键帧。

5）选择【窗口】/【动画预设】命令，打开动画预设面板，展开默认预设文件夹，共有 32 个项目，选择其中的波形，在预览窗格中可以看到动画预览效果，如图 19-15 所示。

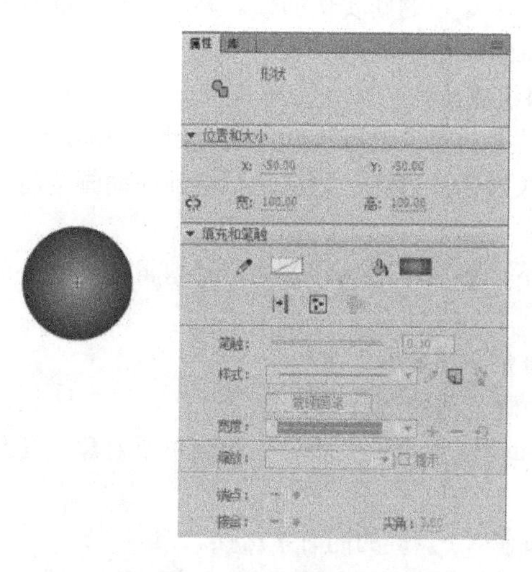

图 19-14　小球的外观及属性

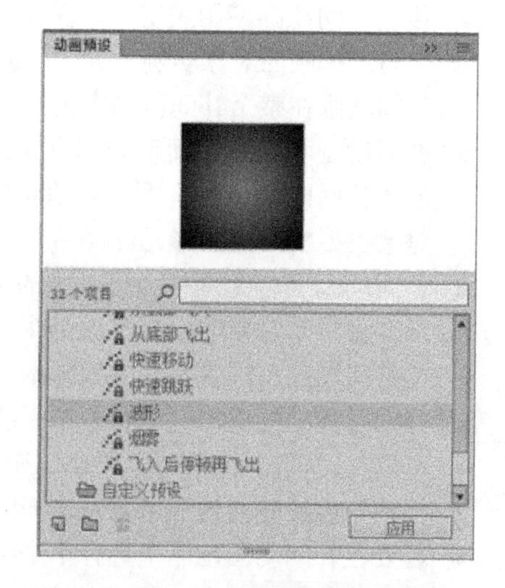

图 19-15　动画预设面板

6）单击动画预设面板底部的应用按钮。则舞台上影片剪辑实例上出现一个绿色的运动轨迹标识，时间轴上也对应自动产生一个 70 帧的补间状态，第 1 帧是一个黑色圆形关键帧，第 35 帧和第 70 帧处分别有一个黑色菱形的属性关键帧。第 1 个小球的补间动画创建完成。

7）创建一个新图层，在第 10 帧处插入一个空白关键帧，然后将库面板中的元件拖拽到舞台的右下角位置，再应用动画预设功能，动画预设为 2D 放大。

8）创建一个新图层，在第 20 帧处插入一个空白关键帧，然后将库面板中的元件拖拽到舞台的上方偏左的位置，再应用动画预设功能，动画预设为从右边飞入。

9）在第 70 帧处，补齐三个图层的普通帧，补间动画的编辑效果如图 19-16 所示。

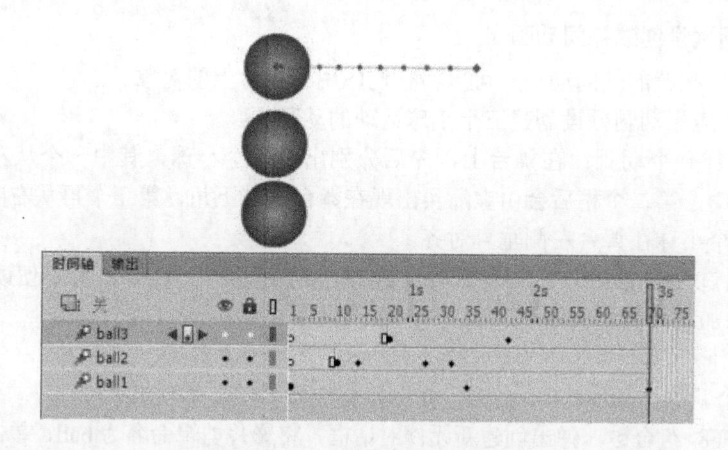

图 19-16　补间动画的编辑效果

10）按<Ctrl+Enter>组合键，导出并观看动画效果。

3．创建补间动画

补间应用于元件实例和文本字段。在将补间应用于所有其他对象类型时，这些对象将包装在元件中。元件实例可包含嵌套元件，这些元件可在自己的时间轴上进行补间。

补间图层中的最小构造块是补间范围。补间图层中的补间范围只能包含一个元件实例。元件实例称为补间范围的目标实例。

【实例 19.3】为文本创建补间动画。创建一个文本动画，文本从舞台顶部移入到中央位置，稍做停滞，然后再向左侧移出舞台。

根据设计好的动画过程，自定义创建补间动画的操作如下：

1）创建一个新的 Animate CC 文档，舞台大小为 500×200 像素，舞台颜色为黑色，并保存文件为 19-3 文字.fla。

2）在工具面板中选择文本工具，输入一行文本信息，文本颜色为浅黄色，华文行楷，字号为 40 点，并将文本移至舞台上方的外部，如图 19-17 所示。

图 19-17　创建文本

3）在舞台上选择要补间的文本对象。右击文本区（或当前帧），在弹出的快捷菜单中选择创建补间动画命令，即可看到时间轴面板发生的变化，图层 1 的图标由常规图层类型变为补间图层类型，如图 19-18 所示。而且，时间轴一侧自动插入到第 24 帧，补间范围的长度等于 1s 的持续时间（帧频是 24 fps）。

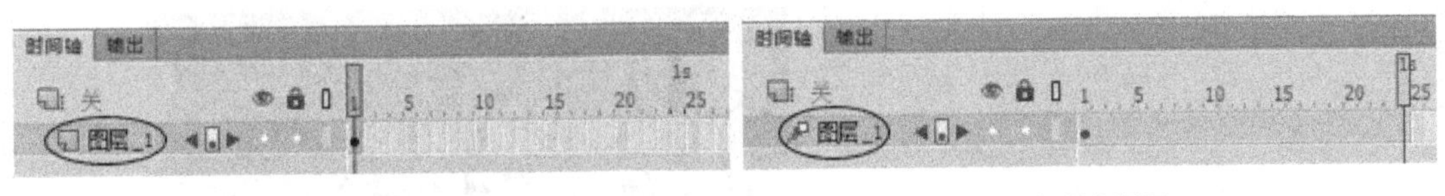

a）常规图层　　b）补间图层

图 19-18　创建补间动画的时间轴

【提示】Adobe Animate CC 2018 中的文本信息是补间对象，如果对象不是可补间的对象类型，或者如果在同一图层上选择了多个对象，将显示一个对话框，通过该对话框可以将所选内容转换为影片剪辑元件，以继续补间操作。

4）在时间轴中拖动补间范围的右端，延长补间范围到第 60 帧，如图 19-19 所示。

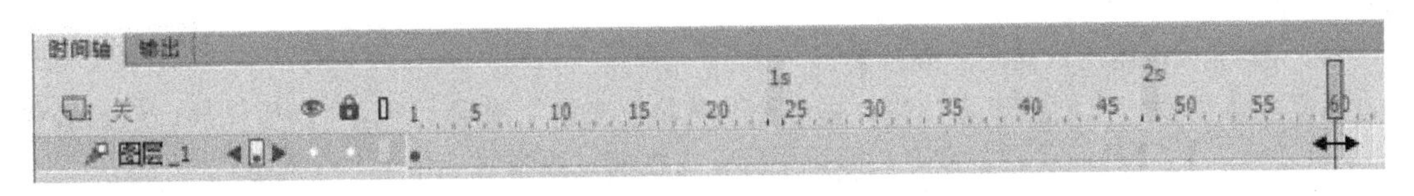

图 19-19　延长补间范围

5）将动画添加到补间。将播放头放在补间范围内的第 25 帧上，然后将舞台上的文本对象垂直向下拖到舞台正中位置。此时，舞台上显示的运动路径是从补间范围的第 1 帧中的位置到新位置的路径。时间轴显示添加了属性关键帧，属性关键帧在补间范围中显示为小菱形。舞台及时间轴如图 19-20 所示。

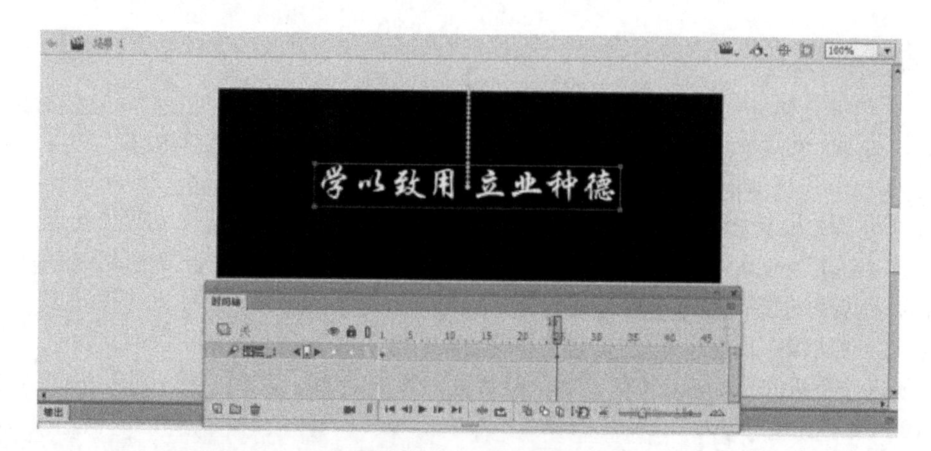

图 19-20　添加属性关键帧

6）将播放头放在补间范围内的第 35 帧上，右击，在弹出的快捷菜单中选择【插入关键帧】/【位置】命令，则添加一个新的属性关键帧。第 25～35 帧中的文本位置保持不动，是为了在舞台中能清晰显示文本。

7）按照步骤 6）在第 60 帧处添加新的属性关键帧，并将文本水平向左移出舞台，如图 19-21 所示。

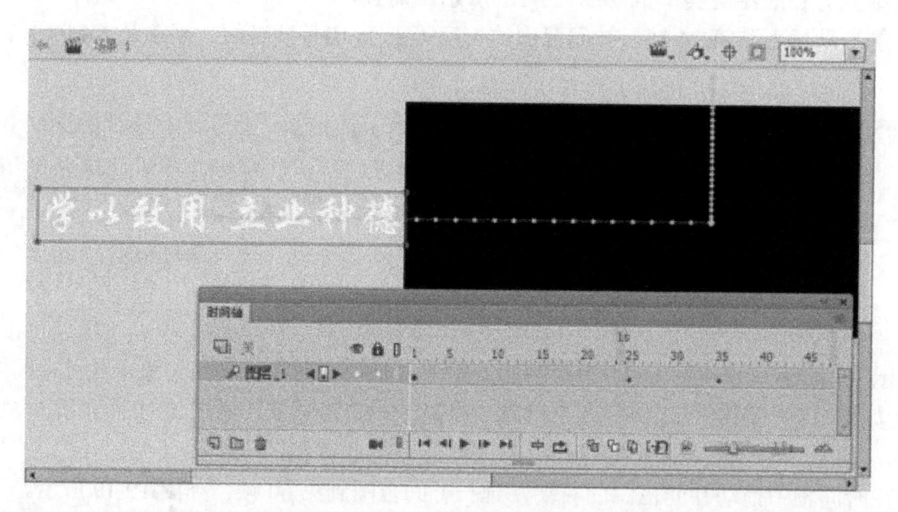

图 19-21　将文本水平向左移出舞台

8）按<Enter>键测试动画完成效果。

【提示】若要一次创建多个补间，将可补间对象放在多个图层上。选中所有图层，然后选择主菜单【插入】/【补间动画】命令，即可用同一方法将动画预设应用于多个对象。

4．创建缓动补间动画

缓动是用于修改和计算补间中属性关键帧之间的属性值的一种方法。使用缓动可以实现更自然、更复杂的动画。

【实例 19.4】对汽车行驶应用缓动效果。

在制作汽车经过舞台的动画时，如果让汽车从停止开始缓慢加速，然后在舞台的另一端缓慢停止，则动画会显得更逼真。本实例对汽车应用补间动画，然后使该补间缓慢开始和停止。

操作步骤如下：

1）创建一个新的 Animate CC 文档 19-4 汽车.fla。按<Ctrl+F8>组合键，创建一个名为 car 的图形元件。

2）回到场景 1，并将库面板中的 car 元件拖拽到舞台的一侧，成为第 1 帧的实例对象。

3）选中时间轴的第 1 帧，右击，在弹出的快捷菜单中选择【创建补间动画】命令，再将帧数增加至 50 帧。

4）选择第 50 帧，右击，在弹出的快捷菜单中选择【插入关键帧】/【位置】命令，然后将小汽车水平移至舞台的另一侧位置，舞台即产生运动轨迹线。在第 25 帧处右击，在弹出的快捷菜单中选择【拆分动画】命令，运动补间被拆分成两个独立的补间范围。第一个运动补间的末尾与第二个运动补间的开始位置相同。拆分补间的目的是为了改变缓动影响的范围，以及在不同的补间内应用不同的缓动。

5）选择第一个运动补间的第一个关键帧和第二个关键帧（第 1～25 帧）之间的任意一帧，在属性面板的缓动区，将缓动值修改为-100，表示对运动补间应用缓慢开始效果。

6）选择第二个运动补间的第一个关键帧和第二个关键帧（第 25～50 帧）之间的任意一帧，在属性面板的缓动区，将缓动值修改为 100，表示对运动补间应用缓慢停效果。

7）图 19-22 所示为设置缓动动画。测试并输出动画。

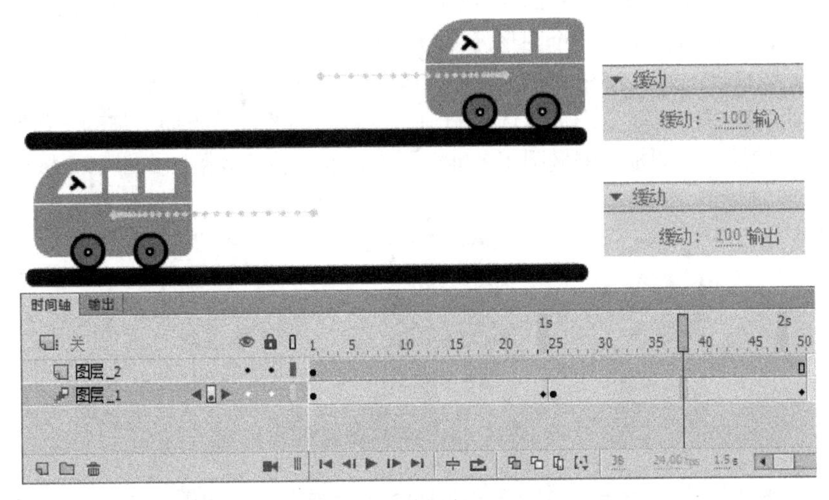

图 19-22　设置缓动动画

19.3.4　传统补间动画

Animate CC 文档中的每一个场景都可以包含任意数量的层。创建动画时，可以使用层和层文件夹来组织动画序列的组件和分离动画对象，这样它们就不会互相擦除、相连或分割。如果要让 Animate CC 一次渐变多个组或元件的运动，每个组或元件必须在独立的层上。背景层通常包含静态插图，其他的每个层中包含一个独立的动画对象。

1．创建传统补间动画

动画中的变化是在关键帧中定义的。当创建逐帧动画时，每个帧都是关键帧。在补间动画中，可以在动画的重要位置定义关键帧，Animate CC 会创建关键帧之间的帧内容。补间动画的插补帧显示为浅蓝色或浅绿色，并会在关键帧之间绘制一个箭头。由于 Animate CC 文档会保存每一个关键帧中的形状，所以应只在插图中有变化的点处创建关键帧。

下面通过制作动画弹跳娃娃来介绍传统补间动画效果的制作方法。此动画主要应用了运动补间和形状补间两种补间动画效果，这是本实例的关键点所在，也是 Animate CC 动画制作中常用的两种功能。

【实例 19.5】应用传统补间创建弹跳娃娃动画。

图 19-23 所示为动画中几个帧的效果，在制作过程中涉及库的应用。

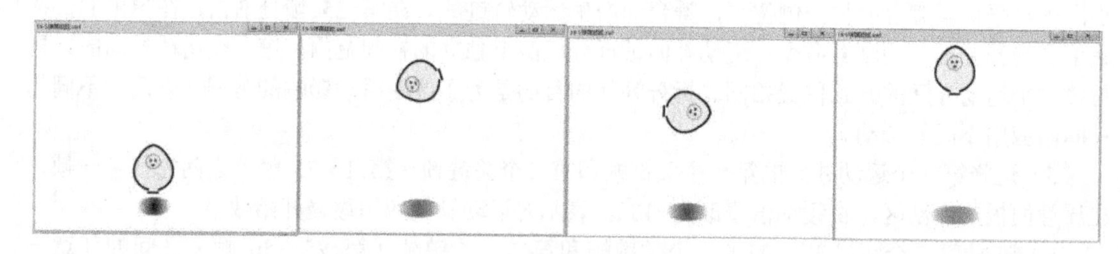

图 19-23　弹跳娃娃动画序列

操作步骤如下：

1）创建一个新的 Animate CC 文档并保存为 19-5 弹跳.fla。按<Ctrl+F8>组合键，弹出创建新元件对话框。在该对话框中将一个图形元件命名为 egg，单击确定按钮。

2）绘制弹跳娃娃图形。在 egg 图形元件编辑区域中，使用椭圆工具画出一个椭圆，如图 19-24a 所示。使用工具面板中的任意变形工具选中椭圆，并将顶部的调节点向上拖动一段距离，效果如图 19-24b 所示。使用工具面板中的椭圆工具继续画出娃娃的脸部效果，如图 19-24c 所示。

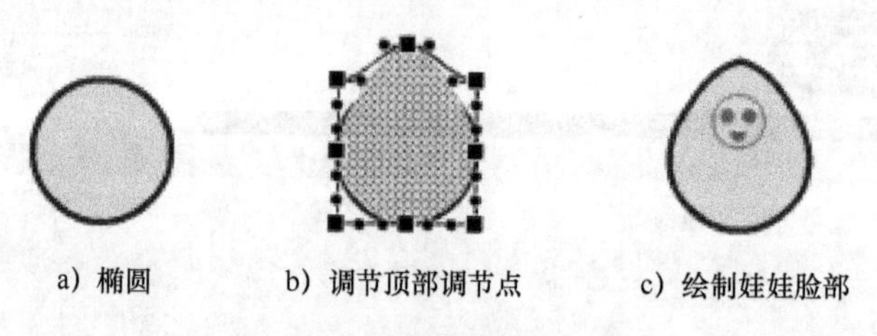

a）椭圆　　b）调节顶部调节点　　c）绘制娃娃脸部

图 19-24　绘制弹跳娃娃图形

3）按<Ctrl+E>组合键回到场景中，按<Ctrl+L>组合键打开库面板，选中 egg 元件，并将其拖到场景中的顶部位置，创建第一帧效果，如图 19-25 所示。

4）在第 20 帧处按<F6>键，创建新的关键帧，作为弹跳周期的最后一帧内容。

5）按<Ctrl+Shift+Alt+R>组合键显示标尺，从垂直标尺处拖拽出一条辅助线到娃娃的中心位置。在第 10 帧处按<F6>键，创建新的关键帧，沿辅助线将娃娃向下移动一段距离，作为娃娃的落地位置，如图 19-26 所示。

6）选择时间轴中的第 1 帧，右击，在弹出的快捷菜单中选择创建传统补间命令，在属性面板中将缓动值设为−100。

7）选择时间轴中的第 10 帧，右击，在弹出的快捷菜单中选择创建传统补间命令，在属性面板中将缓动值设为 100，旋转设置为顺时针旋转 2 次，如图 19-27 所示。到此，娃娃的弹跳效果制作完成，可以按<Ctrl+Enter>组合键观看动画效果。

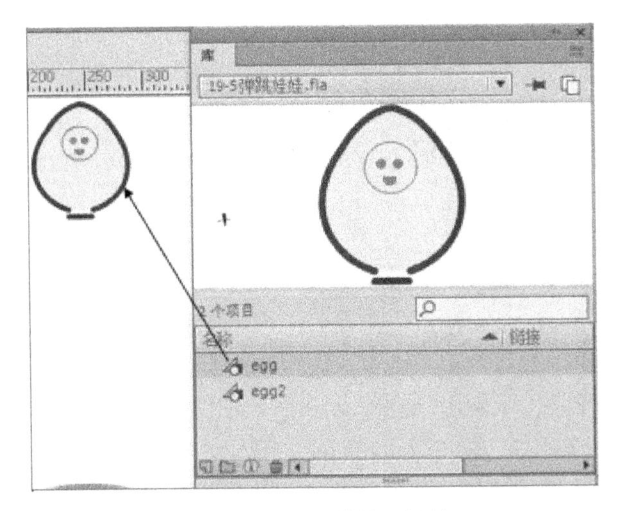

图 19-25　将元件拖入场景

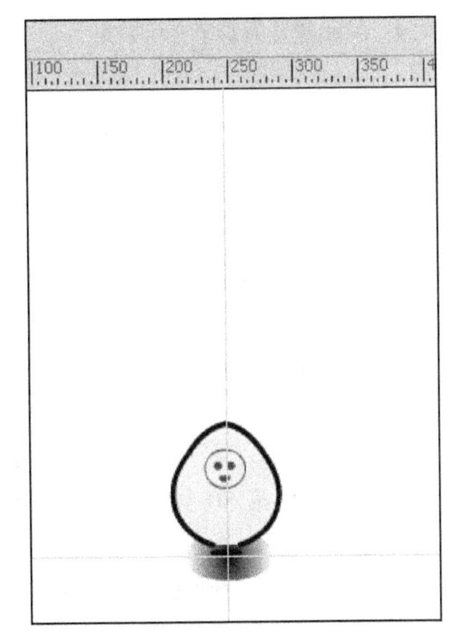

图 19-26　沿降落路线拖动元件

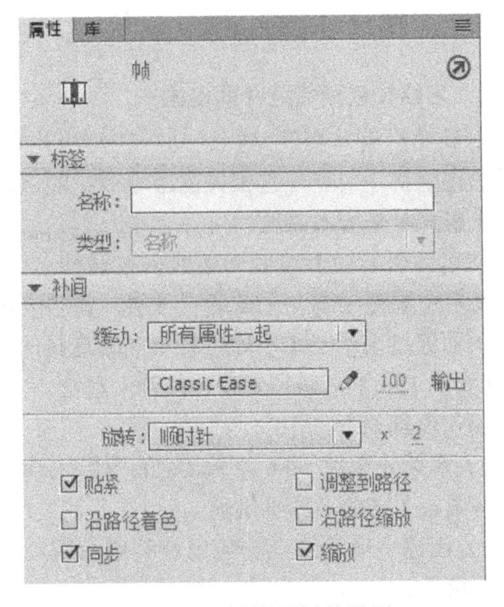

图 19-27　属性面板的设置

8）下面绘制并完成影子的动画效果。单击时间轴面板底部的新建图层按钮，创建图层 2，在此图层中绘制影子。

9）用椭圆工具（边界设为空）在场景中拖出一个椭圆。在颜色面板中，设定填充效果为灰色到透明的径向渐变，并调节 Alpha 值为 40%，如图 19-28 所示。

10）在时间轴上单击图层 2 的第 20 帧，按<F6>键创建关键帧。在第 10 帧处按<F6>键创建关键帧，并用工具面板中的任意变形工具，缩小影子。在颜色面板中将 Alpha 值调为最大 100%。弹跳娃娃的影子变化效果如图 19-29 所示。

11）选择第 1 帧，右击，在弹出的快捷菜单中选择创建补间形状命令；在第 10 帧处，再次右击，在弹出的快捷菜单中选择创建补间形状命令。

12）按<Ctrl+S>组合键保存制作的动画，在弹出的保存对话框中命名文件，单击保存按钮，则生成一个.fla 文件。在 Animate CC 环境中再次按<Ctrl+Enter>组合键观看动画，系统自动生成

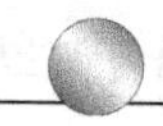

一个同名的.swf文件。

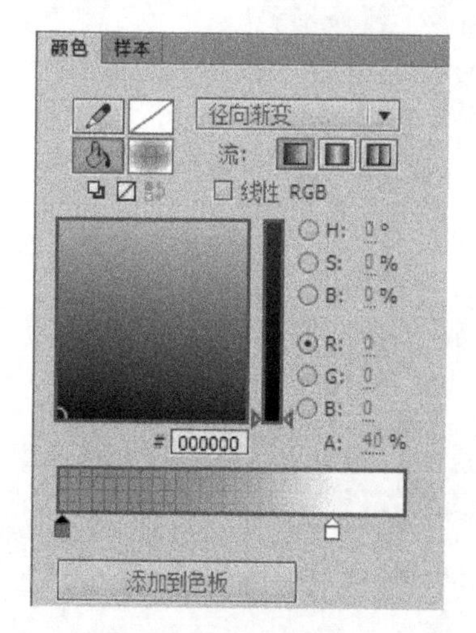

图 19-28　颜色面板

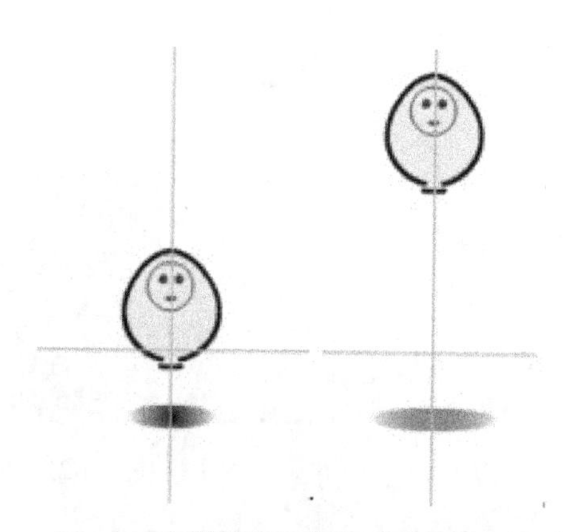

图 19-29　弹跳娃娃的影子变化效果

2．沿路径创建传统补间动画

对象要沿着非直线路径运动，在传统补间动画中需要将路径绘制在单独的运动引导层。引导层的作用就是引导与它相关图层中对象的运动轨迹或定位。引导层只能在舞台工作区中看到，在输出影片时是看不到的。

在运动引导层上绘制一条或多条路径，可以使补间实例、组或文本块沿着这些路径运动。可以将多个层链接到一个运动引导层，使多个对象沿同一条路径运动。

下面通过演示一个小球环绕不倒翁旋转的实例，介绍引导层的创作方法。

【实例 19.6】沿路径创建传统补间动画。

操作步骤如下：

1）在新建文件 19-6 环绕.fla 的图层 1 中绘制一个不倒翁图形。在第 30 帧处按<F5>键创建帧。将图层 1 重命名为不倒翁。

2）创建小球元件。按<Ctrl+F8>组合键，弹出创建新元件对话框，单击确定按钮。绘制小球后返回场景。

3）单击时间轴面板底部的插入图层按钮，插入图层。然后，将小球元件从库面板中拖动到图层 2 的第 1 帧中。将图层 2 重命名为小球。

4）在时间轴面板中选择小球，然后右击该层，从弹出的快捷菜单中选择添加引导层命令。Animate CC 会在所选的层之上创建一个新层，并与刚才选中的图层关联起来，该层名称的左侧有一个运动引导层图标，如图 19-30 所示。可以看到，被引导图层的名字向右缩进一段距离，表示是被引导的图层。

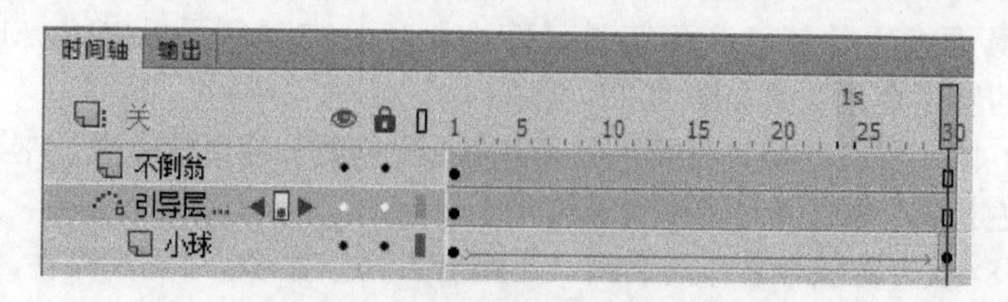

图 19-30　时间轴面板中的引导层

5）用圆形工具在运动引导层绘制一个椭圆路径，并用橡皮擦工具将闭合路径擦出一个断点，如图 19-31 所示。在第 30 帧处按<F5>键创建帧。

6）将小球图层第 1 帧中的小球的中心与椭圆轨迹的一个端点重合。在第 30 帧处按<F6>键创建新的关键帧，并将该帧中的小球中心移动到椭圆轨迹的另一个端点处。选择两个关键帧之间的任意一帧，右击，选择创建传统补间命令。用洋葱皮效果查看图形，效果如图 19-32 所示。

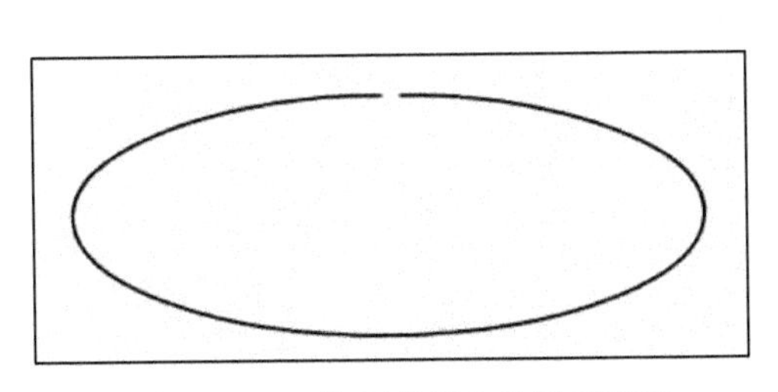

图 19-31　绘制带断点的椭圆路径

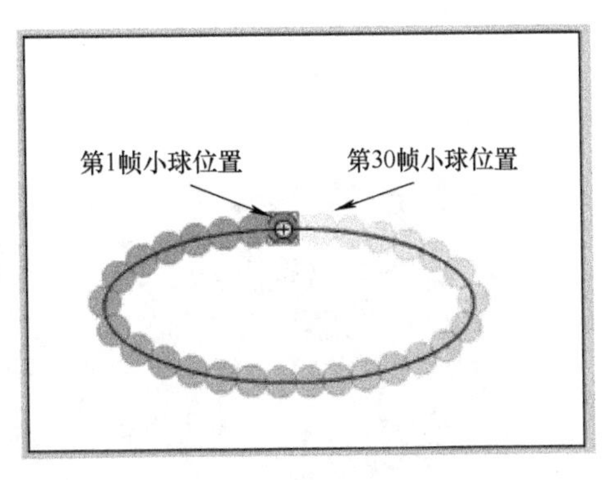

图 19-32　对象与路径的编辑效果

【提示】被引导层中的运动对象的注册点一定要保持与引导层中的引导线路径重合，在属性面板中选择紧贴至对象选项，这样动画中的运动对象才会完全按照引导路径的路线运动。

7）右击第 1 帧，并插入运动补间效果，时间轴设置如图 19-33 所示效果。测试动画。

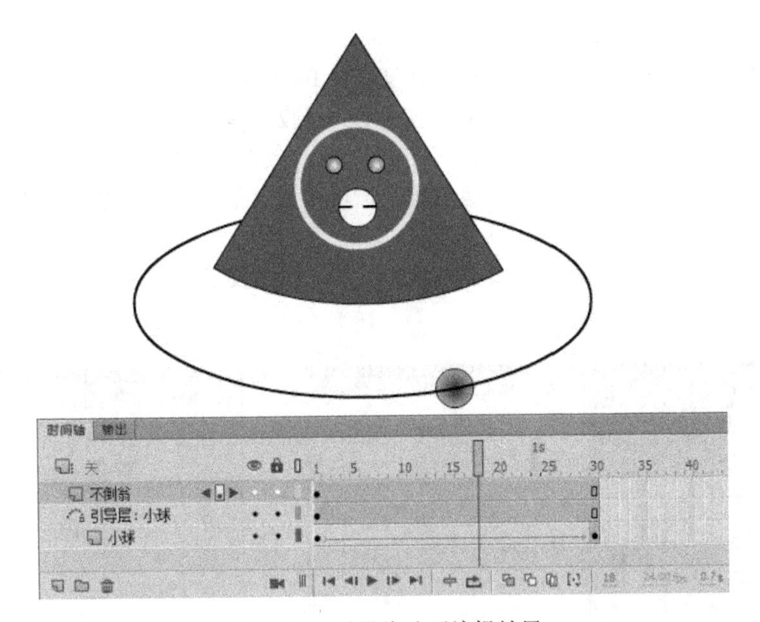

图 19-33　引导线动画编辑效果

19.3.5　补间形状动画

补间形状是指在时间轴中的一个特定帧上绘制一个矢量形状然后更改该形状，或在另一个特定帧上绘制另一个形状。然后，Animate CC 为内插在中间的帧的中间形状创建一个形状变形为另一个形状的动画。Animate CC 能补间图形的位置、大小和颜色。

补间形状适合用于简单形状，避免使用于有一部分被挖空的形状。最好试验要使用的形状以确定相应的结果。可以使用形状提示来告诉 Animate CC 起始形状上的哪些点应与结束形状上的特定点对应。

下面通过一个昼夜转换的实例来介绍补间形状动画的制作过程。

【实例 19.7】应用补间形状创建昼夜转换动画。

如图 19-34 所示的两幅图片分别是白天和夜晚的场景，通过补间形状使月亮和太阳进行转换，同时通过设置图像对象的 Alpha，使得画面产生白天和夜晚交替的效果。

a）夜晚场景　　b）白天场景

图 19-34　昼夜转换效果图

操作步骤如下：

1）在新建的 Animate CC 文档 19-7 昼夜转换.fla 中，单击时间轴面板底部的新建图层按钮，创建三个新图层，并将各图层自底向上重命名为昼夜、星星、月亮太阳和房屋。

2）单击昼夜图层的第 1 帧，使用矩形工具在舞台上绘制一个矩形，在属性面板中按图 19-35 所示设置参数，位置和大小贴合舞台；笔触置空，填充通过颜色面板设置为线性渐变填充，指定由深蓝（#000738）到蓝色（#1C93FF）渐变。

3）单击星星图层的第 1 帧，使用多角星形工具，属性设置如图 19-36 所示。然后在舞台上绘制多个大小不一的星形图案。

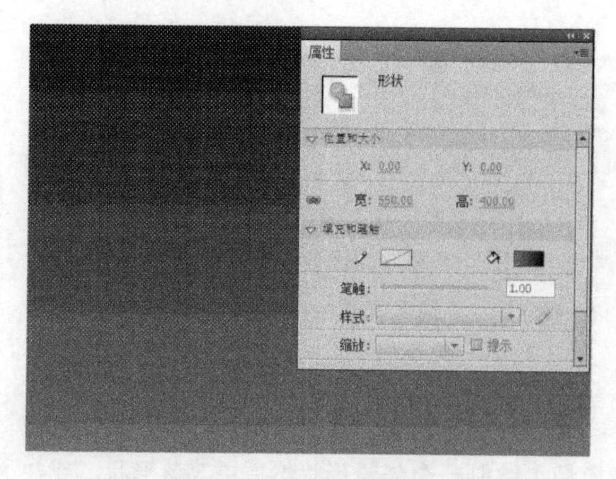

图 19-35　绘制夜空背景

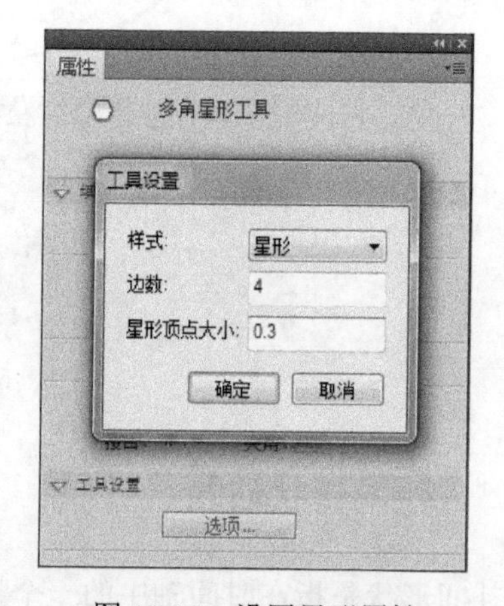

图 19-36　设置星形属性

4）单击月亮太阳图层的第 1 帧，绘制月亮图形。再单击房屋图层的第 1 帧，绘制房屋图形或插入图片。至此，舞台上的夜景画面完成。

5）单击昼夜图层的第 10 帧，按<F6>键，将此帧转换为关键帧。然后再将第 55 帧转换为关键帧。选中舞台中的矩形图案，在颜色面板中指定填充由淡蓝（#8EBAFF）到白色（#FFFFFF）渐变，形成白天效果。然后，在第 65 帧处按<F6>键，将其转换为关键帧。再将第 1 帧复制并粘贴到第 110 帧。

6）右击第 10～55 帧之间的位置，在弹出的快捷菜单中选择创建补间形状命令创建补间形状。同样，在第 65～110 帧之间创建补间形状。此时，“时间轴”面板如图 19-37 所示。

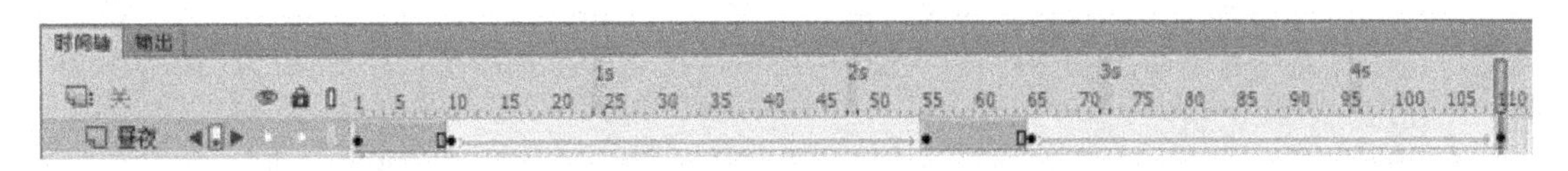

图 19-37　补间形状时间轴

7）在星星图层的第 10、55、65 和 110 帧处也创建关键帧。然后单击第 55 帧，选中该图层所有星星，在颜色面板中将 Alpha 通道值修改为 0%，即完全透明效果，如图 19-38 所示。应用该方法将第 65 帧的透明度也修改为 0%。然后，在第 10～55 帧和第 65～110 帧处创建补间形状，就会表现为星星在夜晚出现白天消失的动画效果。

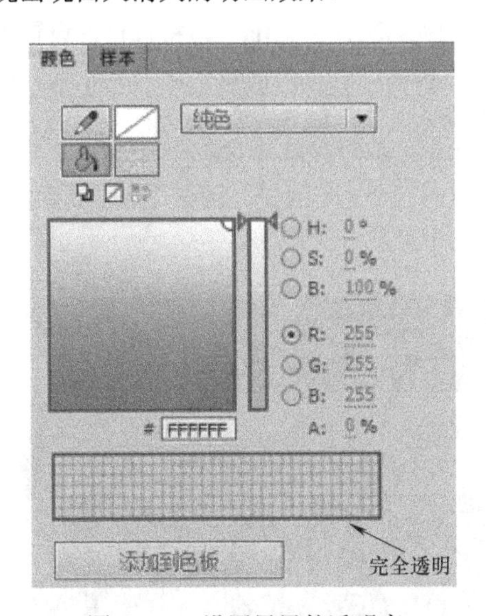

图 19-38　设置星星的透明度

8）在月亮太阳图层的第 10 帧处按<F6>键，创建关键帧。在第 55 帧处按<F7>键创建空白关键帧，在此绘制一个太阳的图形。在第 65 帧处按<F6>键，创建关键帧。再在第 110 帧处将第 1 帧复制到此处。然后在第 10～55 帧和第 65～110 帧处创建补间形状。

9）绘制编辑房屋图层，此处不再详述。

10）此时，动画基本制作完成，时间轴面板如图 19-39 所示。可以看出，动画均由“补间形状”动画设置完成，其中应用了形状渐变和颜色渐变两种手段。

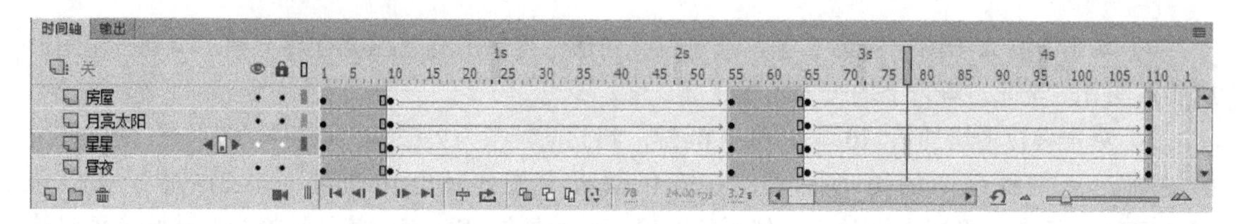

图 19-39　动画对应的时间轴

19.3.6　遮罩动画

遮罩层的作用就是可以透过遮罩层内的图形看到其下面图层的内容，但是不能透过遮罩层内无图形区域显示其下面图层的内容。在遮罩层中，绘制的单色图形、渐变图形、线条和文字等，都会挖空区域。

要创建遮罩层，可以将遮罩项目放在要用作遮罩的层上。和填充或笔触不同，遮罩项目像是个窗口，透过它可以看到位于其下面的链接层区域。除了透过遮罩项目显示的内容之外，其余的所有内容都被遮罩层的其余部分隐藏起来。一个遮罩层只能包含一个遮罩项目。按钮内部不能有遮罩层，也不能将一个遮罩应用于另一个遮罩。

下面通过制作一个滚动字幕的实例来介绍遮罩动画的创作方法。

【实例 19.8】为滚动字幕制作遮罩动画。

操作步骤如下：

1）新建文档，并保存为“19-8 滚动字幕.fla”，将背景色设置为黑色，帧频设为 6fps。

2）将图层 1 重命名为文本层。选择工具面板中的文本工具，设置颜色为红色，在舞台中单击，并在文本框中输入一段文字。

3）单击时间轴面板底部的插入图层按钮，将新建图层重命名为遮罩。单击遮罩层的第 1 帧，使用工具面板中的矩形工具，绘制一个矩形区域。调整矩形区域到文本区的顶端位置，如图 19-40 所示。

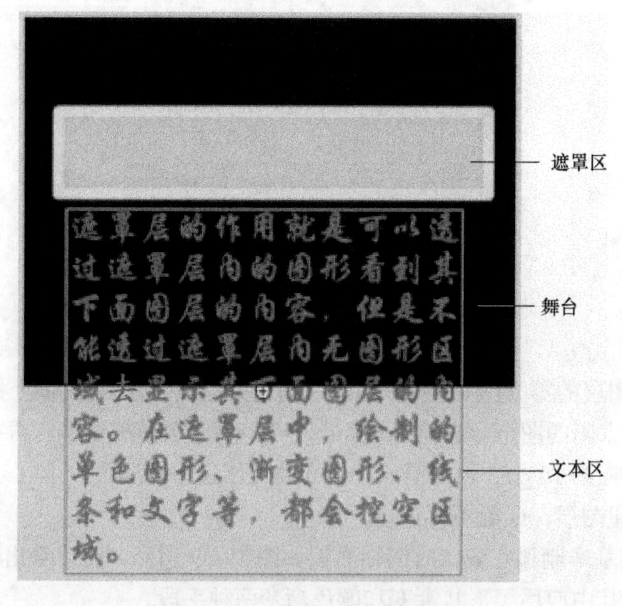

图 19-40　创建文本和矩形区

4）选择遮罩层的第 60 帧，按<F5>键，创建普通帧。

5）选择文本层的第 60 帧，按<F6>键，创建关键帧。用选择工具选中舞台中的文本框，并垂直向上移动文本，使文本最后一行移出矩形区，如图 19-41 所示。

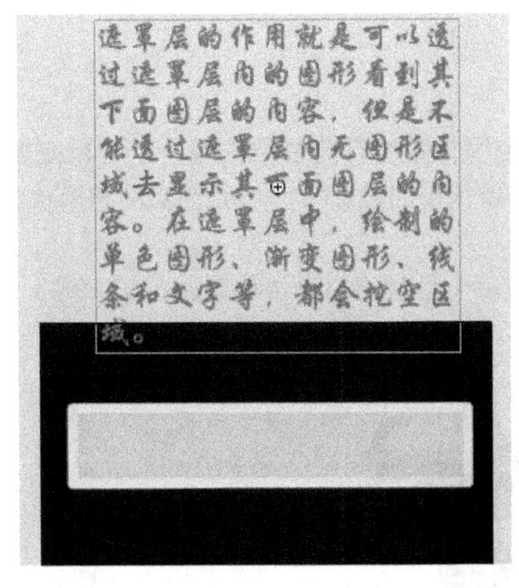

图 19-41　位移文本

6）右击文本层的第 1 帧，选择创建传统补间命令，按命令提示将文本框对象转换为元件。

7）选择遮罩层，右击，在弹出的快捷菜单中选择遮罩层命令。此时，遮罩与被遮罩层的嵌套关系在图层中显示出来，遮罩层总是遮住紧贴其下的层，因此要确保在正确的地方创建遮罩层。

8）创建新图层，在该层中绘制显示屏的轮廓效果。图 19-42 所示为时间轴面板及第 10 帧的动画编辑效果。

9）动画制作完成，测试动画。

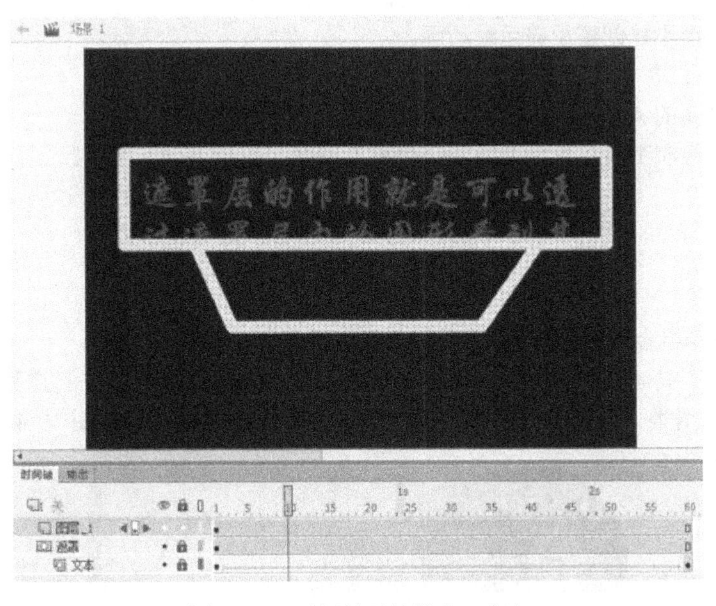

图 19-42　时间轴及编辑窗口内容

【提示】Animate CC 会忽略遮罩层中的位图、渐变色、透明、颜色和线条样式。在遮罩中的任何填充区域都是完全透明的，而任何非填充区域都是不透明的。

19.4　使用反向运动

反向运动（IK）是一种使用骨骼的有关节结构对一个对象或彼此相关的一组对象进行动画处理的方法。使用骨骼，只需做很少的设计工作，元件实例和形状对象就可以按复杂而自然的方式移动。

可以向单独的元件实例或单个形状的内部添加骨骼。图 19-43 所示为一个已添加 IK 骨骼的人体形状和一个由多元组件形成的元件实例。

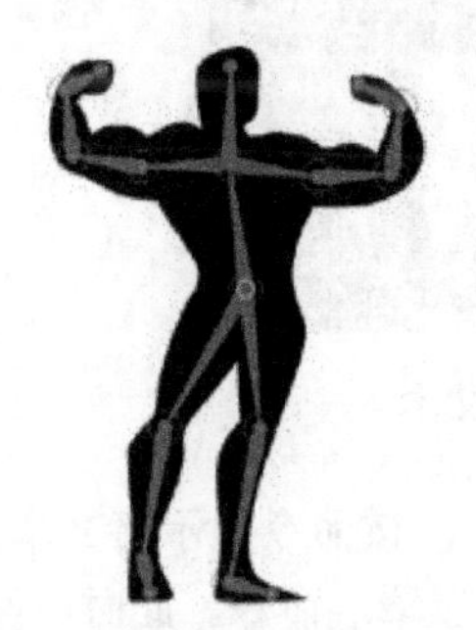

a）已添加 IK 骨骼的人体形状

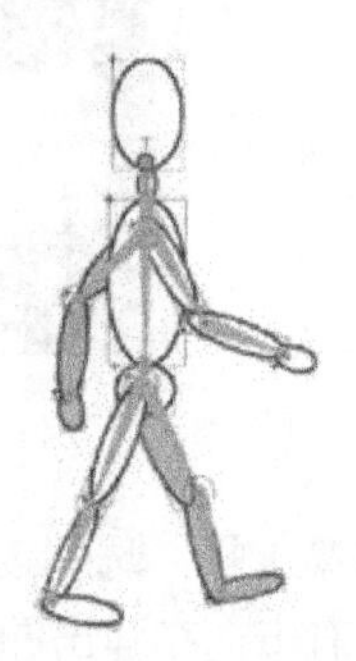

b）已添加 IK 骨骼的多元组件

图 19-43　添加 IK 骨骼

1．向形状添加骨骼

下面就通过一个具体实例介绍向形状对象添加 IK 骨骼，实现反向运动动画的方法。

【实例 19.9】为小蛇创建反向运动动画。

操作步骤如下:

1）创建一个新的 Animate CC 文档，并保存为 19-9 小蛇.fla。

2）使用图形绘制工具在舞台上绘制一个蛇形图案，如图 19-44 所示。

图 19-44　绘制蛇形图案

3）按<Ctrl++>组合键放大视图比例到 400%，以便插入骨骼。

4）使用骨骼工具，以蛇的头部为起点，拖拽至颈部松开鼠标，在起点和释放鼠标的点之间将显示一个实心骨骼。此时，时间轴中新增加了一个骨架_1 图层，如图 19-45 所示。

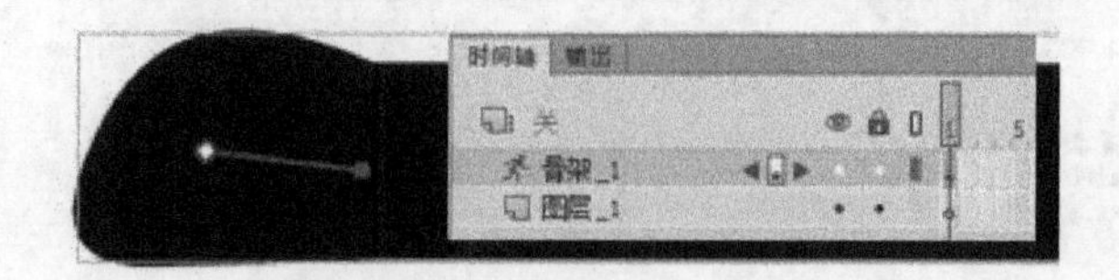

图 19-45　创建第一段骨骼

【提示】添加第一个骨骼时，Animate CC 将形状转换为 IK 形状对象，并将其移动到时间轴中的新图层。新图层称为姿势图层。与给定骨架关联的所有骨骼和 IK 形状对象都驻留在姿势图层中。

5）沿蛇的躯体依次创建多个骨骼，直到尾部。整体骨骼效果如图 19-46 所示。

图 19-46　整体骨骼效果

6）选择时间轴骨架_1 图层的第 50 帧，右击，在弹出的快捷菜单中选择插入姿势命令，则第 1～50 帧之间形成绿色底纹的补间效果。拖动尾部骨骼到任意位置，则第 50 帧处添加一个菱形的姿势帧，效果如图 19-47 所示。

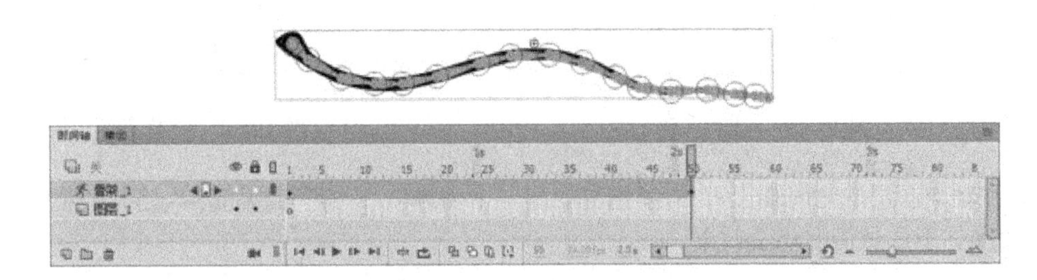

图 19-47　改变姿势

7）继续新增姿势帧，然后改变图形的姿势，使第 1～50 帧之间产生更丰富的动画效果。

8）动画制作完成，并测试动画。

2．向元件添加骨骼

通过反向运动可以更轻松地创建人物动画，如胳膊和腿等肢体动作。

【实例 19.10】为机器人元件添加骨骼。创作一个机器人做操的动画，其效果如图 19-48 所示。

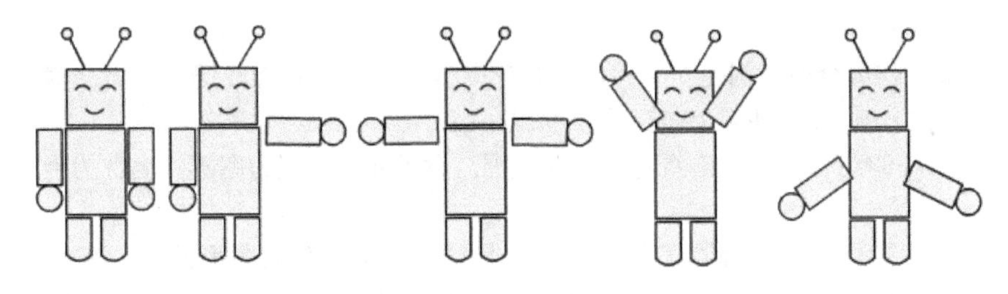

图 19-48　动画效果

操作步骤如下：

1）创建一个新的 Animate CC 文档，并保存为 19-10 体操.fla。

2）使用矩形工具，黄色填充、笔触置空，按<Ctrl+F8>组合键，创建一个名为 head 的图形元件，并绘制一个机器人的头部图形。然后，再分别创建 body、arm 和 leg 等图形元件。此时，在库面板中可以看到各元件名称，如图 19-49 所示。

3）回到场景 1 的舞台，将库面板中的元件依次拖入舞台，组合成一个机器人的图形。

4）将视图显示比例放大到 400%，便于下一步的编辑。使用骨骼工具，在机器人图形上创建骨骼，以 body 元件的顶部为骨骼的起点，分别向 head、arm 和 leg 元件实例上引出其他骨骼，如图 19-50 所示。

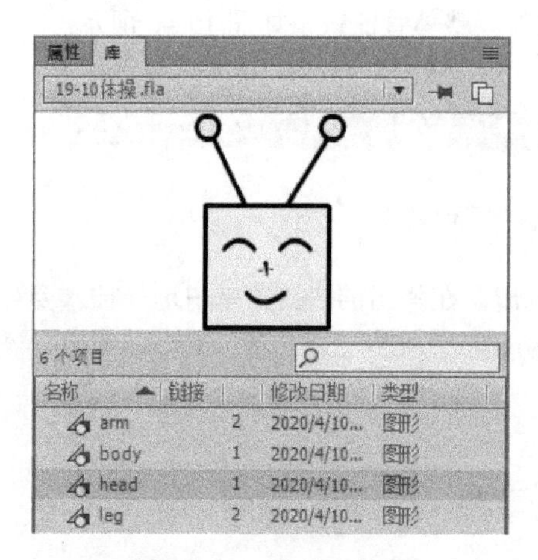

图 19-49 创建图形元件

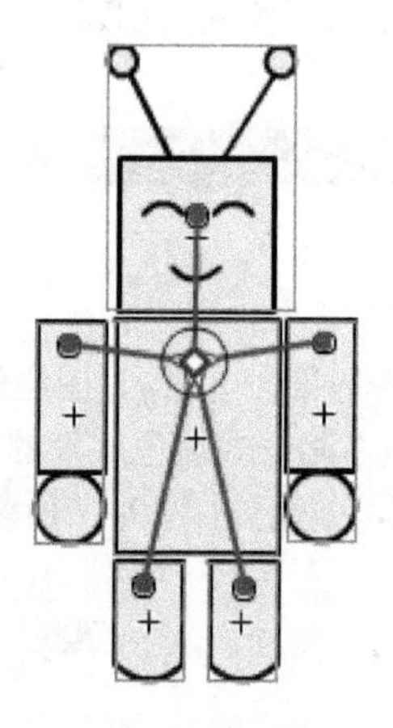

图 19-50 创建骨骼

5）在骨架图层的时间轴上每 5 帧位置创建一个姿势帧，然后变换机器人胳膊的位置，通过姿势的变换，形成做操的动画效果。

19.5 边学边做（制作开卷有益动画）

本节将介绍一个开卷有益的动画实例创作，动画制作过程中主要应用了传统补间动画和遮罩动画制作的基本方法。通过本实例，读者能够认识到一个动画常常是多种动画技术结合应用所产生的作品。

【实例 19.11】制作滚动画卷动画。

操作步骤如下：

1）按<Ctrl+N>组合键，创建新文件，将舞台大小设置为 500×300 像素，背景颜色定义为淡蓝色（#7BB1E7），保存文件为 19-11 画卷.fla。

2）按<Ctrl+F8>组合键，弹出新建元件对话框，设置元件类型为图形，名称为卷轴，单击确定按钮。

3）在图形编辑环境中用椭圆工具和矩形工具绘制一个卷轴的图形效果。在绘制过程中，结合应用颜色面板设置图形的填充色，应用对齐面板设置组成部分对象的对齐效果。卷轴效果如图 19-51 所示。

4）按<Ctrl+F8>组合键，新创建一个名为图画的图形元件，在图画编辑窗口中，将图层 1 重命名为背景，并绘制一个彩色填充效果的矩形。新建图层并命名为文本，编辑文本开卷有益，并在属性面板中设置文字为渐变发光滤镜效果。此时的时间轴面板、舞台及属性面板参数如图 19-52 所示。

5）单击场景 1 标签回到场景编辑环境，打开库面板，将图画元件拖拽到舞台中间位置，创建图层 1 的第 1 个关键帧效果。

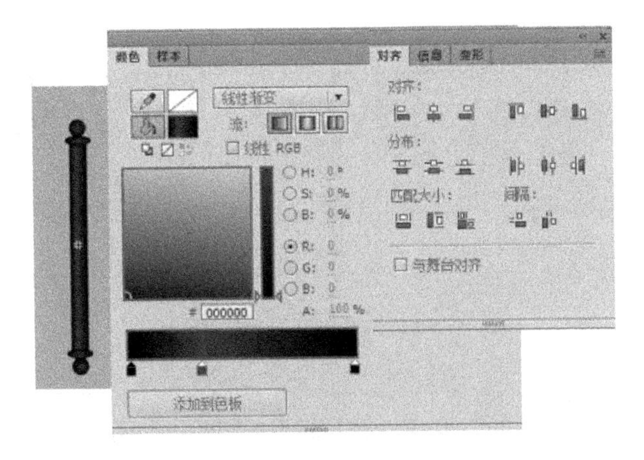

图 19-51　绘制卷轴

图 19-52　时间轴面板、舞台及属性面板参数

6）单击时间轴面板底部的插入图层按钮，在图层 2 中，使用矩形工具绘制一个与图画位置、大小完全一样的矩形。

7）选择图层 2 的第 40 帧，按<F6>键，创建关键帧。单击第 1 帧，并将图形水平拖动到“图画”的最左侧，如图 19-53 所示。

8）右击图层 2 中的第 1 帧，选择创建传统补间命令。再右击图层 2，在弹出的快捷菜单中选择遮罩层命令，此时就将图层 2 指定为图层 1 的遮罩层。

9）插入新图层，重命名为左轴，再将库面板中的卷轴元件拖拽到左轴图层的第 1 帧中。

10）插入新图层，重命名为右轴，再将库面板中的卷轴元件拖拽到右轴图层的第 1 帧中。

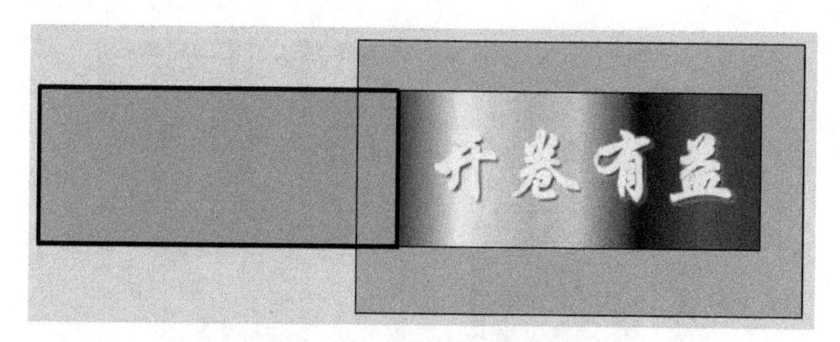

图 19-53　创建遮罩图形

11）调整左轴、右轴图形的大小与位置，使之重合到画卷的左侧。

12）选择右轴图层的第 40 帧，按<F6>键，创建关键帧，并将右轴图形水平拖动到画卷的最右侧。并在第 1 帧上执行“创建传统补间”命令，创建传统补间效果如图 19-54 所示。

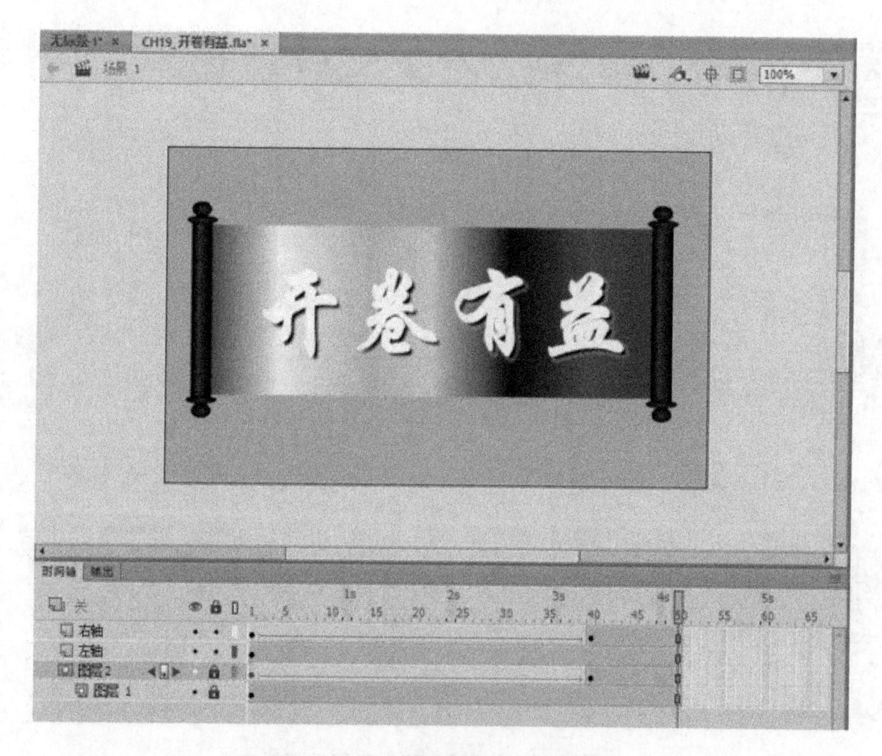

图 19-54　时间轴和舞台设置效果

13）动画制作完成，按<Enter>键测试动画效果。

本章小结

本章主要介绍了元件和实例的创建与编辑操作，以及库面板的使用和管理等内容。掌握好元件和实例的操作方法和技巧，可以大大提高动画的创作效率，对以后的工作大有帮助。本章还重点介绍了基础动画的制作方法，基础动画包括逐帧动画、补间动画、传统补间动画、补间形状动画、遮罩动画等。

本章重点在于补间动画和传统补间动画的制作，理解了它们之间的区别，能够更好地创作出动画作品。本章难点在于使用反向运动（IK）创建动画，对于用骨骼进行动画处理，初学者一定要勤学多练，才能有效地将所学技能灵活运用到动画的创作中去。

思考与练习

1．什么是补间形状？如何应用补间形状。
2．应用引导线动画的制作方法，设计赛跑动画，效果如图 19-55 所示。
3．应用遮罩动画的制作方法，设计一个百叶窗动画，效果如图 19-56 所示。

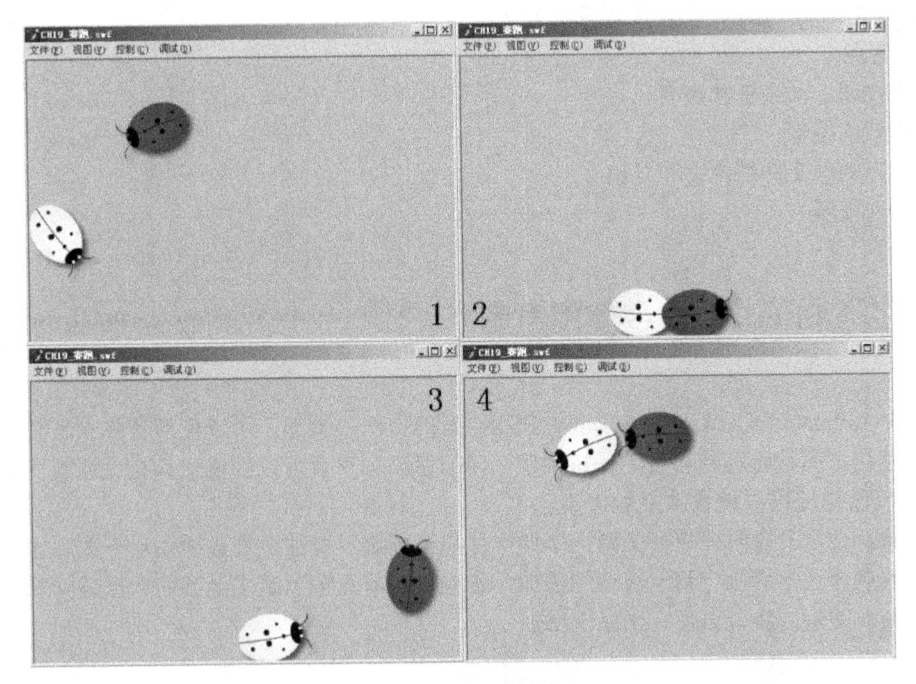

图 19-55　赛跑动画实例

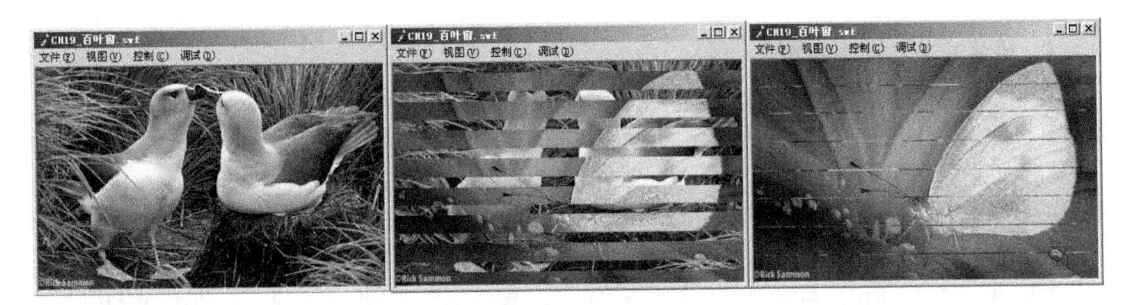

图 19-56　百叶窗动画实例

第 20 章　声音和视频

Animate CC 除了在动画方面有突出表现之外，对声音和视频的支持也相当出色，Animate CC 的特点之一就是可以在动画中添加声音效果。Animate CC 为用户提供了许多种使用声音的方法，同时，Animate CC 还提供了多种将视频导入到 Animate CC 文档并播放的方法。

本章主要介绍将声音加入到动画的方法和技巧、给动画配音、压缩和输出带有声音的动画文件，以及在 Animate CC 中使用视频的方法等内容。

本章要点：

- 为按钮、动画添加声音
- 音效的编辑
- 有声动画文件的压缩和导出
- 插入视频

20.1　在 Animate CC 中使用声音

Adobe Animate CC 2018 提供了多种使用声音的方法，例如，可以使声音独立于时间轴连续播放，或使用时间轴将动画与音轨保持同步，向按钮添加声音可以使按钮具有更强的互动性，通过声音淡入/淡出还可以使音轨更加优美。

Animate CC 中有两种声音类型：事件声音和音频流。事件声音必须完全下载后才能开始播放，除非明确停止，否则它将一直连续播放。音频流在前几帧下载了足够的数据后就开始播放，音频流要与时间轴同步，以便在网站上播放。

20.1.1　在 Animate CC 文档中添加声音

1. 将声音添加到时间轴

要将声音从库中添加到文档，首先要将声音文件导入到库中。将声音放在时间轴上时，是把声音分配到一个独立的层上，然后在属性面板的声音控件中进行设置。操作方法如下：

1）选择【文件】/【导入】/【导入到库】命令，选择声音文件导入到库中。图 20-1 所示为库面板中导入的声音文件。

【提示】Animate CC 支持的声音文件格式包括 MP3、WAV 和 AIFF 等。声音要占用大量的磁盘空间和 RAM。MP3 声音数据经过了压缩，比 WAV 声音数据小。通常，使用 WAV 文件时，最好使用 16～22 kHz 单声（立体声使用的数据量是单声的两倍），但是 Animate CC 可以导入采样比率为 11 kHz、22 kHz 或 44 kHz（标准的 CD 音频比率）的 8 位或 16 位的声音。

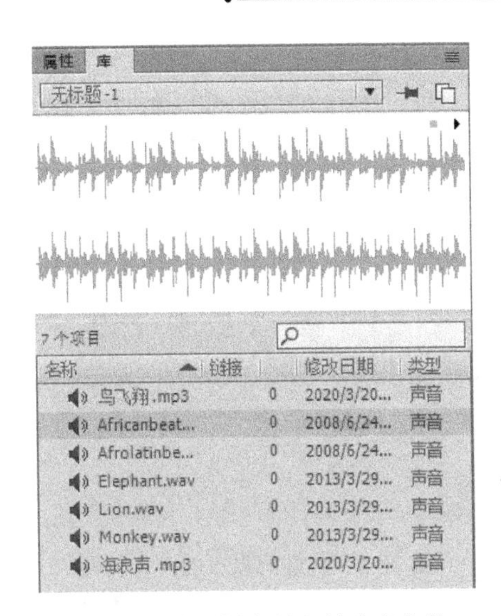

图 20-1　库面板中导入的声音文件

2）单击时间轴面板底部的插入图层按钮，为声音创建一个层。

3）选定新建的声音层后，将声音从库面板中拖到舞台中，声音就添加到当前层中。图 20-2 所示为在“声音”图层中添加声音的时间轴效果。

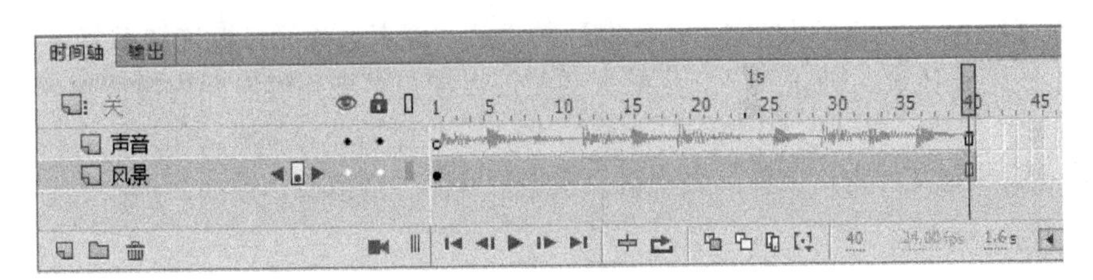

图 20-2　向文档添加声音

【提示】建议将每个声音放在一个独立的层上。每个层都作为一个独立的声道。播放 SWF 文件时，会混合所有层上的声音。

4）在时间轴上，选择包含声音文件的第一个帧，单击属性面板中右下角的箭头按钮，展开属性面板，如图 20-3 所示。从“声音”选项区中的“名称”下拉列表中选择声音文件，从效果下拉列表中选择声音效果。各效果选项的含义如下：

- 无：不对声音文件应用效果。
- 左声道/右声道：只在左声道或右声道中播放声音。
- 从左到右淡出/从右到左淡出：会将声音从一个声道切换到另一个声道。
- 淡入：在声音的持续时间内逐渐增加音量。
- 淡出：在声音的持续时间内逐渐减小音量。
- 自定义：允许使用编辑封套创建自定义的声音淡入和淡出点（下一节将具体介绍编辑封套对话框的编辑操作）。

5）在同步下拉列表中进行选择。各同步选项的含义如下：

- 事件：会将声音和一个事件的发生过程同步起来。事件声音在显示其起始关键帧时开始播放，并独立于时间轴完整播放。当播放发布的 SWF 文件时，事件声音混合在一起。

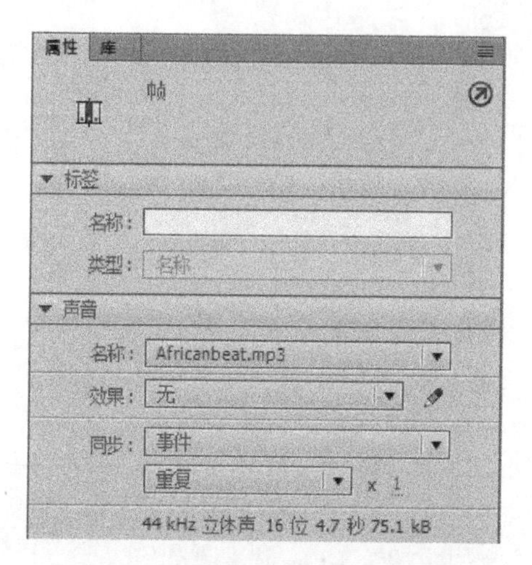

图 20-3　属性面板中的声音属性

- 开始：与事件选项的功能相近，但是如果声音已经在播放，则新声音实例不会播放。
- 停止：将使指定的声音静音。
- 数据流：将同步声音，以便在 Web 站点上播放。Animate CC 强制动画和音频流同步。如果 Animate CC 不能足够快地绘制动画的帧，就跳过帧。与事件声音不同，音频流随着 SWF 文件的停止而停止。

6）为重复输入一个值，以指定声音应循环的次数，或者选择循环以连续重复声音。

【提示】要连续播放，则输入一个足够大的数，以便在扩展持续时间内播放声音。例如，要在 15min 内循环播放一段 15s 的声音，应输入 60。不建议循环音频流。如果将音频流设为循环播放，帧就会添加到文件中，文件的大小就会根据声音循环播放的次数而倍增。

2．向按钮添加声音

可以将声音和一个按钮元件的不同状态关联起来。因为声音和元件存储在一起，它们可以用于元件的所有实例。向按钮添加声音的操作过程如下：

1）选择主菜单【插入】/【新建元件】命令，打开创建新元件对话框，新建按钮元件。

2）在按钮的时间轴上，添加一个声音层。例如，要添加一段在单击按钮时播放的声音，则在点击帧处创建一个关键帧。

3）从库面板中将声音文件拖至舞台上。则声音层的点击帧处出现声音波形，如图 20-4 所示。要将不同的声音和按钮的每个关键帧关联在一起，应创建一个空白的关键帧，然后给每个关键帧添加声音文件。

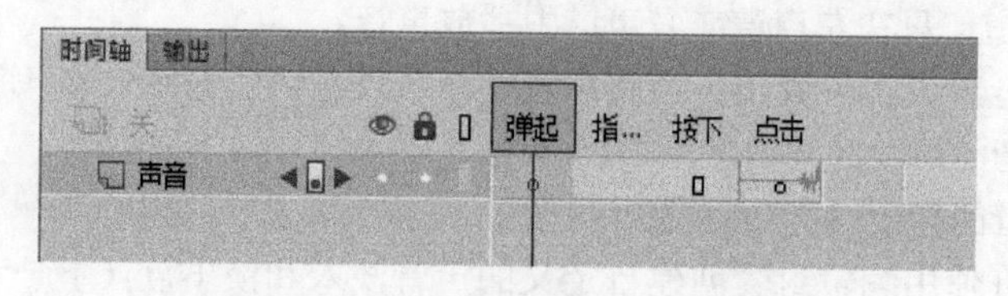

图 20-4　创建声音层并插入关键帧

3．使声音与动画同步

在 Animate CC 中与声音相关的最常见任务就是与动画同步播放和停止播放关键帧中的声音。下面通过实例介绍为一个动画配音的方法。

【实例 20.1】为动画配音。当画面中有小鸟飞入时，开始出现声音，当小鸟从画面中消失，声音即停止。

操作步骤如下：

1）创建一个新的 Animate CC 文档，并保存为 20-1 飞翔.fla。

2）应用前面章节的知识创建动画背景，背景在背景图层的第 1 帧中；然后设计制作小鸟飞入、飞出的动画效果，为了体现小鸟飞入的自然效果，在新图层的从第 20 帧处创建关键帧，应用引导层动画产生小鸟起起伏伏的飞行效果。动画的不同画面效果截图如图 20-5 所示。

图 20-5　动画的不同动画效果截图

3）在时间轴中创建一个新的声音 1 图层。提前下载海浪和小鸟飞翔的音频文件到本地计算机硬盘上。选择【文件】/【导入】/【导入到库】命令，将下载的音频文件导入到库。在第 1 帧处创建关键帧，然后将库面板中的海浪声.mp3 拖入场景中，作为背景海浪的配音。再新建声音 2 图层，在第 20 帧处插入关键帧，然后将库面板中的小鸟飞翔.mp3 拖入场景中，作为小鸟飞翔时的配音。此时，时间轴面板如图 20-6 所示。

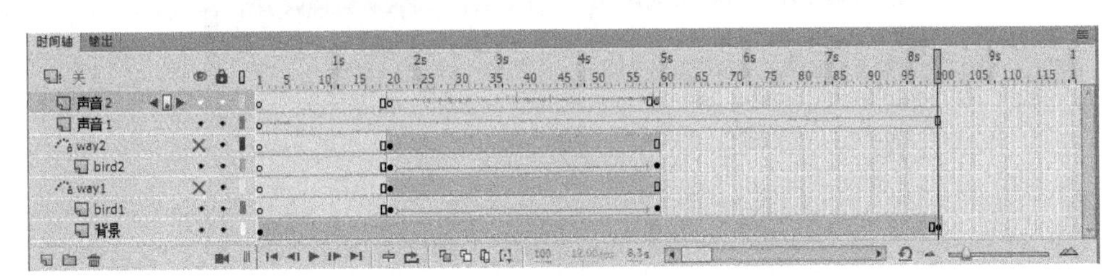

图 20-6　动画对应的时间轴

4）在声音 2 图层的第 60 帧处创建关键帧，然后打开属性面板，在声音选项区域的同步下拉列表中，选择停止选项（见图 20-7），使得小鸟飞出画面时，配音播放停止。

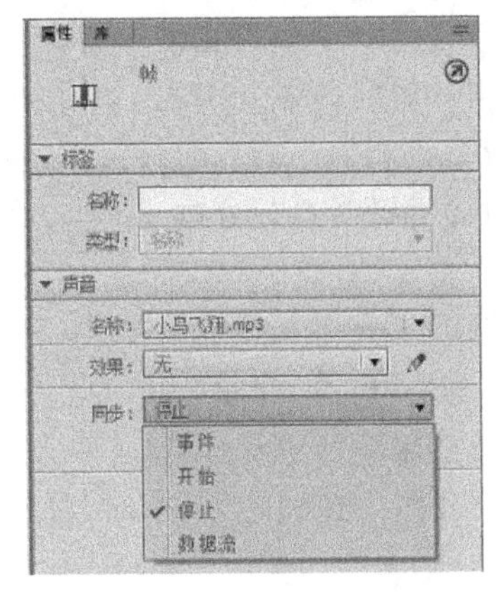

图 20-7　设置动画与声音同步

20.1.2　在 Animate CC 中编辑声音

向按钮添加声音可以使按钮具有更强的互动性，通过声音淡入/淡出还可以使影片效果更加生动逼真。向按钮或动画添加声音后，在时间轴上，选择包含声音文件的第一个帧。单击属性面板中的编辑声音封套按钮，即可打开编辑封套对话框，如图 20-8 所示。

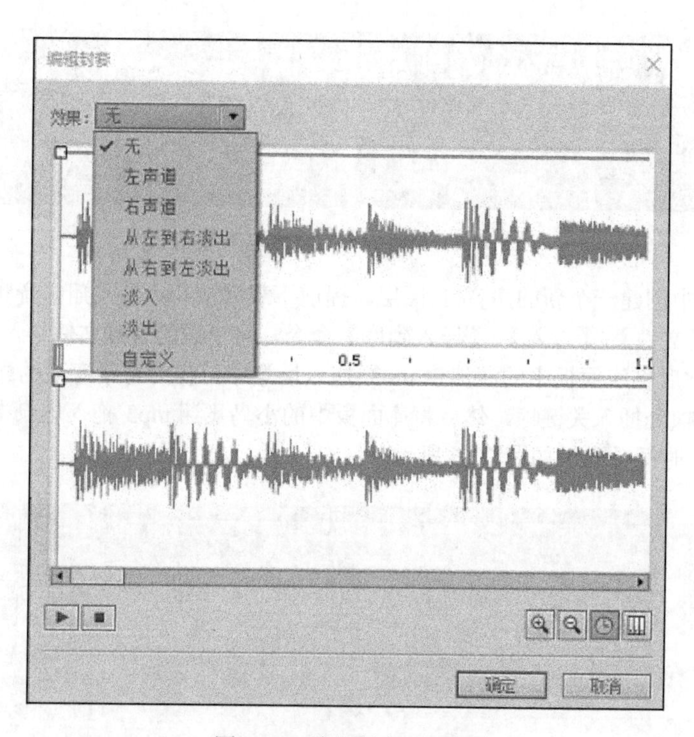

图 20-8　编辑封套对话框

在编辑封套对话框中可以进行以下一些设置：

- 效果：从效果下拉列表中选择修改音频播放效果。
- 起始点和终止点：改变声音的起始点和终止点。拖动对话框中的起点游标和终点游标控件，分别改变声音播放的开始时间和终止时间，如图 20-9 所示。
- 封套：拖动封套手柄来改变声音中不同点的级别。封套线显示声音播放时的音量。单击封套线可以创建其他封套手柄（总共可达 8 个）。要删除封套手柄，将其拖出窗口即可。
- 放大或缩小：单击对话框右下角的放大或缩小按钮，可以改变显示声音的多少，以控制显示更多的音频或者更精确地编辑和控制音频。此外，音频波形较长时，为了编辑音频，还可以使用对话框下方的滚动条来显示。
- 秒和帧：对话框右下角还有两个按钮，即秒和帧按钮，它们可以用来改变时间轴的单位。

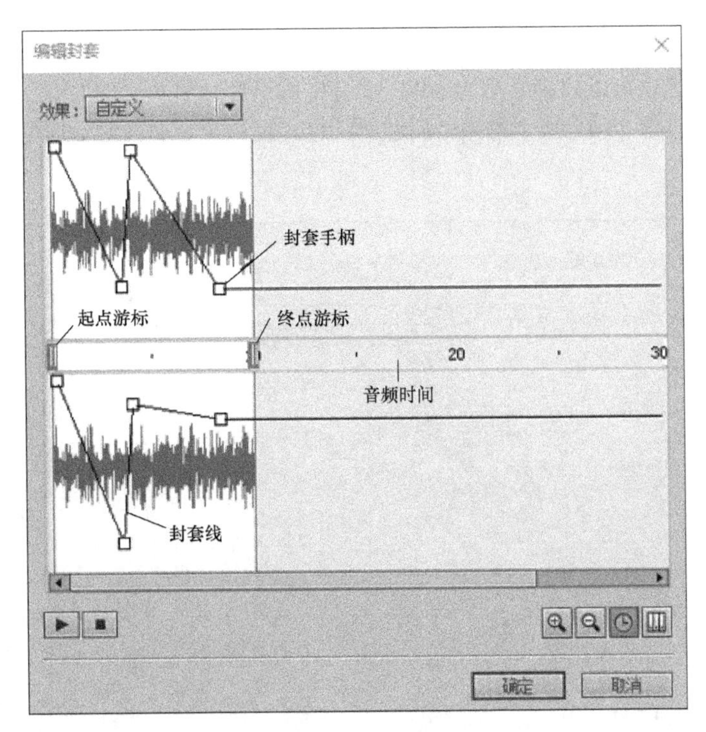

图 20-9 编辑音频

20.2 声音的优化与导出

一般来说，添加声音会大大增加动画文件的大小，但是，Animate CC 提供了最优化的压缩方式，可以保证动画文件尽可能地小。

20.2.1 声音的优化

导出动画时，采样频率和压缩比明显影响声音的质量和大小。因此，在准备导出 Animate CC 动画声音时，需要认真对待。对于基于 Web 的发布，最重要的是找到文件大小与声音质量之间的平衡，在设置导出参数时，既要保证声音效果的完好，又要考虑尽量节省占用站点空间。

声音的优化有两种方法。一种方法是用户可以通过发布设置对话框定义动画中所有声音的设置。这种方法只有在所有声音文件来源相同时效果比较好。另一种方法是，如果要求 Animate CC 动画文件较小，或者 Animate CC 项目里有不同来源的声音，或者使用了不同类型的声音组合，可以对库内的每个声音进行设置或通过声音属性对话框控制单个声音的导出质量和大小，以便对输出进行更好的控制。

20.2.2 压缩与导出声音

1. 压缩声音

压缩声音文件是为了尽量减小 Animate CC 声音动画文件的大小，以便 Animate CC 影片能够被迅速下载并播放。

通过选择压缩选项可以控制导出的 SWF 文件中的声音品质和文件大小。双击库面板中的声音图标，即可打开如图 20-10 所示的声音属性对话框。使用声音属性对话框可以为单个声音选择压缩选项。

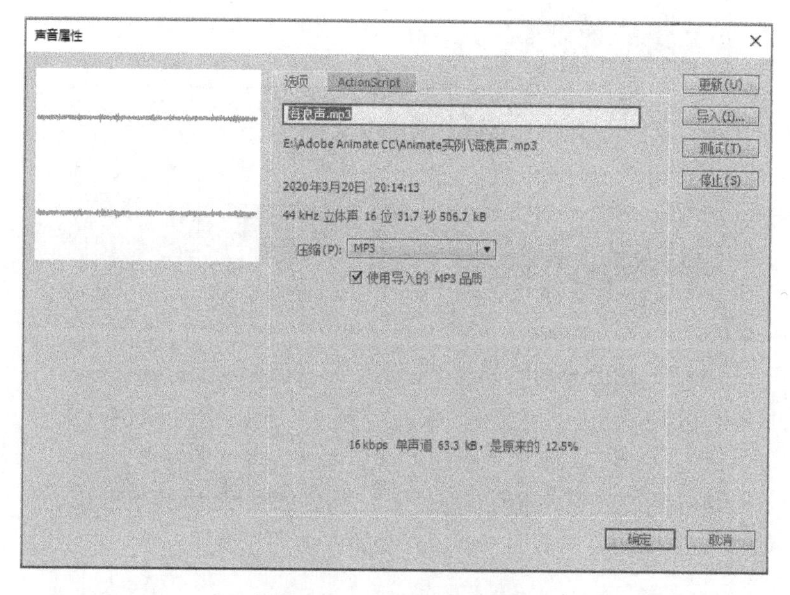

图 20-10　声音属性对话框

对于压缩方式，可以选择默认、ADPCM、MP3、RAW 或语音几种。可以针对不同格式选择压缩格式的不同选项：

- ADPCM 压缩选项：ADPCM 压缩选项用于设置 8 位或 16 位声音数据的压缩。导出较短的事件声音（如单击按钮）时，建议使用 ADPCM 压缩。
- MP3 压缩选项：通过 MP3 压缩选项可以用 MP3 压缩格式导出声音。当导出像乐曲这样较长的音频流时，建议使用 MP3 选项。如果要导出一个以 MP3 格式导入的文件，可以使用该文件导入时的相同设置。
- RAW 压缩选项：RAW 压缩选项在导出声音时不进行压缩。
- 语音压缩选项：语音压缩选项使用一个适合于语音的压缩方式导出声音。

以 MP3 压缩为例，若在声音属性对话框的压缩下拉列表中选择 MP3 选项，如图 20-11 所示。压缩参数的处理方法如下：

如果要导出一个以 MP3 格式导入的文件，导出时可以使用该文件导入时的相同设置。若取消选中使用导入的 MP3 品质复选框，则需设置比特率选项，以确定导出的声音文件中每秒播放的位数。Animate CC 支持 8 kbits 到 160 kbits CBR（恒定比特率）。当导出音乐时，需要将比特率设为 16 kbits 或更高，以获得最佳效果。对于预处理选项，选中将立体声转换为单声道复选框，将混合立体声转换为非立体声（单声不受此选项影响）。预处理选项只有在将比特率设为 20 kbits 或更高时才可用。

品质下拉列表中的选项可以确定压缩速度和声音品质：

- 快速：选项的压缩速度较快，但声音品质较低。
- 中：选项的压缩速度较慢，但声音品质较高。

- 最佳：选项的压缩速度最慢，但声音品质最高。

对设置好的压缩文件可以通过单击声音属性对话框中的测试按钮，对压缩效果进行测试，最后单击确定按钮完成声音文件的压缩操作。

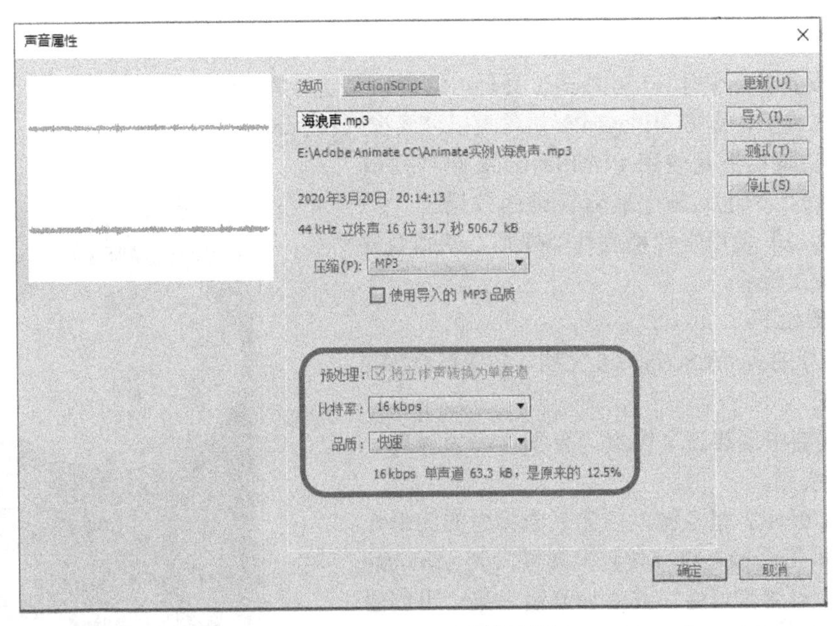

图 20-11 MP3 压缩设置

2. 导出声音

Animate CC 软件不但可以向动画中添加声音，还可以将动画中的声音以多种格式导出。对于声音压缩技术，除了采样比率和压缩外，还可以使用下面几种方法在文档中有效地使用声音并减小文件的大小：

- 设置切入/切出点，避免静音区域保存在 Animate CC 文件中，从而减小声音文件大小。
- 通过在不同的关键帧上应用不同的声音效果（如音量封套、循环播放和切入/切出点），从同一声音中获得更多的变化。只使用一个声音文件就可以得到多种声音效果。
- 循环播放短声音作为背景音乐。
- 不要将音频流设置为循环播放。
- 当在编辑器中预览动画时，使用流同步使动画和音轨保持同步。如果计算机的速度不够快，绘制动画帧的速度跟不上音轨，那么 Animate 就会跳过帧。

20.3 在 Animate CC 中使用视频

Animate CC 可以方便地使用视频来创建更丰富的多媒体体验形式。根据文档类型属于 ActionScript 3.0、AIR for Desktop、AIR for Android、AIR for iOS 或是 HTML5 Canvas 进行视频部署。需要注意的是，WebGL 文档不支持视频播放。Animate CC 播放的视频必须采用 H.264 标准进行编码。MP4 视频文件就是采用的这种编码格式，所以 MP4 视频可以在 Animate CC 中使用。

20.3.1 在 ActionScript 3.0 或 AIR 文档中使用视频

在 ActionScript 3.0 或 AIR 文档中使用视频有两种方式：使用 FLVPlayback 组件播放视频，或者将视频直接嵌入到 Animate CC 文档中。一般不建议将视频直接嵌入在文档中使用，一是因为嵌入的视频要求必须是 FLV 格式，另外，这样也会使得最后生成的文件比较大，不利于后期软件的运行与维护。而 FLVPlayback 组件可以分离视频和 Animate CC 文档。

下面的动画实例是使用 FLVPlayback 组件播放外部视频文件，产生动画中嵌套视频的效果。

【实例 20.2】使用组件播放外部视频。动画效果截图如图 20-12 所示。

操作步骤如下：

1）创建新的 ActionScript 3.0 文档，并保存为 20-2 导入 MP4.fla。

2）在文档中创建三个图层，分别命名为标题、时长和 MP4 视频。

3）按<Ctrl+F8>组合键，创建名为标题的图形元件，使用文本工具输入将 MP4 视频导入到 Animate CC 中，然后设置其属性，并添加滤镜效果。再创建名为时长的影片剪辑元件，在此创建一个简单动画，使文字 30s 进行缩放移动。

4）再按<Ctrl+F8>组合键，创建名为 MP4 的影片剪辑元件，选择【文件】/【导入】/【导入视频】命令，随即弹出导入视频对话框，如图 20-13 所示。

图 20-12 Animate 嵌套 MP4 视频的效果截图

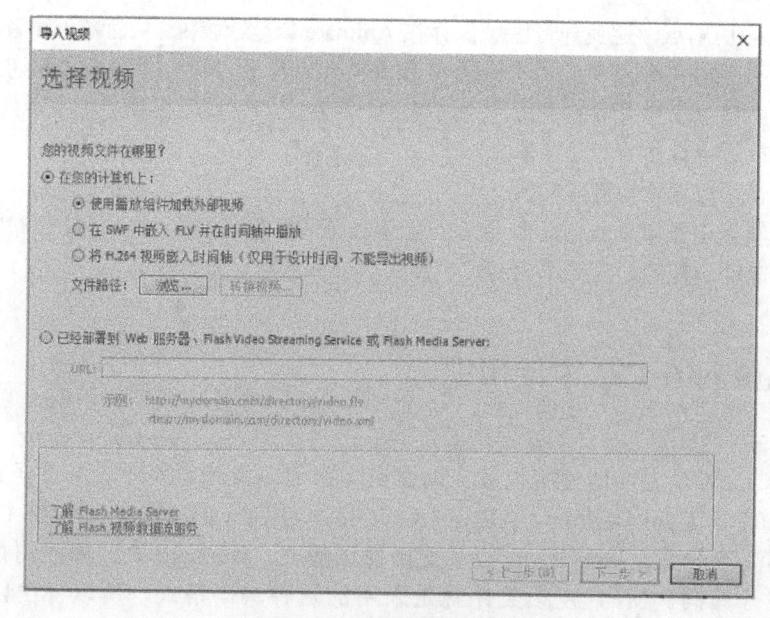

图 20-13 导入视频对话框

5）在“导入视频”对话框中有三个视频导入单选按钮：使用播放组件加载外部视频、在SWF中嵌入FLV并在时间轴中播放和将H.264视频嵌入时间轴（仅用于设计，不能导出视频）。选中使用播放组件加载外部视频单选按钮。

6）单击文件路径后的浏览按钮，在弹出的对话框中选择已经准备好的MP4文件，单击打开按钮，则文件位置被指定。然后单击“下一步”按钮。

7）在设定外观界面中，对插入的视频外观进行选择，如图20-14所示。然后，单击下一步按钮，再单击完成按钮，完成视频的导入。

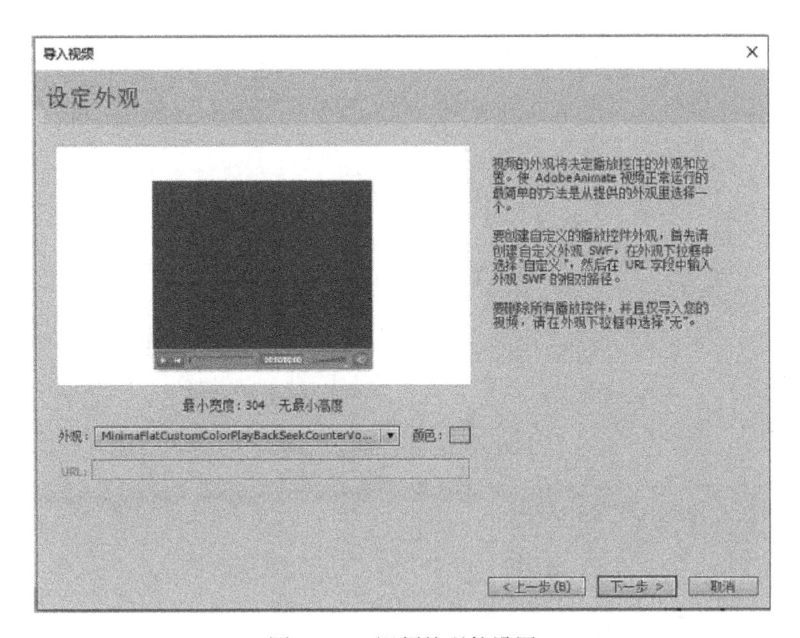

图20-14 视频外观的设置

8）回到场景1，将库面板中的三个元件分别对应移入时间轴每个图层关键帧的舞台上，此时时间轴上只有第1帧对象，如图20-15所示。按<Ctrl+Enter>组合键导出并观看动画效果。

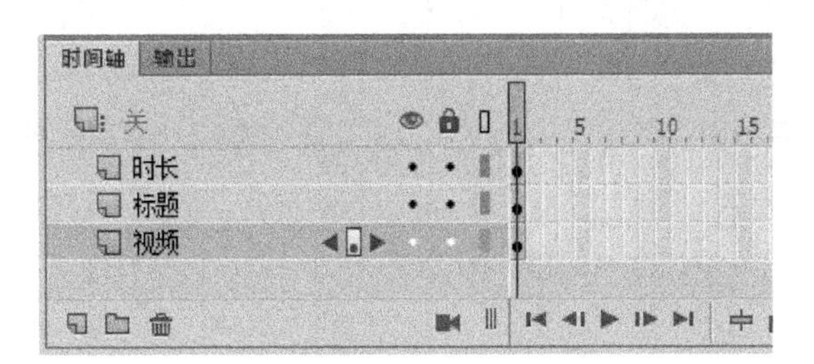

图20-15 时间轴面板

20.3.2 在HTML5 Canvas文档中使用视频

在HTML5 Canvas文档中使用视频，需要使用视频（Video）组件。Video组件与FLVPlayback组件的使用方法类似，区别在于Video组件不含导入向导，需要用户自己手动将Video组件从组件面板添加到舞台。选择主菜单【窗口】/【组件】命令，打开组件面板，如

图 20-16a 所示。将视频文件夹下 Video 组件拖动到舞台上相应图层的对应帧中。在属性面板单击显示参数按钮（见图 20-16b），打开组件参数对话框，如图 20-17 所示。选中源旁边的铅笔图标，打开内容路径对话框，如图 20-18 所示。将要添加的视频正确路径添加到文本框中，单击确定按钮，视频就被添加到文档中了。可以通过组件参数对话框，设置相应的播放属性。

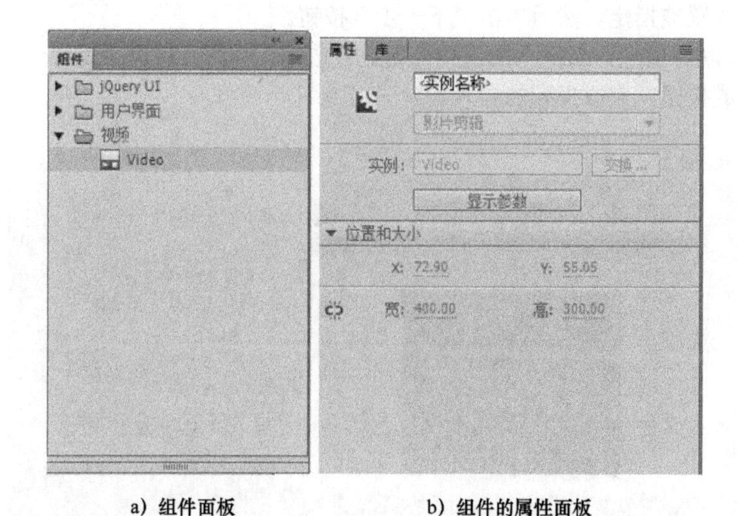

a）组件面板　　b）组件的属性面板

图 20-16　组件及其属性面板

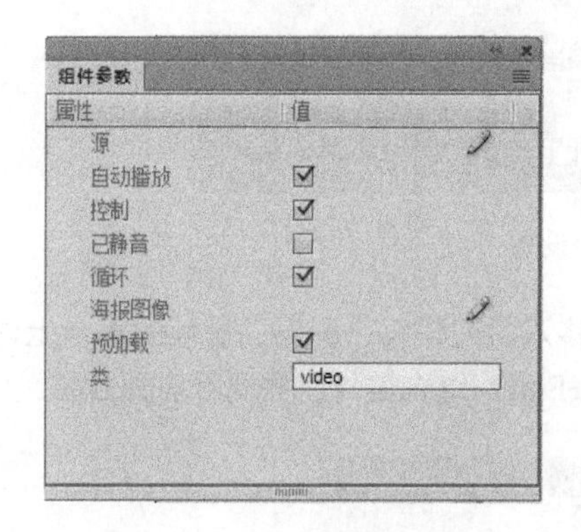

图 20-17　组件参数对话框

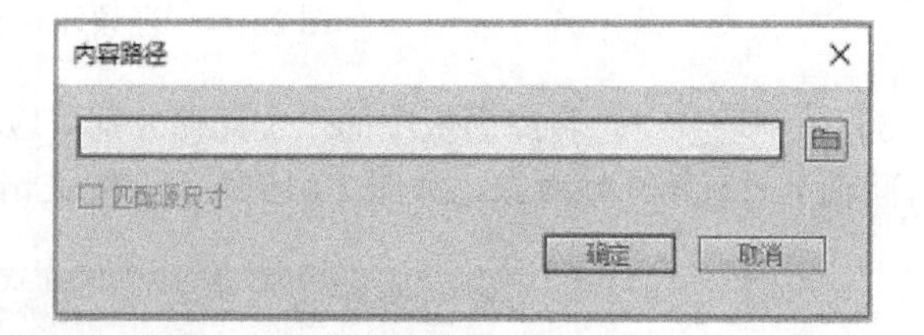

图 20-18　内容路径对话框

20.4　边学边做（动画背景配音）

【实例 20.3】为动画配背景音乐。在一段动画作品中融合一段背景音乐效果，动画开始时，背景音乐渐强进入动画，持续一段时间后，音乐渐弱消失，在此过程中，动画循环播放，音乐时间持续 25s。动画效果截图如图 20-19 所示。

操作步骤如下：

1）创建新的 AnimateScript 3.0 文档，并保存为 20-3 配音.fla。设置舞台大小为 600×400 像素。

2）将一幅图片导入到舞台，作为背景（可以将图片进行缩放，尺寸与舞台大小相同）。

图 20-19 动画效果截图

3）打开库面板，单击底部的按钮，创建一个名为标题的影片剪辑。使用文字工具，在舞台上创建飞扬的青春字样，在属性面板中设置其属性。然后，按<Ctrl+B>组合键，将文本分离成单个文字，如图 20-20 所示。

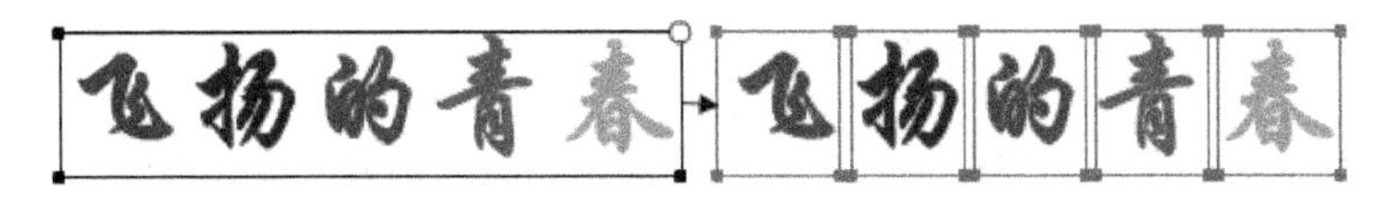

图 20-20 文本分离

4）选中飞字，右击，选择转换到元件命令，形成名为飞的图形元件，再将其他几个字都单独转换为对应文字名称的图形元件。选中文字，选择【修改】/【时间轴】/【分散到图层】命令。此时的舞台文字、库面板和时间轴都发生了变化，如图 20-21 所示。

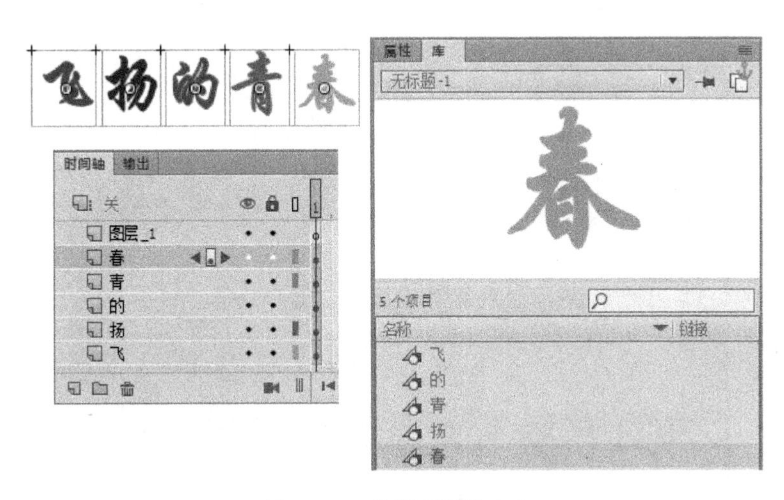

图 20-21 分散到图层命令

5）将文字分散到各个图层的目的是为了单独创建动画，实现文字的旋转、移出舞台等效果，制作方法可以参考上一章知识，这里就不再赘述。本例设计了一个 90 帧的动画效果，可参见源文件。

6）下面制作图片动画。按<Ctrl+F8>组合键，创建一个名为图动画的影片剪辑。在此，设计制作五个图片框先后显示到舞台中，然后依次在图片框中出现一幅图片的动画效果。创作过程中及完成时注意查看时间轴，可参考图 20-22 所示的时间轴标记。注意，这里的小图片是已经准备好的尺寸一致（如 100×100 像素）的一组图，可以先将其导入库中。

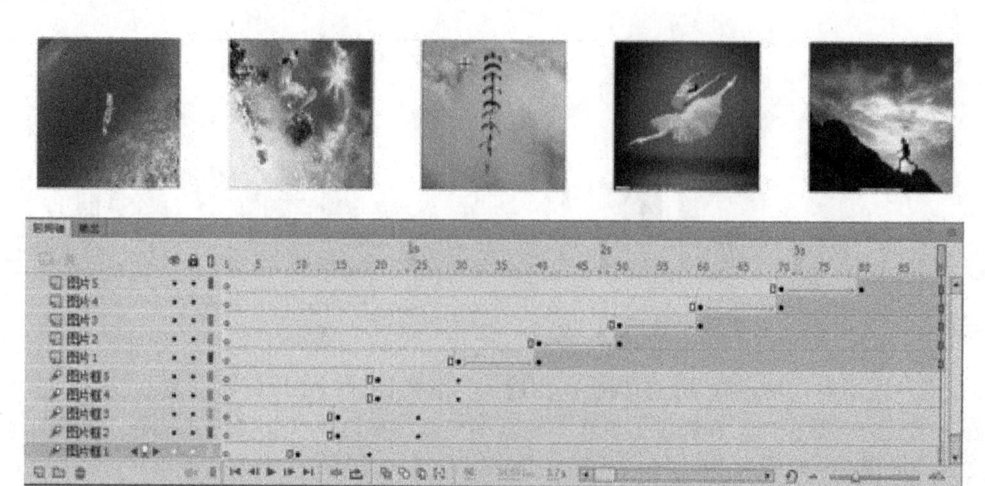

图 20-22　设计图片动画

7）将需要作为背景音乐的文件导入库中。选择场景 1，新建一个声音图层，将声音文件从库拖至舞台，则时间轴的关键帧上显示出声音的波形标识。

8）选中该帧，并打开属性面板，可以查看声音的属性，单击声音效果中的编辑声音封套按钮，弹出“编辑封套”对话框。在该对话框中，根据声音效果，选择声音淡入/淡出的位置，如图 20-23 所示。

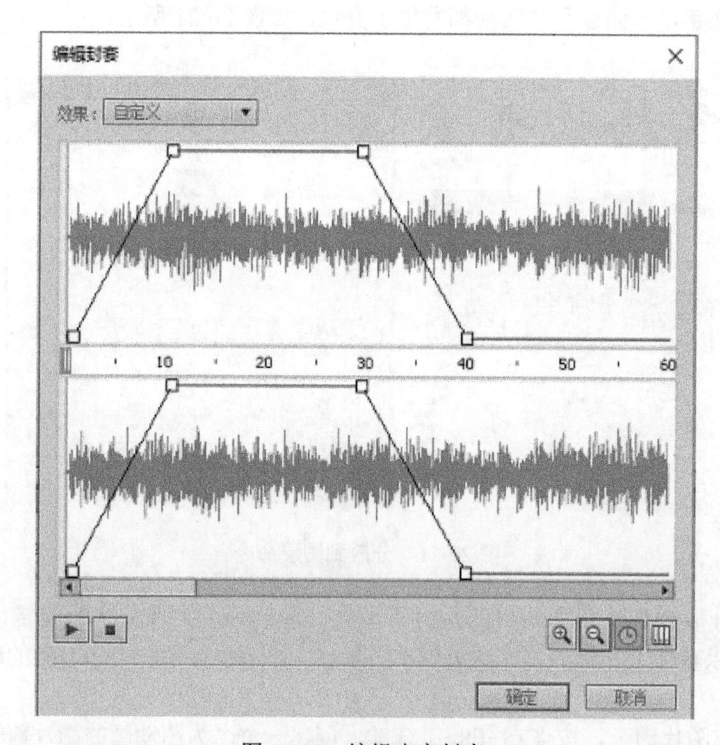

图 20-23　编辑声音封套

9）按<Ctrl+Enter>组合键，导出动画，查看动画配音效果。

本章小结

本章主要介绍了用 Adobe Animate CC 2018 创作带有声音的影片的方法，以及在 Animate CC 中使用视频的方法。读者可以从中逐步了解有关如何导入声音文件、如何向按钮或动画中插入声音、如何编辑声音效果、如何压缩和输出带有声音的动画文件等。

一个好的 Animate CC 动画，不但要有精彩的画面、强大的交互功能，而且可以通过使用声音和视频等媒体来增加 Animate CC 动画的感染力，使得动画真正具备多媒体的功能。

思考与练习

1．如何导入声音文件？

2．如何压缩声音文件？如何为按钮添加声音效果？

3．简述流式声音与事件声音的区别。

4．如何将视频导入到 Animate CC 中，并控制视频的播放？

5．设计制作按钮配音动画，图 20-24 所示为导航按钮效果，当单击按钮时随之发出叮的声音。

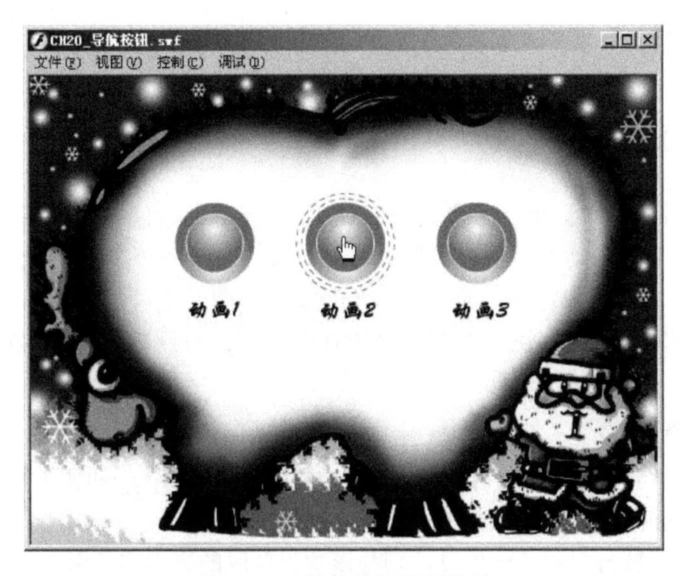

图 20-24　导航按钮画面效果

第 21 章　创建高级交互动画

如果希望向动画添加复杂的交互功能，或者能够对动画进行播放控制，以及在动画中有数据显示等，很显然，仅有前面学过的知识还不足以实现这些需求，Animate CC 中的 ActionScript 和 JavaScript 脚本语言是创建高级交互动画的强大工具。其中，ActionScript 可以为 ActionScript 3.0、AIR for Desktop、AIR fori OS 或 AIR for Android 文档添加交互；而 JavaScript 能为 HTML5 Canvas 或 WebGL 文档添加交互。

本章将带读者了解如何处理事件，如何使用 Action Script 脚本语言为动画添加交互性动作，以及常用动作命令的应用方法等知识。

本章要点：

- 应用“动作”
- 认识 ActionScript 脚本语言
- 常用动作命令的应用

21.1　应用动作

21.1.1　动作面板

选择【窗口】/【动作】命令（或按<F9>键），也可以在时间轴上选择一个关键帧，然后在属性面板的右上角单击动作面板按钮，或者右击任意一个关键帧，选择动作命令，会显示出动作面板窗口，如图 21-1 所示。动作面板窗口（即动作脚本编辑器）环境由两部分组成。左侧部分是脚本导航器，用于查找代码所在的位置；右侧部分是脚本窗格，是输入代码的区域。

1．脚本导航器

脚本导航器可显示包含脚本的 Animate CC 元素（影片剪辑、帧和按钮）的分层列表。使用脚本导航器可在 Animate CC 文档中的各个脚本之间快速切换。

如果单击脚本导航器中的某一项目，则与该项目关联的脚本将显示在脚本窗格中，并且播放头将移到时间轴上的相应位置。

2．脚本窗格

在脚本窗格中输入代码。脚本窗格为在 ActionScript 编辑器中创建脚本提供了必要的工具，该编辑器中包括代码的语法格式设置和检查、代码提示、代码着色、调试以及其他一些简化脚本创建的功能。

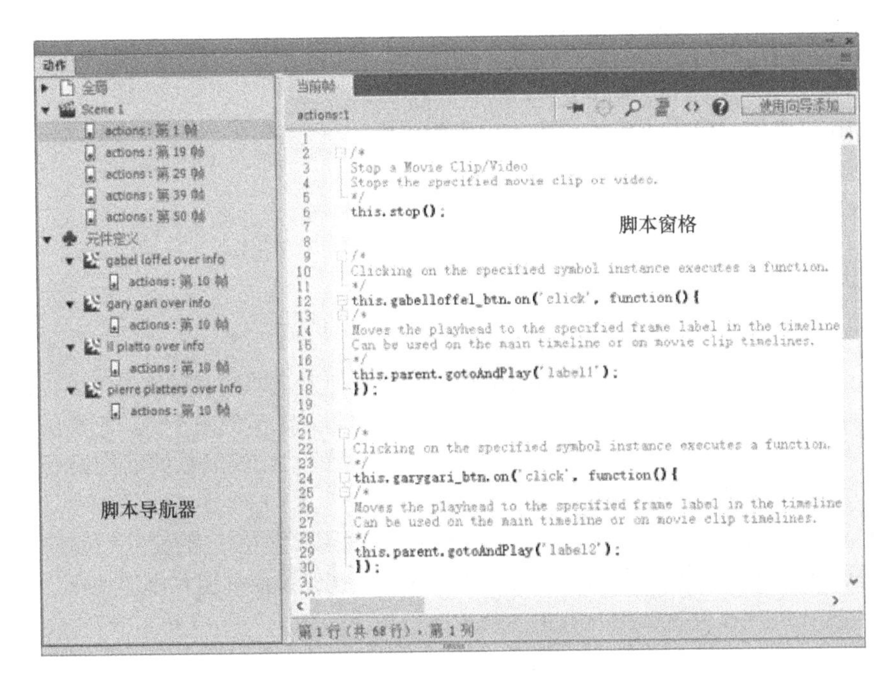

图 21-1 动作面板窗口

3．脚本窗格工具栏

该工具栏包含指向代码帮助功能的链接，有助于简化编码工作。此外，还包括固定脚本、插入实例路径和名称、查找、设置代码格式、代码片断、使用向导添加等按钮，如图 21-2 所示。其中，使用向导添加按钮的功能仅可用于 HTML5 Canvas 文档类型。

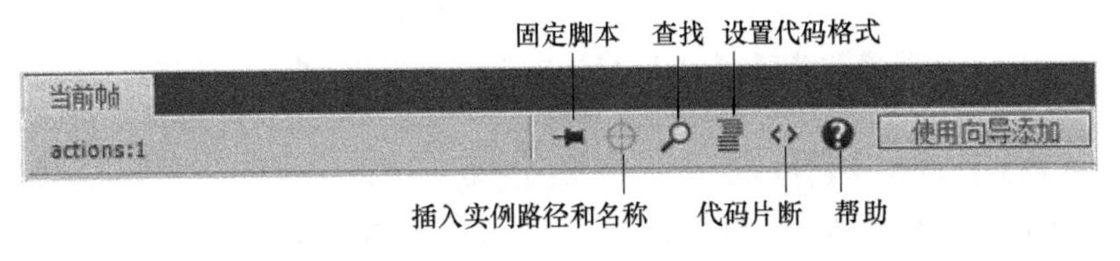

图 21-2 脚本窗格工具栏

21.1.2 代码片断面板

在脚本窗格工具栏中单击代码片断按钮，或者选择【窗口】/【代码片断】命令，可以打开代码片断面板，如图 21-3 所示。该面板内包含三个文件夹，分别对应 ActionScript、HTML5 Canvas 和 WebGL 三种不同类型交互所使用的常用动作集合。用户可以选取需要的代码片断，将其添加到合适的位置。

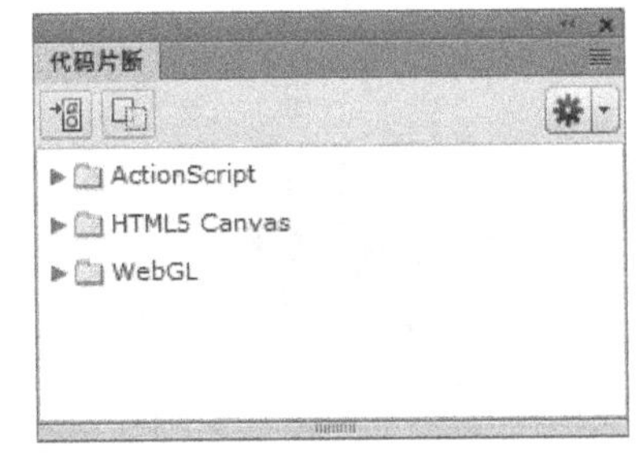

图 21-3 代码片断面板

代码片断面板使得非编程人员能够很快就会使用简单的 JavaScript 和 ActionScript 3.0。借助该面板，可以将代码添加到 FLA 文件以启用常用功能。利用代码片断面板，可以完成以下操作：

1）添加能影响对象在舞台上行为的代码。
2）添加能在时间轴中控制播放头移动的代码。
3）添加允许触摸屏用户交互的代码（仅限 CS5.5）。
4）将创建的新代码片断添加到面板。

21.2　ActionScript 常用动作的应用

在 Animate CC 中，ActionScript 代码只能加在两个地方，即帧和对象实例上。如果是加在帧上，则当动画播放到该帧时会自动执行该帧中的指令；而对象实例则不然，它里面的指令执行与否与所设置的事件无关。下面就通过具体介绍几个常用的又比较简单的动作指令，使读者对 Animate CC 中的动作应用有更清楚的了解。

通过动作面板中的基本动作，可以实现在影片中控制浏览和用户的交互，如播放和停止、转到帧或场景、停止声音、跳转到 URL 等。可以为帧、按钮或影片剪辑添加动作，生成交互性动画。

21.2.1　播放和停止

在 Animate CC 动画设计中，play 和 stop 是最常用的两个基础命令。play 命令可以播放动画或影片剪辑，当执行该命令时，动画播放当前时间轴上每个帧的内容。stop 命令用于停止正在播放的动画或影片剪辑。play 和 stop 命令经常与按钮联合使用，用户可以通过按钮控制动画的播放，或将 stop 命令放在帧上来停止一个动画序列。

如果没有特别说明，在影片开始播放后，将按照时间轴上的每一帧从头播放到尾。可以通过使用 play()和 stop()全局函数或者等效的 MovieClip 方法来控制主时间轴，从而控制停止或开始播放 SWF 文件。

下面通过实例介绍利用按钮控制动画中汽车的运动与停止两种状态。

【实例 21.1】制作使用按钮控制汽车运动的交互动画。如图 21-4 所示，一辆汽车自左向右行驶的场景，用户通过单击播放和停止两个按钮，控制画面中汽车的行驶状态。制作过程中需要注意的是，车轮的自转和整车的位移是分别独立创建的动画，在动画控制中需要全面考虑。

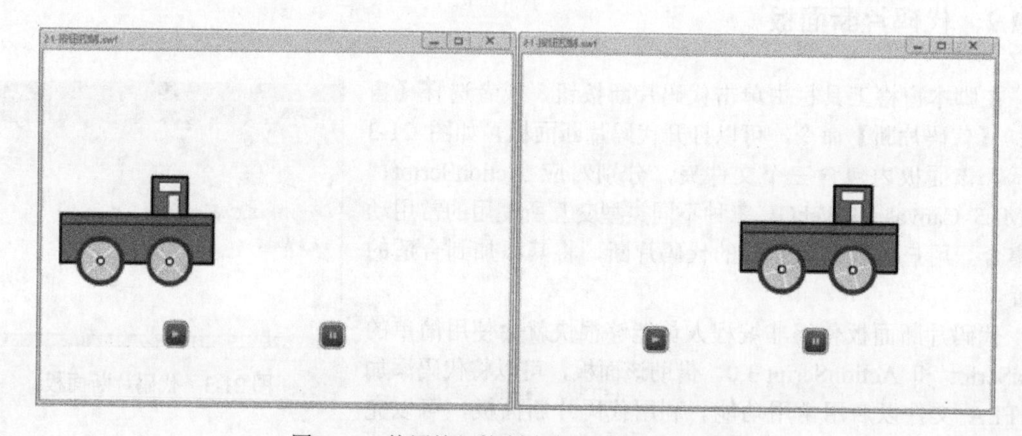

图 21-4　使用按钮控制汽车运动的交互动画

操作步骤如下：

1）新建一个 ActionScript 3.0 类型的 Animate CC 文档，保存为 21-1 按钮控制.fla。

2）按<Ctrl+F8>组合键，创建一个名为 wheel 的图形元件，并绘制一个车轮图形。再创建一个名为 body 的图形元件，并绘制一个车身图形。

3）创建一个名为 moving_wheel 的影片剪辑，将库面板中的 wheel 元件拖入舞台，并创建一个 10 帧补间动画，属性设置为 3 次顺时针旋转。至此，完成了车轮的自转动画。

4）创建一个名为 car 的影片剪辑，将库面板中的 body 元件拖入车身图层，将 moving_wheel 元件分别拖入前轮和后轮两个图层的舞台上，组装成一个完整的汽车，并将汽车移至舞台左侧。在舞台上，选中前轮，在属性面板中将实例命名为 wheel1；选中后轮，将实例命名为 wheel2。注意，此处的实例名称会应用在后面的脚本代码中。

5）选中三个图层，右击第 1 帧处，创建补间动画，并在下一个关键帧处将车移至舞台右侧，如图 21-5 所示。

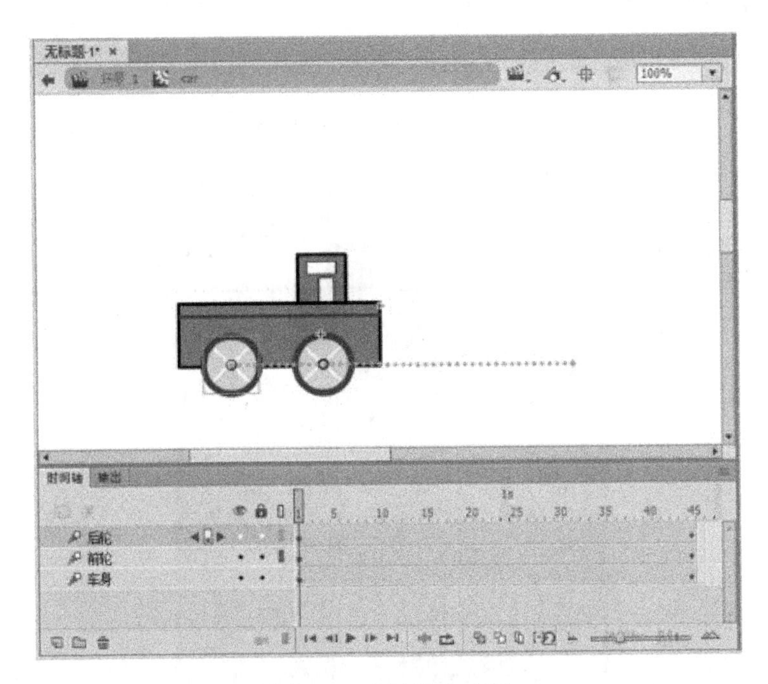

图 21-5 创建汽车动画

6）回到场景 1，命名汽车图层，将库中的 car 元件拖入舞台左侧，在属性面板中命名实例为 car。

7）创建播放按钮图层和停止按钮图层，选择主菜单【窗口】/【组件】命令，打开组件面板，选择 Video 文件夹中的 PlayButton 和 PauseButton 按钮，分别将其拖入对应图层的舞台中。

8）单击 PlayButton 按钮实例，在属性面板中修改实例名称为 button_1；同样将 PauseButton 按钮实例改名为 button_2。此时的舞台、时间轴面板如图 21-6 所示，库面板如图 21-7 所示。

9）按<F9>键，打开动作面板窗口，单击脚本导航器中的场景 1，在新图层 actions 的第 1 帧处添加脚本，在脚本窗格中输入代码段，如图 21-8 所示。

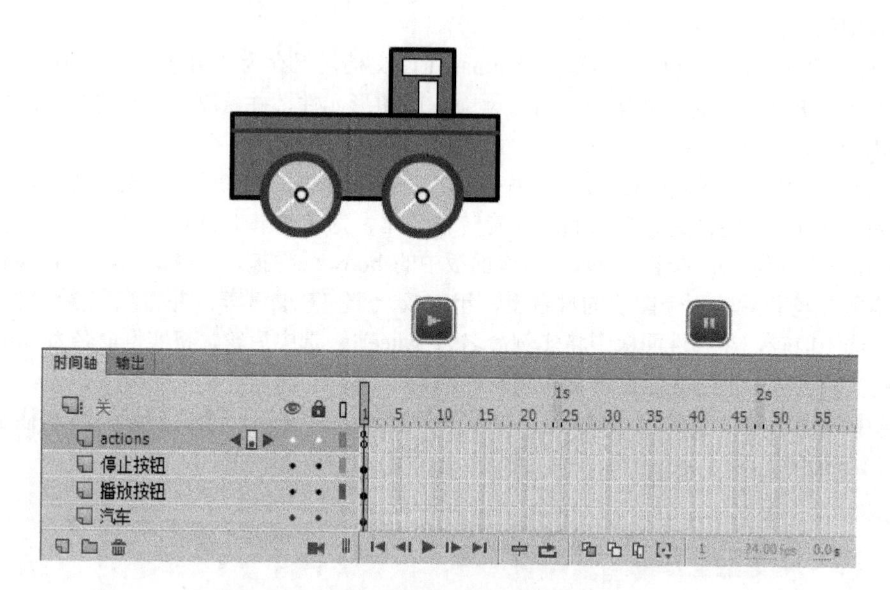

图 21-6　舞台、时间轴面板

图 21-7　库面板

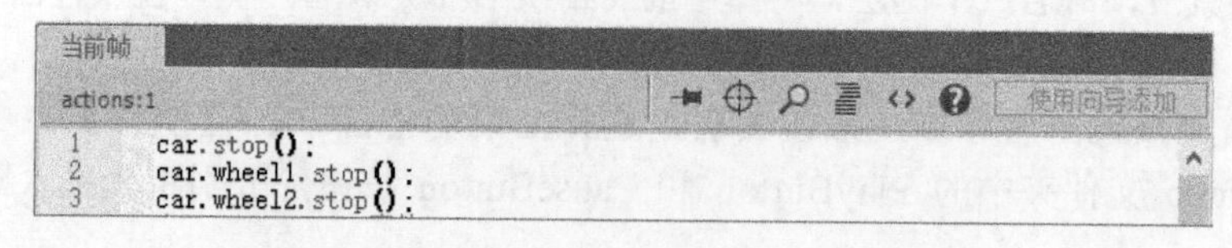

图 21-8　在新图层 actions 的第 1 帧处添加脚本

【提示】添加该代码段是为了让动画开始时不要自动播放。添加动作的方法有多种，可以在脚本窗格中直接输入动作语句，也可以通过代码片断面板中的工具箱查找函数、属性、语句等项目，并通过双击选项来添加动作。

10）在舞台上，选中播放按钮实例，打开代码片断面板，选择并双击事件处理函数文件夹中的 Mouse Click 事件文件，脚本窗格中会自动添加代码片断，如图 21-9 所示。

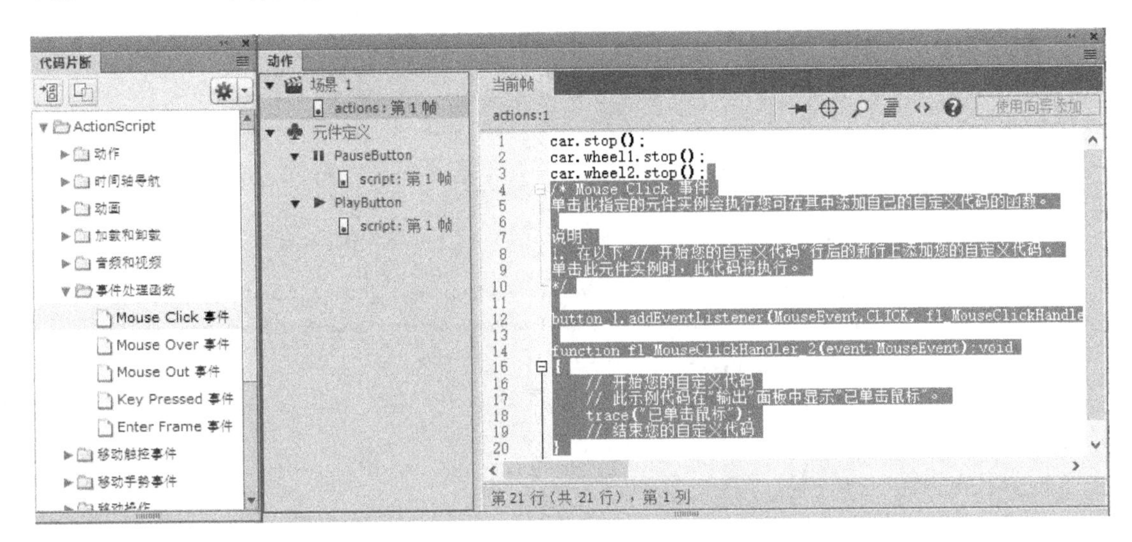

图 21-9　自动添加代码片断

11）在提示开始您的自定义代码处添加代码段，如图 21-10 所示，为播放按钮添加代码。

```
13  button_1.addEventListener(MouseEvent.CLICK, fl_MouseClickHandler_2);
14
15  function fl_MouseClickHandler_2(event:MouseEvent):void
16  {
17      car.play();
18      car.wheel1.play();
19      car.wheel2.play();
20  }
```

图 21-10　自定义代码

12）按照步骤 10）～11）为停止按钮添加代码，代码内容如图 21-8 所示。

13）至此，动画创作完成，保存文档，并测试动画运行效果。

21.2.2　转到帧或场景

在 Animate CC 动画的影片剪辑中，当需要跳转到其他地方时，可以使用 goto 命令，该命令将当前帧变成在 goto 设置里的目标帧。在脚本窗格的工具栏中单击代码片断按钮，打开代码片断面板。对于 ActionScript 3.0 和 AIR 类型文档，打开 ActionScript 文件夹下的时间轴导航文件夹；对于 HTML5 Canvas 类型文档，打开 HTML5 Canvas 文件夹下的时间轴导航文件夹；对于 WebGL 类型文档，打开 WebGL 文件夹下的时间轴导航文件夹。从文件夹里选择需要的命令双击，或右击，在弹出的快捷菜单中选择添加到帧命令，即可以将该命令添加到右侧的脚本窗格中的代码行上，如图 21-11 所示。

1. gotoAndPlay 函数

```
gotoAndPlay([scene:String], frame:Object) : void
```

该函数的功能是将播放头转到场景中指定的帧，并从该帧开始播放。如果未指定场景，则播放头将转到当前场景中的指定帧。只能在根时间轴上使用 scene（场景）参数，不能在影片剪辑或文档中的其他对象的时间轴内使用该参数。

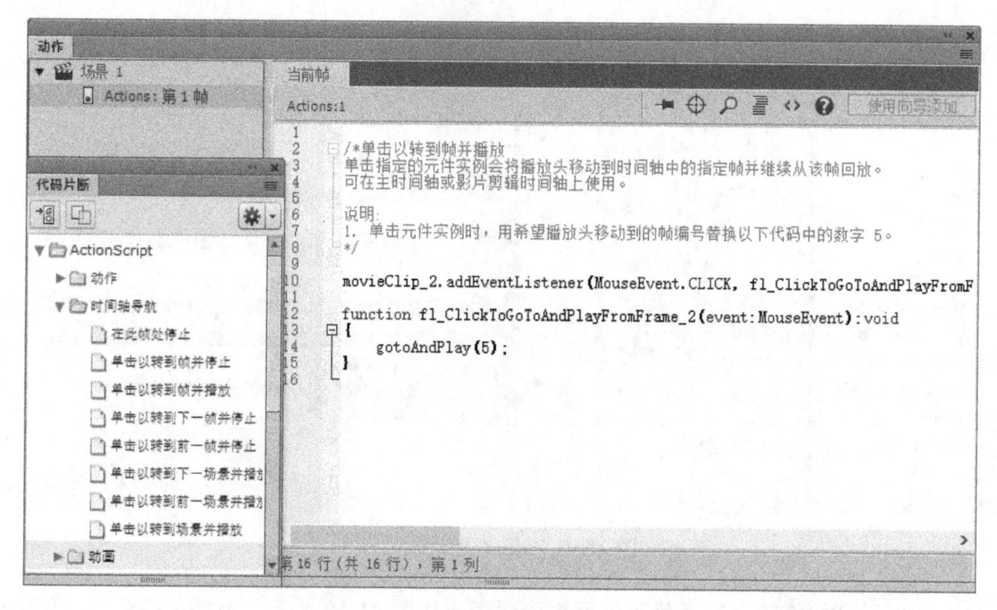

图 21-11　双击添加 gotoAndPlay 函数

2．gotoAndStop 函数

```
gotoAndStop([scene:String], frame:Object) : Void
```

该函数的功能是将播放头转到场景中指定的帧，并停止播放。参数的使用方法与 gotoAndPlay 函数的相同。使用该函数可以切换显示动画的不同区域，在第 21.3 小节边学边做中，就是利用该函数达到菜单按钮切换显示动画不同区域的动画效果。

【提示】要控制的影片剪辑必须有一个实例名称，在属性面板中定义实例的名称。

21.2.3　停止所有声音和跳转到 URL

1．停止所有声音

要停止音轨并且不打断主影片时间轴，可以使用 SoundMixer.stopAll()函数，该函数将关闭当前场景的所有声音。在声音的时间轴前进时，音频流将继续播放，而附带的声音不再被播放出来。

2．跳转到 URL

要在浏览器中打开网页，或将数据传递到所定义 URL 处的另一个应用程序，可以使用 navigateToURL ()全局函数。例如，可以有一个链接到新 Web 站点的按钮，还可以指定目标窗口，就像用 HTML 锚记（<a></a>）标签确定目标窗口一样。

例如，下面代码的功能是在用户单击名为 button_1 的按钮实例时在空浏览器窗口中打开 Adobe 主页。

```
button_1.addEventListener(MouseEvent.CLICK, fl_ClickToGoToWebPage_4);
```

```
function fl_ClickToGoToWebPage_4(event:MouseEvent):void
{
    navigateToURL(new URLRequest("http://www.adobe.com"), "_blank");
}
```

在函数 navigateToURL ()中，第 2 项参数是可选参数，用于指定文档应加载到其中的窗口或 HTML 框架。可输入特定窗口的名称，或从下面的保留目标名称中选择：

- **_self**：指定当前窗口中的当前框架。
- **_blank**：指定一个新窗口。
- **_parent**：指定当前框架的父级。
- **_top**：指定当前窗口中的顶级框架。

21.3 边学边做（制作问候语动画）

本节介绍的问候语动画是一个典型的脚本设计动画实例，通过使用脚本助手模式向时间轴添加帧脚本。

【实例 21.2】制作问候语交互动画。

在如图 21-12 所示的动画帧中，左上角的问候语文本框将会随着画面右下角文本区不同的四个时间段的菜单显示出相应的文字内容。例如，单击上午，则在上方显示上午好；单击下午，则显示下午好的字样等。

动画的设计实现从顺序上可以分为：创建基本动画元件、搭建场景以及添加动作脚本三个部分。

图 21-12 问候语交互动画

1．创建基本动画元件

1）按<Ctrl+N>组合键，创建新的 ActionScript 3.0 类型的 Animate CC 文档，设置背景色（#758B71）和舞台大小（550×300 像素）。

2）按<Ctrl+F8>组合键，弹出创建新元件对话框，设置名称为 hello 的影片剪辑元件，如图 21-13 所示。

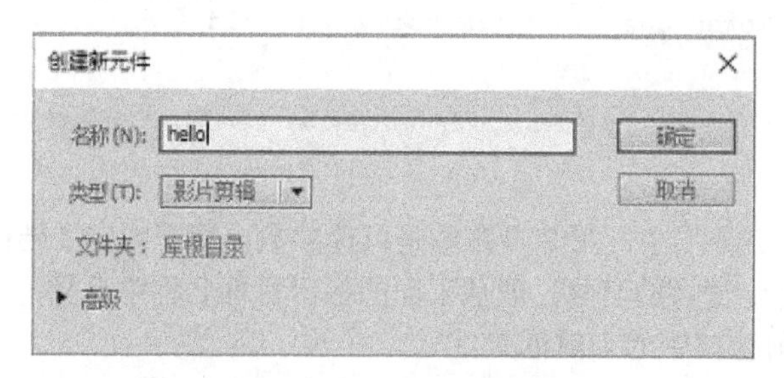

图 21-13 创建新元件对话框

3）在影片剪辑编辑窗口中绘制圆角矩形文本框图形，在第 7、15 帧创建关键帧，并改变关键帧中的图形，使之发生变形效果，如图 21-14 所示。

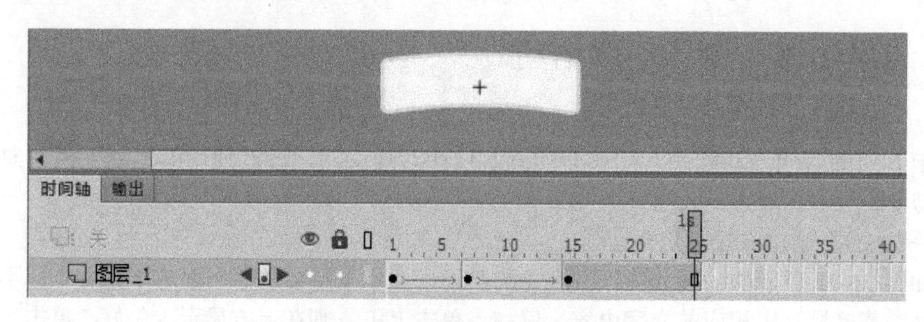

图 21-14 绘制影片剪辑动画

4）按<Ctrl+F8>组合键，在弹出的“创建新元件”对话框中，设置名称为上午的按钮元件。在按钮元件的编辑窗口中绘制按钮状态，如图 21-15 所示。

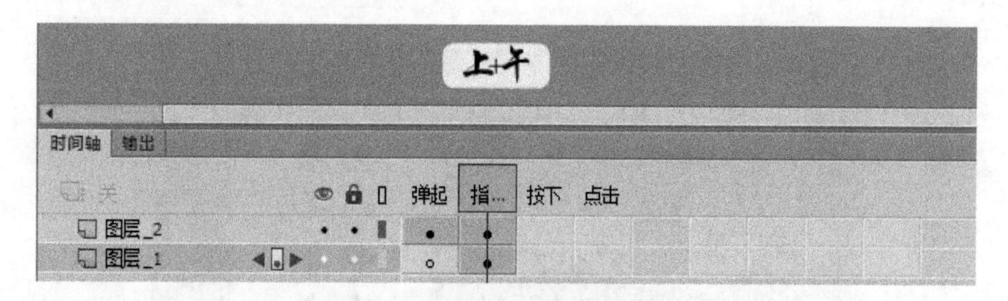

图 21-15 绘制上午按钮元件

5）按照步骤 4），再分别创建中午、下午、晚上按钮元件。

6）按<Ctrl+F8>组合键，在弹出的创建新元件对话框中设置名为 bulletin 的影片剪辑元件。在牌子层和牵线图层中绘制公告牌图形，并设置摆动的动画效果。

7）将前面创建的四个按钮元件插入到菜单层的关键帧中，单击上午实例文字，并在属性面板中指定按钮实例的名称为 b1，如图 21-16 所示。

8）分别指定其他三个按钮实例的名称为 b2、b3 和 b4。

9）在脚本层中的第 20 帧处创建关键帧，并在动作面板的脚本窗格中输入 stop(); 代码。此时，bulletin 的时间轴及效果如图 21-17 所示。

图 21-16　指定按钮实例名称

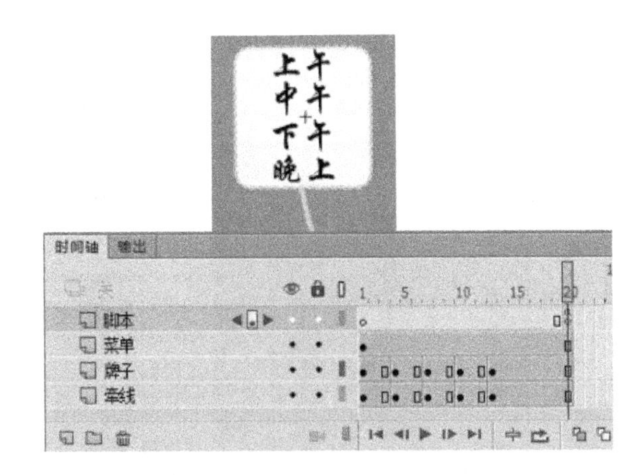

图 21-17　创建 bulletin 影片剪辑

2．搭建场景

1）单击场景 1，回到主场景的舞台，将图层 1 重命名为背景层，绘制阳光图案，以衬托动画画面。

2）新建文本框图层，按<Ctrl+L>组合键，在库面板中选择 hello 元件，将其拖至舞台左上角位置。

3）新建菜单图层，在库面板中选择 bulletin 元件，将其拖至舞台的右下角位置，并在属性面板中指定该影片剪辑的名称为 b0。

4）新建问候图层，并在第 1、10、15、20、25 帧处创建关键帧，依次在关键帧画面中插入问候语、上午好、中午好、下午好和晚上好五个文字短语。图 21-18 所示为当前“时间轴”面板状态和舞台场景布局效果。

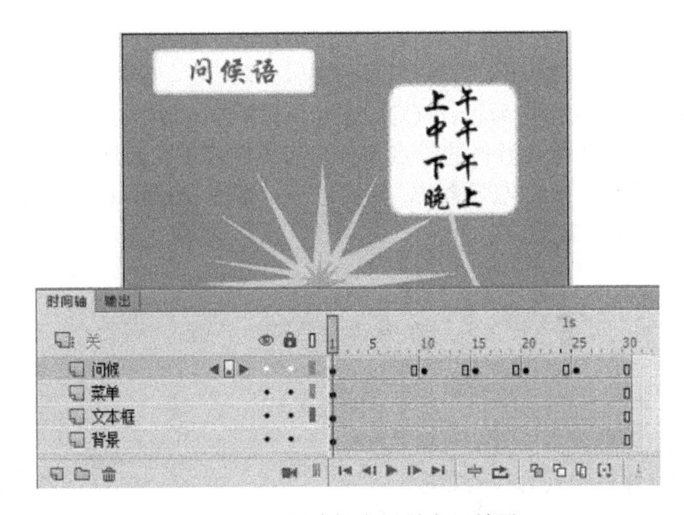

图 21-18　创建舞台场景布局效果

3．添加动作脚本

1）新建标签图层，在第 10、15、20、25 帧处创建关键帧，并在属性面板中将各关键帧命名为 morning、noon、afternoon 和 night。

2）新建 Actions 图层，选择第 1 帧，按<F9>键打开动作面板窗口。在脚本窗格中输入图 21-19 所示的代码。

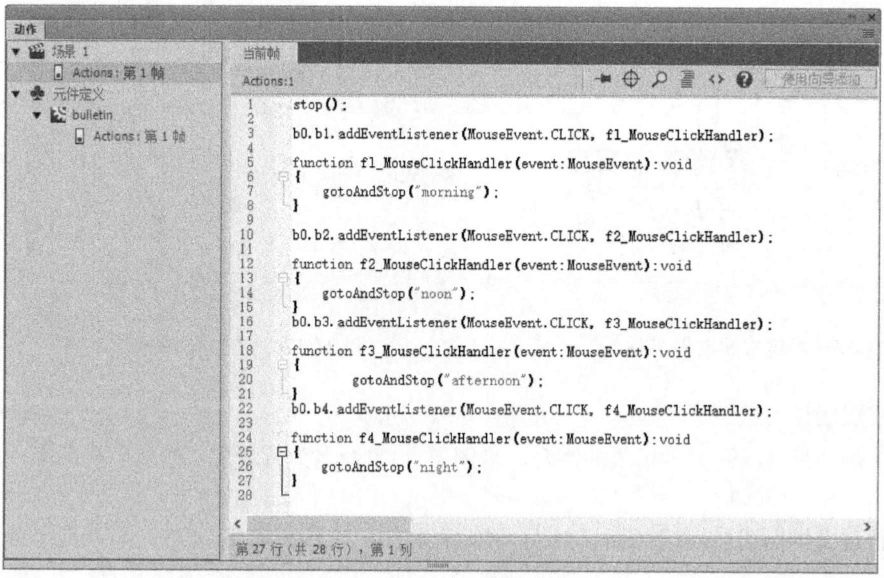

```
stop();

b0.b1.addEventListener(MouseEvent.CLICK, f1_MouseClickHandler);

function f1_MouseClickHandler(event:MouseEvent):void
{
	gotoAndStop("morning");
}

b0.b2.addEventListener(MouseEvent.CLICK, f2_MouseClickHandler);

function f2_MouseClickHandler(event:MouseEvent):void
{
	gotoAndStop("noon");
}
b0.b3.addEventListener(MouseEvent.CLICK, f3_MouseClickHandler);

function f3_MouseClickHandler(event:MouseEvent):void
{
		gotoAndStop("afternoon");
}
b0.b4.addEventListener(MouseEvent.CLICK, f4_MouseClickHandler);

function f4_MouseClickHandler(event:MouseEvent):void
{
	gotoAndStop("night");
}
```

图 21-19　动作面板中的脚本助手模式

3）对主时间轴设置脚本完成后，整个动画制作完成，保存文档，并测试动画运行效果。

本章小结

本章详细地介绍了动作面板的应用，以及如何编辑处理事件、如何使用 ActionScript 脚本语言为动画添加交互性动作。本章还就 Animate CC 动画中常用的基本动作的应用方法做了具体介绍。

交互性动画设计与制作是本教材的难点部分，为了使读者有效地掌握本章的知识，实例介绍比较详细，读者通过对本章的认真学习，能够进一步掌握 Animate CC 交互性动画的设计方法，从而更有效地控制影片效果。

思考与练习

1．向动作面板中添加脚本的方法有哪几种？
2．如何更改脚本窗格中代码行的顺序？
3．简述如何用 play 与 stop 命令制作动画片头。
4．如何制作具有超链接功能的下拉列表框？

第 22 章　发布 Animate CC 动画

使用 Adobe Animate CC 2018 开发的不同类型文档，目的是创建面向不同平台和用途的应用。包括用于 Web 浏览器的 HTML5 多媒体、用于 Flash Player 的多媒体、桌面应用程序、高清视频或移动设备应用程序。Animate CC 可以根据开发项目时选择的文档类型，将内容发布到不同的运行时环境。

在创建发布配置文件之后，可以利用导出命令将其导出，以便在其他文档中使用，或供在同一项目上工作的其他人使用。

本章主要介绍将不同类型的 Animate CC 文档发布到其相应平台的方法。这是应用 Adobe Animate CC 2018 来完成作品的最后一部分工作，也是至关重要的一项工作。

本章要点：

- 桌面应用程序的发布
- HTML5 的发布
- 制作可执行文件

22.1　发布及桌面应用程序的发布

发布是将使用 Animate CC 开发的动画，转换为在目标环境中运行的一个或多个程序文件。Animate CC 是开发动画的应用程序，根据最终动画的运行环境来确定开发时选择的文档类型。ActionScript 3.0 文档可以发布为使用 Flash Player 播放的 SWF 文件。但是由于大部分的主流浏览器阻止了 Flash Player 插件的使用，所以可以将 ActionScript 3.0 文档导出为高清视频、精灵表单、PNG 序列或放映文件。HTML5 Canvas 或 WebGL 文档可以发布为不需要 Flash Player 插件的 HTML 文件。AIR for Desktop 文档可发布为桌面应用程序。AIR for Android 文档和 AIR for iOS 文档可以发布为在移动设备上运行的应用程序。

桌面应用程序不需要浏览器就可以直接运行。将 Animate CC 文档发布为 AIR 文件，对于 AIR 文件，可以在计算机桌面端安装。Adobe AIR（Adobe Integrated Runtime，Adobe 集成运行时）环境以运行，可以从 Adobe 网站免费下载安装软件。或者直接将文档输出为嵌入了运行时的应用程序，以省去安装运行环境的麻烦。

22.1.1　桌面应用程序的发布步骤

下面通过实例介绍将一个 AnimateScript 3.0 文档发布为桌面应用程序的方法。

【实例】将 AnimateScript 3.0 文档发布为桌面应用程序。

操作步骤如下：

1）打开要发布为 AIR 程序的 Animate CC 文档，本实例使用之前开发的 20-3 配音.fla 文件。

2）在属性面板的发布选项区域，从目标下拉列表中选择 AIR 2.6 for Desktop 选项。

3）选择主菜单【文件】/【AIR 26.0 for Desktop 设置】命令，或者在属性面板单击目标下拉列表框右侧的扳手图标按钮🔧，弹出如图 22-1 所示的 AIR 设置对话框。该对话框包括四个选项卡：常规、签名、图标和高级。

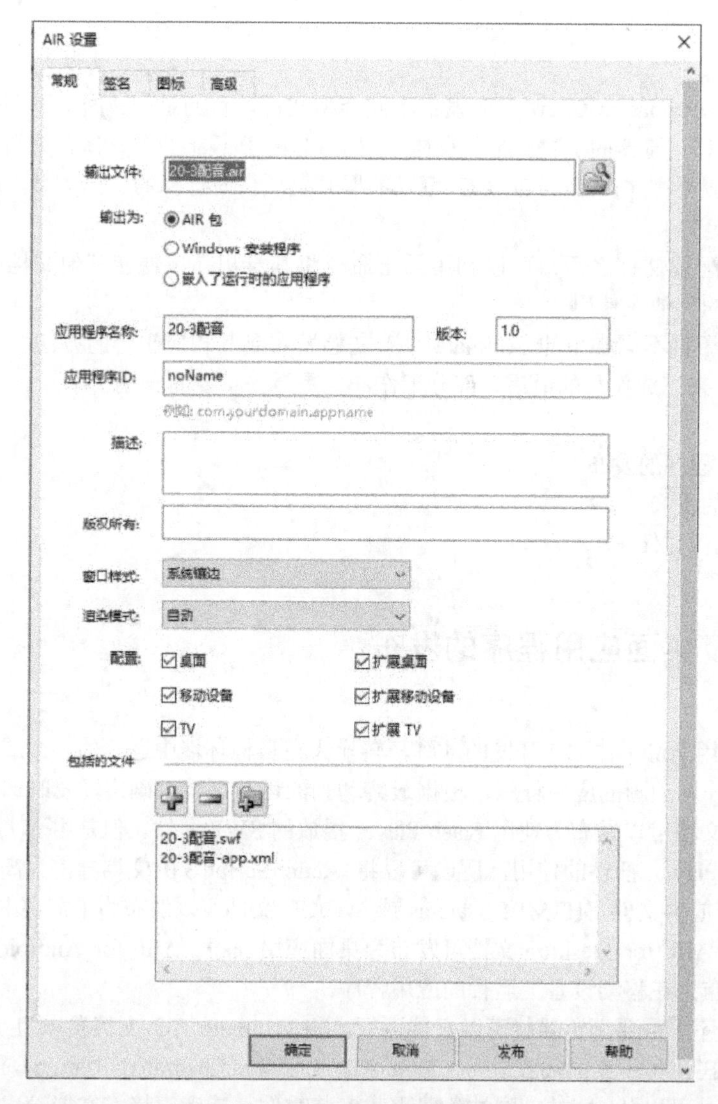

图 22-1　AIR 设置对话框

4）对常规选项卡进行设置。

输出文件文本框：使用发布命令时创建的 AIR 文件的名称和位置。可以单击右侧文件夹图标按钮修改存储路径。文件名默认是和文档同名的 AIR 文件。

输出为单选按钮组：指要创建的包的类型，分为三类。本实例选择第一类 AIR 包。

- AIR 包：创建标准 AIR 安装程序文件，假设在安装期间可以单独下载 AIR 运行时使用，或在目标设备上已安装好 AIR 运行时使用。

- Windows 安装程序/Mac 安装程序：创建一个完整的 Macintosh 安装程序文件。
- 嵌入了运行时的应用程序：创建包含 AIR 运行时的 AIR 安装程序文件，因此无须再进行下载。

应用程序名称文本框：用于设置应用程序的主文件的名称。默认为 Animate CC 文档名。

窗口样式下拉列表框：指定当用户在计算机上运行该应用程序时，应用程序的用户界面使用哪种窗口样式（或镶边）。本实例从下拉框中选择自定义镶边（透明）样式。

5）对签名选项卡进行设置。签名选项卡界面如图 22-2 所示。创建签名证书的目的是使发布的 AIR 应用程序被信任。下面是创建自签名证书的步骤。

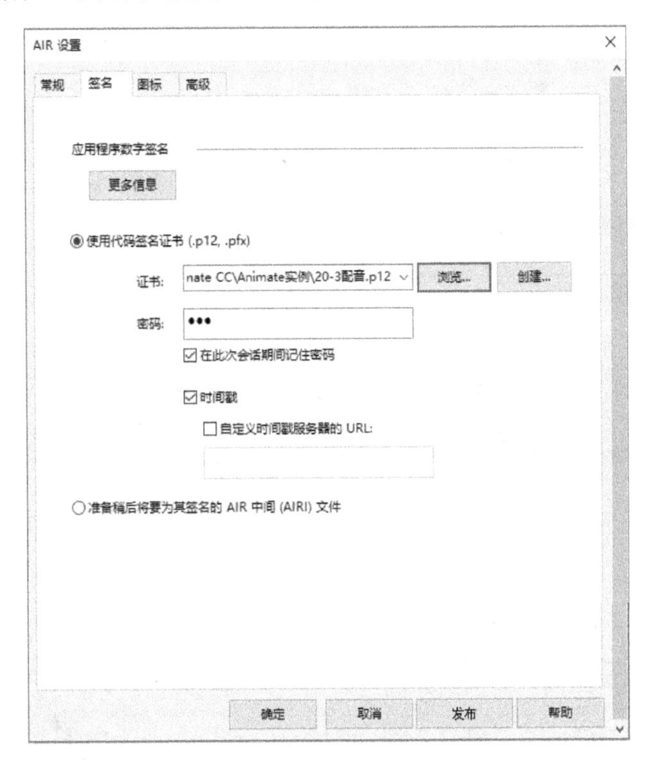

图 22-2　AIR 设置签名选项卡

单击证书下拉列表框右侧的创建按钮，打开创建自签名的数字证书对话框。按图 22-3 所示填写发布者名称、组织单位和组织名称。然后，在密码文本框中和确认密码文本框中输入相同的密码，在另存为文本框内输入 20-3 配音.p12。最后，单击文本框右侧的浏览按钮，将创建的自签名证书放入和发布对象同一个文件夹内。单击确定按钮，完成创建。提示创建成功的对话框及数字证书文件如图 22-4 所示。

返回 AIR 设置对话框，在签名选项卡界面填入证书密码，并选中在此次会话期间记住密码和时间戳两个复选框。

6）对图标选项卡进行设置。图标选项卡界面如图 22-5 所示。

在该选项卡中可以为应用程序指定图标，安装应用程序并在 Adobe AIR 运行应用程序后，即会显示该图标。可以为图标指定四种不同的大小（128×128 像素、48×48 像素、32×32 像素和 16×16 像素），以使图标显示在不同的视图中。例如，图标可显示在文件浏览器的缩略图、详细视图和平铺视图中，也可以作为桌面图标显示，或显示在 AIR 应用程序窗口的标题中以及其他位置。

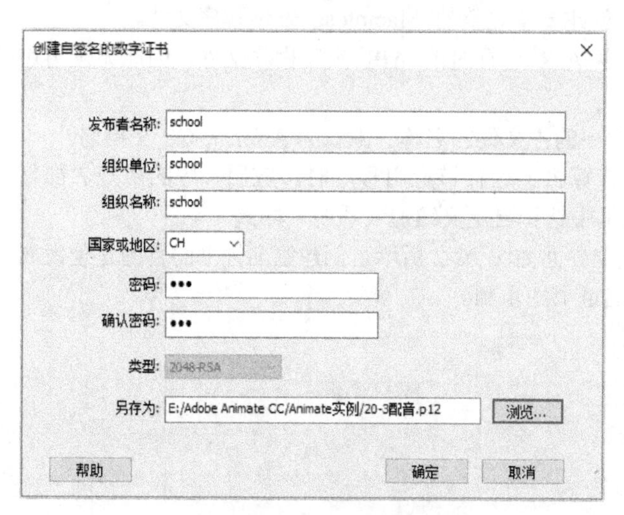

图 22-3　创建自签名的数字证书对话框

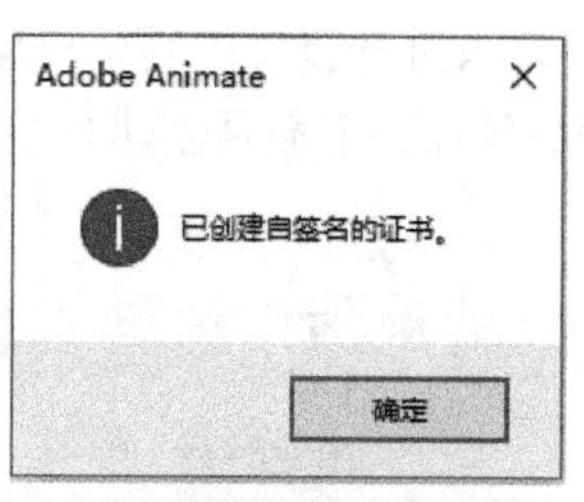

a）提示创建自签名证书成功

b）数字证书文件

图 22-4　创建成功的对话框及数字证书文件

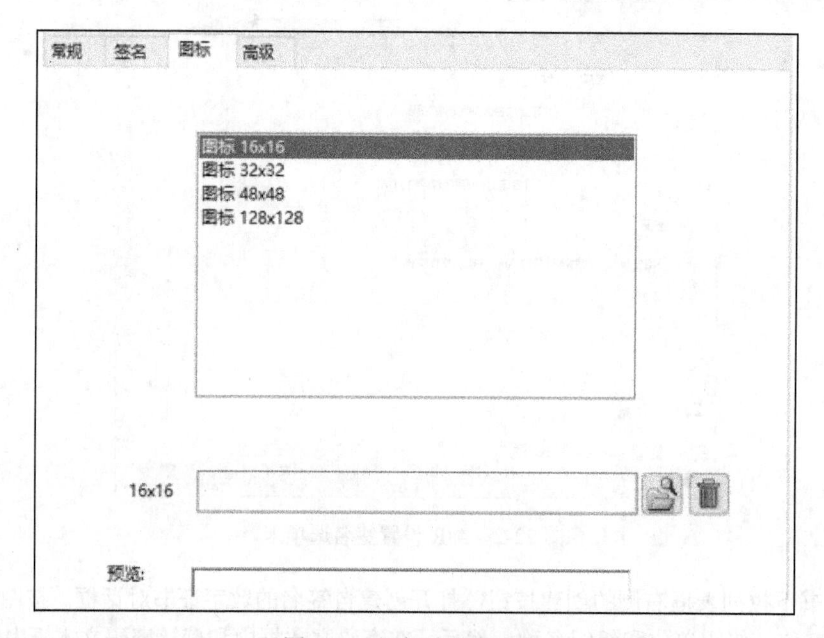

图 22-5　图标选项卡界面

单击图标选项卡顶部的一个图标大小，然后导航到要使用该大小的文件。这些文件必须为 PNG（可移植网络图形）格式。

如果指定了一个图像，则其必须具有准确的大小（128×128 像素、48×48 像素、32×32 像素或 16×16 像素）；如果未提供特定大小的图标图像，Adobe AIR 将对提供的图像之一进行缩放以创建缺少的图标图像。

本实例使用的图标如图 22-6 所示。

7）在高级选项卡中，可以进行关联文件类型、初始窗口设置及其他设置。本实例仅对应用程序启动时，在屏幕上的位置进行设置，如图 22-7 所示。

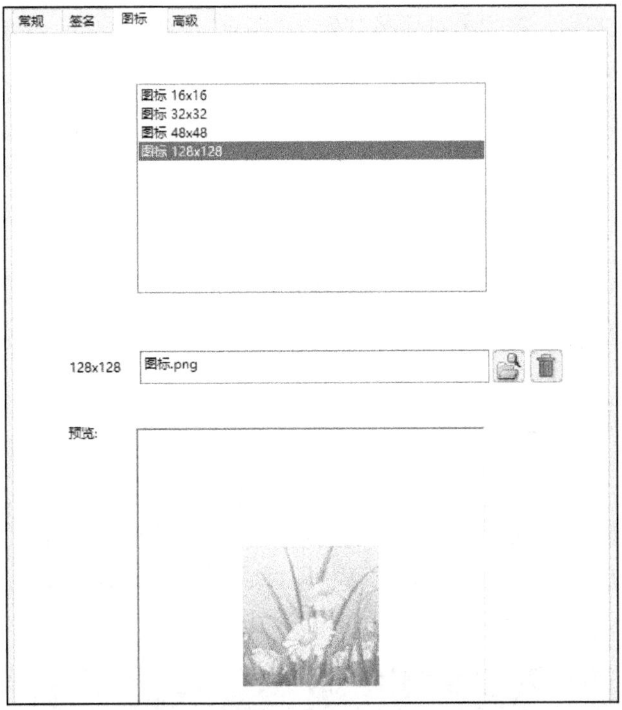

常规　签名　图标　高级

图标 16x16
图标 32x32
图标 48x48
图标 128x128

128x128　图标.png

预览:

图 22-6　图标选项卡设置样例

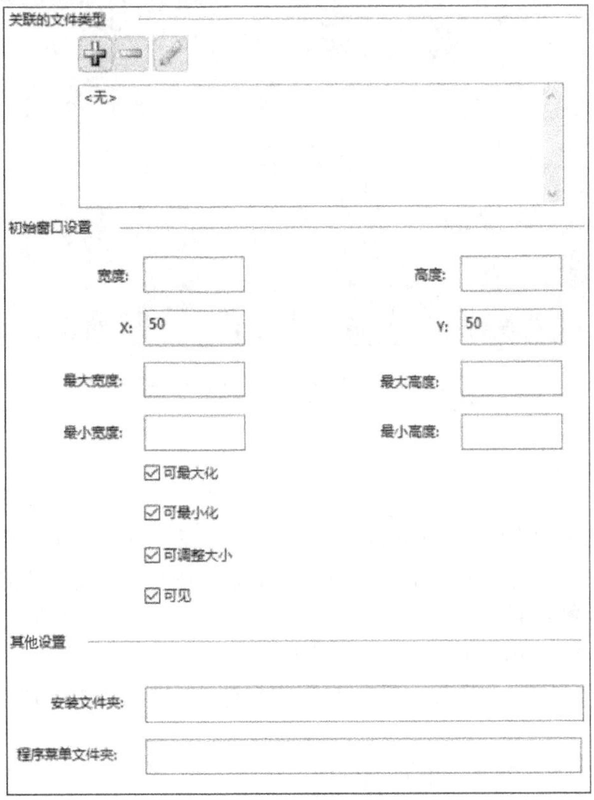

关联的文件类型

<无>

初始窗口设置

宽度:　高度:

X: 50　Y: 50

最大宽度:　最大高度:

最小宽度:　最小高度:

☑可最大化

☑可最小化

☑可调整大小

☑可见

其他设置

安装文件夹:

程序菜单文件夹:

图 22-7　高级选项卡

8）单击“发布”按钮，在弹出对话框中单击“确定”按钮，即可成功创建一个 AIR 安装程序（.air）。图 22-8 所示为生成的安装文件图标。

图 22-8　生成的.air 文件

22.1.2　安装 AIR 应用程序

在安装 AIR 应用程序之前，要保证计算机上已安装 AIR。运行时双击已下载的 AIR 安装程序，弹出如图 22-9 所示的对话框。单击安装按钮，以默认设置继续安装。生成的安装程序成功安装在计算机上。双击安装成功的应用程序图标即可运行定义好的动画。

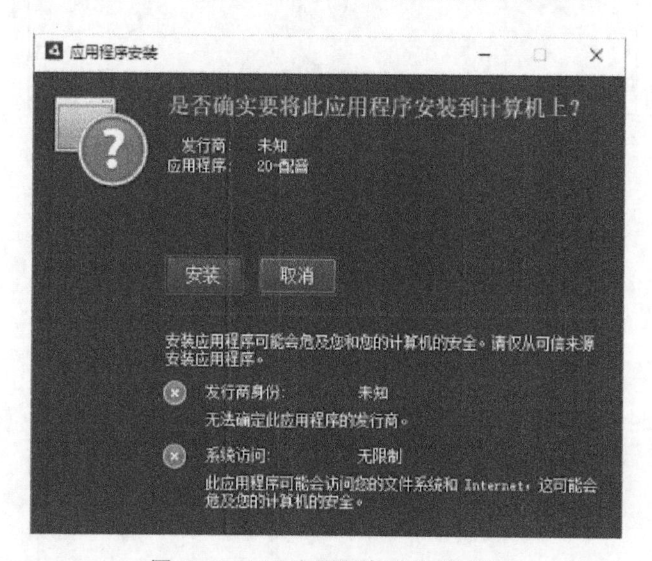

图 22-9　AIR 应用程序安装对话框

22.1.3　创建放映影片

如果想省去安装 AIR 应用程序的步骤，可以将 ActionScript 3.0 或 AIR 文档发布为 Windows 或 MacOS 放映文件。这样的放映文件包含 Animate CC 运行时，直接双击放映文件就可以播放动画内容。具体操作步骤如下：

1）打开要发布的 ActionScript 3.0 或 AIR 文档。

2）选择主菜单【文件】/【发布设置】命令，或者在属性面板中单击发布设置按钮，打开发布设置对话框。

3）在该对话框左侧的其他格式选项区域中，选中 Mac 放映文件和 Win 放映文件复选框，如图 22-10 所示。

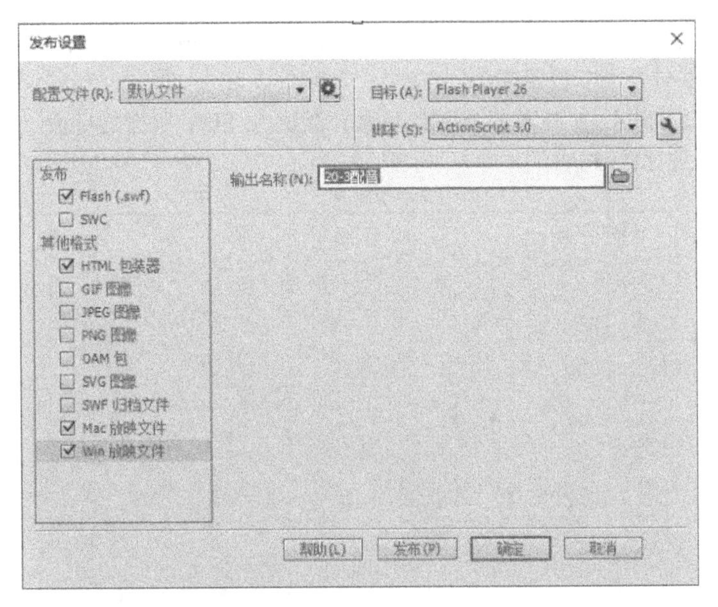

图 22-10　放映文件的发布设置对话框

4）在输出名称文本框中输入放映文件的名称，单击文本框后面的文件夹图标按钮，设置放映文件的存储路径。

5）单击发布按钮，弹出创建成功提示对话框（见图 22-11a），生成放映文件。Windows 放映文件的扩展名为.exe（见图 22-11b），MacOS 放映文件的扩展名为.app。双击放映文件即可播放动画。

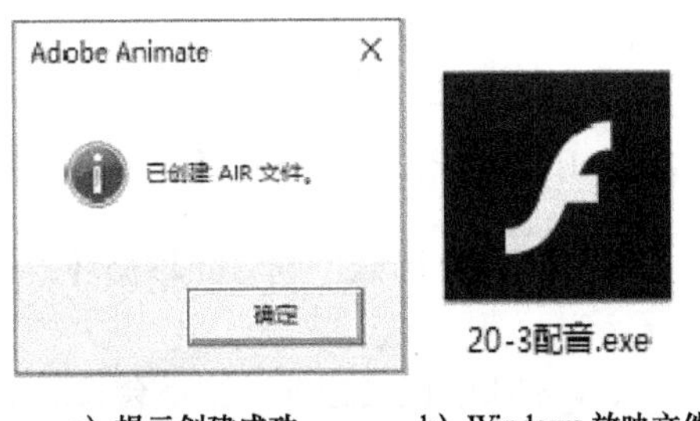

a）提示创建成功　　b）Windows 放映文件

图 22-11　生成的放映文件

22.2　HTML5 的发布

对 HTML5 Canvas 类型的 Animate CC 文档进行发布，会生成包含 HTML5 运行环境的 HTML5 和 JavaScript 文件集合。也可以将已经开发好的 ActionScript 3.0 文档转换为 HTML5 Canvas 文档进行发布。方法是选择主菜单【文件】/【转换为】/【HTML5Canvas】命令。

打开 HTML5 Canvas 类型的 Animate CC 文档，若要将舞台上的内容发布到 HTML5，需在发布设置对话框中对发布参数进行设置。

1）选择主菜单【文件】/【发布设置】命令，或者单击属性面板中的发布设置按钮，打开发布设置对话框。如图 22-12 所示。该对话框包含基本、高级、Sprite 表和 Web 字体四个选项卡。

2）基本选项卡包含以下设置项：

① 输出名称文本框：将 FLA 发布到此目录。默认为 FLA 所在的目录，可通过单击文本框后面的文件夹图标进行更改。

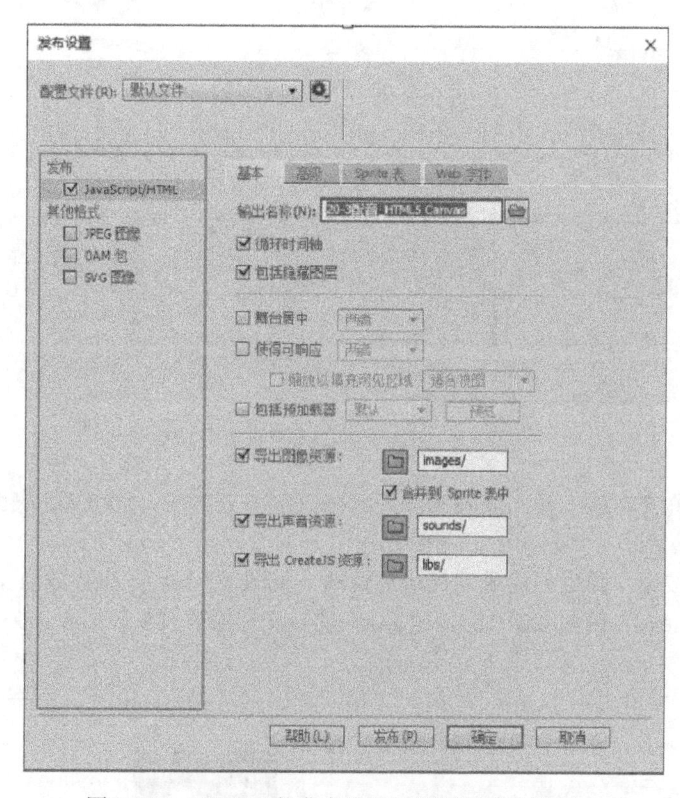

图 22-12　HTML5 的发布设置对话框的基本选项卡

② 循环时间轴复选框：如果选中该复选框，则时间轴循环；如果未选中该复选框，则在播放到结尾时，时间轴停止。

③ 包括隐藏图层复选框：如果未选中该复选框，则不会将隐藏图层包含在输出中。

④ 舞台居中复选框：允许用户选择是将舞台水平居中、垂直居中或同时居中。默认情况下，HTML 画布/舞台显示在浏览器窗口的中间。

⑤ 使得可响应复选框：允许用户选择动画是否应响应高度、宽度或这两者的变化，并根据不同的比例因子调整所发布输出的大小。结果将是遵从 HiDPI 的更为清晰鲜明的响应式输出。输出还会拉伸，不带边框覆盖整个屏幕区域，不过会保持原高宽比不变，尽管画布的某些部分可能不适合视图。

宽度和高度确保整个内容会根据画布大小按比例缩小，因此即使是在小屏幕上查看（如移动设备或平板计算机），内容也都可见。如果屏幕大小大于创作的舞台大小，画布将以原始大小显示。

⑥ 缩放以填充可见区域复选框：允许用户选择是在全屏模式下查看动画，还是应用拉伸以适合屏幕。默认情况下，此选项为禁用状态。适合视图选项：全屏模式下以整个屏幕空间显示输出，同时保持长宽比。拉伸以适合选项：拉伸动画以便输出中不带边框。

⑦ 包括预加载器复选框：允许用户选择是使用默认的预加载器，还是从文档库中自行选择

预加载器。预加载器是在加载呈现动画所需的脚本和资源时以 GIF 格式显示的一个可视指示符。资源加载之后，预加载器即隐藏，而显示真正的动画。默认情况下，包括预加载器复选框为未选中状态。

默认选项：使用默认的预加载器。浏览选项：使用自行选择的预加载器 GIF。预加载器 GIF 将复制到在导出图像资源中配置的图像文件夹中。

使用预览按钮可预览选定的 GIF。使用切换按钮可选择是发布在根文件夹级别还是子文件夹级别。默认情况下，此按钮为开启状态。切换为关闭状态时禁用文件夹字段，将资源导出到输出文件所在的文件夹。

⑧ 导出图像资源复选框：供放入和从中引用图像资源的文件夹。

⑨ 合并到 Sprite 表中复选框：选中该复选框可将所有图像资源合并到一个 Sprite 表中。

⑩ 导出声音资源复选框：供放入和从中引用文档中声音资源的文件夹。

⑪ 导出 CreateJS 资源复选框：供放入和从中引用 CreateJS 库的文件夹。

3）高级选项卡包含以下设置项，如图 22-13 所示。

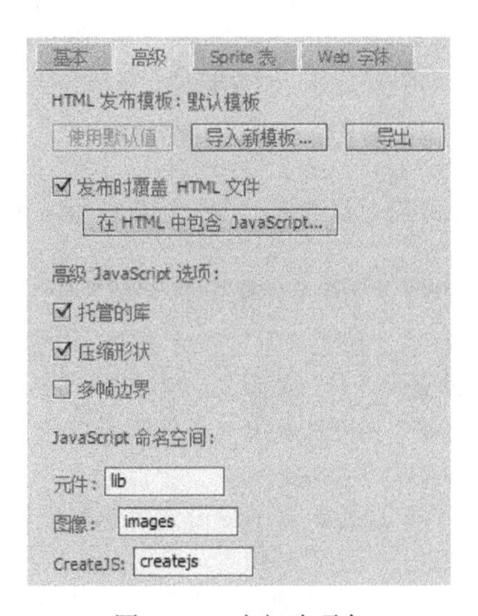

图 22-13　高级选项卡

① 在 HTML 发布模板选项区域中包含三个按钮。

使用默认值按钮：使用默认模板发布 HTML5 输出。

导入新模板按钮：为 HTML5 文档导入一个新模板。

导出按钮：将 HTML5 文档导出为模板。

② 在高级 JavaScript 选项选项区域中有三个复选框。

托管的库复选框：如果选中该复选框，将使用在 CreateJS CDN（code.createjs.com）上托管的库的副本。这将允许对库进行缓存，并在各个站点之间实现共享。

压缩形状复选框：如果选中该复选框，将以精简格式输出矢量说明。如果未选中该复选框，则导出可读的详细说明（用于学习目的）。

多帧边界复选框：如果选中该复选框，则时间轴元件包括一个 frameBounds 属性，该属性包含一个对应于时间轴中每个帧的边界的 Rectangle 数组。多帧边界会大幅增加发布时间。

发布时覆盖 HTML 文件复选框和在 HTML 中包含 JavaScript 按钮：如果选中在 HTML 中包含 JavaScript，则发布时覆盖 HTML 文件复选框为选中并禁用状态，并且每次发布时 Animate

CC 都将覆盖导出文件。如果不选中发布时覆盖 HTML 文件复选框，则在 HTML 中包含 JavaScript 为不选中并禁用状态，并且保留 HTML 文件，只更改生成的让动画动起来的 JavaScript 代码。

4）Sprite 表选项卡包含以下设置项，如图 22-14 所示。

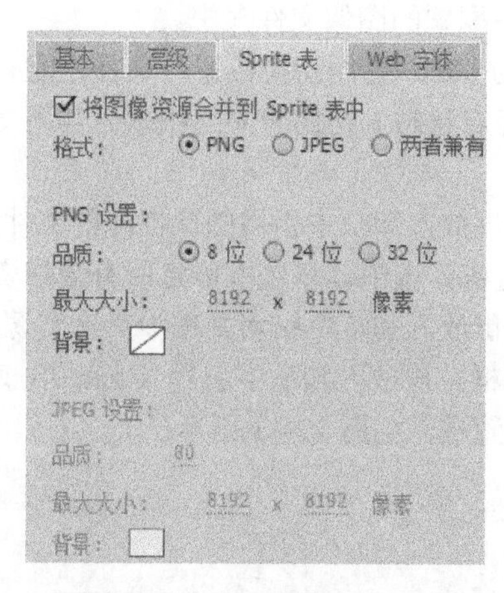

图 22-14　Sprite 表选项卡

① 将图像资源合并到 Sprite 表中复选框：选中该复选框，可以为导入到库中的所有位图创建一个单独的图像文件。

② 在格式选项区域中，有 PNG、JPEG 和两者兼有三个单选按钮。

如果选中了 PNG 或两者兼有单选按钮，则应设定 PNG 设置选项区域中的以下选项：

品质：将 Sprite 表的品质设置为 8 位（默认）、24 位或 32 位。

最大大小：设定 Sprite 表的最大高度和宽度（以像素为单位）。

背景：单击并设置 Sprite 表的背景颜色。

如果选中了 JPEG 或两者兼有单选按钮，则应设定 JPEG 设置选项区域中的以下选项：

品质：设置 Sprite 表的品质。

最大尺寸：设定 Sprite 表的最大高度和宽度（以像素为单位）。

背景：单击并设置 Sprite 表的背景颜色。

5）单击确定按钮保存发布设置，或者单击发布按钮对文档进行发布。对于已经设置好发布参数的 Aimate CC 文档，也可选择主菜单【文件】/【发布】命令，对文档直接进行发布。对于一个包含声音和位图的 Animate CC 文档，发布后会生成一个 HTML 文件、一个包含 JavaScript 代码的文件、一个名为 images 的文件夹和一个名为 sounds 的文件夹，如图 22-15 所示。其中，images 文件夹中存放的是单个 PNG 图像，这个 PNG 图像包含文档中使用到的所有位图资源；sounds 文件夹中存放的是文档中使用到的所有声音文件。

图 22-15　发布后生成的文件和文件夹

22.3 .swf 文件和其他格式文件的发布

将 ActionScript 3.0 文档发布为传统的使用 Flash Player 播放器播放的.swf 文件，或者 GIF 图像、JPEG 图像、PNG 图像及 SVG 图像，或者其他格式的文件，方法如下：打开 ActionScript 3.0 文档，选择主菜单【文件】/【发布设置】命令，或者在属性面板中单击发布设置按钮，打开发布设置对话框，如图 22-16 所示。在对话框左侧的复选框组中选择文档发布的文件格式，在右侧进行相应参数的设置。完成后单击发布按钮，完成发布。

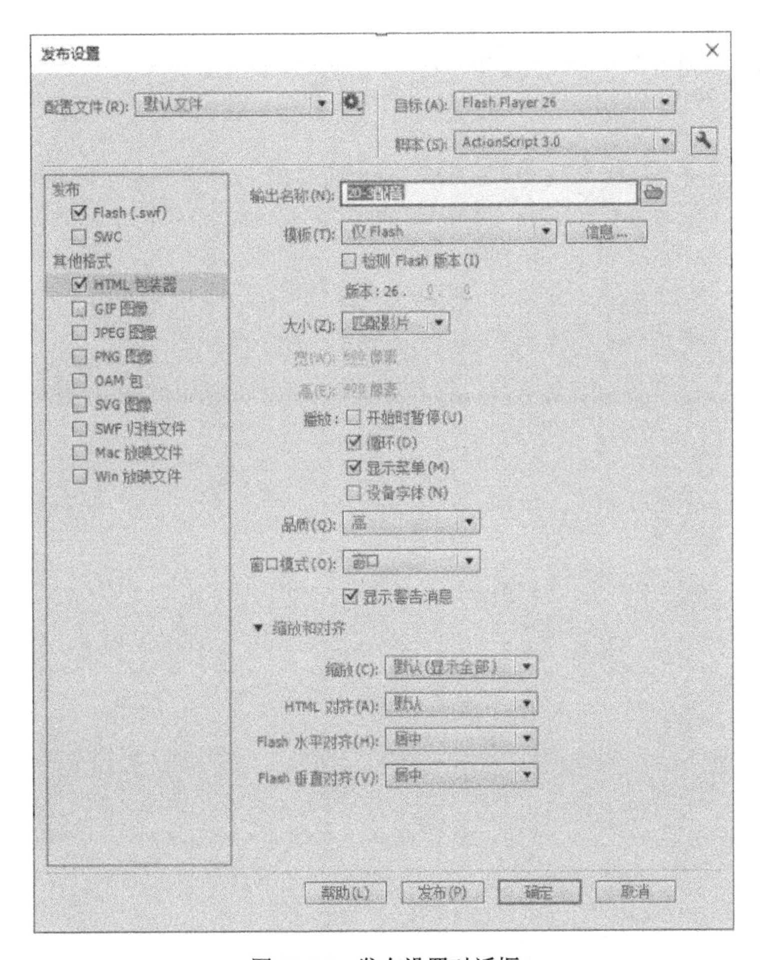

图 22-16 发布设置对话框

本章小结

本章主要介绍了将已经制作完成的 Animate CC 动画进行发布与输出的方法。

Animate CC 动画通过发布，能够生成多种媒体格式的文件，以便用户能够在网页浏览器或其他播放器中观看，或生成EXE可执行文件直接观看。发布之前要对Animate CC动画文件进行发布设置，这项工作很有必要，它可以根据用户的需求生成不同格式和不同品质的文件。

通过导出影片或图像，可以将Animate CC内容用于其他应用程序，或以特定文件格式导出当前Animate CC文档的内容。

思考与练习

1．如何指定Animate CC文档的发布格式？

2．在发布HTML5 Canvas文档时，会生成哪几种类型的文件？

3．如何将动画输出为可执行文件格式？其优点是什么？

参 考 文 献

[1] 李东博. Dreamweaver+Flash+Photoshop 网页设计从入门到精通[M]. 北京：清华大学出版社，2013.

[2] 福克纳. Adobe Photoshop CC 2018 经典教程[M]. 罗骥，译. 北京：人民邮电出版社，2018.

[3] 新视角文化行. Dreamweaver CC+Flash CC+Photoshop CC 网页制作与网站建设实战从入门到精通[M]. 北京：人民邮电出版社，2016.

[4] 陈. Adobe Animate CC 2018 经典教程[M]. 罗骥，译. 北京：人民邮电出版社，2019.

[5] 王任华. 网页设计与制作应用教程[M]. 2 版. 北京：机械工业出版社，2013.